# 測量學

黃桂生　編著

全華圖書股份有限公司

國家圖書館出版品預行編目資料

測量學／黃桂生編著. -- 八版. -- 新北市：全
　華圖書股份有限公司，2022. 05
　　面　；　　公分
　ISBN 978-626-328-192-9(平裝)

　1.CST：測量學

440.9　　　　　　　　　　　　111006877

# 測量學

作者／黃桂生

發行人／陳本源

執行編輯／吳政翰

出版者／全華圖書股份有限公司

郵政帳號／0100836-1 號

印刷者／宏懋打字印刷股份有限公司

圖書編號／0267507

八版一刷／2022 年 08 月

定價／新台幣 580 元

ISBN／978-626-328-192-9(平裝)

全華圖書／www.chwa.com.tw

全華網路書店 Open Tech／www.opentech.com.tw

若您對本書有任何問題，歡迎來信指導 book@chwa.com.tw

**臺北總公司(北區營業處)**
地址：23671 新北市土城區忠義路 21 號
電話：(02) 2262-5666
傳真：(02) 6637-3695、6637-3696

**南區營業處**
地址：80769 高雄市三民區應安街 12 號
電話：(07) 381-1377
傳真：(07) 862-5562

**中區營業處**
地址：40256 臺中市南區樹義一巷 26 號
電話：(04) 2261-8485
傳真：(04) 3600-9806(高中職)
　　　(04) 3601-8600(大專)

　　本書著重於實用，撰寫時力求淺顯易懂。除闡明各種測量原理、儀器操作及計算方法外，並使之與實際作業相接合，冀使學生於未來就業時，能順利遂行測量工作。

　　在教材內容方面，本書適用於技職體系大學校院之土木、建築、水利、地政、森林等科系測量學教學所需。

　　本書於修訂二版時，新增了地籍測量、衛星定位測量、地理資訊系統與遙感探測等最新科技與資訊，藉以幫助初學者瞭解此一行業發展的趨勢；三版修訂時，再增編了路線測量一章，用以探討鐵、公路，水、油氣管路，高壓、輸配線路，自來水及污水管路，與水渠等線狀工程的作業要領。因限於篇幅，好些地方只能抓重點來談，希望對初次接觸該一領域的讀者，能有所助益。

　　這本書愈修愈厚，新的儀器及作業方法不斷創新，但小型工程單位或地方基層作業人員所使用的器材和作業法，卻仍得因陋就簡，用的仍然是古舊的那一套。因此，在新的不能不談、舊的又不能淘汰的情況下，真是難予取捨！

　　編者學識有限，雖悉心編校、掛漏與訛誤之處在所難免，敬祈各方先進不吝匡正是幸。

編者　謹識

# 編輯部序

　　「系統編輯」是我們的編輯方針，我們所提供給您的，絕不只是一本書，而是關於這門學問的所有知識，它們由淺入深，循序漸進。

　　本書作者任教二十餘年，對測量學有極豐富的教學經驗與心得，他針對技職體系大學校院學生撰著此書，希望提供授課老師更多的教學幫助。內容包括如何綜合運用各種理論及儀器，來從事三角、導線、平板及地形等各種測量工程；還有測量學的理論基礎與計算原理，及測量的基本儀器與作業方法等等。每章末並有習題可供學生自我評量，另外也製作習題解答供老師授課需要，本書非常適合大學院校土木、建築、營建、景觀、森林等科系「測量學」課程採用為教本。

　　若您在這方面有任何問題，歡迎來函聯繫，我們將竭誠為您服務。

# 目錄

## 第 1 章　緒論

## 第 2 章　距離測量

# 第 3 章　高程測量

# 第 4 章　角度測量

# 第5章　三角(邊)測量與控制點之測算

# 第 6 章　導線測量

# 第 7 章　平板測量

# 第 8 章　地形測量

# 第 9 章　地籍測量

## 第 10 章　衛星定位測量

## 第 11 章　地理資訊系統與遙感探測概要

CH **1**

# 緒論

# 1-1　測量與測量學

　　**測量**(Surveying)是應用各種儀器與方法，測定地表各點間相關之位置，並使之成圖的一種科技。將設計妥當的圖形資料，按其角度、距離及高低等數據，具體地將其設置於實地者，稱為**測設**(Setting out)。測設也是測量的一環。

　　測量學乃研究測量及繪圖作業中，有關觀測、計算的理論根據、儀器的構造與使用方法、以及誤差的理論、防範及消除。

　　測量作業概分為內、外業二項。凡應在工地完成之作業，諸如測角、量距、測高低，乃至測繪某一地區之平面圖、地形圖等，均稱**外業**(Field work)；計算、繪圖等室內工作稱為**內業**(Office work)。

# 1-2　測量之分類

## 1.　按測區範圍之大小分

　　可分為大地測量與平面測量。

　　若測區遼闊，作業時必須顧及地球之曲度問題者，稱為**大地測量**(Geodetic surveying)；若測區範圍不大(約在 200 平方公里以內)，因其地球曲面與平面之值甚為接近，則測量作業可以平面三角或幾何原理解決，且其差誤不致影響於實用者，稱為**平面測量**(Plane surveying)。

　　一般工程上雖不直接從事大地測量作業，惟多數精度較低之測量，常須藉大地測量之成果，來作為測量控制之依據。茲將二者之區別列表如下：

表 1-1 大地測量與平面測量之區別

| 區分 | 大地測量 | 平面測量 |
|------|---------|---------|
| 就施測範圍言 | 1. 所測區域廣闊。<br>2. 若面積較小之省區測量，可視地球為正球體；面積甚大時，則應視地球與真實形狀近似之橢圓球體。 | 1. 所測地區之大小與地球相較為甚小時。<br>2. 20 km 之弧長與切線長之差約為 1.6 cm；200 km² 之三角形面積，其球面角超僅為 1"，故數百平方公里範圍之測量，均可視為平面處理。 |
| 就地表形狀言 | 3. 顧慮地球曲度；地面為球面或橢圓球面。 | 3. 二點相距 1 km 時的地球曲度差僅約 7cm，故可將水準面視為平面，而忽視地球之橢圓性。(但在高程測量中，其高差不能忽視)。 |
| 就施測目的言 | 4. 以測量大面積區域內控制點之位置為主要作業。 | 4. 根據大地成果，以測定地形為目標。 |
| 就精度言 | 5. 精度要求高，作業難度高。 | 5. 精度較低。 |

本書以實用為主、內容偏重在平面測量上。

## 2. 依測量之性質，用途分

可分為下列七類。

(1) 地形測量(Topographic surveying)

以將天然地表及人為地物為施測對象之測量，稱為**地形測量**。地形測量以測繪地形圖(Topographic map)為目的。由於地形圖既能顯示地面上的一切人為之物，例如房屋、道路等，又能表達地面上的高低起伏，故在經濟建設或軍事佈署上，均須以地形圖為規劃之依據。

(2) 地籍測量(Cadastral surveying)

依土地產權之歸屬，測算其面積，或沿其界址繪製成地籍圖，以作為土地所有權之憑據者，稱為**地籍測量**；又，依據既有之記錄重建地界、實施土地分割或土地重劃，也都是地籍測量的範圍。

(3)　礦區測量(Mine surveying)

　　對礦區之地面或地下施以測量，以瞭解礦區的蘊藏、開挖範圍及方向、深度者，稱為**礦區測量**。其作業範圍包含測繪礦井及其附屬設施之平面圖、地形圖、及開挖地區之斷面圖、地質圖等。

(4)　城市測量(City surveying)

　　**城市測量**的領域有二：一為以都市計劃為目的的都市計劃測量；一為以都市建設為主的都市建設測量。都市計劃測量的目的是為使都市土地能作有效之利用，與規劃其未來若干年之合理發展，例如住宅區、工商區等的劃分，交通網與水電設施的佈設等，均為其作業範圍；所測繪之圖的比例尺多在一千分之一至三千分一之間。而都市建設測量的範圍，則包括都市的現況、增建或修正。由於都市之地價昂貴，施測時務求精確，以免損及所有者之權益。

(5)　水道測量(Hydrographic surveying)

　　**水道測量**的目的，是指為航行、供水或水域有關之建設提供測量資料，俾作水利或河海工程設計、規劃的依據。其內容包括河川、港灣、水庫等之水位、水深、斷面之施測及流速、流量、含沙量等之觀測與統計分析。

(6)　森林測量(Forest surveying)

　　**森林測量**的目的，是在測定林區之地形、林積、林道等，以便於林木的開發、規劃及造林作業之進行。

(7)　路線測量(Route surveying)

　　**路線測量**是指為公路、鐵路、隧道、渠道、管線等線狀路線之選線、定線及施工所作之測繪工作。

　　路線測量的內容，大致包含選線、中線測量(測量道路之轉折角、距離、訂曲線)、水準測量(測高程控制點，和作縱斷面圖用之中線水準)及地形圖之測繪；在應用上，還須計算土石方，以便調製**土方分配圖**(Mass diagram)，亦稱**土積圖**，作為路線施工的依據。

### 3.　攝影測量(Photogrammetric surveying)

　　攝影測量是就所攝得之像片，通過學理與技術，而將其製印成平面圖、地形圖或其他工程上之用圖。其所用之像片如攝影站在地面，稱為**地面攝影測量**(Terrestrial photogrammetry)；如自裝置於航空器上之攝影站所得者，稱為**航空攝影測量**(Aerial photogrammetry)。有些要塞圖即是經由地面攝影方式獲得；而台灣地區中央山脈一帶人煙罕至地區之地圖，則多藉航空攝影方法施測成圖。在大於五千分一、或大型工程之測圖工程上，航空攝影測量所佔有的比例日趨提昇，惟在大比例尺用圖及測設工程上，目前航空攝影測量還不能取代傳統的測量工作。

　　又，利用人造衛星之攝影裝置對地球表面攝影，以遂行測量之目的者，稱為**太空攝影測量**(Space photogrammetry)；應用遙遠感應或記錄設施，以行偵測、辨識與評估目標物之技術者，稱為**遙感探測**(Remote sensing)。近年來，許多國家在資源的調查與開發、環境污染之監控、甚至自然科學的研究及天文現象的詮釋上，皆因藉太空遙測的幫助而獲致非凡的成就。

## 1-3　測量之基準

　　為求得測量成果之統一性，各國對於測量基準皆有一定的規定。所謂測量基準，是指地球形狀、位置及高程基準的總稱，茲分述如下：

### 1.　形狀基準：參考橢球體

　　在形狀基準方面，是以**參考橢球體**(Reference Spheroid)為依據。

　　地球形狀為一南北略呈扁平之**旋轉橢球體**(Spheroid of revolution)，

赤道軸較長、極軸(爲地球之迴轉軸)較短。赤道半徑$a$與極半徑$b$，或赤道半徑$a$與扁平率(Flattening)$f$，稱爲**地球原子**。其中**扁平率**是指

$$f = \frac{a-b}{a} \dots\dots\dots\dots\dots\dots\dots\dots\dots\dots\dots\dots\dots\dots\dots\dots\dots\dots(1\text{-}1)$$

由於各國學者推得地球長、短半徑的數據略有出入，對於學術研究上異常不便，經1924年國際大地測量及地球物理學會(I.G.G.U.)在Madrid集會，議決將美國海福特(F.Hayford)推算得之地球長短半徑

$$a = 6,378,388 \text{ m}$$
$$b = 6,356,911 \text{ m} \dots\dots\dots\dots\dots\dots\dots\dots\dots\dots\dots\dots\dots\dots(1\text{-}2)$$

定爲國際地球原子，以爲全球各國研究地球科學的依據；此後藉由重力、大地、天文等測量途徑及人造衛星觀測資料，重新推算橢球參數，結果得長半徑

$$a = 6378.137 \text{ km} \dots\dots\dots\dots\dots\dots\dots\dots\dots\dots\dots\dots\dots\dots\dots(1\text{-}3)$$

內政部遂宣布將國家坐標系統之參考橢球體改爲採用1980年國際大地測量學與地球物理學協會(International Union of Geodesy and Geophysics，簡稱IUGG)公布之參考橢球體(GRS80)。

我們若以新橢球體的長短半徑，來求扁率，得

$$f = \frac{a-b}{a} \fallingdotseq \frac{1}{298.257} \dots\dots\dots\dots\dots\dots\dots\dots\dots\dots\dots\dots(1\text{-}4)$$

發現其扁平之程度並不顯著，則地球半徑之近似值*

$$R_m = \frac{1}{3}(a + a + b) = 6,371,031 \text{ m} \dots\dots\dots\dots\dots\dots\dots\dots(1\text{-}5)$$

故在一般的計算上，可以視地球半徑$R_m = 6370 \text{ km}$，以爲實用。
(*事實上，地球赤道半徑仍是一個橢圓而不是圓，另一軸較$a$軸約短230m。由於其值相差不大，在一般計算中，常以一個$a$來顯示即可。)

## 2. 位置基準：國家坐標系統

國家坐標系統為各項測量之根本。內政部為建立統一之國家坐標系統，並配合目前衛星定位測量廣泛應用之潮流趨勢，曾多次邀請相關各界，共同討論，研訂出國家坐標系統，其定義為：

國家坐標系統之名稱，命名為 1997 台灣大地基準(TWD97)，其建構係採用國際地球參考框架(International Terrestrial Reference Frame，簡稱 ITRF)。ITRF 為利用全球測站網之觀測資料成果，推算所得之地心坐標系統。

台灣、琉球嶼、綠島、蘭嶼及龜山島等地區之投影方式採用橫麥卡托投影經度差二度分帶，其中央子午線為東經 121 度，投影原點向西平移 250,000 公尺，中央子午線尺度比為 0.9999；另澎湖、金門及馬祖等地區之投影方式，亦採用橫麥卡托投影經差二度分帶，其中央子午線定於東經 119 度，投影原點向西平移 250,000 公尺，中央子午線尺度比為 0.9999。

## 3. 高程基準：水準基平面

在高程基準上，是以**水準基平面**(Datum level)為依據。通常它包括高程控制面及海水基準面二種。用以作高程計算時，其參考平面為**平均海水面**(Mean Sea Level，簡稱M.S.L)亦稱**平均海平面**。所謂平均海平面，是指一驗測站於十九年周期中，所有潮位高度之平均值。內政部於民國九十年新設台灣水準原點，是高程控制點系統之基準，亦為所有水準點之起算點；該原點採雙水準原點設計：一為主點(點號 K999)，屬地下點位；一為方便各界引測之副點(點號 K998)，屬地面點位。二者係以不銹鋼棒垂直連接，高程差 17.5 公尺。均位於基隆市海門公園內。水準原點之高程採用正高系統，以基隆平均海水面為參考依據，並據以訂定 2001 台灣高程基準(TWVD2001)。

## 1-4　測量之基本原理

測量的基本原理，大致上說，是在如何將點推至線，將線推至面。

**1. 在定平面位置方面**

我們可以先在實地上任意選取二點，並量得此二點間之距離，以決定其彼此間之關係位置；復以此二點為依據，對所求之新點施行兩個適當的量度，遂可求得該新點之位置。並且可以再以該點為已知點，去推求其他點位。

許多測量的學理即是根據此基本原理推求而得。假設我們將實地之$AB$長用適當之比例尺轉繪於圖紙上：

(1) 如圖 1-1 所示，我們再分別量取$AC$及$BC$之長，並以圖上之$A$、$B$為圓心，$AC$及$AB$之圖上長為半徑畫弧，其交點即為$C$點之圖上位置。這就是三邊測量的基本原理。

(2) 在圖 1-2 中，如實測$\angle BAC$及$\angle ABC$，再藉分度器在圖紙上定出$C$點。這是三角測量、也是前方交會法的基本原理。

(3) 如圖 1-3 所示，如僅實測$\angle BAC$及量得$AC$之邊長，再以量角器將$\angle BAC$作於圖上，並量$AC$之圖上長，得$C$之圖上位置。這是導線測量的基本原理。

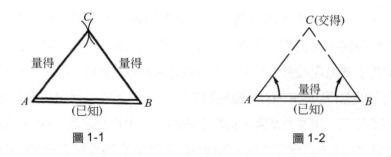

圖 1-1　　　　　　　　　　　　　　圖 1-2

(4) 在圖 1-4 中，如實量 $C$ 至 $AB$ 之垂距 $CM$ 及 $AM$ 或 $BM$ 之距離，據以決定 $C$ 點之位置者。這是支距法的基本原理。

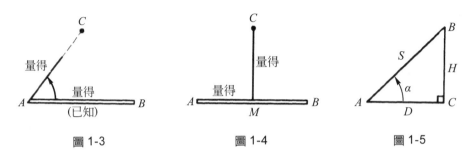

圖 1-3　　　　　　　圖 1-4　　　　　　　圖 1-5

上述這些基本原理，只是實用中的一小部份，重點不外乎在測角及量距，故角度與距離是決定一個點位的重要因素。

## 2. 在高程方面

一種是藉逐點比較的方式，推求高差，在測量學中，是直接高程測量的基本原理；另一種是藉三角函數的關係來推求；如圖 1-5 所示，當我們已知仰角 $\alpha$，及平距 $D$ 與斜距 $S$ 二者中之任一值時，可經由 $H = S \cdot \sin\alpha$ 或 $H = D \cdot \tan\alpha$ 來推求 $BC$ 兩點間的高差；也可藉大氣壓力的不同，來推求兩點間的高差。

這些基本原理，我們將在以後各章中作詳細的介紹。

# 1-5 測量工作程序

測量工作概括來分，可以區分為預備作業、外業與內業三大部份：

## 1. 預備作業

所謂預備作業，是指在正規作業前之作業規劃，包括作業方法、進度、精度的掌握及經費的分配等大項；儀器的調度與校正及人員之編組等主要項目。外業實施以前，在行政方面，應主動與地方機構及警政單位取得連繫，以便必要時，可以獲得協助。各種工程用之表件及日常用具亦應準備齊全。

### 2. 外業

在施測時，應先作總區域的控制測量，例如導線或三角測量，再作細部測量(測地形或其他)。

### 3. 內業

將外業觀測結果予以整理，並作各種平差計算，以求得其座標、高程或所要求之資料。如所測為地形圖或平面圖，應按規定予以著墨、整飾，並晒印應用。

# 1-6 測量上應用之單位

我國測量上所用之單位以公制為主；民間尚有部份沿用舊制者。而、英美等國係採用英制，故在大型工程上，工程界為配合國際作業需要，也有使用英制者。茲分述如下：

### 1. 長度單位(Unit of length)

1791 年法國學者以經過巴黎之子午圈，取其一象限的千萬分之一，作為長度的單位，並命名為公尺(Meter)。1875 年經國際度量衡會議決定，採用其值為標準公尺長度。至 1985 年，國際度量衡會議再將其定義為「一公尺長度等於真空中 He-Ne 雷射在 1：299,792,458 秒時間內所行經之距離」。此值與原有之標準公尺長度相符。

我國測量上常用之長度，是以公尺制為主，間或有使用市尺(里)或台尺者，其與公尺之關係為

$$1 公尺(m) = 10 公寸(dm) = 100 公分(cm)$$
$$= 1000 公厘(mm) = 1/1000 公里 \quad\text{.............................(1-6)}$$

$$= 1.0936 \text{ 碼} = 3.28084 \text{ 呎}$$
$$= 3 \text{ 市尺} = 3.3 \text{ 台尺} \dots\dots\dots\dots\dots\dots\dots(1\text{-}7)$$
$$1 \text{ 公里(km)} = 2 \text{ 市里} = 0.621371 \text{ 哩} = 1000 \text{ 公尺}$$
$$1 \text{ 間} = 6 \text{ 台尺} ≒ 1.8182 \text{ 公尺}$$

## 2. 面積單位(Unit of area)

我國計算面積的單位為平方公尺，但在民間，甲與坪仍常被用及。

$$1 \text{ 平方公尺} = 0.3025 \text{ 坪}$$
$$1 \text{ 公畝} = 100 \text{ 平方公尺} = 30.25 \text{ 坪}$$
$$1 \text{ 公頃} = 10000 \text{ 平方公尺} = 1.03102 \text{ 甲} = 3025 \text{ 坪} \dots\dots\dots(1\text{-}8)$$
$$1 \text{ 平方公里} = 100 \text{ 公頃}$$
$$1 \text{ 甲} = 0.96992 \text{ 公頃} = 2934 \text{ 坪}$$
$$1 \text{ 坪} = 3.30582 \text{ 平方公尺} = 36 \text{ 平方台尺} = 0.00816 \text{ 英畝}$$

## 3. 角度單位(Unit of angle)

測量上所用之角度單位有360°制及400 g制兩種。我國採用者為360°制，但在學理的探討上，弧度制亦常採用。

(1) 360°制

此制分度(Degree)、分(Minute)、秒(Second)三級。

$$1 \text{ 圓周} = 360° \text{，} 1° = 60' \text{，} 1' = 60'' \dots\dots\dots\dots\dots\dots(1\text{-}9)$$

秒以下之值採十進位。

(2) 400g制

此制分度(Grade)、分(Centesimal minute)、秒(Centesimal Second)三級。

$$1 \text{ 圓周} = 400^g \text{，} 1^g = 100^C \text{，} 1^C = 100^{CC} \dots\dots\dots\dots\dots(1\text{-}10)$$

其與 360°制互化之關係為

$1° = 1.111^{g}$，$1' = 1.852^{C}$，$1" = 3.086^{CC}$
$1^{g} = 0.9°$，$1^{C} = 32.4"$，$1^{CC} = 0.32"$ .................................. (1-11)

(3) 弧度制

當圓周上之弧長恰好等於該圓之半徑時，其所對之圓心角稱為一**弧度(Radian)**或**弳**，亦有稱為**半徑角**者。通常以ρ表示。

$$\because \rho : r = 360° : 2\pi r$$
$$\therefore \rho = \frac{180°}{\pi} = 57°17'44".8 = 57°.29577951$$
$$= 3437'.74677 = 206264".8065 ...................................... (1-12)$$

對於甚為尖銳之小角度，其正弦值或正切值與弧度值甚為接近，如以弧度計算之，較為便捷。其關係式可以下式求得：如圖 1-6 所示。

$$\overset{\frown}{CD} : \alpha = r : \rho ..................................................... (1-13)$$

因α甚小，則

$$\overset{\frown}{CD} \approx \overline{CD}$$

故　　$\alpha = \dfrac{\overline{CD}}{r} \cdot \rho''$ (單位為秒) ..................................... (1-14)

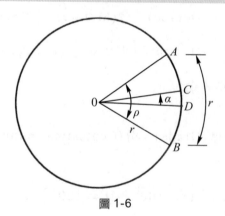

圖 1-6

# 1-7 測量之誤差與精度

## 1. 誤差

### (1) 誤差之定義

　　某一量之觀測值與眞值之差，稱爲**真誤差**(True error)。由於自然環境、儀器及人爲等因素之影響，絕對正確之眞值，無法求得；故在測量學上是以採用多次觀測值之平均數，稱爲**最或是值**(Most probable value)者，來取代眞值。觀測值減去最或是值，其差，稱爲**剩餘誤差**(Residual error)，簡稱**餘差**或**殘差**，一般泛稱誤差。

### (2) 誤差的來源

　　誤差的來源有三：

① 儀器誤差：因儀器在製造時，受客觀因素之限制，例如度盤之刻劃無法絕對均匀等，其所引起之誤差稱爲**儀器誤差**(Instrumental error)。

② 人爲誤差：因觀測者受視力或習慣之影響，照準目標時所產生之誤差稱爲**人為誤差**(Personal error)。

③ 天然誤差：如溫度變遷、風力飄忽、大氣折光及地球曲率等之影響，這些因自然現象所造成之誤差，稱爲**天然誤差**(Natural error)。

### (3) 誤差之種類

　　誤差按其性質，可分爲下列兩種：

① 系統誤差(Systematic error)：在同一條件下作觀測，誤差的大小與代數符號皆相同，且有累積性者，稱爲**系統誤差**，如量距尺本身不準所引起之誤差是。此種誤差因有累積性，又稱爲**累積誤差**(Accumulation error)。

② 偶然誤差(Accideutal error)：消除系統誤差後所剩餘之微小誤差，其大小與符號均不定，常出乎偶然，為觀測者無法避免與控制者，稱為**偶然誤差**。其特性是：

❶ 誤差之大小及正負出現之機率相等。

❷ 小誤差出現之機率較大誤差為多。

❸ 大誤差不容易出現。

由於此項誤差本身具有相消性，又稱**相消誤差**(Compensating error)。其大小與觀測次數之平方根成正比。

(4) 幾種常見的誤差

有關測量誤差問題，我們摘要的介紹一些常接觸到的名詞

① 中誤差(Mean Square error 縮寫 m.e.)

**中誤差**是指在一組觀測中，取其真誤差之平方和、除以真誤差之數目。

設中誤差為$m$，個別真誤差為$\varepsilon_1$、$\varepsilon_2$、$\cdots\varepsilon_n$，$n$為觀測次數，則

$$m^2 = \frac{\varepsilon_1^2 + \varepsilon_2^2 + \cdots + \varepsilon_n^2}{n} \dotfill (1\text{-}15)$$

② 或是誤差(Probable error，縮寫 p.e.)

在一組精度相同之觀測值中，將觀測誤差量依其絕對值之大小依序排列，位於正中間之值即為**或是誤差**。

③ 平均誤差(Average error)

**平均誤差**是指各誤差絕對值之平均數。

④ 觀測誤差(Observed error)

觀測量可視為是一變數，稱之為**隨機變數**(Random variable)。隨機變數之最或是值減去該變數之觀測值，其所得之「不符值」稱之。

## 2. 精度(Precision)

**精度**是指測量誤差的衡量標準。因觀測時所採用之儀器與方法不同，而使誤差出現之機率亦不同；觀測值之精度愈高，即示所含之誤差愈小。

測量所能達到的精度，當視觀測時所使用之儀器、作業方法、及觀測時之環境而異。當精度要求較高，其觀測設備、經費及時間亦必須同時予以配合才行。故在訂定精度之前，應先瞭解測量之目的及性質，使能恰到好處。

評定精度的指標，相對精度常是其重要途徑之一。

**相對精度**亦稱**相對精密度**(Relative precision)，是指觀測量的精度與觀測量本身的比值。

設$d$為觀測的距離，其觀測量中誤差為$m_d$，則其相對精度為$\dfrac{m_d}{d}$。

相對精度通常以分數表示，例如 1/2500；在高精度之測距儀器上，習慣以 PPM(Parts Per Million)即百萬分之一來表示，如±3 PPM 是。

# 1-8 測量在工程上之應用

在各大學的課程標準裡，土木、建築、水利、礦冶、農業工程，乃至地政、森林、河海等學門，均將測量學納為必修或選修課程，由此，我們可以瞭解到測量工程對這些行業的領域而言，是十分重要的。

在工程方面，例如路工定線工程中，從選線、初測、定測到施工定位，幾乎全以測量工程是賴；森林方面的林道、產業道路亦然。至於隧道的開鑿、江河之浚渫、水壩、水庫的興建等大型、綜合性工程，其建築物主體的定位與指示施工範圍等，亦皆賴測量工程的參與；其他像輸配電路鐵塔興建的定位、林業道路、遊憩區的規劃、礦區開挖方向的標定、機場之興修，亦皆須測量工作的投入。

除此之外，像地界的測定、為規劃國家經濟建設所作的資源調查、都市計劃，乃至軍事佈署、學術研究等，莫不是以測量之成果作為規劃的主要依據。

# 1-9 比例尺

兩點間圖上長度與相應實地長度之比，稱為**比例尺**(Scale)或**縮尺**。比例尺之大小，是從整個分數之數值來看：分母數值愈大，則比例尺愈小。常見之比例尺的型式，約有下列三種：

**1. 分式的**

通常將分子化為 1，分母則常為整數，例如 1：500，或 1/1000 等。此種形式因不需顧慮其單位為何種制度，故任何圖籍均可使用。

**2. 文字的**

即將比例尺直接以文字敘述者，如：一千分一之尺，或「圖上 10cm 實地 10m」等，使讀者能立即了解圖上長與實地長之關係。

**3. 圖示的**

將一段實長按比例製成縮尺，繪於圖邊，並註明其實際長度，使用時，讀者可直接以圖示之長度，來度量圖上任意兩點間之距離。由於圖示比例尺能隨圖紙作同比例之伸縮，故因紙張伸縮所產生之誤差，不致發生。

又，圖示比例尺中僅註明一種長度單位者，稱為**單比例尺**(Single scale)如圖 1-7(a)；兼有兩種以上長度單位者稱**複比例尺**(Double scale)，如圖 1-7(b)。

設 $l$ 示圖上長，$L$ 示實地長，$M$ 為比例尺之分母數，則長度與比例尺之關係，可以下式示之：

$$\frac{l}{L} = \frac{1}{M} \quad\text{...............................................................................} \text{(1-16)}$$

**例1** 在一千分之一地形圖上，二點間之距離為3公分，則實地長度

$$L = l \cdot M = 0.03\text{m} \times 1000 = 30\text{m}$$

又，若$a$示圖上面積，$A$示實地面積，則面積與比例尺關係式為

$$\frac{a}{A} = \frac{1}{M^2} \quad\text{...........................................................................} \text{(1-17)}$$

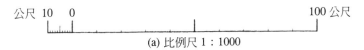

(a) 比例尺 1：1000

(b) 比例尺 1：50000

圖 1-7

## 習題

1. 「測量」與「測量學」有何不同？試從其定義與研習內容上分述之。

2. 平面測量與大地測量二者有何區別？

3. 精度之意義為何？決定測量精度的因素有那些？試扼要申述之。

4. 何謂誤差？試說明測量誤差之主要來源。

5. 系統誤差與偶然誤差在性質上有何不同？

6. 茲有土地一筆，在 1：600 地籍圖上長為 2.5 cm，寬 3.0 cm，試計算實地面積有多少平方公尺？多少公頃？

7. 如上題所設，若該地段每坪土地時價為十萬元，則該土地之總價，應為若干元？

# 距離測量

## 2-1　概述

測定地面兩點間的水平距離，稱為**距離測量**(Measurement of distance)，簡稱**測距**。距離測量是測量技術中最基本的工作，卻也是最重要的工作。

應用測距尺直接測定二點間之距離者，稱為**直接距離測量**；使用光學儀器間接測定兩點間之距離者稱為**光學距離測量**；利用電磁波的傳遞而求得兩點間之距離者，稱為**電子測距**(Electronic distance measurement)。本章以陳述直接量距及電子測距為主。

## 2-2　直接量距器材

**1.　卷尺(Tape)**

⑴　布卷尺(Cloth tape or Woven tape)

布卷尺為帶狀，尺寬約 1.5 公分，尺長自 10 公尺至 50 公尺不等。其質材原由麻、棉、絲混紡，中間夾以金屬絲而成。近年來改由化纖及麻混織，尺面並塗以塑膠劑及刻以分劃，已較舊式耐拉。布卷尺多用在量定細部地形點間之距離。

⑵　鋼卷尺(Steel tape)

鋼卷尺由鋼製成，成帶狀，有寬厚及窄薄兩型。尺寬約 1 至 2 公分，厚約 0.3 至 0.6 公厘，尺長有 20、30、50 公尺等數種。寬厚型適宜於粗糙地面量距，窄薄型則宜於平整地面。其刻劃有僅於兩端之一公尺處刻以公分或公厘，其餘部份僅刻至公寸者；亦有全尺均刻至公厘者。由於鋼卷尺因溫度變化所生之膨脹或收縮甚小，故精密之量距常用。

鋼卷尺質地較脆，張拉時切勿扭曲，亦應防被車輛輾壓，以免斷裂。用畢後應用乾布擦拭乾淨，再行收捲；並應定期在尺面敷以油脂，以爲保養。

(3)　鉛鋼尺(Invar tape)

鉛鋼尺由 65％的鋼及 35％的鎳合金製成。其線膨脹係數較鋼尺尤小，故其受溫度所產生之伸縮，影響甚微。有線狀及帶狀兩種型式，帶狀尺長 50 公尺，線狀者有 24、25 公尺二種。鉛鋼尺適用於作**基線**(Base line)**測量**，或供其他卷尺作檢核。

## 2.　測距附件

(1)　標桿(Range pole)

標桿爲標示直線方向，或指示測點位置所用之器材。普通係以直徑約 3 公分之圓木製成，亦有用鐵或鋁管製作者。長約在 2 至 3 公尺之間，桿上每隔 20 公分漆以紅、白相間之色，俾便識別。桿底鑲以鐵尖以便插入地面。

(2)　測針(Pin)

爲長約 30 公分、直徑約半公分之鐵針，上端彎成環狀，繫以有色布條，使與所測之地面色調形成明顯之對比，俾易於尋覓；下端尖銳，可插入地面。量距時既可對正測尺上之分劃，插入地面，精確指示點位，又可以記錄測尺量距之次數，以便核對距離。

(3)　垂球(Plumb bob)

爲銅質之圓錐體，上端繫以繩索，下端尖銳，用以投影尺端於地面、或引地面位置至尺端。

(4)　尺夾(Tape grip)

鋼卷尺量距時，用以夾持測尺中間之任一部份，使便於讀數。

(5)　彈簧秤(Spring tension balance)

用以掌握量距時張力是否適當。

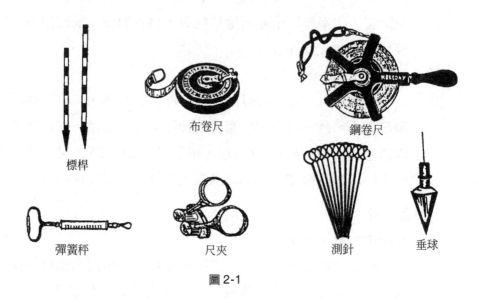

標桿　布卷尺　鋼卷尺

彈簧秤　尺夾　測針　垂球

圖 2-1

此外，在精密量距時，尚有讀記量距當場的溫度計(Thermometer)；測尺貼在等傾斜地面量距時，讀傾斜角度用的測斜器(Clinometer)；及在斜坡地直接量距時，指示水平方向的水準器(Level tube)等。

## 2-3　平坦地之直接量距

### 1.　人員編組與器材

平坦地量距至少需有二人，即前尺手(Leader)及後尺手(Follower)，擔任拉尺兼記簿工作；如能增加一人專司記簿(Recorder)，則工作將更順利。

量距器材除鋼卷尺外，尚需標桿二至三隻，當二端過長時，並須酌量增加桿數；測針一組(以最長之導線邊長除以尺長，作為測針數之參考)，及記簿用之紙、筆等。

**2. 量距作業法**

⑴ 在測線始終兩點之前後，各置一標桿，以標示點之正確位置。

⑵ 後尺手持卷尺之起端，立於起點標桿之後；前尺手持卷尺之終端，將其持至與肩同高，以避免行進時讓尺面觸及地面；並持一標桿及一組測針，向終點方向前進，至測尺全部拉開後，止步。

⑶ 後尺手用手勢指揮前尺手將標桿左右移動，(此時標桿對起點之距離應略大於測尺長度，且前尺手持桿時，身體應在方向之側邊，以免影響觀測。)待至與起、終二點成一直線時，呼"好"，此點即在測線之方向線上。

⑷ 前尺手移去標桿，將卷尺向標桿遺留之空隙處張拉；後尺手此時將測尺之起點置於地面椿頂之後方，約兩、三公分處，待前尺手張拉至正對起點時，呼"好"，前尺手聞聲後，即行停止，並於卷尺終點之讀數處插測針於地面後，亦呼"好"，即告一段落。前尺手所插之測針，應與測線方向約成45°之斜度，以避免測尺前進時，將其碰倒。

⑸ 前尺手仍持尺端與肩齊，如前述方法向第三點前進，待後尺手抵方才前尺手所插測針之處時，呼"停"，按照前法量距。如是按椿號順序進行。後尺手每於離開插置測針之中間點時，並將地面之測針拔起，作爲計算已量距離整尺數之依據。

⑹ 當最末一段不足一整尺時，若所持之尺全長均有刻劃，則後尺手將卷尺之零點對準最後整尺數之測針處，前尺手以尺夾拉緊測尺，則終點所對卷尺上之讀數，即爲末段距離之讀數；若所用之卷尺中間段無公厘刻劃時，其不足一公尺之餘數，另以刻劃精密之短尺測量之。

⑺ 通常皆採取往返各一次以上，並互作比較。

### 3. 計算

將兩樁間之距離全長量完後，根據記簿之記載，並以後尺手所拔得之測針總數作為核對，如無錯誤，可按下式求得該段之全長：

$$L = nl + R$$

式中 $L$ 示該二點間距離之全長，$n$ 示整尺數，亦即後尺手拔得之測針數，$l$ 示測尺之全長，$R$ 示不足一整尺之零數。

在平坦地直接量距時，以憑藉肉眼的方式來判斷三桿是否在同一直線上，雖會有誤差附著，但其影響於全尺長度之量，在公厘以下，除要求精度甚高之測距外，一般量距均可以不予計較。

設於 $AB$ 二點間，往返各量距一次，其結果分別為 202.45 m 與 202.37 m，則其相對精度的求法為

$$x = \frac{202.45 + 202.37}{2} = 202.41$$

$$\delta_x = \sqrt{\frac{\varepsilon V^2}{n(n-1)}} = \sqrt{\frac{(0.41-0.45)^2 + (0.41-0.37)^2}{2 \times 1}} = 0.040 \text{ m}$$

$$\therefore \text{相對精度} = \frac{0.040}{202.41} \approx \frac{1}{5060}$$

在量取零尺之長時，宜特別注意是從尺頭或尺尾開始算起，以免產生誤讀情形。

## 2-4　斜坡地之直接量距

傾斜地之直接量距，可按其傾斜坡度之方式，分為等傾斜及不規則傾斜兩種方式處理：

## 1. 等傾斜量距法

當其傾斜程度約略相等，則量距工作可沿斜面進行，再藉經緯儀或水準儀測量地面上兩點間之傾斜角$\alpha$，或高程差$h$後，經由公式計算，以求得其水平距離。

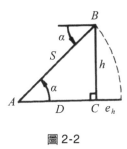

圖 2-2

如圖2-2所示，設$AB$兩點之斜距爲$S$，水平距離爲$D$，$\alpha$示傾斜角，$h$示兩點間之高差。依畢氏定理

即

$$D^2 = S^2 - h^2 = S^2\left(1 - \frac{h^2}{S^2}\right)$$

$$D = S\left(1 - \frac{h^2}{S^2}\right)^{1/2}$$

將上式按級數展開，得

$$D = S\left[1 - \frac{1}{2}\cdot\frac{h^2}{S^2} + \frac{\frac{1}{2}\cdot\left(-\frac{1}{2}\right)}{1\cdot 2}\cdot\left(\frac{h^2}{S^2}\right)^2 - \cdots\right]$$

又，式中第三項以下甚小，在一般之量距時，可棄而不用，則得其近似式

$$D = S\left(1 - \frac{h^2}{2S^2}\right) \dots\dots\dots\dots\dots\dots\dots(2\text{-}1)$$

(I)當 $h$ 由水準測量得知，則其斜距與平距之差為

$$S - D = e_h = \frac{h^2}{2S} \dots\dots\dots\dots\dots\dots\dots\dots\dots\dots\dots(2\text{-}2)$$

(II)若在上式中，當 $S$ 及 $\alpha$ 均為已知，亦可按下式求得其平距 $D$

或

$$D = S \cdot \cos\alpha$$

$$e_h = S(1 - \cos\alpha) = 2S \cdot \sin^2\frac{\alpha}{2} \dots\dots\dots\dots\dots\dots\dots(2\text{-}3)$$

## 2. 不規則傾斜地量距法

在傾斜坡度不算太大之測區，可水平持尺，藉垂球將尺端投影於地面來量距。一般而言，斜地量距應從高處向低處量，比較容易使垂球之尖端，與地面之點對齊，而得到較精確之結果。

在急傾斜地，亦即坡度較陡地區，宜採分段量距法行之。如圖 2-3 所示，在實施分段量距時，鋼卷尺離地面之一端，不宜超過量距者之肩高過多，以免張拉不穩。惟此時之量距數不一定皆是整尺數，故記簿工作需特別小心，以免錯誤。

根據實驗得知，當傾斜度在 2％以下，若不計及傾斜時，其量距精度仍可達 1：5000，若傾斜度增至 3％，而仍不計其傾斜，則精度降至 1：2000 附近，故在傾斜地量距時，宜特別謹慎。

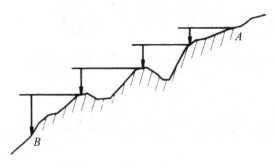

圖 2-3

**例 1** 設$AB$二點間之地面，呈不規則傾斜，作業時分四段測距，其斜距與高差如表列，試求$AB$之水平距。

| 斜距 (m) | 高差 $\Delta h$ (m) |
|---|---|
| 30.00 | 1.62 |
| 25.78 | 1.28 |
| 30.00 | 2.45 |
| 18.64 | 1.60 |

**解** 平距$L = (30.00 + 25.78 + 30.00 + 18.64)$
$$-\left[\frac{(1.62)^2}{2 \times 30} + \frac{(1.28)^2}{2 \times 25.78} + \frac{(2.45)^2}{2 \times 30} + \frac{(1.60)^2}{2 \times 18.64}\right]$$
$$\therefore L = 104.176 \text{ m}$$

## 2-5 遇障礙物之量距

**1. 遇山丘等阻隔，雖不能通視，但能量距地區**

遇此情況時，須採用漸近法標定直線。其作業法如下，如圖 2-4 所示：(上為平面圖、下為側面圖)

(1) 在始、終點$A$、$B$處豎立標桿。

(2) 在$A$、$B$之概略方向上，於$B$點附近，選擇一能望見$A$之$C_1$點，並插一標桿。

(3) 又在$AC_1$方向內，選擇能望見$B$之$D_1$點，亦插一標桿。

(4) 再將剛才所定之$C_1$標桿拔起，移至$BD_1$之方向上，並立於能望見$A$之$C_2$點，插上標桿。

(5) 復將$D_1$處之標桿拔起，插於$AC_2$線上能望見$B$之$D_2$處。

(6) 按此法循序調整$C$與$D$椿，直至$ABCD$均在同一線上。

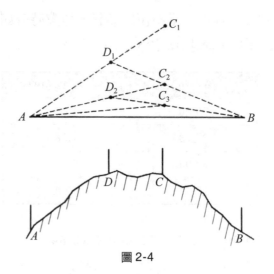

圖 2-4

## 2.　遇房屋等阻擋，且不能量距地區

(1)　如圖 2-5 所示，設房屋正好在方向線上，則可以下列方法解決：作$EB \perp AB$，$FC \perp CD$，且使$EB = FC$，則$EF = BC$。又，如$BF$兩點間能通視，且能量距，則經由$BC = \sqrt{BF^2 - FC^2}$之計算，亦可求得$BC$之邊長。

(2)　如圖 2-6 所示，如有測角儀器，亦可以用作正三角形的方式，求得$BC$之距離及$CD$之方向線。或作任意三角形，測其三角，並量得任一邊之邊長，再以正弦定律來推算。

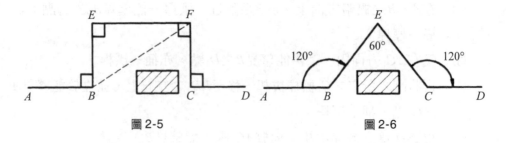

圖 2-5　　　　　　　　　　　　　　圖 2-6

**3.** **遇河流等阻隔，能通視，但不能量距之地區。**

除可以上述⑵之方法解決外，尚可用下列方法推算：

如圖 2-7 所示，若 $AB$ 之間無法量距，今先在 $A$ 岸任選一點 $B'$，並由 $A$ 向 $BB'$ 作垂線，得垂足 $C$，再由 $C$ 向 $AB$ 作垂線 $CD$，得垂足 $D$，並在 $A$ 岸量取 $AC$、$AD$ 之距離。則由比例知

$$AB : AC = AC : AD$$
$$\therefore AB = \frac{AC^2}{AD}$$

障礙地區量距可用的方法甚多，當視實地地形，再根據幾何、三角等原理，即可應付。至於第 3 種情況，若用電子測距法量距，亦可迎刃而解。

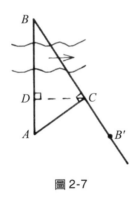

圖 2-7

## 2-6 垂距(支距)及平行線定法

### 1. 垂距定法

　　與幹線成正交之任一垂距，均稱爲該幹線之**支距**(Off set)，亦稱**垂距**。測量不規則之界線、標定斷面測量方向，或測繪簡單之平面圖，均可使用支距法行之。其施測法是，先在界線附近適當地方作一幹線，再藉各支距與幹線之垂距，以求所求點之位置。垂距之測定，可用直角儀、光矩或用布卷尺來施測。

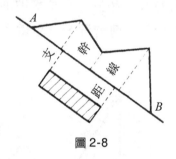

圖 2-8

　　⑴　十字儀定垂線

　　　　十字儀(Cross staff)是直角儀的一種，爲標定直角最簡單之儀器，其形狀如圖 2-9，有於木板條上定以鐵釘、或於十字板上裝置兩對互成直角之覘孔縫，俾據以標定垂線者兩種。十字儀可以自行製作。

　　　　另有一種八角形圓柱體狀者，如圖 2-10 所示，該儀器共有八面，在每面相對方向均有垂直向之長縫，既可藉觀測定出直角，尚可定 45° 角度，較上述二者更爲方便。

(2)　光矩儀定垂線

　　　如圖 2-11 所示，光矩儀(Optical square)有三孔，其主要原理是藉二相交成 45°之平面反光鏡$C$、$E$之反射，以定直角方向。作業時，觀測者持儀器在$AD$方向線上移動，當$D$、$F$兩桿在目視中符合一致時，則$FB \perp AD$。

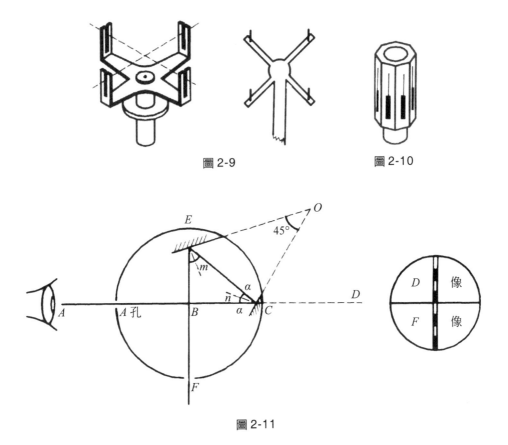

圖 2-9　　　　　　　　　　　圖 2-10

圖 2-11

⑶ 布卷尺定垂線

在工程上，常用 3、4、5 比例法以定直角。如圖 2-12 所示，今欲在AB方向線上之P點處，定一垂線PQ。在施測時，先由一人手持卷尺刻劃 0 及 12 公尺處，立於P點；再由另一人持刻劃 3 公尺處，立於該方向線上之C點；第三人持刻劃 8 公尺處，當三人將測尺拉緊時，持 8 公尺之點位處，即為所求點Q之位置。

用卷尺標足垂線的方法甚多，像利用半圓法、等腰三角形法等，都可順利作出所要的垂線，並求得垂距。

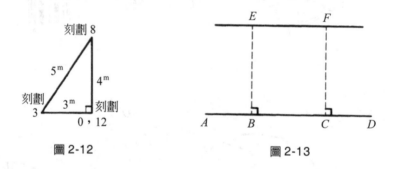

圖 2-12                    圖 2-13

## 2. 平行線定法

今欲自線外一點，作已知方向之平行線。其作法如下：

如圖 2-13 所示，設AD為已知方向線，先由線外欲作平行線上之一點E，向AD作垂線EB，並量EB之長；再於線上之另一點C，作垂線FC，並使FC＝EB，連接EF之直線，即為所求。

對已知方向線作平行線的方法甚多，可視施測需要，將幾何原理作靈活運用。

# 2-7 測尺之量距誤差及改正

測尺誤差的發生，大致來自下列三種情形：

⑴ 測尺本身之刻劃未能準確。

⑵ 受外界溫度或風力的影響，使讀數無法準確。

⑶ 人為的疏失。

故在野外量距之前，應將測尺與標準尺詳加比較，並作成記錄，以便施測完畢後作為尺長改正之依據。茲分述如下：

## 1. 尺長誤差

尺長誤差的形成，主要是在製作時未能刻劃精確或受溫度變遷的影響所致。當測尺較名義上的長度為長時，(例如名義上為 30 公尺之長，而實際上是 30.5 公尺等)則量得之距離會較實際上應有的讀數為短，此時之誤差改正數符號應為正。

設某測尺之名義長為 $L$，而實際之長度為 $L'$，且該測尺所含之誤差數為 $\Delta L$，則

$$L' = L + (\pm \Delta L)$$

又，設某二點間距離之正確值為 $D$，以含有誤差之尺量得之值，亦即觀測值為 $D'$，則

$$L : L' = D' : D \text{ 即}$$

$$D = \frac{L'}{L} \times D' \quad\dotfill\quad (2\text{-}4)$$

**例2** 用某30公尺之鋼卷尺量距，經與標準尺比較時，發現其實際長度應為 30.002 公尺。今已用此尺量得二點間之距離為 345.678 公尺，試求該二點間之實長。

**解** 該兩點間之實長

$$D = \frac{30.002}{30} \times 345.678 = 345.701 \text{ m}$$

尺長誤差有累積性，屬系統誤差。

## 2.　溫度誤差

鋼卷尺在施測時與檢定時之溫度不同，就會產生伸縮現象：施測時之溫度若較檢定時者為高，將會使測尺增長，亦即會使量得之距離過短，其改正數的符號為"＋"；反之，改正數之符號為"－"。

溫度變化對於尺長影響甚大。按：鋼之膨脹係數(Coefficient of expansion)為 0.0000116/1℃(或 0.0000065/1℉)，其改正式為

$$C_T = \alpha \cdot L(t_m - t_o) \quad\text{.........................................................(2-5)}$$

式中 $\alpha$ 為鋼卷尺之膨脹係數，$L$ 為觀測距離，$t_m$ 為量距時之平均溫度，$t_o$ 為測尺在檢定時之溫度。

**例3** 設某 30 公尺之測尺在 10℃時為標準長，今在某測區施測時之氣溫為 20℃，試問：

　(1)該測尺在 20℃時之實際長為若干？

　(2)若已用該尺量得二點間之距離數為 345.678 公尺，試求該二點間之實際距離。

解 (1)改正數 $= 30 \times (20 - 10) \times 0.0000116 = 0.0035$ m

該尺之實際長 $= 30 + 0.0035 = 30.0035$ m

(2)該段之實際距離 $= \dfrac{30.0035}{30} \times 345.678 = 345.718$ m

若量距時之溫度相同，則溫度誤差有累積性，亦屬系統誤差。

溫度計施測之位置，應儘量與測尺接近，且其金屬管之色澤亦應與測尺相近，俾使二者受熱之程度相同。

### 3. 中陷誤差

測距時如尺面不能全部著地，遂因測尺本身之重量而形成**中陷**(Sag)現象，此時測尺之形狀即如同**懸鏈線**(Catenary curve)一般，中間下垂。測量時如有中陷情形，會使所量得之距離較實際應有者為長，即誤差之改正符號應為"－"。

消除因中陷而產生之誤差，其法有三：

(1) 用分段量測，使下垂之誤差能減至最小。

(2) 於測尺中間設立托樁，以縮短懸空之長度。

(3) 用改正公式求算。

設檢定尺長時，卷尺全部著地，$C_S$示中陷改正數，$l$示測尺之二端點或二托點間之距離(公尺)，$P$為量距時對測尺所施之拉力，$W$示測尺之全重，或二托點間之重量(公斤)，則由拋物線之關係式可以推得

$$C_S = \frac{-W^2 \cdot l}{24P^2} \quad\text{.................................................(2-6)}$$

中陷誤差亦屬累積誤差，其大小與二托點間之尺長及其橫斷面積之大小有關。

**例 4** 假設在二點相距 50 公尺處，以測尺懸空量距，兩端所施之張力為 12.5 公斤。若該段測尺之總重為 1.5 公斤，試求其

(1)中陷改正數。

(2)二點間之實際距離。

**解** (1)中陷改正數 $C_S = \dfrac{-50}{24} \times \left(\dfrac{1.5}{12.5}\right)^2 = -0.030$ m。

(2)二點間之實長 $= 50 + (-0.030) = 49.970$ m。

## 4. 張力誤差

當測尺在檢定時與在測區施測時所施之張力不一致，即會產生張力誤差。

量距時張力過大(或過小)，則測尺伸長(或縮短)，會使量得之距離過小(或過大)，改正數之符號應為" ＋ "(或為" － ")。

設 $C_P$ 為測尺因張力之增減所生誤差之改正數(公尺)，$P$ 為測距時所施之張力(公斤)，$P'$ 為檢定時之標準張力(公斤)，$L$ 為測尺全長，$A$ 為卷尺之橫斷面(即截面)積(平方公分)，$E$ 為楊氏彈性係數，在普通鋼卷尺中，約為 1,970,000 公斤／平方公分，可由下式計算得張力改正數

$$C_P = \frac{(P - P') \cdot L}{A \cdot E} \quad\text{............(2-7)}$$

**例 5** 設某 30 公尺長之鋼卷尺，尺重 1.5 公斤，施測時所施之張力為 12 公斤，檢定時為 10.5 公斤。已知該鋼卷尺之截面積約為 0.065 平方公分，求張力改正數。

**解** $C_P = \dfrac{(12 - 10.5) \times 30}{0.065 \times 1970000} = 0.00035\text{m} = 0.35\text{mm}$

由上例可知張力變化影響於尺長者並不大。

施測時，若張力一定，則張力誤差為累積性之系統誤差，若張力大小不定，則其屬相消性之偶然誤差。

張力誤差可藉下述二法消除之：

(1) 量距時藉彈簧秤之助，使其保持與原檢定時相同之張力。

(2) 用公式求改正數後，予以改正。

### 5. 測尺偏倚

量距時，後尺手因以目測法標示直線方向，不夠準確，導致前尺手所插之測針稍微偏離方向，會使量得之距離過長。故其誤差改正數之符號應該為"－"。

如圖 2-14 所示，設 $C_a$ 示因測尺偏倚所生誤差之改正數，$d$ 示尺端因標示方向不準所產生之離線距離，$L$ 示測尺長度，可得下式

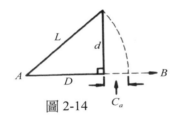

圖 2-14

$$C_a = -\frac{d^2}{2L} \quad\cdots\cdots\cdots\cdots\cdots(2\text{-}8)$$

例 6 以目測定線，測尺長 30 公尺，當尺端偏倚 0.3 公尺時，試問其在正確方向線上應有之距離為若干？

解 $C_a = \dfrac{-(0.3)^2}{2 \times 30} = -0.0015\text{m}$

故其在正確方向線上應有之距離

$D = 30 + (-0.0015) = 29.9985\text{m}$

該式亦可用畢氏定理推得。

　　由上例可知，用目測瞄準測線方向時，即使偏離方向遠達3公寸，其影響亦甚微。事實上，在施測時，我們總是在盡力的避免偏倚的情形發生，即使會有誤差附著，亦不太可能超過1公寸，故量距時，此項誤差可以略而不計。

## 6. 測尺傾斜

　　測尺傾斜是指水平量距時，測尺未能真正在水平線上施測。例如在草叢上、凹凸不平之地面上量距，或誤認斜距為平距等情形，都會使量得之距離過大。其誤差改正數符號應為負值。

　　例如，在1/100之傾斜坡地用30公尺長之測尺量距，其高差為0.3公尺，由2-4節公式2-2得知其斜距與平距之差值為

$$S - D = \frac{h^2}{2S} = \frac{(0.3)^2}{2 \times 30} = 0.0015 \text{ m}$$

同法，如在2/100之傾斜地量距，每30公尺之差為0.006；3/100傾斜地量距，每尺之差將提升至0.0135公尺。
從上例可知，傾斜度愈大，斜距與平距之差亦愈明顯。

　　欲減小此項誤差，在傾斜較明顯之地區，宜先用水準儀量取高差，俾供實行改正之用。

## 7. 對點不準

　　量距時，下坡一端常須將測尺提升成水平，並藉懸吊之垂球投影來標定點位。此種標示法難免會有偏前、偏後之情形發生。由於其誤差符號不定，且具有相消性，故應屬偶然誤差。

　　偶然誤差的總和公式為

$$E = \pm e \sqrt{n} \dotfill (2\text{-}9)$$

式中 $n$ 為觀測次數

**例 7** 設以 30 公尺長之鋼卷尺量一傾斜地,得其平距為 120 公尺,假設
(1)以垂球投影方式標定點位,其誤差為 ±0.015 公尺。
(2)以插測針標定時之誤差為 0.003 公尺,求其對點誤差 $e_u$。

**解** 以 30 公尺長之測尺量 120 公尺之距離需 4 次,即 $n = 4$
(1) $e_u = ±0.015\sqrt{4} = ±0.03$ (m)
(2) $e_u = ±0.003\sqrt{4} = 0.006$ (m)

　　普通距離測量,在未施以各項誤差改正之前,其主要誤差為系統誤差,亦即系統誤差較偶然誤差為大,其測距總差約與距離之長度成正比;在精密量距中,系統誤差因已作各項改正,故在測距總差中出現的機會遠較偶然誤差為小,則測距總誤差與距離長度之平方根成正比。

　　量距最怕發生錯誤,像錯讀、錯記、數錯計數用的測針、誤認零點、或卷尺倒向讀數等,這些錯誤一旦發生,則前述之各項改正,將毫無意義,故宜特別謹慎從事。

　　至於在上列各項量距誤差中,影響成果較大者,諸如尺長、溫度及傾斜誤差等,在精密測量中,均應詳加記錄、妥善改正。如量距精度在五千分之一以下時,對於溫度之微小變化,測線方向之些許偏倚,均可不必顧慮;至於中陷及張力問題,只要是施測時方法得宜,亦可避免發生。

# 2-8 量距精度

　　影響量距精度的因素很多,除了卷尺、張力、溫度等可以量化的因素之外,尚有施測的方法、作業人員的經驗與技巧、以及環境等無形因素存在。故很難掌握到預期的精度。

概而言之，影響量距精度之最重要因素有四：

(1)　因測尺之下陷所引起之「中陷誤差」為$e_s$(＋)。

(2)　因測尺不水平所引起之「傾斜誤差」為$e_h$(＋)。

(3)　因溫度之變遷所引起之「溫度誤差」為$e_t$(＋或－)。

(4)　因投影不正確所引起之「對點誤差」為$e_u$(偶然誤差，＋或－)

今假設有一鋼卷尺長30公尺，全尺重1.5公斤，對210公尺之距離施測。除上述四誤差根據作業經驗給予假設值外，其他誤差均不計較，我們可以將之歸納，如表2-1所示。

表2-1中總誤差$e$的求法，根據平差公式，並以上表中崎嶇地形之值為例：

由平差公式

$$e = n \times (e_s + e_h \pm e_t) \pm e_u \sqrt{n} \quad\text{.......................................................... (2-10)}$$

以30公尺之尺量210公尺之距離，則$n = 7$，故

$$e = 7 \times [(+0.012) + (0.014) + (\pm 0.003)] \pm 0.015\sqrt{7}$$

得　　$0.1213 \leqq e \leqq 0.2427$

又，精度＝$\dfrac{e}{距離總和}$，今距離以210公尺代入，得

$$\frac{1}{865} \leqq 精度 \leqq \frac{1}{1731}$$

在習慣上，精度皆以整數為分母，且分子恒為1，亦即可將其分母酌予提升。

吾人若須更高之精度，則需用彈簧秤測定張力，用溫度計測定溫度，用輕質之鋼卷尺以減少下陷誤差，並作各項系統誤差之改正，則其精度可達到1：20,000甚至達1：30,000。

表 2-1

| 地面 | 經驗假定值 | 主要誤差來源 | 量距作業方式 | 總誤差 $e$ | 相應之精度範圍 |
|---|---|---|---|---|---|
| 崎嶇地區 | $e_s = +0.012$ m<br>$e_h = +0.014$<br>$e_t = \pm0.003$<br>$e_u = \pm0.015$ | 起因於測尺中陷，測尺不水平，溫度變遷及對點不準。 | 1. 將尺持平；下坡處用垂球投影尺端於地面。<br>2. 坡度較陡處採分段式施測。<br>3. 張力之大小，憑經驗。<br>4. 不對溫度變化，張力不一致，中陷誤差等作改正。 | 0.1213 至 0.2427 | $\frac{1}{865}$ 至 $\frac{1}{1731}$ 之間，有經驗者可提升至 $\frac{1}{1000}$ 至 $\frac{1}{2000}$。 |
| 平坦地區 | $e_s = +0.004$<br>$e_h = 0$<br>$e_t = \pm0.003$<br>$e_u = \pm0.002$ | 起因於溫度變化及測尺傾斜。 | 將尺貼地面施測，可能含有百分之二、三之傾斜，未予顧慮。 | 0.002 至 0.0543 | $\frac{1}{3867}$酌予誤差改正可掌握在 $\frac{1}{5000}$ 以上。 |
| 水泥地或柏油路面 | $e_s = 0$<br>$e_h = 0$<br>$e_t = \pm0.002$<br>　　$\sim\pm0.003$<br>$e_u = 0$ | 主要起因於溫度之變化。 | 1. 溫度不作實際觀測，僅作些微調整。<br>2. 張力大小憑經驗，對點不準等誤差不予顧慮。 | 0.014 至 0.021 | 鋼卷尺量距之精度最大可達 $\frac{1}{10,000}$。 |

# 2-9　電子測距儀測距

## 1. 概說

　　**電子測距儀**(Electronic distance measurement 簡稱 E.D.M)是用無形而已知波長之連續電磁波來測量距離。

　　所謂**電磁波**，是指因電場與磁場的交感作用而產生的一種"波"，這種波因受電磁場強度的升降所影響，而像波浪一樣的在運行；而且任何形式的電磁輻射都是以等速運行，非常規則。

電磁波也像海浪一樣有波長和頻率。兩波峰之間的距離稱爲**波長**(Wave length)，而每秒鐘通過二固定點間的總波長就叫**頻率**(Frequency)。測量距離就是利用這個原理。

## 2.　測距原理

如圖 2-15 所示，自 $A$ 發送一訊號出去，經一相當時間 $t$ 後，到達 $B$ 點，故 $B$ 訊號之相位，必因相應而延遲。因此比較 $A$、$B$ 任一瞬間之訊號，必有一常數之相位差存在。

設以 $\Delta\phi$ 表 $AB$ 兩點間之相位差，則其距離可以下式表示之

$$\Delta\phi = m \cdot 2\pi + \Delta\phi' \quad\text{.....................................(2-11)}$$

式中每 $2\pi$ 即爲一個相位，$m$ 表整相位數，其不足一相位之餘數則以 $\Delta\phi'$ 表示。

我們若將每一相位相應之波長用 $\lambda$ 來表示，不足一相位之 $\Delta\phi'$ 用 $\Delta\lambda$ 表示，則上式可表爲

$$D = m\lambda + \Delta\lambda \quad\text{...............................................(2-12)}$$

此即是以波長量度距離之關係式。測量所用之波長爲正弦函數波。惟宜注意者，此式僅爲單程距離，而由儀器上所量得者，應是往返雙程之距離。

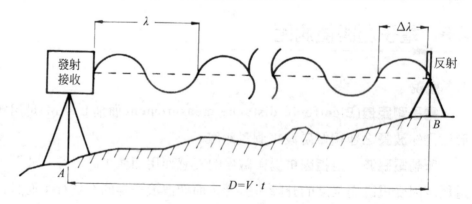

圖 2-15

**3. 電子測距儀之分類**

電子測距儀因儀器所使用電磁波的頻率不同，可分爲光電測距儀(Geodimeter)與微波測距儀(Tellurometer)兩大類。

(1) 光電測距儀

**光電測距儀**是應用可見光、雷射(Laser)、或紅外線等極高頻率之電磁波爲載波，利用相位比較原理來求兩點間的距離。

在太陽的輻射中，有一種不可見光而具發熱效應的光線，由於在三稜鏡分光之下，它的位置正好在光譜中紅色部份之外，故稱爲「**紅外線**」(Infra-red)。除了太陽之外，宇宙間凡是溫度超過絕對零度以上的物體，都會放射紅外線。例如**雷射**──一種經由人工設計，能夠產生非常明亮的單一波長光線，它能被極其緊密的光束射出而成爲測距儀光源的來源之一。測量上是用**鎵一砷二極管**(Gallium-arsenide diode)來產生輻射光，該光之波長正介於紅外線光譜波段間。由於紅外線所產生的光束藉較高頻率之載波爲媒介，經遠站之反射鏡反射後折回，再經**解調**(demodulation)，使測量波自載波中分出，而求得兩點間之距離。

此類儀器在工程上使用甚爲普遍，在數公里以內較短距離中，每公里測距誤差僅約±10mm，故測距精度甚高。

(2) 微波測距儀

**微波測距儀**是應用波長在8mm至10cm間之無線電微波爲載波，將兩副完全相同之儀器，分別架設於測線之二端，當主站發射之微波到達副站，並經接受後，立即再射回主站，我們即可從儀器上讀得經解析後該測線的距離。

微波測距儀所能測得之距離，比光電測距儀要長，約可達到一百五十公里，而且在有雨霧的惡劣氣候下，亦能作觀測，是其優點。但因其在長距離的行進中，會受到沿線濕度、溫度或大氣壓力變遷的影響，故應作各項改正。

此外，尚有大地測距儀及雷達測距。**大地測距儀**是利用調頻向反射器發射光波，當其折返至主儀器後，經由**光電倍增管**(Photo tube)變為**電訊號**(Electric signal)，直接在顯示器上讀距離。**雷達測距**通常用於**海洋及水道測量**(Oceanographic surveys and Hydrographic surveying)。這幾種測量儀器在一般工程上使用之機會較少，茲從略。

### 4. 光電測距儀之基本結構

電子測距儀之基本結構，必須要具有下列各裝置：

(1) 電源。

(2) 測量波、載波頻率之產生器及調制系統。

(3) 發射及接收系統。

(4) 測定相位差裝置。

(5) 將相位差經解調，轉變為距離，並以數字顯示。

光電測距儀的生命週期很短，儀器中電子原件的自然衰退，是原因之一，而新產品的快速開發，逼使老舊機型不再生產，以致零組件更換困難，亦是使它被淘汰的真正因素。由於老舊儀器中振盪器的衰退，會對正常波長產生影響，將會波及到精度，因此宜作定時檢驗，以維護成果之可信度。

在 4-11 節(全測站測量儀)及第十章(GPS)中，我們還會談到間接測距的其他方法，而且該二種作業方式皆有逐漸取代單純測距儀的趨勢。

## ── 習題

1. 欲提高量距精度，鋼卷尺在量距作業中，該注意那些事項？為甚麼？

2. 在距離測量誤差中，那些是系統誤差，其改正數之符號各如何？又，那些屬偶然誤差，其誤差符號為何？

3. 影響於量距精度較為顯著之誤差有那幾種？如何防範其發生或消除？

4. 在測距時有那些錯誤容易發生？如何避免？

5. 電子測距儀有那幾類？試從其性能上將其優缺點作一比較。

6. 以 30 公尺之竹尺與等長之標準尺作比較，知竹尺較標準尺短 0.004 公尺。今以該竹尺量得 $AB$ 二點間之距離為 234.567 公尺，求 $AB$ 二點間之實長。

   答：234.536 m

7. 設一長為 50 公尺鋼卷尺，其截面積為 0.032 平方公分，檢定時之標準張力為 12 公斤；施測時之張力為 15 公斤。今量得一測線之距離為 876.543 公尺，試問該測線實際長度應為多少公尺？(楊氏彈性係數為 1,970,000 kg/cm²)

   答：876.587 m

8. 設一鋼卷尺長 30 公尺，在溫度 14℃、張力 10 公斤的情形下檢定，其實長為 30.0032 公尺。今以此尺於 22℃ 之氣溫下，在一傾斜地形測區內量平距，量得測線長為 345.678 公尺，且已知該尺全重為 1.5 公斤，施測時之張力與檢定時相同，求該測線之實際長度。

   答：345.423 m

9. 一長 30 公尺之鋼卷尺，檢定時之溫度為 20℃，當時的尺長為 30.002 公尺；今用以測距，測量時平均之氣溫為 28℃，量得測線長為 543.21 公尺，求此線之實際長。(鋼之膨脹係數為 $11.6 \times 10^{-6}$℃)。又，鋼卷尺在何溫度時，其真長與名義長一致？

   答：543.300 m；14.253°C

CH **3**

# 高程測量

## 3-1 概述

應用人造水平面以求取兩點間高差之方法，稱爲**高程測量**(Measurement of difference in elevation)，或**水準測量**。其目的在測定地面上諸點間之高低差。應用水準儀(Level)直接測定地面上兩點所豎標尺(Level rod)上之讀數，以求得其高程差，並據以推算地面上其它諸點高程之測量，稱爲**直接高程測量**(Direct leveling)，或**直接水準測量**；因是以逐點比較的方法在求高差，故又稱**逐差水準測量**。該法適用於地面起伏較小之地區。至於地面起伏較大的山區，通常是用經緯儀(Transit)來測定兩點間之垂直角及水平距離，再應用三角學原理來推算其高程差，稱爲**間接高程測量**(Indirect leveling)或**間接水準測量**。此外，在起伏較大山區，亦可藉各點因所受大氣壓力之不同，來推算其高差者，稱爲**氣壓高程測量**(Barometric level)。

高程測量是地形測繪、路工定線，乃至庫壩及其它工程中施工作業的基礎，應用非常廣泛。本章僅介紹直接高程測量的理論、儀器與作業方法；並扼要介紹氣壓高程測量。至於間接高程測量部份，因涉及到垂直角觀測部份，將留待第四章4-6節中討論。

## 3-2 名詞定義

如圖3-1所示，將原爲旋轉橢球體、且高低起伏極不規則的地球表面，想像成一個平滑的曲面；凡與此曲面平行之任一表面，稱爲**水準面**(Level surface)。靜止之水面即爲水準面。我國測量界取浙江坎門等地驗潮站歷年潮汐觀測之平均位置爲零，用以推算其它各地的高低。此項含有零點意義，而爲全國高程起算之水準面，稱爲**水準基面**(Datum level)，又稱基準表面。此海水平面之平均位置稱爲**平均海水面**(Mean sea level 縮寫為 M.S.L)。獨立而小地區的測量，若因工程需要，其水準基面亦可自行假設。

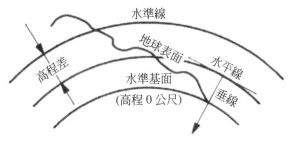

圖 3-1

切於水準面之平面，稱為**水平面**(Horizontal plane)；切於水準面之直線，稱為**水平線**(Horizontal line)。水準面上兩方向線之交角，稱為**水平角**(Horizontal angle)。

通過地心之平面，與水準面相交，其交線稱為**水準線**(Level line)；此割平面與水準基面相交處所得之圓，稱為**大圓**。地表上兩點間之距離，是指經過此兩點在大圓上的弧長；此距離稱為**水平距離**(Horizontal distance)簡稱**平距**。測量上所指之距離，悉以平距為準。

自地表某點至水準基面之垂直距離，稱為該點之**標高**(Elevation)；標高又稱**高程**或**海拔**。兩點間垂直距離之差，稱為該兩點的**高(程)差**(Difference of elevation)或**比高**。

標示已知高程之點，稱為**水準點**(Bench mark)，縮寫為 B.M.。水準點分臨時性與永久性兩種。普通在四等以下之水準測量，以設置臨時性點為主，其點位多設在堅硬之岩石、樹根或建築物之基礎上，頂端刻以十字記號。重要之水準點則應行埋設石樁或水泥樁，其形式如圖 3-2 所示，頂端鑿成直徑約三公分之半球形，或於樁頂中央崁以特製之半球形鋼釘或金屬球。樁之四周，分別刻以該點之等級、編號、埋石機關名稱及日期等，以資識別。

　　在逐差水準測量中，如已知A點之標高$H_A$，欲求未知點B之標高$H_B$。

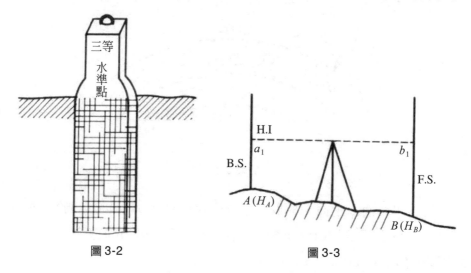

圖 3-2　　　　　　　　　　　　　　圖 3-3

　　如圖 3-3 所示，今在AB之間設站，用水準儀水平照準在A點豎立之標尺，其讀數為$a_1$，稱為**後視**(Back sight)，或B.S.，以正號示之；在B點標尺上之讀數$b_1$稱為**前視**(Fore sight)或F.S，以負號示之。水準儀水平視線之高，稱為**視線高**(Height of instrument)或儀器高，縮寫為H.I。上述三者之關係式為

$$H.I = H_A + B.S(即\ a_1).........................................(3\text{-}1)$$
$$H_B = H.I - F.S(即\ b_1).........................................(3\text{-}2)$$

　　若二點間之距離過長，水準儀無法一次求得其高差時，可於中間適當地點先行補點，求出高程，供作其它點轉繼之用，該點即稱為**轉點**(Turning point)，以符號T.P表示。在工程上，有時用一個後視，同時推讀出許多前視，以決定各點之高程，這些點稱為**中間點**(Intermediate point)以I.P符號表示；其在標尺上的讀數稱為**中視**或**間視**(Intermediate sight)，以I.S表示。

## 3-3　水準儀之構造

　　水準儀係由望遠鏡、水準器、及基座等三個主要部份所構成。茲分述如下：

**1.　望遠鏡(Telescope)**

　⑴　組成

　　　　望遠鏡在測量儀器中，使用的範圍非常廣泛；是由物鏡(Objective)、目鏡(Eyepiece)及十字絲(Cross hair)等所組成。

　　　　**物鏡**或稱**對物鏡**，其作用在使遠處的目標能清晰的縮小成實像於十字絲平面上；**目鏡**的作用，是將十字絲平面的縮小實像予以放大，以利觀測；而十字絲的中心，與物鏡光心之連線，稱為**照準軸**(The line of sight 或 Collimation axis)或**視準軸**，亦有稱**視軸**者，此軸即為測量時照準目標之依據。

　　　　近代儀器之物鏡，是由雙凸冕號玻璃(Crown glass)與平凹火石玻璃(Flint glass)膠合而成之複合透鏡，如圖 3-4 所示，其作用是在消除會使構像不清的**色像差**(Chromatic aberration)及**球面像差**(Spherical aberration)。又，由於光線在抵達物鏡表面時，會產生反射及因玻璃透明性不完全所生之吸收作用，使光量損失約 15 ％至 25 ％。為減少此項損失之發生，常在物鏡表面鍍以淡藍色之氟化鎂薄膜，稱為**消反射薄膜**(Antireflection coating)。

　　　　目鏡或稱接目鏡，亦為複合透鏡所構成，其放大率多半在 20 倍至 30 倍之間。有倒像與正像兩種：**倒像目鏡**(Inverting eyepiece)由兩片平凸、且凸面皆向內之透鏡所構成(此種目鏡稱藍茲登 Ramsden 目鏡)；由於物像經透鏡系統所成之虛像為倒像，觀測者較不習慣，比較容易產生錯讀，是其缺點，但所生之像清晰，且光亮損失亦較少，故目前精密之儀器仍多有採用者。**正像目鏡**(Erecting eyepiece)是由四片平凸透鏡組成，亦即在倒像目鏡中，再增加二片凸面相向的平凸透鏡(參閱圖 3-4)，使倒像轉成正像，以利觀測。由於鏡片增加，鏡筒則必須增長，且視界之明亮度亦減低，是其缺點。

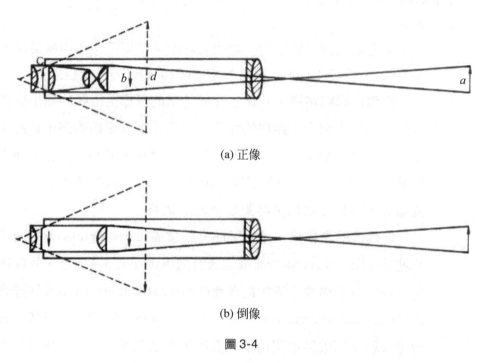

(a) 正像

(b) 倒像

圖 3-4

在目鏡前方之焦面處，置以玻璃板，板上刻有縱橫相交、且互相垂直的細黑十字絲，其交點即為觀測目標的準心，如圖 3-5。橫絲中央為讀水準標尺分劃的基準，縱絲為讀水平角之基準。該玻璃板係黏著在一圓環上，藉環外的四個**鉸盤螺旋**(Capstan screw)，可以將十字絲調整到望遠鏡筒內之正確位置上。十字絲因儀器廠牌不同而有各種不同的刻劃法，如圖 3-6 所示，即為較常見者。圖中直絲中之上、下二短橫線，為**視距絲**，是用來作間接距離測量用的。

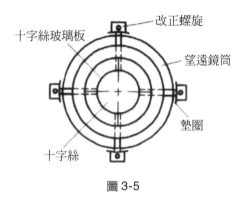

改正螺旋

十字絲玻璃板

望遠鏡筒

墊圈

十字絲

圖 3-5

圖 3-6

⑵　成像原理與調焦

圖 3-7 所示，在物理學中，望遠鏡的成像原理為

$$\frac{1}{a} + \frac{1}{b} = \frac{1}{f} \quad\text{.......................................................(3-3)}$$

式中 $a$ 為**物距**，即物體與物鏡間的距離，$b$ 為**像距**，即影像對物鏡間的距離，$f$ 為**對物鏡之焦距**。由於 $f$ 是一常數，物距 $a$ 因物體之遠近不定，而在改變，故欲使其在任何距離下，均能產生清晰的像，必須調節對物鏡或接目鏡，使符合公式，此種調節動作稱為**調焦**(Focusing)。凡望遠鏡必須藉移動物鏡(或目鏡)來作調焦者，稱為**外調焦望遠鏡**(External focusing telescope)。

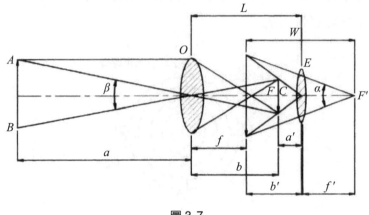

圖 3-7

外調焦望遠鏡之鏡筒因無法維持定長，以致在調焦時，常使儀器之重心無法穩定；又因鏡筒必須保持能夠伸縮，塵埃、濕氣等均易侵蝕，會使鏡筒容易鬆動，這些現象，都會對觀測成果產生不利的影響。近代儀器多在物鏡與十字絲之間，加裝一塊可以前後移動的雙凹透鏡，以為因應。該雙凹透鏡可藉筒外之調焦螺旋的轉動，而在筒內前後移動，可以使遠近不等處的目標，均能清晰的凝聚成像，呈現在十字絲面上。具有此種功能的望遠鏡稱為**內調焦望遠鏡**(Internal focusing telescope)。由於其鏡筒為定長，且透鏡密封於鏡筒內，不易受濕氣及塵埃的侵入，又可以使望遠鏡的重心維持穩定，是其長處。惟因鏡筒內增置調焦透鏡後，會使物像的亮度受損，故須用大孔徑的物鏡來予以補救。

(3)　放大率與分解力

望遠鏡之**放大率**(Magnifying power)為眼睛經由目鏡所見虛像在眼所成之角，與物體在眼所成之角之比，亦即圖 3-7 中 $\alpha$ 與 $\beta$ 之比。因其值大致和物鏡焦距與目鏡焦距之比相等，故通常即以物鏡焦距 $f$ 與目鏡焦距 $f'$ 之比示之，即

$$m = \frac{f}{f'} \quad\text{............................................................................(3-4)}$$

**分解力**(Resolving power)是指透鏡清晰分離兩點間之最小角距，以弧度示之；分解力$R$可由下式求得

$$R = \frac{1.22\lambda}{d} \cdot \rho'' \quad\text{...................................................................(3-5)}$$

式中$d$為望遠鏡之有效孔徑(單位：mm)，$\lambda$為光線之波長，其值約為$560 \times 10^{-6}$(mm)，$\rho'' = \frac{180}{\pi} \times 60 \times 60$；將上述各值代入上式，得

$$R = \frac{141}{d} \quad\text{...........................................................................(3-6)}$$

⑷ 視界與亮度

　　當望遠鏡位置固定不動，肉眼從望遠鏡中所見遠處標尺上最上與最下端二光線所形成之夾角，稱為**視界**(Field of view)或**視野**。望遠鏡之視界愈大，則找尋目標愈容易。一般水準儀之視界，約在1°左右。

　　設$R$示望遠鏡在標尺上讀得之最上方與最下方讀數之差值，$D$為儀器至標尺間之平距，則視界值$g$可以由下式求得

$$g = \frac{R}{D} \cdot \rho° \quad\text{..............................................................................(3-7)}$$

$\rho° = \frac{180}{\pi}$。

　　望遠鏡的**亮度**(Illumination)，取決於物鏡之**孔徑**(Objective aperture)及焦距；當物鏡孔徑較大，則亮度與清晰度均亦隨之增大。

⑸ 物距、亮度、與鏡筒長度之關係

　　在圖3-7中，設$a'$為物像到目鏡之距離，$b'$為像距，$f'$為目鏡之焦距，$L$為望遠鏡鏡筒長，由透鏡成像公式知，

$$\frac{1}{a'} - \frac{1}{b'} = \frac{1}{f'} \quad\text{...............................................}(3\text{-}8)$$

將上式與(3-3)式代入

$$L = b + a' = \frac{f}{1 - \dfrac{f}{a}} + f' - f'\frac{12}{W} \quad\text{.................................}(3\text{-}9)$$

式中$W$示明視距離，其最後兩項可視作常數處理。

由(3)、(4)、(5)知：

①　當物鏡焦距$f$增大，則鏡筒長度$L$應予縮短；物距減小，則鏡筒長度應增加。

②　當望遠鏡放大倍率增大，即物鏡焦距增長，則會影響到亮度及視界。

　　由此可知，影響望遠鏡好壞的因素甚多，且彼此間均有密切的關係存在，故在選擇時不可只重視一兩種條件，而忽略掉其它因素。

(6)　望遠鏡的用法

　　在使用望遠鏡作觀測之前，應先作好下述三步驟：

①　調整目鏡焦距：將望遠鏡對準天空，或白色壁面之建築物後，轉動接目鏡，將十字絲調整至完全清晰。

②　調整調焦透鏡焦距：轉動調焦透鏡調焦螺旋，使物體清晰的成像於十字絲平面上。

③　消除視差：當觀測者之眼睛上下、或左右移動時，十字絲之像與物體之像發生相對移位時，此種現象稱為**視差**(Parallax)；其原因是像平面與十字絲平面未完全重合一致所致。重行操作①、②兩項，即可將視差消除。

待所成之像與十字絲均清晰後，才可按作業方法正常操作。

**2. 水準器與基座**

(1) 水準器之構造與型式

　　　　**水準器**(Bubble tube)的作用，是在檢視儀器是否水平，亦即使儀器之垂直軸(Vertical axis)垂直。有管狀及圓形兩種。測量儀器上之精密定平工作，多以管狀水準器(Tubular level)為依據，其原因是因為它的精度較高。

　　　　管水準器是由具有均勻曲率的長形玻璃管所構成，管之縱斷面為圓弧。管內裝酒精或**醚**(Ether)，兩端在密封時預留一部份空隙，使成氣泡(Bubble)。如圖 3-8 所示。管內弧面之最高點為**基點**(Mid point)，過基點之切線稱為**水準線**(Axis of the level tube 或 Tangent line of the bubble tube)；當氣泡正居中央時，即示水準軸已與該儀器底面平行。管內自中點起，向左右兩端每隔 2 公厘刻一短線，俾供觀測者瞭解氣泡偏離的情形。管端並有改正螺旋供氣泡校正居中之用。

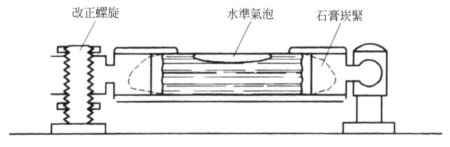

圖 3-8

　　　　**圓形水準器**(Circular level)是由密閉式、柱狀、球面玻璃管所構成，柱內裝入酒精或**醚**，稍留空隙使成氣泡。頂面中心並刻以小圓圈，當氣泡進入圓圈內，即示儀器已約略水平。圓形水準器僅供儀器作概略定平之用。

(2) 水準器感度之測定

水準器玻璃管上每分劃所對圓心角之大小，稱為該水準器之**感度**(Sensitiveness)或**靈敏度**。靈敏度與裝入之液體的黏性、表面張力及水準管之曲率大小有關。

設 $\alpha$ 示水準器之感度，$R$ 示水準器之曲率半徑，$d$ 示水準器上每一刻劃之長度，普通為 2 公厘，$\rho''$ 示半徑角，$\rho'' = 206265''$，得

$$\alpha = \frac{d}{R} \cdot \rho'' \quad\text{.................................................................(3-10)}$$

水準器之感度，實地上可以下法測定：如圖 3-9 所示，在 $A$ 點設置水準儀，照準 $B$ 點之水準標尺，$AB$ 間之距離為 $D$，約在 10 至 30 公尺之間。先將水準器之一端，藉踵定螺旋調整至管之最前端某一分劃處，讀水準儀之橫絲在標尺上之刻劃數，設為 $r_1$；再轉動踵定螺旋，使氣泡移動 $n$ 格，至管之另一端，仍如上法讀標尺上之刻劃數，設為 $r_2$，則二刻劃間相應之角度(即感度)應為

$$\alpha'' = \frac{r_2 - r_1}{n \cdot D} \cdot \rho'' = \frac{S \cdot \rho''}{n \cdot D} \quad\text{.............................................(3-11)}$$

又如兩刻劃之間隔為 $d$，亦可由下式求水準器之曲率半徑

$$R = \frac{n \cdot d \cdot D}{r_2 - r_1} = \frac{n \cdot d \cdot D}{S} \quad\text{.............................................(3-12)}$$

水準器之曲率半徑愈大，則氣泡愈靈敏，所測成果精度亦愈高；但亦必須要儀器的其它部份亦能與之配合，否則只會徒增整平儀器的時間而已。

水準器不宜受日曬，因日曬後會使氣泡失去感應力。

(3) 基座及三腳架

如圖 3-10 所示，水準儀之水準器、望遠鏡，皆是裝置在凵字形的支架上，支架下方之中央，又與和望遠鏡互相垂直之縱軸

(Vertical axis)(亦稱垂直軸)相連。縱軸成錐體形，插入於底部之套筒內，其重量皆靠下方之基座(leveling head)所承載。

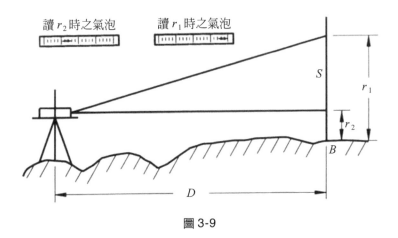

圖 3-9

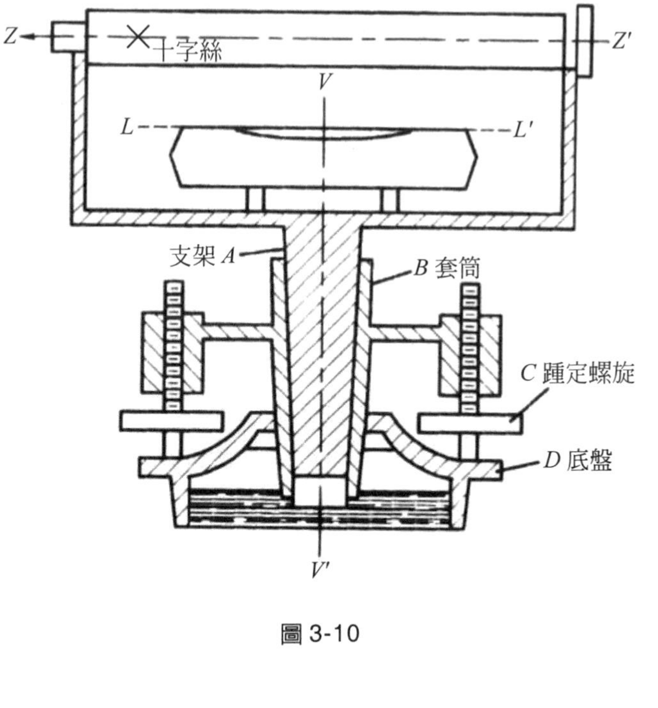

讀 $r_2$ 時之氣泡　　讀 $r_1$ 時之氣泡

圖 3-10

三腳架(Tripod)乃用以支撐儀器，並使望遠鏡與地面保持一適當距離，以利讀數及操作。分架首及架腿兩部份，藉架栓聯結。有金屬製與硬木製者兩種。架腿有抽取式及固定式兩種。架腿下端崁以鐵爪，爪之上方另有突起之足踏，以便於使用時，可以藉足踏使鐵爪深入地面。

**3. 水準儀之軸、裝置原則及螺旋**

(1) 水準儀之三軸及其裝置原則

水準儀有三軸，即照準軸、水準軸與垂直軸是也。

① **照準軸** — 亦稱**視準軸**或**視軸**，是指望遠鏡中，十字絲中心與物目鏡光心的理想連線。如圖 3-10 中之 $ZZ'$。

② **水準軸** — 是指過水準器之基點，且切於弧面之直線。如圖 3-10 中之 $L$、$L'$。

③ **垂直軸** — 亦稱**縱軸**，爲望遠鏡左右迴轉之中心軸，其方向爲重力方向。如圖 3-10 中之 $VV'$。

在結構上，三軸之基本關係爲：照準軸 $Z$、$Z'$ 必須與水準軸 $L$、$L'$ 平行，二者且皆須與垂直軸 $V$、$V'$ 互相垂直。

(2) 螺旋

① 制動與微動螺旋

水準儀上望遠鏡之左右平轉，是靠**制動螺旋**(Clamp screw)及**微動螺旋**(Slow motion screw 或 Tangent screw)來控制。**制動螺旋**在掌控大方向之固定；將其固定後，再轉動**微動螺旋**，仍可作些微的移動，俾便十字絲能精密的對正目標。

微動螺旋必須待制動螺旋旋緊後，才能發揮微動的功能；又微動螺旋行進的幅度也很小，切不可作大幅度的移動，否則會產生失效現象。

② 踵定螺旋

水準儀的定平工作可由**踵定螺旋**(Level screw或Foot screw)(亦有譯腳螺旋者)來操作。一般儀器之踵定螺旋爲三個；原美式舊型儀器亦有四個者，目前已漸被淘汰。

③ 傾斜螺旋

**傾斜螺旋**(Tilting screw)裝設在望遠鏡目鏡端之下方，其主要功能是，在實施逐差水準測量時，其整置儀器水平作業，氣泡只須概略居中，待讀數時再藉傾斜螺旋快速使氣泡居中，以節省定平作業之時間。

如圖 3-11 所示，$T$爲傾斜螺旋，旋轉此螺旋望遠鏡可上下傾斜，使氣泡居中；$V$爲支點，亦即儀器之垂直軸；$S$爲傾斜螺旋進退之距離。傾斜螺旋上刻有分劃，通常是取$d$長之百分之一爲單位，用以讀定螺旋在$S$方向移動之距離。在觀測時，如立於$B$點標尺上之讀數爲已知，可藉相似形關係推得其公式

$$\frac{L}{BC} = \frac{S}{bc} \text{ , } \frac{VA}{AB} = \frac{Va}{ab} = \frac{100}{n}$$

式中$L$爲傾斜視線與水平視線在標尺上所夾之距離，$n$爲在傾斜螺旋上所讀得之分劃數。

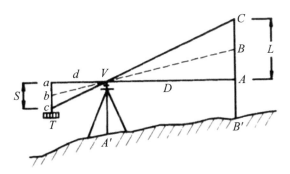

圖 3-11

(3) 提升觀測精度設施

① 水準器之符合讀法

水準測量時，因每次讀定標尺讀數之前，皆須圍繞儀器走動，以便於察看氣泡是否居中，非僅增加觀測時間，且會損及觀測精度。

**符合讀法**(Coincidence method)乃利用稜鏡之折光原理，將原爲管狀氣泡之二端，投射在另一垂直(或水平)之稜鏡中，使其同時呈現出氣泡兩端之半像；當管中氣泡居於正中，則垂直面(亦有呈水平方向者)之成像爲兩端等長，而呈吻合之影像如圖3-12中之(A)；若管中之氣泡未居中，則其成像則似圖3-12中之(B)。該圖爲Kern廠GK23型水準儀之符合氣泡折光情形，圖中A、B處之氣泡特放大於下方，以便於瞭解。

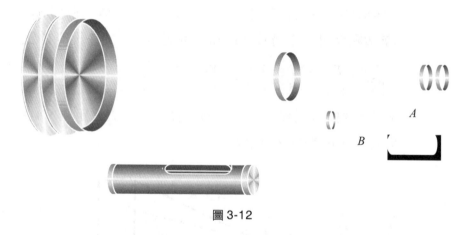

圖 3-12

符合讀法的優點有二：

❶ 水準器由原先之水平方向觀察改變爲自目鏡方向即可觀察，可免觀測者四周走動之苦，及減少地面之震動。

❷ 在讀定反射之窗口，因另置一凸透鏡，將影像放大，可提高

觀測之精度。

② 平行平面玻璃版

　　**平行平面玻璃版**(Parallel glass plate)亦稱**平行玻璃版**，是指在望遠鏡物鏡前端加裝的兩面互相平行之玻璃版，其作用是在藉玻璃版之傾斜折光，使視軸平行升降，來精密讀定標尺上最小分劃之小數值。圖 3-13 示蔡司 Ni-2 型水準儀加裝情形，(a)示連接情形，(b)示測微鼓。

(a)

(b) 平行玻璃版測微鼓讀數爲 0.37

圖 3-13

　　其構造如圖 3-14 所示。平行平面玻璃版與測微鼓靠一連桿互相連結，當旋轉測微器時，長桿帶動平行玻璃版，使之傾斜，照準軸亦隨之升高或下降，其所升降之距離爲$\delta$，$\delta$之大小，視玻璃版傾斜之角度而定。由於測微器旋轉一周，照準軸在標尺上正好移動其一個最小刻劃之間隔，如圖 3-15 所示。故我們能從測微器之旋轉，在水準標尺上精密的讀到最小格刻劃內之讀數。當測微器刻劃爲 100 分劃，則可讀到標尺最小分劃的百分之一。

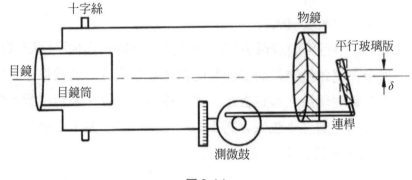

圖 3-14

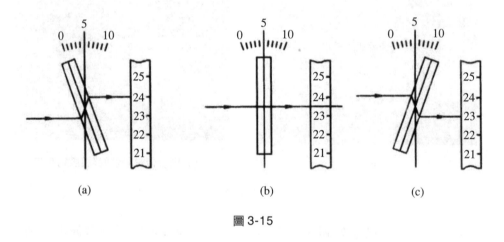

(a) (b) (c)

圖 3-15

③ 補正器

　　如圖3-16所示，在望遠鏡筒內十字絲面與調焦透鏡之間，裝置一組可隨鏡筒之微傾而變位之稜鏡，使微傾之視軸經由此組稜鏡後，仍能隨時保持水平狀況者。該組稜鏡即是由三塊稜鏡組成之**補正器**(Compensator)。如圖3-16所示，(a)為全圖、(b)為補正器放大情形，其中左、右二邊之折射稜鏡係固著於鏡壁上，而下方之直角反射稜鏡，則是由四條金屬絲懸掛於鏡筒上。該金屬絲不變形、伸縮,且不受磁性之影響。因重力作用,可在一定範圍內自由擺動。當望遠鏡微有傾斜時,接物鏡中心所進入之水平視線,即射向左邊固定之稜鏡上,經由折射,再射向懸掛之直角稜鏡;復由直角稜鏡反射至右邊之固定稜鏡,最後再經反射,通過十字絲之中心而達接目鏡上。由於直角稜鏡受重力之影響而永遠是自由下垂者,故即使望遠鏡有些微傾斜,仍不會影響及視線之水平。

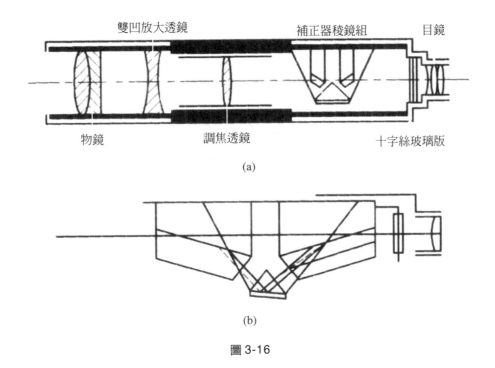

(a)

(b)

圖 3-16

# 3-4　水準儀之種類與舉例

　　水準儀的種類,可從儀器之構造及儀器之精密程度等兩種方法來分類。

**1. 從儀器構造上分**

(1) 轉鏡水準儀(Wye level)

　　轉鏡水準儀之望遠鏡,是靠二 Y 形之鏡叉在支撐,故又稱 **Y 式水準儀**。望遠鏡可在鏡叉中橫轉,由環夾來固定;也可將鏡叉上半部扳開,將望遠鏡取出,使物鏡與目鏡之方向互換。

　　該型儀器以德國Otto Fenne廠出產之奧特芬轉鏡水準儀最具代表性。由於其踵定螺旋為四個,操作時十分不便;且Y型鏡叉處亦易磨損,使儀器容易鬆動,影響觀測成果之精度,故目前工程界已十分罕見使用。

(2) 定鏡水準儀(Dumpy level)

　　**定鏡水準儀**之望遠鏡及水準器均固結於支架上,而且與垂直軸連結;望遠鏡既不能從架環中取出而調換其二端之位置(即縱轉),亦不能依望遠鏡之視準軸而迴轉(即橫轉),只能繞垂直軸而作水平方向之旋轉(即平轉)。此型水準儀校正工作比較費時,但校正後,維持的時間會較長。由於其結構簡單且完善,目前工程界使用甚為普遍。其中以威特廠出產之 Wild$N_1$最具代表性。

(3) 微傾水準儀(Tilting level)

　　水準儀之望遠鏡因無需作大角度之俯仰,遂有於望遠鏡接目鏡之下方,裝設一傾斜螺旋,期能使水準器之氣泡能快速居中而讀數者。例如 Wild $N_2$等型儀器即有此項裝置。

(4) 自動水準儀(Automatic level)

　　凡水準儀在望遠鏡筒中,於調焦透鏡與十字絲面之間,裝有補正器裝置者,稱為**自動水準儀**。

　　自動水準儀除用一圓水準器供作儀器粗略定平之參考外,儀器上並無管水準及傾斜螺旋之裝置,觀測既方便、又迅速,精度亦高，故新近推出之水準儀已普遍採用此項裝置。目前市面品牌型式頗多，其中較著名者，普通型有日本 Nikon 廠的 AP-2，蔡司廠的NI21、42，凱恩廠的GKI-AC等；精密型有蔡司之NI-2、威特之NA$_2$等，都各具特色。

(5)　手水準儀(Hand level)

手水準儀是供粗略測定二點間之傾斜角或高程差之用。正規之水準測量較少用及。以 Lock 及 Albney 二種較常見。

## 2.　從儀器之精度分

儀器結構比較簡單，望遠鏡之放大率和水準器之感度要求較鬆者，**屬普通水準儀**；相反而言，若儀器結構比較嚴密，放大率及感度亦要求較高，並具有提升精度之裝置附從者，則為**精密水準儀**。

一般而言，普通水準儀之感度約在 $20'' - 30''/2mm$，望遠鏡之放大率約在 25～30 倍；精密水準儀之感度約小於 $10''/2mm$，放大倍率約在 30 倍以上。

精密水準儀使用時，應與銦鋼水準標尺配合使用，方能達到預期之精度。

## 3.　水準儀舉例

(1)　威特水準儀

瑞士威特廠生產之水準儀，在工程界使用極為普通。茲擇要介紹三型如下：

①　Wild NA2 自動水準儀

適用於土木工程及土地測量等領域，亦可用作工業上訂定水平之工具。其補正器藉獨特之按鈕控射器操作，可作精密的水平定位。儀器上並裝有粗調及微調對焦裝置。儀器之旋轉，採摩擦制動式，靠設在儀器兩側之螺旋操作。在NA$_2$中若增置一個玻璃的水平度盤，則為NAK2型。其度盤讀數之精度可達 1′。若再配上 GPM3 型平行玻璃版，便成為精密水準儀。其各部之名稱如圖 3-17。

(a)

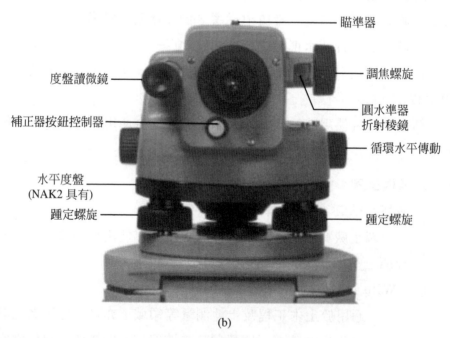

瞄準器

度盤讀微鏡

調焦螺旋

補正器按鈕控制器

圓水準器
折射稜鏡

循環水平傳動

水平度盤
(NAK2 具有)

踵定螺旋

踵定螺旋

(b)

圖 3-17

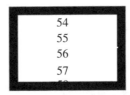

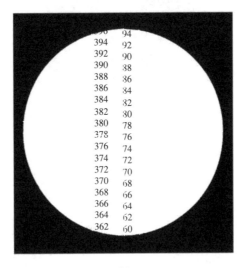

(c)

|  |  |
|---|---|
| 橫絲夾讀 | 77cm |
| GPM3 測微器 | 0.556cm |
| 合計 | 77.556cm |

圖 3-17　(續)

② Wild N2 精密工程水準儀

　　適用於土地、工程、建築和工業測量。具有微傾螺旋，其符合氣泡讀鏡處並有箭頭指示調整螺旋的方向。亦為採用摩擦制動螺旋及循環的水平推動系統。具水平度盤者稱為 NAK2型。其附件有用於精密水準測量的平行玻璃版測微器，及輔助鏡頭、五稜鏡等。該型儀器的特點是，具有可倒置水準管和可回轉望遠鏡功能。能在望遠鏡的兩個位置進行觀察，其作用在

於(a)能即時進行視準的核對與調整;(b)當前、後視距離不一
致時,可消除儀器之誤差。

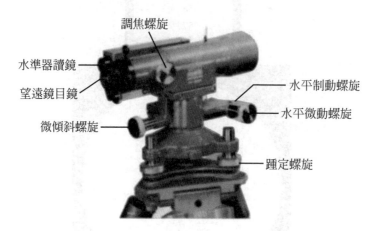

調焦螺旋

水準器讀鏡

望遠鏡目鏡

微傾斜螺旋

水平制動螺旋

水平微動螺旋

踵定螺旋

(a) N2 型

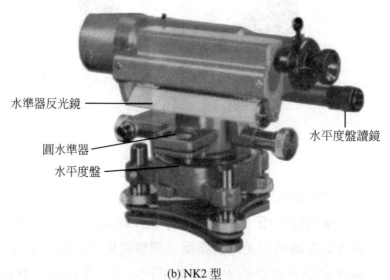

水準器反光鏡

圓水準器

水平度盤

水平度盤讀鏡

(b) NK2 型

圖 3-18

③　Wild N3 精密水準儀

　　Wild N3 型是專供大地控制、變形測量和工廠精密儀器的安裝所使用的精密型自動水準儀。分離氣泡裡的箭頭，可以指示微傾螺旋的旋轉方向。固定在儀器上的平行玻璃版測微器可直讀至 0.1 毫米。圖 3-19 中，(a)示 $N_3$ 外型全貌。(b)示符合器及其指標；當氣泡未吻合時，旁邊窗口即呈現箭頭，告知觀測者操作微傾螺旋之正確方向。(c)示讀數例：標尺讀數為 77cm，測微器讀數為 0.556cm，故全部讀數為 77.556cm。

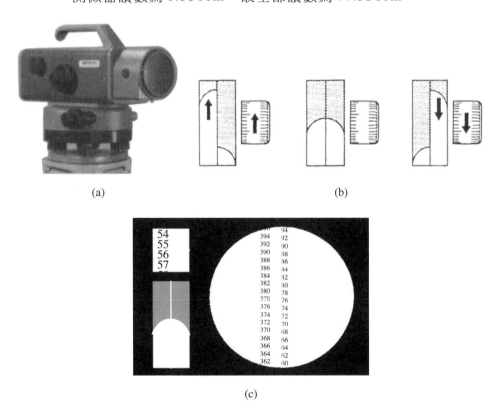

(a) (b)

(c)

圖 3-19

⑵　蔡司自動水準儀 Zeiss Ni-2

西德蔡司廠出產之 Ni2 自動水準儀，適用於精密水準測量。觀測時只須藉圓水準器將儀器概略定平，再藉補正器之作用，望遠鏡之照準軸即可自動水平。該儀器為自動水準儀中最早使用補正器裝置者。

圖 3-16(a)為 Ni-2 水準儀望遠鏡之縱斷面圖。圖中自左至右，分別為物鏡、雙凹放大透鏡、調焦透鏡、補正器稜鏡組、十字絲玻璃版及目鏡。物體經物鏡所生之像，藉雙凹透鏡放大後，再由調焦透鏡，使其凝像於十字絲平面。Ni-2 之望遠鏡與普通內調焦望遠鏡不同之處是，Ni-2 在調焦透鏡與十字絲平面之間，預留有充份之空間，可以裝置補正器稜鏡組。由於光線經諸稜鏡三次反射之後，使所生之像為正像，故觀測時極為便利。

該儀器之十字絲可應用一般之校正方法，使照準軸居於水平位置；並可加裝平行玻璃版，如圖 3-13，以提高觀測精度。經實驗證明，應用 Ni-2 水準儀測量一公里距離的高程差，其誤差值約僅在 1～2 公厘之間，而所使用的觀測時間，則只有普通水準儀作業時間的一半。可見補正器方便之處。

圖 3-20(a)為 Ni-2 之縱剖面圖，(b)為具有水平度盤之外型全貌。

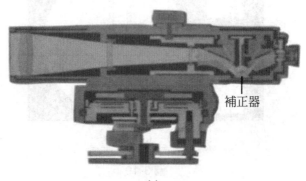

補正器

(a)

圖 3-20

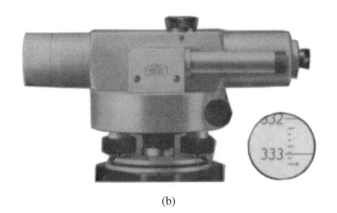

(b)

圖 3-20 （續）

(3) 凱恩 GK23 精密工程水準儀

　　瑞士凱恩廠出產之 Kern GK23 型精密工程水準儀，適用於水準控制測量、路工定線、建築控制測量及工業測量等水準測量作業。此型儀器無踵定螺旋，其底座是由中空的圓柱體所成；底座的內側面，經磨成為圓錐形的軸承接面，由腳架的球形頭面直接承受儀器重量。

　　其定平工作是，將儀器在架首移動，待圓型氣泡居中後，旋緊固定螺旋，以保持水平位置，並使儀器固定於腳架上。

　　該儀器的垂直軸係由一圓柱狀導環，和一精密之滾動軸承所組成；而水平方向之固定螺旋，則以摩擦式聯結器所取代，因此，儀器可用手直接旋轉至任何位置，而不需要靠制動螺旋及微動螺旋來固定方向，當水準標尺進入視界範圍之內，即可觀測。

　　此外，望遠鏡鏡筒短，卻能有極為清晰的影像；採內調焦方式，但不改變其望遠鏡長度；所有光學部份均鍍以〝凱恩 AR〞抗反射膜劑，使不減損其亮度；無踵定螺旋，操作時快速容易；儀器直接與腳架連接，穩定性高；焦距有粗調及微調兩段式的調焦螺旋予以控制，可以視作業需要而作快調及細調的選擇等，均

　　爲其優點。茲將其相關螺旋示明如圖 3-21。該圖爲 GK-23C 型，
即有水平度盤裝置；如爲 GK-23 型，則圖中之 9 至 11 諸項均無。
　　其餘廠牌及型式之水準儀爲數甚多，謹摘要將有關之性能，
如表 3-1 所示。

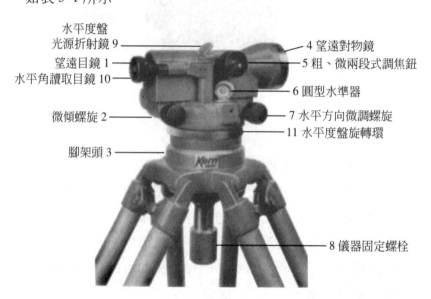

水平度盤
光源折射鏡 9 ─────　　　　　　　　　　　── 4 望遠對物鏡
望遠目鏡 1 ─────　　　　　　　　　　── 5 粗、微兩段式調焦鈕
水平角讀取目鏡 10 ──
　　　　　　　　　　　　　　　　── 6 圓型水準器
微傾螺旋 2 ─────　　　　　　　── 7 水平方向微調螺旋
　　　　　　　　　　　　　　── 11 水平度盤旋轉環
腳架頭 3 ─────
　　　　　　　　　　　　　　── 8 儀器固定螺栓

圖 3-21

表 3-1

| 廠名 | 瑞士威特 Wild | | | | 德國蔡司 Zeiss | | | 瑞士凱恩 Kern | | 日本 Nikon | | |
|---|---|---|---|---|---|---|---|---|---|---|---|---|
| 性能＼型號 | NA2，NAK2 | N2，NK2 | N3 | NA28 | Ni21 | Ni42 | Ni2 | GKI-AC | GK23 | S2 | AP-2 | AE |
| 放大倍率 (×) | 32×40× | 30× | 42× | 28× | 32× | 22× | 32× | 25× | 30× | 30× | 20× | 32× |
| 100 m 處視界範圍(m) | 2.4 | 2.8 | 1.8 | 3.0 | 2.3 | 3.6 | 2.3 | 2.5 | 2.5 | 1°20′ | 1°30′ | 1°20′ |
| 最短對焦距離(m) | 1.6 | 1.6 | 0.3 | 0.6 | 1.0 | 1.2 | 1.0 | 2.3 | 1.8 | 2.0 | 1.6 | 2.5 |
| 是否有平行玻璃版裝置 | 有 | 有 | 有 | | | | 有 | | 有 | 有 | | |
| 精密度區分 | 精密 | 精密 | 精密 | 普通 | 普通 | 普通 | 精密 | 普通 | 精密 | 精密 | 普通 | 精密 |

# 3-5 水準標尺

水準標尺(Leveling rod)簡稱**標尺**，就精密度言，可分為普通式與精密式兩大類。

### 1. 普通水準標尺

就材質言，有木質、鋁質、及玻璃纖維製等三種。**木質標尺**由堅實、正直之木材經乾燥後製成。尺面略向內凹，邊緣凸起，以保護尺面。尺面寬約 10 公分，以黑色或紅色漆成均勻相間之分劃，每一分劃為 1 公分；尺面邊緣更有細小分劃，其每格寬約僅 2 公厘。尺之底部鑲以金屬套，以防磨損。標尺背面並有一圓形氣泡，亦有在尺之背面及側面各置一管形氣泡者，供持尺者保持標尺確實與地面垂直。尺長自三公尺至五公尺不等。為便於攜帶，常為可抽取式，惟抽取時，其接合處之二尺常不易正好重合，易產生誤產，是其缺點。其型式如圖 3-22(a)。

**鋁質標尺**重量較木質輕，為三節式，可以摺疊，以利攜帶。其刻劃法與木質者同。惟在摺合處易受損，尺身受重壓或衝擊時容易變形，且價格亦高，工程界較罕用。

**玻璃纖維標尺**尺身之刻劃與木質者同；尺身之橫斷面呈橢圓形，亦為抽取式。尺身堅固輕巧，且能防水，使用情形已日趨普遍。

普通標尺讀數的方式，有自現式及覘板標尺二種：

**自現式水準標尺**(Self reading rod)是由觀測者在水準儀望遠鏡中，直接讀取水準標尺上之讀數。因讀數方便、快捷，一般水準測量皆用此法。圖 3-22(a)、(b)皆屬此型。

**覘板標尺**(Target rod)，由扶標尺者讀數；多用在視線甚長、觀測者無法從望遠鏡中，精確讀至最小分劃之時。所謂覘板，是指在水準標尺上另外附裝、具有紅白相間之圓板，其式樣如圖 3-22(c)。覘板邊緣附有螺旋，可使板面在標尺上上下移動或固定。測量時，觀測者指揮持尺者將覘板上下移動，當望遠鏡中之橫絲正好照準覘板紅白交界之處時，即呼"好"，再由持尺者讀出該點上水準標尺之讀數。

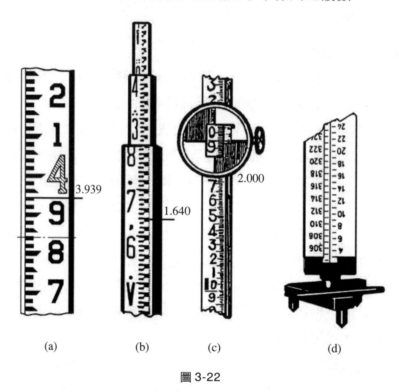

(a)　　　　(b)　　　　(c)　　　　(d)

圖 3-22

## 2. 精密水準標尺

　　精密水準測量所用之標尺為**銦鋼標尺**(Invar rod)，將一條銦鋼帶尺鑲嵌於木尺之長槽內，兩者藉楦桿及彈簧連結，以避免木尺在受潮時引起之膨脹，影響及銦鋼尺身。圖 3-22(d)所示，為威特銦鋼尺之一部份。精密水準標尺均為固定式者，全長3公尺，其刻劃方式為右邊自0至300公分，左邊則自 300 公分至 600 公分。觀測時兩邊同時讀數，以便校核。銦鋼尺上每一公分劃一短橫線，另在其邊緣之木尺上，每2公分處列註數字。尺之背面有圓形氣泡，供定標尺垂直用；左右兩側並有扶手環；在尺頂並可支撐支架，使標尺能獨自垂直豎立。

### 3. 標尺台

水準測量時，爲避免水準標尺下陷，常須使用**標尺台**(Turning plate)或稱**尺墊**，以承載、及分散標尺之重量。

標尺台普通使用鐵製，其重量約 1-2 公斤，中央有一圓柱，頂端爲半圓球狀，如圖 3-22(d)，用以承放標尺於頂上，使標尺在移轉方向時，能始終維持在同一高度之上。使用前應先以腳將其踏實，以免觀測時間稍長，會使標尺產生下陷現象。

## 3-6 ▉ 水準儀之檢點改正

水準儀校正之目的，主要是滿足三軸在結構上之要求，惟因各類型水準儀在構造上略有不同，故在校正之方法上，亦有所差異。(其軸與軸之基本結構關係如圖 3-10)

### 1. 定鏡水準儀之校正

定鏡水準儀之主要校正有三：水準器之校正、十字絲之校正、及照準軸之校正。茲分述之。

(1) 水準器之校正

① 目的：使水準軸垂直於縱軸。($LL' \perp VV'$)

② 檢點：

❶ 如圖 3-23(a)所示，設 $MN$ 爲基座平面，$OV$ 爲垂直軸，$OX$ 爲鉛垂線方向。當氣泡旋平時，$MN$ 與 $MN'$，以及 $OV$ 與 $OX$ 應重疊，且水準軸 $LL$ 亦應平行於 $MN$，若不然，即示含有誤差。其來源大多是使用時間較久，或受震盪所引起。

❷ 如圖(b)所示，設 $MN$ 為偏離 $\varepsilon$ 角後之基座平面，當氣泡居中後，其水準軸 $LL$ 之方向亦與 $MN$ 形成 $\varepsilon$ 斜角。

❸ 如圖(c)所示，當望遠鏡旋轉 $180°$ 後，氣泡即產生偏移現象，其傾斜角亦變為 $2\varepsilon$。

③ 改正：設檢點時氣泡之偏移量為 $n$ 格。

❶ 用改針撥動水準器上之改正螺旋，使氣泡向水準管中央移動，其移動量為 $n/2$ 格；此時可消除一個 $\varepsilon$。

❷ 再用踵定螺旋使氣泡續向中央移動另外的 $n/2$ 格，以消除另一個 $\varepsilon$。

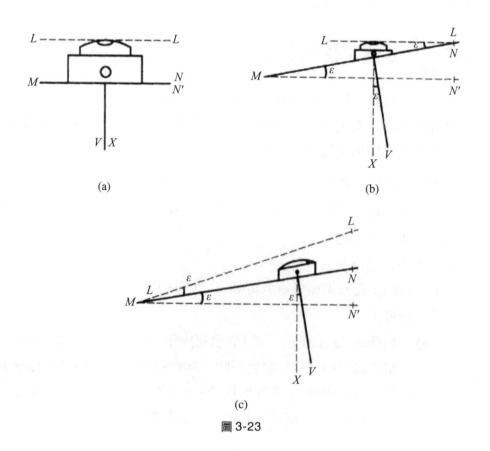

(a)

(b)

(c)

圖 3-23

❸ 重複按❶、❷之步驟操作，直到望遠鏡在任何位置時，氣泡恆在中央，則水準軸與垂直軸互相垂直矣。

此項改正，因使用水準器上之改正螺旋改正誤差之半，另一半由踵定螺旋改正，故稱為**半半改正法**(Half and half adjustment method)。

(2) 十字絲之校正

① 目的：使十字絲之橫絲在水平位置。

② 檢點：

❶ 定平水準儀。

❷ 在約 10 公分見方之白紙上畫一"十"字，令其中心交點為P，並將之貼在距儀器約 10 公尺，且與望遠鏡中之橫絲等高之牆上。

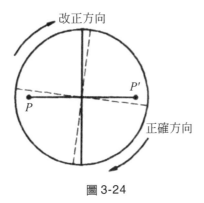

圖 3-24

❸ 以望遠鏡橫絲之一端，照準P點後，用微動螺旋使望遠鏡在水平方向徐徐移動，觀察水平絲是否皆經過P點。如該點遠離水平絲，而在P'之位置，即示水平絲未水平。

③ 改正：

❶ 放鬆十字絲環上之改正螺釘(有四枚)後，輕敲螺釘頂端，使十字絲環因受震動而恢復至水平位置。

❷　再測試水平絲是否能全線皆經過 P 點；若無問題，將螺釘旋緊即可。

此項校正爲方便條件。蓋在使用水平絲觀測標尺讀數時，可將讀數處儘量放在橫絲之中央，則其誤差發生之可能性會很低。

(3)　照準軸之校正

①　目的：使照準軸平行於水準軸。(ZZ'∥LL')

②　檢點：

❶　如圖 3-25 所示，選擇一處長約 50～100 公尺，且稍有傾斜之坡地，分別在兩端 $A$、$B$ 處釘以木樁，並命持尺者分別立標尺於樁頂。

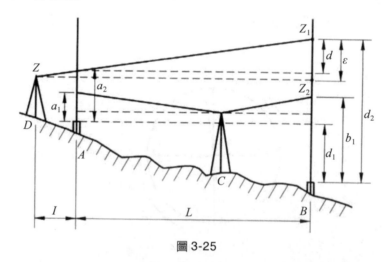

圖 3-25

❷　將儀器設置在 $AB$ 連線之中點 $C$ 處，並於調平水準器後，分別讀得 $A$、$B$ 兩點標尺上之讀數 $a_1$、$b_1$。

❸　將儀器移置於 $AB$ 延長線上之 $D$ 點處，再讀 $A$、$B$ 標尺上之讀數 $a_2$ 及 $b_2$。

❹　如 $b_2 - a_2 = b_1 - a_1$，即示照準軸與水準軸平行，否則，即爲不平行之證。

③ 改正原理

設$ZZ_1$爲觀測時望遠鏡之視軸方向(此時含有誤差)，$ZZ_2$爲視軸應有之正確位置，二者間之差誤爲$\varepsilon$。又設$AB$之距離爲$L$、$AD$之距離爲$l$，由於

$$\varepsilon : (L + l) = d : L$$

故　　　$$\varepsilon = \frac{d(L + l)}{L} \quad\text{...............................(3-13)}$$

式中　　$$d = (b_2 - a_2) - (b_1 - a_1)$$
$$= d_2 - d_1$$

④ 改正：

❶ $\varepsilon$算得後，儀器仍置於$D$點，氣泡不動，並使望遠鏡照準$B$尺。

❷ 將十字絲上、下兩改正螺旋放鬆，使其水平絲對準標尺$(b_2 - \varepsilon)$處後，旋緊螺旋，則照準軸已與水準軸平行。

宜注意者，當$d_2 > d_1$，$\varepsilon$之值爲正；$d_2 < d_1$，則$\varepsilon$值爲負。又，在$D$點設站時，可使水準儀儘量靠近標尺面，則上式可簡化爲$\varepsilon = d$。惟此時觀測近尺(即$A$尺)，應將望遠鏡之物鏡當作目鏡；讀數時，則由持尺者手持筆尖或細尖物，在與鏡頭約爲同高之處上下移動，待觀測者發現筆尖正在視野之中心時，再由持尺者讀出尺上之讀數。

此項校正因須先釘立二木樁，故名**木樁**、或**木橛校正法**(Peg adjustment method)。

## 2. 定(微)傾水準儀之校正

(1) 圓水準器之校正

① 檢點：

❶ 將望遠鏡旋轉，使與二改正螺旋平行；調節此二螺旋，使圓形氣泡向管之中央移動。若氣泡雖尚未進入小黑圈內，但已進入與該二螺旋成垂直之方向上，則再旋轉另枚未曾動用之

　　　　　螺旋，使氣泡進入圓圈之內。

❷　　將望遠鏡旋轉180°若氣泡仍居中央，即示無誤；倘氣泡因而遠離中心，即示有誤差存在。

②　改正：

　　　　旋轉改正螺旋，改正氣泡偏差數之半，另一半則由圓形氣泡盒之踵定螺旋改正之。

(2)　照準軸之校正

　　　　其法與定鏡水準儀之校正法相同，惟校正時應使用傾斜螺旋，將望遠鏡之水平絲對正$B$樁(即遠方)標尺上之讀數$b_2 - \varepsilon$處，然後觀察管氣泡是否仍居中。倘氣泡不在中央，則使用管水準器之改正螺旋，使氣泡居中即可。此時照準軸與水準軸即已互相平行。

**3.　自動水準儀之校正**

(1)　圓形水準器之校正：與定(微)傾水準儀同。

(2)　照準軸之校正

　　由於自動水準儀之照準軸係由補整器自動調整，並保持水平，故此項校正沒有必要。

# 3-7　水準儀之使用法

**1.　水準儀之定平**

(1)　目的：使望遠鏡之視線在任何方向觀測時，儀器上之水準器氣泡，均在管之中央；即保持觀測時水平面之穩定。

(2)　操作步驟

①　架設三腳架－－其高矮以便於觀測為原則，且應注意架首應概略水平。三腳架安置之法，以接近正三角形者為佳。如在斜坡

地設站，則應使兩腿插於下坡，一腿在上坡方向，既易於校正水平，且重心亦比較穩定。

② 旋緊架首螺旋——待腳架安置妥善，並以腳踏緊腳架下方之突起處，使腳架堅實插入土中後，旋緊腳架螺旋，使腳架保持穩定。

③ 連結水準儀及定平——將水準儀自箱中取出，裝置在腳架上，並用腳架螺旋將之連結穩固後，旋轉望遠鏡，使其與任二踵定螺旋平行。其操作法如圖 3-26(a)所示，將該二螺旋同時向內(或向外)移動同樣的幅度，使氣包居中。(圖中 $A$、$B$ 之箭頭示操作方向，方框中之箭頭則示氣泡相應移動之方向)。

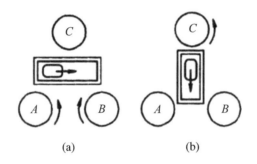

(a)　　　　　　　(b)

圖 3-26

④ 平轉 90°——將望遠鏡旋轉 90°後，察看氣泡是否仍在中央；若不在中央，則以 $C$ 螺旋按圖 3-26(b)所示之方法調整。

⑤ 重複③、④兩項動作，直至望遠鏡在任何方向，水準氣泡皆能居中為止，則儀器即已完成定平工作。

在每次定平之前，應先將踵定螺旋調至其軸之中央，以便在定平工作進行時，踵定螺旋有足夠的上下空間可以進退。

## 2. 觀測標尺及讀數

其操作之程序為：

(1)　旋轉目鏡調焦螺旋，使目鏡中之十字絲清晰。

(2)　旋轉物鏡調焦螺旋，使目鏡能清晰看到橫絲切在標尺上該分劃之讀數。

(3)　讀數前宜注意氣泡應在水準器之中央時，才能讀數。

### 3.　標尺之持立法

(1)　持尺者之站立法：持尺者將標尺放在欲觀測之點上，使標尺面向儀器，並立於標尺之後，雙手緊握標尺旁之握把。其兩腳所站位置與標尺底大約成正三角形，以保持尺身之穩定。

(2)　保持尺身垂直：為使標尺能確實與地面垂直，一般在標尺之背面或背、側面，皆裝有水準器。持尺者在對方觀測進行時，應切實注意氣泡居中，以掌握標尺能真正垂直於地面。

若標尺上無水準器時，可於握把處懸掛垂球來標定。精密水準測量時，常用長桿將標尺支撐，使標尺能維持垂直與穩定。

## 3-8　逐差高程測量

逐差高程測量之作業步驟如下：

### 1.　預備作業

按測量之目的、要求之精度、測區之地形狀況、及點位的佈設等因素，事先蒐集資料、校正儀器，並在地形圖上標定出所選水準點之位置，俾供外業選點時之參考。

### 2.　選點

根據地形圖上圈定之點位，在實地參酌地形狀況，作適度之修正，並視實際需要，埋設標石或釘以木樁，以示點位。若規模較大，並應作「點之記」，詳細記錄標石所在之地籍資料、位置略圖，以方便其他工作人員查閱尋覓。

### 3. 觀測與計算

(1) 整置儀器

(2) 觀測與讀數

(3) 測算原理

　　　　直接高程測量乃應用水準儀及標尺，直接測定各點間之高差；或因兩點間之距離較長、或高差較大，施測時必須於該兩點間增設若干轉點，以逐點比較各轉點間之高差的方法，來推求所求點之高程，故又稱**逐差高程、或逐差水準測量**(Direct leveling)。

　　　　如圖 3-27 所示，設 $B.M_A$ 之高程 $H_A$ 為已知，今欲求 $B.M_B$ 點之高程 $H_B$。

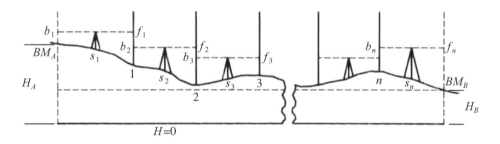

圖 3-27

　　　　由於該二點間之距離甚長，故得在其間酌設若干轉點，以為因應。又，在一般水準測量中，其前後之距離應約略相等，且其和約在 100～160 公尺之間，不宜太長。

　　　　整置儀器於 $S_1$，照準後視點 $B.M_A$ 標尺，讀得標尺讀數 $b_1$；平轉望遠鏡，再對前視點 1，得讀數 $f_1$，則二點間之高差為 $h_1 = b_1 - f_1$。

移儀器於$S_2$，將$B.M_A$標尺移至 2，1 點上之標尺面轉向$S_2$。定平儀器後，照準 1 點標尺，得讀數$b_2$，平轉望遠鏡照準 2 點上之標尺，得讀數$f_2$，則 1 與 2 兩點間之高差$h_2 = b_2 - f_2$。

如此方法連續前進，至最後一站$S_n$設站，得與其前一點間之高差$h_n = b_n - f_n$。故$B.M_A$與$B.M_B$兩點間之高差$H$為

$$
\begin{aligned}
H &= (b_1 - f_1) + (b_2 - f_2) + \cdots + (b_n - f_n) \\
&= (b_1 + b_2 + \cdots + b_n) - (f_1 + f_2 + \cdots + f_n) \\
&= \Sigma\, b_1^n - \Sigma\, f_1^n \dotfill (3\text{-}14)
\end{aligned}
$$

(Ⅰ)當$H_B$之高程為未知，則

$$
\begin{aligned}
H_B &= H_A + H \\
&= H_A + (\Sigma\, b_1^n - \Sigma\, f_1^n) \dotfill (3\text{-}15)
\end{aligned}
$$

(Ⅱ)當$B.M_B$點亦為已知高程點，則

$$
\Sigma\, b_1^n - \Sigma\, f_1^n - (H_B - H_A) = 0 \dotfill 3\text{-}16)
$$

(Ⅲ)當所測之路線為環狀，即由$H_A$出發，且仍閉合於$H_A$，則

$$
\Sigma\, b_1^n - \Sigma\, f_1^n = 0 \dotfill (3\text{-}17)
$$

上述(3-14)至(3-17)式為理論條件，惟實際施測時，由於各種誤差之附著，會產生閉合差的問題，即(3-16)、(3-17)式應變為

$$
\Sigma\, b_1^n - \Sigma\, f_1^n - (H_B - H_A) = W \dotfill (3\text{-}18)
$$

$$
\Sigma\, b_1^n - \Sigma\, f_1^n = W \dotfill (3\text{-}19)
$$

閉合差在允許範圍之內，即可予以平差處理。

(4)　觀測記錄舉例

表 3-2　逐差水準測量

| (1)點記之號 | 標尺高 | | | | (4)高程差 | | (5)高程 | | (6)備考 |
|---|---|---|---|---|---|---|---|---|---|
| | (2)後視 | | (3)前視 | | | | | | |
| | 讀數 | 中數 | 讀數 | 中數 | 加 | 減 | 計算 | 第一改正 | |
| BM₁ | m | m | m | m | m | m | 100.000 | 100.000 | BM₁標高假設為100.000m |
| | | 2.590 | | 0.214 | 2.376 | | | | |
| 1 | | | | | | | 102.376 | 102.375 | |
| | | 2.144 | | 0.310 | 1.834 | | | | |
| 2 | | | | | | | 104.210 | 104.208 | 閉合差 W=+0.010m |
| | | 2.602 | | 0.567 | 2.035 | | | | |
| 3 | | | | | | | 106.245 | 106.242 | |
| | | 2.153 | | 0.885 | 1.268 | | | | |
| 4 | | | | | | | 107.513 | 107.509 | |
| | | 1.475 | | 0.441 | 1.034 | | | | |
| BM₂ | | | | | | | 108.547 | 108.542 | |
| | | 0.501 | | 1.540 | | 1.039 | | | |
| 5 | | | | | | | 107.508 | 107.502 | |
| | | 0.535 | | 2.258 | | 1.723 | | | |
| 6 | | | | | | | 105.785 | 105.778 | |
| | | 0.100 | | 2.418 | | 2.318 | | | |
| 7 | | | | | | | 103.467 | 103.459 | |
| | | 0.301 | | 2.705 | | 2.404 | | | |
| 8 | | | | | | | 101.063 | 101.054 | |
| | | 0.750 | | 1.803 | | 1.053 | | | |
| BM₁ | | 13.151 | | 13.141 | 8.547 | 8.537 | 100.000 | 10.000 | |
| | +0.010 | | | | +0.010 | | | | |

* 1.等級較高之水準測量，後、前視均需觀測二次後，再取中數；一般則免。
  2.亦有將前視及高程差之記簿往下移動一格者。

## 3-9 水準測量在工程上之應用

在土木、水利及建築工程中，水準測量應用之場合非常廣泛。茲摘要介紹如下：

### 1. 縱斷面測量(Profile leveling)

在公路、鐵路、渠道等工程中，常需瞭解路線行經地區的高低起伏情形，以作為設計、規劃的依據，因此，藉水準測量先將沿線各中心樁之高程求出，再配合各樁間之距離(在公尺制國家為20公尺)，即可合製成縱斷面圖。

縱斷面高程測量，由於樁與樁間的距離甚短，因此，其設站的方式是在路線之側，如此才可以同時觀測甚多點位。

如圖3-28所示，先將儀器設於$A$點，定平後，照準已知點$B.M_1$，讀得後視標尺讀數為2.534公尺。設該點之高程為43.252，則得儀器高

$$H.I = B.M_1 + b_1 = 43.252 + 2.534 = 45.786 \text{ m}$$

再將標尺移至$6^k + 000$處，讀得標尺讀數為1.32公尺，則

$$6^k + 000 \text{ 之高程} = H.I - f_1 = 45.786 - 1.32 = 44.47\text{m}$$

復將標尺移至$6^k + 020$處，得讀數為0.89公尺，則

$$6^k + 020 \text{ 之高程} = H.I - f_2 = 45.786 - 0.89 = 44.90$$

依此類推，直至轉點$T.P_1$。

移儀器於$B$，將$A$站推得之$T.P_1$高程當作已知值，繼續推求其它各樁之高程。

在縱斷面觀測中，除了後視及轉點讀至小數點後第三位外，其它中間點只需讀至小數點後第二位即可。

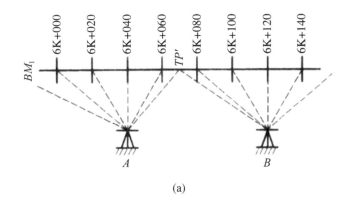

(a)

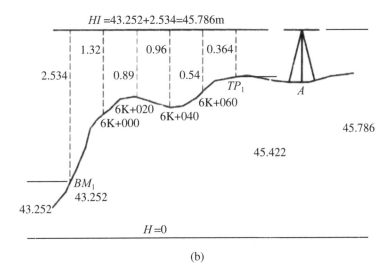

(b)

圖 3-28

圖 3-28(a)示觀測時設站的情形；(b)為地面上實際的起伏情形。其所測者為路之中心線，故又稱**中線水準測量**。表3-3為其記錄與計算例：

表3-3 中線水準測量

| (1)點 | (2)椿號 | (3)後視 | (4)儀器高 | (5)前視 中間點 | (5)前視 轉點 | (6)地面高 | (7)備考 |
|---|---|---|---|---|---|---|---|
| BM₁ | + | 2.534 | 45.786 | | | 43.252 | BM₁之標高為43.252 m；BM₂之標高為46.524 m均為已知。 |
| | 6ᵏ+000 | | | 1.32 | | 44.47 | |
| | 6+020 | | | 0.89 | | 44.90 | |
| | 6+040 | | | 0.96 | | 44.83 | |
| | 6+060 | | | 0.54 | | 45.25 | |
| TP₁ | + | 1.732 | 47.154 | | 0.364 | 45.422 | |
| | +080 | | | 0.67 | | 46.48 | |
| | +100 | | | 1.05 | | 46.10 | |
| | +120 | | | 0.45 | | 46.70 | |
| BM₂ | + | | | | 0.622 | 46.532 | |
| | + | 4.266 | | | 0.986 | -43.252 | |
| | + | -0.986 | | | | 3.280 | 高差 |
| | + | 3.280 | 高差 | | | | |
| 儀器編號 | | | Wild N1 92345 觀測時間：83.10.25 | | | | |

## 2. 橫斷面測量(Cross section leveling)

凡與中心線垂直之截面稱為**橫斷面**。**橫斷面測量**，是從各中心椿起，沿著與中心線垂直之方向，向其左、右兩邊測出其地面高低，及與中心椿間之距離，俾供作為繪製橫斷面圖之主要依據。

表3-4為橫斷面測量之一例。表中(2)「地面高」為中心椿所在處之地面實際高程；(3)「路基高」為設計圖中該點應有之高程；(4)「中線」上方之值(- 1.84)，是指第(2)項與第(3)項之差，即地面高減路基高＝

21.68 － 23.52 ＝ － 1.84m，"負"號示填土，即現有之地面較未來之路面爲低，故中心樁處應填1.84公尺；"正"號則示挖方。其下方之數爲樁號。左邊最內格上方(－ 1.21)，是指該處應填土高數，下方之9.6是指該變換點至中心樁之距離。左、右兩邊各該測至多遠，當視路線之設計寬度而定，一般施測時均會比設計寬略遠，以便未來在修正時，可以參考。

表3-4　橫斷面測量記簿

| (1)<br>樁號 | (2)<br>地面高 | (3)<br>路基高 | (4)橫斷面 | | | | | | | (5)<br>地質 |
|---|---|---|---|---|---|---|---|---|---|---|
| | | | 左 | | | 中線 | 右 | | | |
| 3K<br>＋<br>200 | m<br>21.68 | m<br>23.52 | ＋2.36 | －2.05 | －1.21 | －1.84 | －0.83 | －0.21 | ＋0.66 | |
| | | | 17.5 | 12.1 | 9.6 | 3K＋200 | 7.5 | 12.8 | 24.6 | |
| 3K<br>＋<br>220 | 24.28 | 23.82 | ＋1.73 | ＋1.24 | ＋0.86 | ＋0.46 | ＋0.32 | ＋0.14 | －0.56 | |
| | | | 19.3 | 8.6 | 2.8 | 3K＋220 | 4.3 | 13.6 | 23.4 | |
| 3K<br>＋<br>240 | 25.84 | 24.12 | ＋1.89 | ＋1.46 | ＋0.32 | ＋1.72 | ＋0.95 | ＋0.36 | ＋13.4 | |
| | | | 21.4 | 15.3 | 6.1 | 3K＋240 | 7.6 | 10.0 | 15.2 | |

## 3. 面積高程測量(Area leveling)

在大型開挖工程中，如何將所挖得之土方，用作填土或拋棄；或填基之土不足，如何從附近路旁取土，較爲經濟，都是工程中時常遇到的問題。

一般而言，若某處填土量不足，往往可以從附近購買取土權，在地面作規則性的取土。取土前先在地面上作方格網，其每邊之長短視測區的大小及要求之精度而定，稍爲大一點的工程，其每邊之長度約在20～50公尺之間。並以水準儀求出各交點之高度，憑以決定挖土之深度，及算出土方數。茲以例題說明之。

例 1　設某工區各樁位之挖土深度如圖示，方格每邊長爲 50 公尺，試問其開挖之土方數有多少立方公尺？

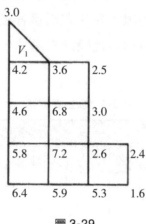

圖 3-29

解　如圖 3-29 所示，我們將 $V_1$ 先單獨處理：

$$V_1 = 底面積 \times 高 = A \times \frac{h_1 + h_2 + h_3}{3}$$

$$= \frac{50 \times 50}{2} \times \frac{3.0 + 4.2 + 3.6}{3} = 4500 \text{m}^3$$

其餘部份之體積

$$V_2 = A \times \frac{h_1 + 2h_2 + 3h_3 + 4h_4}{4}$$

式中

$h_1$ 是指其高程只用過一次者

$$h_1 = 4.2 + 2.5 + 2.4 + 1.6 + 6.4 = 17.1 \text{m}；$$

$h_2$ 是指該高程有兩個四邊形共用，

$$h_2 = 3.6 + 3.0 + 5.3 + 5.9 + 5.8 + 4.6 = 28.2 \text{m}；$$

$h_3$ 是指該高程有三個四邊形共用，

$$h_3 = 2.6 \text{m}；$$

$h_4$是指該高程有四個四邊形共用，

$h_4 = 6.8 + 7.2 = 14\text{m}$ ；故

$$V_2 = \frac{50 \times 50}{4} \times (17.1 + 2 \times 28.2 + 3 \times 2.6 + 4 \times 14) = 85812.5\text{m}^3$$

$$\therefore V_T = V_1 + V_2 = 90,312.5\text{m}^3$$

## 4. 路面中心樁測量及挖填深度計算

例2 如圖 3-30 所示，假設$A$點高程為 20m，各樁間距離(水平距)皆為 50m，$A{\sim}D$間設計坡度為+2/100，今測得$A{\sim}D$間之水準資料如表 3-5，試求$B$、$C$、$D$各樁位之設計高及填挖數。

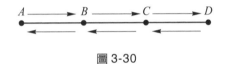

圖 3-30

表 3-5

| 點 | 後視 | 前視 | 高 程 差 + | 高 程 差 − | 高 程 觀測值 | 改正數 | 改正後高程 |
|---|---|---|---|---|---|---|---|
| $A$ | 1.000 | | | | 20.000 | +0.000 | 20.000 |
| $B$ | 1.328 | 1.435 | | 0.435 | 19.565 | +0.018 | 19.583 |
| $C$ | 1.266 | 1.007 | 0.321 | | 19.886 | +0.036 | 19.922 |
| $D$ | 1.142 | 1.098 | 0.168 | | 20.054 | +0.055 | 20.109 |
| $C$ | 1.167 | 1.306 | | 0.164 | 19.890 | +0.073 | 19.963 |
| $B$ | 1.344 | 1.641 | | 0.474 | 19.416 | +0.091 | 19.507 |
| $A$ | | 0.870 | 0.474 | | 19.890 | +0.110 | 20.000 |

**解** 1. $B$點高程=(19.583+19.507)÷2=19.545

設計高=20+50×2／100=21

填挖數=21-19.545=1.455(填) (正為填、負為挖)

2. $C$點高程=(19.963+19.922)÷2=19.943

設計高=20+100×2／100=22

填挖數=22-19.943=2.057(填)

3. $D$點高程=20.109

設計高=20+150×2／100=23

填挖數=23-20.109=2.891(填)

# 3-10 渡河(對向)高程測量

水準測量進行中，若遇河流、山谷、或沼澤地帶，其寬度大於應該設站之距離甚多時，由於一則視線太長，標尺讀數不易辨認，再則會受地球弧面差的影響，標尺之讀數會過大；複又因折光之關係，又會使標尺讀數減少。且二者並非正好相消(其原理將在間接高程測量節詳述)；若再加上儀器誤差，例如照準軸並未真正與水準軸平行等，均將會影響及精度。為消除上述諸誤差，可採用**對向水準測量法**來施測；因此法多半用在跨越河流之時，故又稱**渡河水準測量**(Reciprocal leveling)。其法如下：

1. 如圖 3-31 所示，用同類型兩副儀器甲、乙，分別在河流之兩岸同時觀測二所求點 $A$、$B$ 上之標尺，並記錄讀數。

2. 分別算出兩副儀器所求得二點間之高程差，再將兩組答案取平均數，即得 $A$、$B$ 二點之高差。

3. 複將兩副儀器交換位置，重行觀測，又得一組平均值。

4. 將兩次之平均值再取中數，即爲最後之高程差。

此法因係在兩岸同時觀測，故已消除掉弧面差與折光差對讀數之影響；且其讀數爲兩次結果之中數，亦可以抵消儀器本身之誤差。

如僅有一部水準儀，可以分別在兩岸作觀測，惟施測時間不宜相距太長，以免受大氣及氣溫不同之影響，而使精度降低。

渡河水準測量因兩點間之距離過大，應採用靶板標尺，由持尺者來讀數。

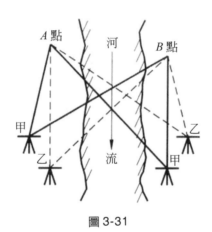

圖 3-31

# 3-11 高程測量誤差及其防範

高程測量之誤差，概略可歸納成人爲誤差、自然誤差、及儀器誤差等三種，茲分述如下：

## 1. 人為誤差

(1) 個人習慣性的偏差：例如瞄準方向線時，有偏左或偏右的現象，或使氣泡偏向某邊。施行反方向觀測，可以消除。

(2) 氣泡未確切居中就讀數：該項誤差屬偶然誤差，誤差之大小與視線之長短成正比。觀測前養成檢視氣泡水平的習慣，即可避免。

(3) 標尺未眞正直立：標尺向前傾或向後仰，均會使讀數增大。防範之法有二：一爲持尺者嚴密注意尺背、或尺側之水準氣泡，或掛於手把上之垂球是否不偏不倚。一爲持尺者將標尺向前及向後慢慢搖晃，觀測者讀取尺上之最小讀數即可。

(4) 儀器及標尺下陷：遇地面鬆軟，三腳架及前後標尺皆有下陷之可能，勢必會影響及精度。除腳架應確切踏實、標尺底部應墊以尺墊外，並應快速施測，及避免在儀器、標尺四周走動，以減少下陷的機會。亦可用交互觀測法施測，可以避免誤差之發生。

(5) 避免錯讀、錯記：除在讀、記之時，宜特別謹愼外，記錄時亦應複誦觀測者所讀之數據，俾供觀測者檢核，以防範錯讀、錯記之發生。精密水準測量時，標尺二側之數值均應讀出，供記簿者核對是否有誤。

## 2. 自然誤差

(1) 兩差的影響：即球面差與大氣折光差(參閱 3-10 節)。若將前、後視至儀器之距離使之約略相等，則可將兩差消除。在普通水準測量中，可略而不計；在精密測量中，則可藉預製之兩差表中(參閱附錄)，查得其差值，憑以改正。

(2) 溫度：溫度對水準管之影響甚爲敏銳，故在炎日下施測時，應以傘遮蔽儀器，使其所受之溫度能維持一致。

(3) 大氣舞(Air dancing)：接近地面之空氣，因受熱會生成不規則之折光，產生大氣跳躍之現象。該現象甚不利於標尺之讀數。爲防範此一現象，除了避免在正午時分觀測外，標尺底部　30公分以下之部分，應避免讀數。

(4) 風：強力陣風時，會使儀器及標尺產生搖動。是以風大時，應避免觀測。

(5) 避免望遠鏡正對陽光讀數：因該時標尺面背光，其尺面上因受光不勻，會產生錯讀。

### 3. 儀器誤差

(1) 照準軸與水準軸未能完全平行：起因於校正工作不完善所致。其誤差大小與視線之長度成正比。除作業前應特別重視儀器的嚴密校正外，亦可藉作業時使前、後視之距離約略相等，予以消除。

(2) 氣泡靈敏度不高：當氣泡仍在緩慢移動中，即行讀數，是形成誤差的主要原因。觀測時應特別注意防範。

(3) 標尺誤差：標尺長度不合標準、下端磨損、抽出或褶合處有鬆脫現象，或刻劃不勻，均會影響精度。可以在施測前將標尺與標準尺作比較檢定，求出其改正值，作為改正計算的依據，或更換其它標尺作業，以減少改正之煩。

## 3-12　高程測量誤差限制與簡易平差法

### 1. 水準測量的閉合差

在 3-7 節中，我們已經談及當水準測量由一已知水準點出發，施測至另一已知點，如所求得之高程未與該已知點之高程相符，其誤差數即為閉合差，即(3-18)式

$$W = \sum b_1^n - \sum f_1^n - (H_B - H_A) \quad\text{............................................(3-18)}$$

又，由一已知點出發，施測至他點後，復回歸原點，而形成一閉合環線；當回歸原點時，其所求得之高程與已知高程不同，其差誤亦稱閉合差，即(3-19)式

$$W = \sum b_i^\eta - \sum f_i^\eta \dotfill (3\text{-}19)$$

閉合差的產生，是不可避免的事，只要在允許範圍以內，也就是說不要超過它的誤差界限，是可以接受的。

**2. 閉合差的界限**

水準測量中，其誤差限制值通常以公式

$$W < \pm C\sqrt{k} \dotfill (3\text{-}20)$$

來表示，式中 $k$ 為水準測量行經路線之總長，以公里為單位；$C$ 為常數，以公厘為單位。其大小視使用之儀器、視線之長短、標尺的種類、行經地區的起伏狀況等因素而異。大體而言，在普通水準測量中，$C$ 值約在 5 公厘至 15 公厘間，可視實際狀況來作取捨。

**3. 閉合差的平差**

水準測量之閉合差與距離之長短有關，若所得閉合差小於上述之界限，則可按與距離成正比之原則，予以配賦。

設水準路線之全長為 $D$，自任意點 $i$ 至起點之距離為 $D_i$，閉合差 $W$，第 $i$ 點之改正數

$$C_i = \frac{W}{D} \times D_i \dotfill (3\text{-}21)$$

當各點之距離大致相等，若共經過 $n$ 點，亦可按與點數成正比之方式來平差，即改正數

$$C_i = \frac{W}{n} \times i \dotfill (3\text{-}22)$$

表 3-2 中之計算，即係用此公式平差者。

上兩式使用時，應特別注意：誤差數符號與改正數之符號適相反。

**4. 水準網平差**

　　水準網平差，是依次將水準網中各環線先行平差，再將平差後所得之結果，用來改正其相鄰之環線。如此反復進行，直至其閉合差均能合理地分配於各鎖部爲止。

　　此法爲鄧爾(Dell)氏所首創，精度雖不十分高，惟計算簡易，且其精度對於一般普通測量而言，已能滿足，故頗爲實用。此法除用於水準網平差外，亦可適用於導線網之平差。

**例3** 設某水準網之相關資料如圖 3-32，箭頭示觀測方向(是決定高程差值正、負的依據)，試完成其平差。

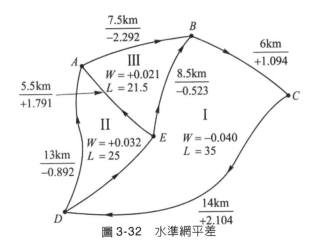

圖 3-32　水準網平差

**解** 其作業程序如下：

(1) 依順時針方向，按次序將各環線之邊與距離，填寫入表 3-6 內，並將距離改算成百分數。

(2) 將第 I 環之高程差引入，按「誤差分布與距離成正比」之原則，求出其改正數和改正後之高程差。

(3) 如法計算第 II 環。惟宜注意者：①第 II 環中之 ED 與第 I 環中之 DE，高差符號應相反。②此時引用 ED 之值，應從第 I 環中平差後結果處引來。

(4) 第二次改正計算程序，與第一次改正程序同。惟每兩點間之高程差，皆以前次計算中最後之改正值為準(如 DE 之高程差為 2.702 而非 2.708；EB 之高程差應為 0.506 而非 0.513 等是)。如此，復又產生新閉合差。如此反覆進行，直到全部改正後之高程差，均能閉合為零為止。最後校核水準網之外環平差結果，其和應為 0。

以本例來說：

$$AB+BC+CD+DA=-2.301+1.098+2.113-0.910=0$$

| 環線 | 邊 | 距離 | | 第一次改正 | | | 第二次改正 | | | 第三次改正 | | | 第四次改正 | | |
|------|----|----|----|------|------|--------|------|------|--------|------|------|--------|------|------|--------|
| | | 公里 | % | 高程差 | 改正數 | 改正後高程差 | 高程差 | 改正數 | 改正後高程差 | 高程差 | 改正數 | 改正後高程差 | 高程差 | 改正數 | 改正後高程差 |
| I BCDEB | BC | 6 | 17 | +1.094 | +0.007 | +1.101 | +1.101 | -0.002 | +1.099 | +1.099 | -0.001 | +1.908 | +1.098 | 0.000 | **+1.098** |
| | CD | 14 | 40 | +2.104 | +0.016 | +2.120 | +2.120 | -0.005 | +2.115 | +2.115 | -0.001 | +2.114 | +2.114 | -0.001 | **+2.113** |
| | DE | 6.5 | 19 | -2.715 | +0.007 | -2.708 | -2.702 | -0.003 | -2.705 | -2.703 | -0.001 | -2.704 | -2.703 | 0.000 | -2.703 |
| | EB | 8.5 | 24 | -0.523 | +0.010 | -0.513 | -0.506 | -0.003 | -0.509 | -0.507 | -0.001 | -0.508 | -0.508 | 0.000 | -0.508 |
| | 和 | 35 | 100 | -0.040 | +0.040 | 0.000 | +0.013 | -0.013 | 0.000 | +0.004 | -0.004 | 0.000 | +0.001 | -0.001 | 0.000 |
| II AEDA | AE | 5.5 | 22 | -1.791 | -0.006 | -1.797 | -1.793 | -0.001 | -1.794 | -1.793 | 0.000 | -1.793 | | | |
| | ED | 6.5 | 26 | +2.708 | -0.006 | +2.702 | +2.705 | -0.002 | +2.703 | +2.704 | -0.001 | +2.703 | | | |
| | DA | 13 | 52 | -0.892 | -0.013 | -0.905 | -0.905 | -0.004 | -0.909 | -0.909 | -0.001 | **-0.910** | | | |
| | 和 | 25 | 100 | +0.025 | -0.025 | 0.000 | +0.007 | -0.007 | 0.000 | +0.002 | -0.002 | 0.000 | | | |
| III EABE | EA | 5.5 | 26 | +1.797 | -0.004 | +1.793 | +1.794 | -0.001 | +1.793 | +1.793 | 0.000 | +1.793 | | | |
| | AB | 7.5 | 35 | -2.293 | -0.006 | -2.299 | -2.299 | -0.001 | -2.300 | -2.300 | -0.001 | **-2.301** | | | |
| | BE | 8.5 | 39 | +0.513 | -0.007 | +0.506 | +0.509 | -0.002 | +0.507 | +0.508 | 0.000 | +0.508 | | | |
| | 和 | 21.5 | 100 | +0.017 | -0.017 | 0.000 | +0.004 | -0.004 | 0.000 | +0.001 | -0.001 | 0.000 | | | |

表 3-6 水準網平差計算

## 3-13　氣壓計高程測量

### 1.　概述

大氣壓力會隨地面高程之不同而變遷，在 0℃ 之海平面上，其壓力約相當於 760mm 之水銀柱高，離海平面愈高，大氣之密度愈稀，壓力亦漸弱。在一般情況下，高程每升高 10 至 13 公尺，氣壓即會下降約 1mm，故如知道兩地之氣壓差，即可推求得該兩地之高程差。凡利用大氣壓力原理以測定地面之高程者，稱為**氣壓高程測量**(Barometric leveling)。

氣壓高程測量雖然精度不高，但是其作業方式只是"點"的測定，具獨立性，不似逐差水準測量那樣，點與點之間彼此牽制，故在踏勘工程或精度要求不高之測量中，利用氣壓計測量，已足敷應用。

### 2.　氣壓計之種類

氣壓計有水銀氣壓計(Mercury barometer)、沸點氣壓計(Hypsome-ter)，及空盒氣壓計(Aneroid barometer)等三種：

(1)　水銀氣壓計

該氣壓計是由一根較 760mm 略長之玻璃管，將一端封閉，管內盛以水銀，倒立於水銀槽內。槽之上端藉羚羊皮封閉，底部墊以軟皮囊。當其承受大氣壓力時，管下端所附之指針恰與槽內水銀面接觸，我們即可從水銀管上端之刻劃及遊標裝置上，讀得水銀柱之高度。

水銀氣壓計測量精度較高，惟外業時攜帶至為不便，故外業作業時甚少使用。

(2)　沸點氣壓計

氣壓在 760mm 時，水之沸點為 100℃，當高程漸增，氣壓則漸減，沸點亦隨之降低。沸點氣壓計即是利用此項原理來推求高程。

　　由於沸點氣壓計的精度甚差，且使用亦不方便，工程界甚少用及。

(3)　空盒氣壓計

　　空盒氣壓計之直徑在數公分至十餘公分之間，其正面為一刻度盤，內圈刻劃為相應於水銀柱高之公厘數或吋數，外圈刻劃相應於高程。該儀器背面並有校正螺旋，可以作校正工作。

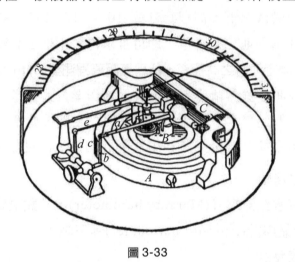

圖 3-33

　　如圖3-33所示，A為皺紋之金屬盒，盒面極薄，盒內之空氣絕大部份均被抽出，故稱空盒、或無液氣壓計。當外界氣壓改變，盒面則呈波動現象。其動作由盒面B處傳送至彈簧板C，並藉槓桿a、b、d之作用，拉動e桿，e桿與盤上之指針軸間，又有一O鏈連接，故當e桿被拉動時，指針即會在讀數盤上左右移動，觀測者可從針尖所指之位置上，讀得氣壓或高程。

## 3.　氣壓計高程測量法

(1)　基本公式

　　氣壓受溫度之影響很大，故在作氣壓測量時，必須測定溫

度，俾供改正之用。一般氣壓計高程測量之高程差計算公式為

$$\Delta h = k \cdot (1 + \alpha t) \cdot \log \frac{p_1}{p_2} \quad .............................................. (3\text{-}23)$$

式中

$\Delta h$為二地間之高程差，以公尺為單位

$p_1$為低地測站氣壓之讀數，以公厘為單位

$p_2$為高地測站氣壓之讀數，以公厘為單位

$k$為常數，其值為 $18400$

$\alpha$為空氣在1℃時的澎脹率，$\alpha = \dfrac{1}{273} = 0.003665$

$t$為高低二地測站的平均溫度，$t = \dfrac{1}{2}(t_1 + t_2)$

(2) 單測法

　　**單測法**(Single base method)，亦有稱**單基點法**者，是將二副氣壓計同時在已知高程之基點上，先作各種校正及改正，再將其中一副留置原點，另一副攜帶至欲測點。兩組在約定時間內在兩地同時作多次觀測，各取其平均值，作為求算兩點間高差的數據。

(3) 雙基點法(Double base method)

　　以二已知高程之最高點(稱上基準點)及最低點(稱下基準點)作控制，與其它欲求高程之測站，約定在同時間作觀測，並記錄其氣壓及溫度讀數，再利用公式(3-23)予以計算，即可求得二基準點與所求點間之高程差。

## 4. 氣壓高程測量應注意事項

(1) 氣壓計在正式使用之前，應先選擇二已知高程之點作一測試，若誤差在百分之十以內，尚可應用，否則即需校正或更換。

(2) 氣壓計最怕急遽震動，攜帶時應特別謹慎。又作業前應使與大氣自然接觸十分鐘以上，再行使用。亦不可置於手上，以免手溫對

其產生影響；更不能讓日光曝曬。

(3) 氣壓計會受時間、氣候、溫度及所在地之緯度等因素影響。每日觀測時間，以上午六至九時，下午四時至黃昏為宜，因該時段氣壓比較穩定。

(4) 氣壓高程測量之精度甚差，其成果只能供作參考。

# — 習題

1. 在水準測量中，為甚麼測站要設在兩標尺連線的中央，而且前、後視還要儘量相等？

2. 何謂調焦？為甚麼近代出廠的儀器都採用內調焦望遠鏡而不用外調焦？

3. 弧面差與折光差對直接水準測量有何影響？應如何防範或消除？

4. 在水準儀中，水準器有那幾種？各在儀器的甚麼部位？有何功能？

5. 自動水準儀與一般傳統的水準儀，在構造上有何不同？為甚麼能自動調平？

6. 定鏡水準儀之校正程序為何？

7. 如何防範、或減少因儀器下陷所生之誤差？

8. 設儀器與標尺之距離為 15 公尺，如氣泡向前移動 10 格，移動前標尺讀數為 2.222，移動後之讀數為 2.228 公尺，求該水準器之感度及曲率半徑各為若干？

   答：$8.3''/2\text{mm}$；$50\text{m}$

9. 應用木樁校正法校正一水準儀，先在A、B二樁之中央設站，二點間之距離為 100 公尺，測得A點標尺之讀數$a_1 = 1.533$公尺，及B點標尺之讀數$b_1 = 1.703$公尺；移儀器於B點之後方，在AB之延長線上約 10 公尺處設站，分別讀得A、B二標尺上之讀數$a_2 = 1.723$公尺，$b_2 = 1.880$公尺。如儀器不動，此時在A標尺上之讀數，應為多少方為正常？

   答：1.709m

10. 如於甲地測得氣壓為 742.0 公厘，氣溫為 18.5℃，乙地測得氣壓為 611.0 公厘，氣溫為 7.5℃，試求兩地之高程差。

    答：1626.1m

11. 在校園作逐差水準測量實習，得觀測結果如表列，設已知A點之高程為 100.000 公尺，試求各點之高程。

| 點號 | 標尺讀數 | | 水準差 | | 高程 | | 備考 |
|---|---|---|---|---|---|---|---|
| | 後視 | 前視 | 加 | 減 | 計算值 | 改正值 | |
| A | m 1.348 | m 0.786 | | | | | |
| 1 | 1.167 | 1.654 | | | | | |
| 2 | 0.993 | 2.007 | | | | | |
| 3 | 1.992 | 0.482 | | | | | |
| 4 | 1.789 | 1.335 | | | | | |
| 5 | 0.448 | 1.467 | | | | | |
| A | | | | | | | |

12. 某條道路之水準觀測資料如表列。新路線之規劃，欲自322公尺之樁號處起，向$0^K + 000$公尺之樁號處作4％之上升，試求施工時各樁頂處應有之填挖高低數。

| 測站 | 後視(m) | 儀器高(m) | 前視(m) | 地面高(m) | 樁頂高(m) |
|---|---|---|---|---|---|
| B.M₁ | 6.14 | 106.14 | | 100.00 | |
| 0K＋000 | | | 1.90 | | 105.02 |
| 0K＋050 | | | 6.34 | | 100.02 |
| 0K＋100 | | | 7.48 | | 99.03 |
| 0K＋150 | 4.60 | 97.74 | 13.00 | 93.14 | 93.76 |
| 0K＋200 | | | 5.60 | | 93.74 |
| 0K＋250 | | | 12.00 | | 86.67 |
| 0K＋300 | | | 8.28 | | 90.16 |
| 0K＋322 | | | 8.60 | | 89.14 |

CH **4**

# 角度測量

## 4-1　概述

　　決定點位彼此間相關位置的要件有三：一為距離，二為高低，三為角度，亦即方向。在此三項要素中，若只知距離及角度，我們可以用以測製平面圖；若再加入高低條件，就可以測製地形圖了。

　　測量角度的主要儀器為經緯儀(Theodolite或Transit)。經緯儀除了可以測量水平角、垂直角之外，並可用作間接高程測量和視距測量，若在望遠鏡上設有水準器的裝置，更可以施行直接水準測量；故在一般測量儀器中，經緯儀使用的範圍最廣。

　　以往經緯儀因刻劃度盤的技術不足，儀器的好壞，往往取決於度盤尺寸的大小，以致形成愈好的儀器，度盤愈大，體積也愈笨重，且度盤的最小讀數，也很少能夠達到 10"者。晚近由於光學工業的長足進步，新式儀器不但體積小、重量輕，而且最小讀數也能限制到 1"以下。

## 4-2　經緯儀之構造

　　經緯儀之構造，可分為照準規(Alidate)、度盤(Circle)、水準器及基座等四大部份，其關係如圖 4-1。

**1.　照準規**

　　照準規包含用於照準目標之望遠鏡、供望遠鏡俯仰之水平軸，及支持水平軸二端之二支架(Standards)等部份。

　　(1)　望遠鏡

　　　　經緯儀中，望遠鏡構造與水準儀者相同，但係固定於支架上端之水平軸(Horizontal axis)上，與水平軸垂直。由於晚近望遠鏡大都採用內調焦式，鏡筒之長度較短，望遠鏡非但可以繞水平軸作 360° 之旋轉(稱為**縱轉**)，亦可以垂直軸為中心，作水平方向之迴轉(稱爲**平轉**)。

　　普通經緯儀之倍率，大致在 15 倍以上，30 倍以下。在濛氣較大時，放大率宜採較小者。在傾斜度較大之地區施測時，有些儀器可將原有之目鏡取下，換置對角目鏡，觀測時較爲方便。

(2)　水平軸

　　**水平軸**亦稱**橫軸**，是依托在支架兩端的一條理想軸線，望遠鏡即架設在水平軸上，並且可以繞水平軸而上下俯仰迴轉。軸之附近並裝設制動螺旋及微動螺旋各一，如圖 4-1 所示，用以操作望遠鏡之俯仰角度。

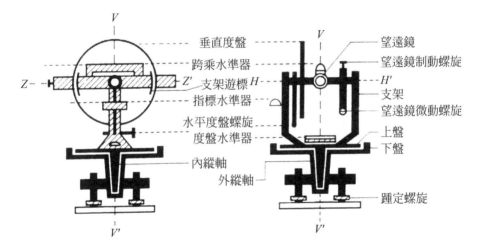

圖 4-1

(3)　支架

　　望遠鏡及垂直度盤，均結合於水平軸上，其重量及運作，皆靠**支架**作爲支撐。支架下連上盤，並與內縱軸結合，在外縱軸套筒內可自由轉動。

2. 度盤

　　度盤包含水平度盤、垂直度盤、磁針盤及讀定度盤設備等數項，茲分述如下：

⑴　水平度盤(Horizontal circle)

　　　　水平度盤的用途，在讀定測站與兩觀測點間所夾之水平角；包括上盤及下盤。上盤(Upper plate)在盤面相對(即相距180°)的方向上，各置一遊標尺，尺中有一「零線」，即為讀水平角時所用的指標線。近代儀器則用光學稜鏡系統來讀數。

　　　　下盤(Lower plate)內側有刻度圈，採全周式刻法，即自0°刻至360°；在歐陸國家亦有將度盤刻為400g者；亦有將度盤讀數刻劃成兩排，分別按順時針及逆時針方向增加者，稱為複式水平度盤(Double direct circle)。

　　　　上盤上連支架，下接內縱軸，可以隨望遠鏡左右旋轉。該縱軸又插在下盤之外縱軸內；下盤縱軸為一中空套筒，因儀器類型之不同，有一種是將外縱軸套於基座之插臼內，可以自由迴轉者；另一種與基座之軸連結固定者。

　　　　儀器之上下盤均可獨自旋轉、或同時共同旋轉者，稱為複測經緯儀(Repeating theodolite)，因其具有內外二縱軸，又可稱為雙軸經緯儀。上、下盤均各有一組制動及微動螺旋，以便操作。若儀器只能上盤迴轉，而下盤是固定著，不能與望遠鏡左右旋轉者，稱方向經緯儀(Direction theodolite)，又稱單軸經緯儀。該項儀器僅上盤有制動及微動螺旋各一而已。

⑵　垂直度盤(Vertical circle)

　　　　垂直度盤之功用，在測讀目標與測站點間所夾之垂直角位於水平軸之一端，且與其固連，可隨望遠鏡之俯仰而迴轉。當其與支架上之游標併用，即可讀得垂直角。其刻劃有全周式、象限式及天頂距式(Zenith distance)等三種。

(3) 磁針(Compass)

磁針，是用以觀測測站點與所求點間之磁方位角，或方向角；亦可用作校核水平角觀測值是否正確。有固定在經緯儀上，或與儀器分離，使用時再行裝置者兩種型式。

(4) 讀定度盤設備

包含游標及光學測微器兩大部份。由於光學測微器為近代光學儀器之重要部分，各廠牌間之裝置，亦多有不同，將在下節各類型儀器介紹中，分別介紹。本節僅述游標。

**游標**(Vernier)是一種可以沿主尺游動之測微尺，其作用是在用以讀定主尺(即下盤之刻度分劃)上，不足一小格(即尺上之最小刻劃)間之分劃者，亦即主尺上之最小格讀數，為游標之最大讀數。為法人 Pierre Vernier 所發明。有順讀與逆讀兩種型式。

① 順讀游標(Direct vernier)

將游標上$n$格之長，使與主尺上$(n-1)$格之長相等，並設主尺一格之長為$d$，游標一格之長為$V$，游標最小之讀數(即主尺與游標一分劃之差)為$C$，其關係式為

即
$$
\left.
\begin{aligned}
(n-1)d &= nV \\
V &= \frac{d}{n}(n-1) \\
C &= d - V = \frac{d}{n}
\end{aligned}
\right\}
\quad\text{................(4-1)}
$$

可知游標可讀至主尺一格的 $1/n$。

順讀游標的特點是：

❶ 主尺與游標數值增加的方向一致。

❷ 主尺$(n-1)$格與游標$n$格等長。

② 逆讀游標(Retrograde vernier)

其原理與順讀游標相似，只是將主尺$(n+1)$格之長與游標$n$格之長相等，其關係式變為

即
$$(n+1)d = nV$$
$$V = \frac{d}{n}(n+1)$$
$$C = d - V = -\frac{d}{n}$$ .......................................(4-2)

逆讀游標的特點為：

❶ 主尺與游標數值增加的方向相反。

❷ 主尺$(n+1)$格與游標$n$格等長。

我國工程界常用者，均為順讀游標。

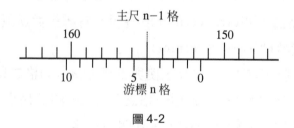

主尺 n-1 格

游標 n 格

圖 4-2

游標又有單游標與複游標兩種類型：**單游標**(Single vernier)即游標讀數增加的方向只有一邊，多用在下盤刻劃較細之儀器上，如圖4-3；**複游標**(Double vernier)之讀數，則是分別向兩邊增加，如圖4-4。

利用游標讀角度時，其讀數的步驟為：

(1) 讀出指標線在主尺上所指示之度數，及最小整格處之分數。

(2) 預估指標線所在位置的分數，再從游標上該預估數附近尋找三根

與主尺近似成直線之重合線，選擇中央那根最直之線，讀出其在游標上應有之讀數。

(3) 將上述二讀數相加，即為應有之讀數。

茲舉二例說明之。

其一：如圖 4-3，該型儀器主尺之最小讀數為 10 分。主尺讀數為 254°30'。游標讀數在 5'40" 處，與主尺之刻劃連成直線。故其全部讀數：254°35'40"。

其二：如圖 4-4，該型儀器主尺之最小讀數為 30 分，即游標之最大讀數亦為 30 分。

① 如以順時針方向讀數，則主尺應讀上(內)圈，游標應讀左側者：

主尺讀數為　　68°30'

游標讀數為　　　17'

全部讀數為　　68°47'

圖 4-3

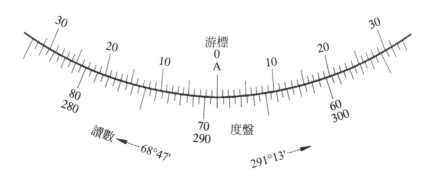

圖 4-4

②　如以逆時針方向讀數，即主尺讀下(外)圈時，游標亦應讀右側者：

主尺讀數為　291°00'

游標讀數為　　　13'

全部讀數為　291°13'

## 3.　水準器

水準器之構造，與水準測量章中所述者相同。在一般的經緯儀上，亦有圓水準與管水準器之分，管水準器感度較高。

裝置在經緯儀上之管水準器，有下列三種：

(1)　度盤水準器(Plate level)

在水平度盤之上，裝有互相垂直之管水準器一對、或僅有與水平軸平行之一具者。旋平該水準器，即示經緯儀已整置水平、垂直軸亦在鉛垂線之方向，此時所觀測之角度，即為水平角。

(2)　指標水準器或支架水準器(Index level or Standard level)

此項水準器大都位於垂直度盤下方之支架上，其功用是，在讀垂直角時，使讀數系統之指標，能在一定之位置(亦即視垂直度盤之刻法及游標之裝置情形，來決定應在水平方向或垂直方向)。

(3)　望遠鏡水準器(Telescope level)

裝置在望遠鏡鏡筒之上方或下方，有固定型與活動型兩種(活動型稱**跨乘水準器**(Striding level)。當該水準器氣泡居中，則視準軸即在水平位置，此時之經緯儀即可當作水準儀使用。若將望遠鏡水準器與指標(支架)水準器合併使用,也可以用作校核垂直度盤游標之指標，是否在一定之位置。

上述(2)、(3)兩種水準器均與求高程有關，又可合稱為**高程水準器**(Altitude level)。

在新式經緯儀中，如 Wild $T_1A$、$T_2AE$、Zeiss $Th_2$ 等型，已逐漸以指標自動補償水準裝置，來替代傳統之望遠鏡水準器，或指標水準器。

### 4. 基座及腳架(Leveling base and Tripod)

基座的功用，是在上承經緯儀、下與三腳架相連結，以維持儀器在觀測時之穩固。基座的下方有三個踵定螺旋，可以用以定平儀器，使儀器與垂直軸互相垂直。其底盤下方有掛鉤，可以懸掛垂球，使儀器中心能投影在地面測站之中心上。改良的新式基座，尚附有光學對點裝置，使儀器在有風的測區，可以不要依靠垂球，而改用光學垂準器來作定心的工作。某些廠牌的儀器更採用一種定心三腳架，先將腳架定心、定平後，再將儀器裝置於架上，以減少許多不必要的操作，例如 Kern 廠之 $DK_1$ 型經緯儀，即有該項裝置。

腳架通稱三腳架，有木製及金屬合金製兩種。架頭則皆為金屬材質。腳架頭部留有一直徑約 10 公分之圓孔，使儀器中心可以在其上作小幅度的移動。圓孔內有基座固定螺旋，使儀器能固定於腳架之上，其下方並有垂球掛鉤，供懸掛垂球，俾使儀器中心、垂球尖端及點位中心能在同一鉛垂線上。三腳架有固定長度、及因應傾斜地形，可以伸縮之腳架型式二種，使用時，可視測區地形，作為選擇腳架之參考。

## 4-3　經緯儀結構上之要求條件

無論任何型式或廠牌之經緯儀，其各軸間之結構，必須滿足下列各條件(參閱圖 4-1)：

1. 切於水平度盤上水準氣泡之水準軸，必須與垂直軸互相垂直($LL' \perp VV'$)。

2. 望遠鏡之照準軸，必須垂直於水平軸($ZZ' \perp HH'$)。

3. 指標(支架)、望遠鏡水準器之水準軸，必須與水平時之照準軸互相平行($ll' /\!/ ZZ'$)。

4. 水平軸必須垂直於垂直軸($HH' \perp VV'$)。

5. 高程水準器氣泡居中時，其垂直度盤之讀數應爲 0° 或 90°。

此外，望遠鏡須能繞水平軸迴轉；其水平度盤之游標，也得隨望遠鏡同時迴轉。垂直度盤須與望遠鏡共同迴轉，但其游標則應固著於支架上，不與望遠鏡共同轉動。

# 4-4　各類型經緯儀簡介

## 1. 威特(Wild)經緯儀

瑞士威特廠所研發之各型經緯儀，型號甚多，精度亦較高，在工程界應用亦最爲普遍。該廠已與瑞士Leica廠合併，其產品已開始用Leica命名。

茲將其中幾種較常見之儀器性能，摘錄如表 4-1 所示。

Wild $T_0$ 型爲羅盤儀經緯儀(Compass thodolite)，除可測定磁方位角外，因精度不高，僅適合於精度要求不高之測量作業。儀器之外觀及度盤讀數如圖 4-5。

Wild $T_1$ 及 $T_{16}$ 均爲複測經緯儀，亦即均各有兩軸。其固定度盤裝置係採用鎖制扳鈕(Circle locking level)。$T_1$ 採用測微器，如圖 4-6，可估讀至一格之 1/4，即 5″。測微尺之原理與測微鼓近似，配合平行玻璃版使用，即可度量度盤或分微尺整格以下之零數。$T_1$ 經緯儀之具有讀定垂直度盤之自動指標(The automatic vertical index)者，名爲 $T_1 A$，該指標可自動消除直立軸的輕微傾斜。圖 4-7 爲 $T_{16}$ 經緯儀，其光學讀定系統是採用分微尺，即以一刻劃間隔均勻之分微尺，來代替指標線。該尺刻在玻璃版上，在顯微鏡內，其零線與末線之夾距適與度盤一格相等；由零線至末線數字增加之方向，與度盤刻劃數字增加之方向相反。

表 4-1　威特經緯儀儀器性能

| 性能 ＼ 型號 | $T_0$ | $T_1$ | $T_{16}$ | $T_2$ |
|---|---|---|---|---|
| 望遠鏡放大倍率(×) | 20 | 30 | 30 | 30 |
| 成像($U$＝倒像，$E$＝正像) | $U$ | $E$ | $E$ | $E$ |
| 1000 米處的視野範圍(公尺) | 36 | 27 | 27 | 29 |
| 最短對焦距離(公尺) | 1.4 | 1.7 | 1.7 | 2.2 |
| 乘常數 | 50,100 | 100 | 100 | 100 |
| 加常數(公分) | 0 | 0 | 0 | 0 |
| 水準器每 2 厘米靈敏度 | 8' | 30" | 30" | 20" |
| 直接讀數(360°制) | 水平 1' 垂直 10' | 5" | 1' | 1" |
| 測微器估讀數(360°制) | 水平 0.5' 垂直 1' | 3" | 0.1' (＝6") | 0.1" |
| 儀器重量(公斤) | 2.9 | 5.8 | 5.3 | 6.0 |
| 光學讀數方式 | 符合法 | 測微器 | 分微尺 | 符合法 |
| 經緯儀屬性分類 | 羅盤儀 | 複測 | | 方向 |

　　此外，尚有$T_3$及$T_4$型，Wild $T_3$是爲一等三角測量而設計者，屬精密經緯儀。Wild $T_4$型萬能經緯儀，是 Wild 經緯儀系列產品中最大的一種，可用於大地三角測量和天文測量。

　　Wild $T_2$爲單軸、精密經緯儀，其水平角之觀測，是採用方向觀測法，讀數系統則是採用度盤分劃符合讀法的方式，可估讀至 0.1"。

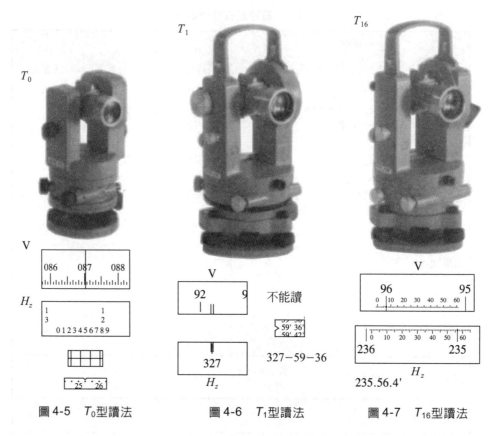

圖 4-5　$T_0$型讀法　　　　圖 4-6　$T_1$型讀法　　　　圖 4-7　$T_{16}$型讀法

　　Wild $T_2$、$T_3$、$T_4$等精密經緯儀器之讀定度盤設備，皆採用符合讀法。該法係威特氏所發明。其法是以玻璃製成之度盤，藉稜鏡組織之折光，使度盤直徑兩端之影像出現在同一視野內，再依測微鼓之轉動，使上、下兩刻度之影像，產生相對移動，待二組直線重合後，即可讀得其角值。

　　如圖 4-8 所示，為 Wild $T_2$在讀數顯微鏡中所見之影像，上窗為度盤顯示窗，用以讀定度數及分數之十位數；下窗為測微鼓度盤顯示窗，用以讀記十分以下之分、秒數。由於稜鏡之折光，使度盤兩端相距180°之刻劃，共同呈現在上窗內，二像且緊密相接，上側呈倒像，下側呈正像。作業時，上下二列之分割並未重合，如圖中之(a)、(c)，當轉動測微鼓，則上下分割立即呈相反方向移動，待二組直線重合一致時，即可停止轉動，可以讀數矣。茲以圖 4-8 為例，說明符合讀法之程序如下：

(1) 旋轉測微鼓，使度盤刻劃上、下排符合一致。

(2) 尋找數字正立與倒立者，適相差 $180°$，但未互相超越之整刻劃數字，以正立刻劃讀數為準，設為 $R_1$(在圖(b)中，$R_1 = 13°$；為何不是 $14°$、$15°$？)

(3) 讀出 $R_1$ 與 $R_1 + 180°$ 間之格數，設為 $n$，並令其相應之角度值為 $R_2$，則

$$R_2 = \frac{n \times (每格相應角度值)}{2}$$

$\left(在圖(b)中，13° 與 193° 之間，共夾 5 格，則 R_2 = \frac{5 \times 20'}{2} = 50'\right)$。

(4) 讀出度盤刻劃符合時，在下窗測微鼓上之數值，其下排為分之個位數，上排為秒數，設為 $R_3$。(在圖(b)中為 $4'32''$)

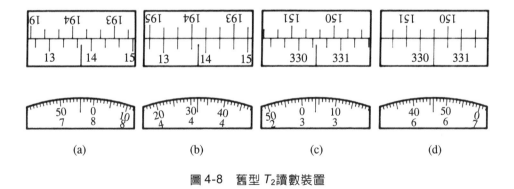

(a)　　　　　(b)　　　　　(c)　　　　　(d)

圖 4-8　舊型 $T_2$ 讀數裝置

(5) 其全部讀數為 $R_1 + R_2 + R_3$。(圖(b)之讀數為 $13°54'32''$)。

Wild $T_2$ 經緯儀之全貌及各部名稱如圖 4-9，其垂直度盤為全周式，正鏡時所讀之值為天頂距，倒鏡時所讀者為(360°－天頂

距)。其水平角之測法,因其為方向經緯儀,故必須藉對零螺旋(在圖 4-9 之背面)來轉動度盤之位置,俾便於照準原方向時,使讀數接近於零度($T_2$ 對 0°00'00" 比較費時,故一般作業時,皆大致接近零度即可);或變換度盤位置時,對準任意角度。

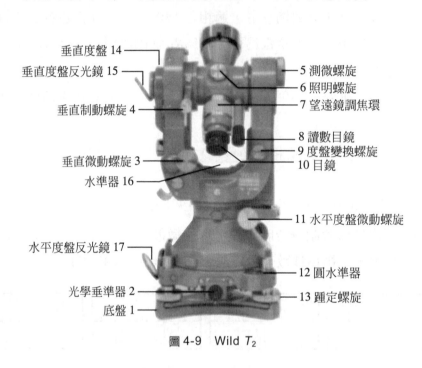

垂直度盤 14
垂直度盤反光鏡 15
垂直制動螺旋 4
垂直微動螺旋 3
水準器 16
水平度盤反光鏡 17
光學垂準器 2
底盤 1

5 測微螺旋
6 照明螺旋
7 望遠鏡調焦環
8 讀數目鏡
9 度盤變換螺旋
10 目鏡
11 水平度盤微動螺旋
12 圓水準器
13 踵定螺旋

圖 4-9　Wild $T_2$

Wild $T_2$ 經緯儀的優點甚多,例如用光學垂準器(Optical plummet)定心,可避免垂球因風之搖晃而難以作業;度盤將兩邊之分劃反射至同一窗內,可免除檢視時兩邊走動之苦,亦大幅提高其精度;應用符合測法,使精度增高等,均是使其在工程界普受喜愛的因素。近年新型 $T_2$ 在裝置上又作了若干改良:在對目標方面,當望遠鏡為正時,採光學十字標(Optical sight)來瞄準,倒鏡時,以細縫作瞄準線;基座加裝離合旋鈕(Locking knob),當鈕上之箭頭向上,即示基座與儀器可以分離,若箭頭向下,則示二者已經緊密接合;在水平度盤方面,以鎖制扳鈕(Circle locking level)取代原有之制動螺旋，操作時，順轉為關，逆時針方向旋轉，即示開啓；度盤除用顏色來分辨水平(黃色)、垂直(白色)外，其數字的表達法亦與舊式者不同。(圖 4-10 即為新型 $T_2$ 之刻度，圖 4-8 為舊式 $T_2$ 之刻度)。

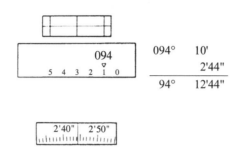

圖 4-10　新型 $T_2$ 讀數例

## 2.　凱恩(Kern)經緯儀

　　瑞士凱恩廠出產之光學經緯儀，因度盤上具有兩圈同心刻劃，故稱雙度盤經緯儀。其度盤外圈只刻主分劃線(為單線)，內圈則刻輔助分劃(為雙線)；直徑兩端之刻劃，經由稜鏡折射至同一視場內，觀測者調節測微鼓，可將外圈分劃影像移動至介於內圈雙線分劃之中央，即可讀得度盤兩端讀數的平均值。

　　Kern 經緯儀的基座架首，是由上、下兩部分所組成，藉球狀關結相連，故即使架首傾斜之角度較大，也能靠球狀關節將其概略定平，再由儀器上之三個水平螺旋精確定平，其形狀如圖 4-11。在基座架首中心，設有垂直桿，該桿可自由伸縮，長可及地；桿上並附有圓水準器，當垂直桿之尖端正指在測站點之中心，此時調整圓氣泡居中，則儀器中心與測站點之中心即在同一之鉛垂線上。利用此桿定心，其誤差數可在0.5 至 1 公厘以內。該腳架特稱為求心三腳架(Centering tripod)。

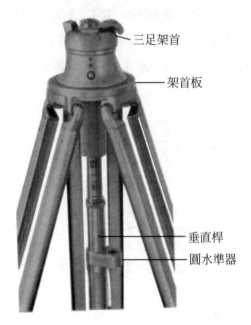

　　三足架首

　　架首板

　　垂直桿
　　圓水準器

圖 4-11　Kern 腳架

　　儀器之定平，是以三個側位的水平螺旋，取代傳統的踵定螺旋。螺旋內部成偏心形狀，頗似蝸形蝶紋之歪輪，與儀器底盤上之傾斜面接觸。調節該三螺旋，可迅速將儀器定平。

　　Kern 儀器目前已停產，且在國內工程界使用率較低，故接觸的機會亦較少。

### 3.　蔡司(Zeiss)經緯儀

　　德國蔡司廠出品之經緯儀有 $Th_3$、$Th_4$、$Th_5$ 等三種普通型及 $Th_2$ 一種屬精密型光學經緯儀。新近出品者，則有 $Th_{41}$、$Th_{42}$ 及 $Th_{51}$ 等，茲將其性能等數據列表如表 4-2。

表 4-2 蔡司經緯儀之儀器性能

| 性能 ＼ 型號 | $Th_2$ | $Th_3/Th_{32}$ | $Th_4/Th_{42}/Th_{43}$ | $Th_5/Th_{51}$ |
|---|---|---|---|---|
| 望遠鏡放大倍率 | 30 | 25/30 | 25/30/30 | 25/20 |
| 視距乘常數 | 100 | 100 | 100 | 100 |
| 成像 | 正 | 倒／正 | 倒／正／正 | 倒 |
| 水平度盤最小分劃 | 10' | 1° | 1° | 1° |
| 測微器估讀數 | 0.5" | 0.1' | 0.1' | 1' |
| 垂直度盤最小分劃 | 10' | 1° | 1° | 1° |
| 測微器估讀數 | 1" | 0.1' | 0.1' | 1' |
| 水準器感度(/2 mm) | 20" | 30" | 30" | 30"/45" |
| 基座型式 | 球狀 | 三角 | 球狀 | 三角 |
| 讀數方式 | 符合法 | 測微尺 | 分微尺 | 分微尺 |
| 等級 | 精密 | 普通 | 普通 | 工程 |
| 屬性分類 | 方向 | 複測 | 複測 | 複測 |
| 儀器重量(kg) | 5.2 | 3.5 | 4.5 | 3.2/2.2 |

在一般測量作業中，普通型以$Th_3$、$Th_{41}$與$Th_{42}$；精密型以$Th_2$應用較為普遍。

如圖 4-12 所示，蔡司$Th_3$複測式經緯儀之特點有：

(1) 具有「上、下度盤離合器」(Mahler repetition clamp)，當離合器上之兩白點居於水平方向時，上、下盤可以分離；若二點成垂直方向，則二度盤即連結為一。此一改良，一則可以免除傳統中使用上下盤之制動、微動螺旋時，容易發生錯用之現象，再則操作時，其對度盤之穩定性亦較傳統式為佳。

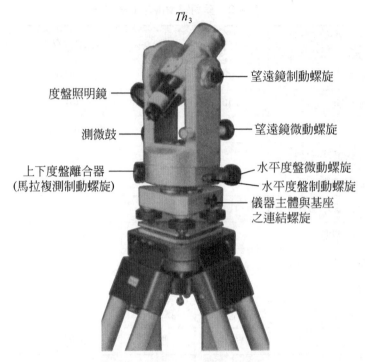

圖 4-12　蔡司 $Th_3$ 複測經緯儀

(2)　增設「儀器主體與基座之連結螺旋」，放鬆此螺旋後，可以將儀器之照準規部分抽出，改裝覘標，可節省覘標重新定點時間。

　　蔡司$Th_{41}$與$Th_{42}$性能相近，僅前者採用踵定螺旋，而後者改用球狀基座而已。

　　$Th_5$與$Th_{51}$同屬輕便型工程經緯儀，二者改良有限。

　　蔡司$Th_2$為方向經緯儀，其讀角系統採符合讀法讀數。垂直角度盤無天頂水準器，讀數時，由調整器自動調整至正確位置，精度可達±0.2"。其各部名稱及外貌如圖 4-13。

　　該儀器之定平工作，是由**球狀基座**(Ball base)上之「簡速定平螺旋」快速作概略定平，再由「微動定平螺旋」精確定平。另有光學垂點鏡，對點工作迅速方便。

上項改良，既能使定平工作迅速確實，亦能免除當架首傾斜較大、踵定螺旋間彼此因螺紋無法完全密合而產生的不穩定現象。

該儀器附有夜間觀測照明設備，可供天文觀測及二等三角測量作業之用。

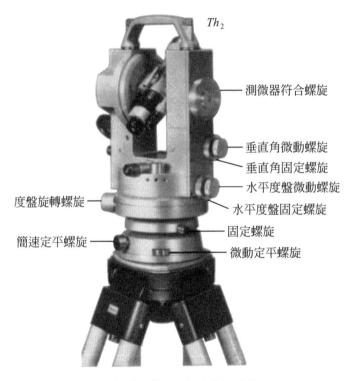

圖 4-13    蔡司 $Th_2$ 方向經緯儀

## 4. 日本製儀器

日本儀器在結構與型式上多與德國及瑞士名廠之出產品相仿，以富士(Fuji)、PENTAX、測機舍(Sokkisha)及 Nikon 等廠牌在國內較為多見。僅以具代表性之 Nikon NT-2 型為例，作扼要介紹。

如圖 4-14 所示，日本 Nikon 廠出產之 NT-2 經緯儀，屬複測型經緯儀，其度盤爲玻璃製造，讀定設備也是藉光學系統，將垂直角或水平角折射至同一視場內讀數，觀測及讀數均極方便。

該儀器之放大率爲 25 倍，成像爲正像，乘常數 100，其測微器上之最小刻劃爲 20"，可估讀至 2"；水準器感度爲 40"/2mm，儀器重 7 公斤。

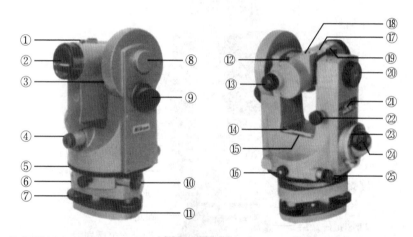

①(照準用之)準星　　　⑩下盤微動螺旋　　　⑱望遠鏡水準器校正螺旋
②(望遠鏡之)物鏡　　　⑪底盤　　　　　　　⑲垂直制動螺旋
③十字絲調節螺旋　　　⑫(照準用)灶門　　　⑳對光螺旋
④光學垂線目鏡　　　　⑬望遠鏡之目鏡　　　㉑支架水準器
⑤水平度盤對零用轉盤　⑭度盤水準器校正螺旋　㉒垂直微動轉環
⑥下盤制動螺旋　　　　⑮水平度簽水準器　　　㉓測微器旋轉環
⑦基座定平螺旋　　　　⑯上盤制動螺旋　　　㉔光學測微器目鏡
⑧羅針及照明器安置螺旋　⑰望遠鏡水準器　　　㉕上盤微動螺旋
⑨度盤照明鏡

圖 4-14　Nikon 廠 NT-2 經緯儀

Nikon NT-2 在讀水平角或垂直角讀數前，是藉轉動測微器的旋轉環，來使指標線進入二平行短線之中央。其刻度盤刻劃例如圖 4-15。

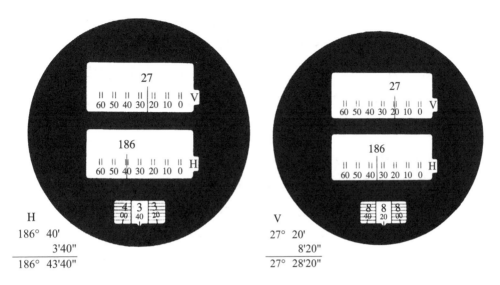

圖 4-15　NT-2 讀數例

# 4-5　經緯儀之安置法

**1.　架設三腳架於測站點上**

(1)　先將腳架完全抽出、旋緊腳架邊固定螺旋、取下架首護蓋。

(2)　在平坦地區,將三腳架在地面放置成接近等邊三角形,並使儀器中心位居於三角形之中心;若為傾斜地區,則以兩腳放在低處,一腳放在高處,以保持架首之穩定。放置時,應使儀器與觀測者之眼部大致同高。並應使架首約略水平。

(3)　足架如過緊,可放鬆架首之蝶形螺旋,待腳架弄妥後,應立即旋緊。

(4)　將腳架踏實。

**2.　架設儀器**

(1)　將儀器箱打開,在取出儀器之前,應先仔細察看儀器放置之方式,以免還原時發生困難。

(2)　將儀器架設在三腳架上，此時宜特別注意：應兩手握儀器之支架部份，並放鬆上、下盤制動螺旋；將儀器置於架首，並一手扶儀器，另一手旋轉架首下之連結螺旋，使架首與儀器緊密接合。此時應使儀器大致水平，儀器中心亦在點位近旁，以減少後續操作時，需作較大之移動。

**3.　定心(Centering)**

使用光學垂點器或懸掛垂球於架首中央之掛鉤上，當垂球靜止時：

(1)　若垂球尖端距站點之中心只有些許偏差，可在架首將儀器緩慢移動，使其與測站點之中心，正好對準即可。

(2)　若偏差較大，如圖4-16所示，可先將架首之蝶形螺旋放鬆，並固定其中兩支腳架，藉第三支作前後移動，待至接近測站點時，再作左右向之移動，即可完成定心。定心完成後，應立即再將蝶形螺旋旋緊。

(3)　若不放鬆蝶形螺旋，上項改正亦可逕將儀器三腳架予以平移，亦能使定心工作順利完成。

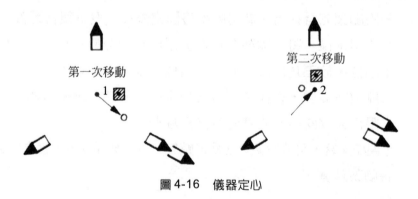

第一次移動

第二次移動

圖4-16　儀器定心

**4.　定平**

經緯儀之定平工作與水準儀者相同。

定心與定平工作應反複操作，方能完善。

當觀測完畢後，在短距離的運行時，應以左手緊托儀器之支架，右臂挾持三腳架於腋下，緩慢、穩健前行；若作遠距離運行時，應將儀器卸下裝入箱內，再行前往。

# 4-6　水平角觀測法

## 1.　作業中常用的名詞與定義

關於水平角與垂直角之定義，在第二章中已作過介紹，本節僅談其觀測方法及定義作業中常用的一些詞彙。

以測站點為中心，用經緯儀觀測二方向線在水平面上之夾角，是為**水平角觀測**；在經緯儀水平時，求得其方向線與水平線間之夾角，是為**垂直角觀測**。在測水平角時，除水平度盤必須真正水平外，且儀器中心與測站點中心亦必須要在同一鉛垂線上，所求成果才會正確。

在介紹觀測方法時，我們將會用到下列幾個名詞：

(1)　正鏡(Normal or Direct position)

　　　指觀測時，望遠鏡在垂直度盤之右邊。

(2)　倒鏡(Inverted position)

　　　指觀測時，望遠鏡在垂直度盤之左邊。

(3)　測回(Set)

　　　作業時，依次將所測方向作正、倒鏡各觀測一次，稱為一**測回**。計算時，取正、倒鏡二次讀數之平均數為準，藉以消除大部份之儀器誤差。

(4)　上盤動作(Upper motion)

　　　所謂**上盤動作**，是指作業時將經緯儀之上盤部份，藉上盤制動螺旋及微動螺旋之控制，繞內縱軸而迴轉。簡稱 U.M.。

(5)　下盤動作(Lower motion)

　　　是指經緯儀之下盤部份，藉下盤制動螺旋及微動螺旋之控制，而繞外縱軸迴轉。謂之**下盤動作**，簡稱 L.M.。

(6)　垂直動作(Vertical motion)

　　　望遠鏡之俯仰動作，稱為垂直動作，簡稱 V.M.。垂直動作是靠望遠鏡之制動螺旋及微動螺旋控制。

　(4)、(5)兩項動作，只有在操作雙軸(複測)經緯儀時才有；若使用方向經緯儀，則無此必要。

　關於水平角的測法，有方向觀測法、複測法及偏角法等三種，在本節中，將分別說明其作業方法。

**2.　方位角與方向角**

　自子午線之北端起，沿順時針方向至所求點間，二方向線所夾之角度，稱為**方位角**(Azimuth)。常以 $\phi$ 或 $\varphi$ 示之。如圖 4-17。由於子午線有**眞子午線**(True meridian)與**磁子午線**(Magnetic meridian)之別，故以眞北起算者稱**眞方位角**；自磁北起算者，則稱**磁方位角**。除精密測量外，在平常一般之工程上，大多使用磁方位角。

圖 4-17

　方位角之值，介於 0° 與 360° 之間，且恒為正。

測線與子午線間所夾之銳角，稱為該線之**方向角**(Bearing)。方向角之敘述，恒自北邊、或南邊起算。其值介於0°至90°之間。如圖4-18所示。

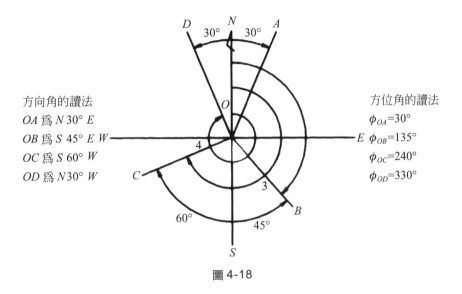

方向角的讀法
$OA$ 為 $N\,30°\,E$
$OB$ 為 $S\,45°\,E$
$OC$ 為 $S\,60°\,W$
$OD$ 為 $N\,30°\,W$

方位角的讀法
$\phi_{OA}=30°$
$\phi_{OB}=135°$
$\phi_{OC}=240°$
$\phi_{OD}=330°$

圖 4-18

### 3. 反方位角與反方向角

一線之**反方位角**(Back azimuth)，即是指該線延長線之方位角；一線之**反方向角**，即是指該方向線延長線之方向角。如圖4-19所示。

> 在作業中，我們習慣於將$\phi_{OA}$之反方位角寫成$\phi_{AO}$。
> 當$\phi_{OA}<180°$，則$\phi_{AO}=\phi_{OA}+180°$；當$\phi_{OA}>180°$，
> 則$\phi_{AO}=\phi_{OA}-180°$。

### 4. 方向觀測法(Direction method)

如圖4-20所示，在測站點$O$設站，觀測周圍諸點間之夾角，可先選擇一接近北方之點位為原方向；若只有二觀測方向，則以左邊之方向線為原方向。茲設為$M$，再測其餘各方向與此原方向間之夾角，如∠1、∠2、∠3、∠4 等，即可決定任二方向線間之水平角。此種測法稱為方向觀測法。方向觀測法以方向(單軸)經緯儀施測，最為方便。

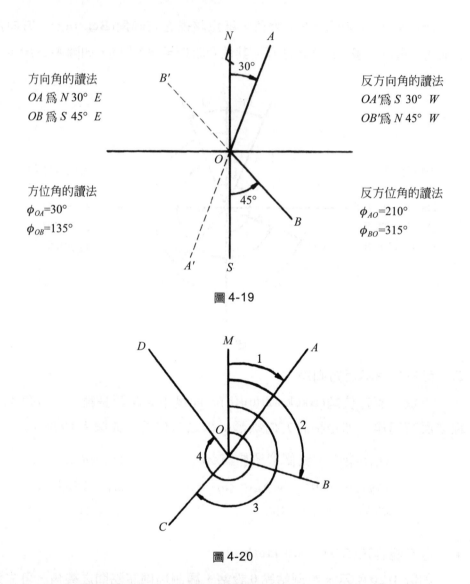

方向角的讀法
OA 為 N 30° E
OB 為 S 45° E

反方向角的讀法
OA'為 S 30° W
OB'為 N 45° W

方位角的讀法
$\phi_{OA}=30°$
$\phi_{OB}=135°$

反方位角的讀法
$\phi_{AO}=210°$
$\phi_{BO}=315°$

圖 4-19

圖 4-20

因游標經緯儀與方向經緯儀作業方法不同，茲分述如次：

(1) 游標經緯儀測法

仍如圖 4-20 所示，置儀器於測站點 0，並完成定心、定平工作後，

① 游標對零：即使游標*A*與度盤之 0°00'00"對正。

首先查下盤是否已確實固定。然後放鬆上盤制動螺旋，轉動上盤，使游標*A*之指標約略對正 0°附近後，旋緊制動螺旋，改用上盤微動螺旋，精確對準 0°00'00"。

在對零的過程中，除檢查下盤是否固定之外，其餘皆為上盤螺旋的動作。又，游標*B*的作用，在檢核其讀數是否與游標*A*之讀數剛好相差 180°，若不足、或超出太多(約以游標最小讀數之二倍為限)，則示有誤差附著。

游標對零，只是為了計算方便。事實上游標亦可不對零，而對任何位置。惟於照準原方向*OM*後，須先讀、記其度盤角值，作為定值；以後所測*A*、*B*、*C*、*D*各點之角值，在計算時，均應分別減去該定值，方得其相應之水平角值。

② 照準原方向

上盤完成對零程序後，仍固定不動。

設以*M*點為原方向。放鬆下盤之制動螺旋，轉動下盤，當 M 點之覘標進入望遠鏡之視野內，即旋緊制動螺旋，再以微動螺旋使望遠鏡中之縱絲與覘標精確對準後，讀定兩游標之讀數，(此時之讀數，A 游標應為 0°00'00"，B 游標應為 180°00'00"，)並記錄之。此項進度全為下盤螺旋的動作。當此項進度完成後，在該測站的其他進度中，將不再使用下盤螺旋了。

③ 右旋觀測其它方向

放鬆上盤制動螺旋，用上盤動作，按右旋方向依次照準B、C、D各點，讀定其觀測角，並記載之。

④ 回歸原方向

延續③之動作，繼續觀測至原方向M點，俾茲檢核。如讀數與第一次照準時之讀數比較，其相差之數，大於游標之最小

讀數二倍，該半測回應予重測。但在導線測量中，因僅有二個
方向，通常皆不須回歸至原方向。

⑤　縱轉望遠鏡(Plunging the telescope)，照準原方向

將望遠鏡縱轉180°，即變爲倒鏡觀測。再用上盤動作對準
原方向，讀、記其角值。若無誤差存在，當望遠鏡回歸照準 M
點時，此時游標 A 之讀數應爲180°。

⑥　左旋觀測各方向；歸零

仍以倒鏡施測、上盤動作、左旋測讀 $D$、$C$、$B$、$A$ 諸點之
水平角，並讀定、記錄之。如觀測無誤，且儀器本身亦無誤差
附著，則此時在原點 M，游標 $A$ 正、倒鏡之讀數之差，應恰爲180°。

在歸零時，普通經緯儀正、倒鏡之差，其最大界限不可超
過游標最小讀數之二倍，否則該測回應予重測。當所測結果在
誤差界限之內，則可將該誤差平均分配於各角。

爲減少度盤因刻劃不勻所產生之影響，各測回於施測時應
變換度盤位置。設某站欲作 $n$ 次觀測，游標之個數爲 2，則每一
測回原方向度盤位置移動之數爲 360°/2×$n$。例如欲觀測三測
回，則每一測回度盤移動之數爲 360°/2×3 = 60°，即第一測回
時對0°00'00"，第二測回時對60°00'00"，第三測回時對120°00'00"。

⑵　方向經緯儀(以 Wild $T_2$ 爲例)

①　望遠鏡照準原方向，度盤對零

方向經緯儀因沒有下盤，故其對零工作是由對零螺旋及測
微螺旋來操作。當對零工作完成後，應隨即將護蓋關閉。惟 $T_2$
欲正對 0°00'00" 相當費時，故只要讓度盤接近於零即可。

②　檢查原目標是否移動，待望遠鏡縱絲精確與目標相切，即可讀
角、記錄。

③ 其餘各程序與游標經緯儀者相同。

光學經緯儀因有測微器裝置，其測回間更換原則是，如度盤一格為10'，施行六測回之觀測時，即用(180°＋10')÷6，即各測回原方向之讀數分別為0°00'00"，30°01'40"，60°03'20"，90°05'00"，120°06'40"，150°08'20"。觀測之回數要為偶數。

表4-3　水平角觀測(方向觀測法)例

| ①<br>測站 | ②<br>覘點 | ③觀測值 | | | ④<br>閉合差 | ⑤<br>水平角 | ⑥<br>水平角平均 |
|---|---|---|---|---|---|---|---|
| | | a.讀數 I | b. II | c.中數 | | | |
| 8 | 9 | °　'　"<br>00−00−00 | "<br>00 | "<br>00 | "<br> | °　'　"<br>00−00−00 | |
| 第一測回 | 3 | 57−25−02.1 | 01.1 | 01.55 | | 57−25−01.55 | 57−25−08.28 |
| | 7 | 154−34−33.2 | 32.1 | 32.65 | | 154−34−32.65 | |
| | 7 | 334−34−15.1 | 17.1 | 16.1 | | 154−34−28.1 | 154−34−30.38 |
| | 3 | 237−25−02.9 | 03.1 | 02.95 | | 57−25−14.9 | |
| | 9 | 179−59−48.0 | 47.9 | 47.95 | | 00−00−00 | |
| | | | | | | | |
| 8 | 9 | 60−09−36.0 | 34.0 | 35.0 | | 00-00-00 | |
| 第二測回 | 3 | 117−34−47.0 | 46.0 | 46.5 | | 57−25−11.5 | 57−25−09.55 |
| | 7 | 214−44−07.4 | 08.0 | 07.7 | | 154−34−32.7 | |
| | 7 | 34−44−10.2 | 10.0 | 10.1 | | 154−34−38.0 | 154−34−35.35 |
| | 3 | 297−34−39.9 | 39.5 | 39.7 | | 57−25−07.6 | |
| | 9 | 240−09−32.2 | 32.0 | 32.1 | | 00−00−00 | |

觀測者：　　　　　　　觀測日期：　　　　　　　儀器型號：
記簿者：　　　　　　　天氣：

### 5.　複測法(Repetition method)

　　使用複測經緯儀對同一角作$n$次觀測，再取其角之平均值，作爲該水平角之值，此項觀測法稱爲**複測法**。因複測經緯儀有二軸，故施行複測最爲方便。

　　複測法之目的，在藉多次觀測，以提昇觀測成果之精度。其觀測程序如下：

　　如圖 4-21 所示：

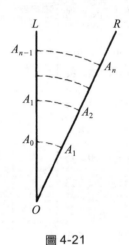

圖 4-21

其觀測程序如下：

(1)　下盤固定，鬆上盤，待對零後，固定之。(亦可不必對零，而用任意角度。)

(2)　鬆下盤，照準$L$後，固定之，讀數，設爲$A_0$。

(3)　固定下盤、用上盤動作，對$R$，讀數，設爲$A_1$。

(4)　固定上盤，用下盤動作，再照準$L$，此時度盤之讀數仍爲$A_1$。

(5)　固定下盤，用上盤動作，再照準$R$，讀數，設爲$A_2$。

(6)　重複(4)、(5)兩項動作多次，最後對$R$之讀數設爲$A_n$。

故得其觀測角值$\alpha_i$應為

$\alpha_1 = A_1 - A_0$　第一次所求水平角

$\alpha_2 = A_2 - A_1$　第二次所求水平角

………

$\alpha_n = A_n - A_{n-1}$　　第$n$次所求水平角

則$n$次$\alpha_i$之平均值為

$$\alpha = \frac{1}{n}(A_n - A_0) \dotfill (4\text{-}3)$$

式中$n$為觀測次數。

　　複測法因觀測次數較多，為避免錯誤起見，通常第一次觀測值應予記錄，以便推知觀測次數及供檢核作業之參考。又，複測法之觀測次數應為偶數，以便一半用正鏡觀測，另一半用倒鏡觀測。

　　複測法之觀測記錄如表4-4。

表4-4　中線測量(偏角法)　　　　　　　中線自……至……

| (1)<br>測站 | (2)<br>距離 | (3)<br>讀數 I | (4)<br>讀數 II | (5)<br>中數 | (6)<br>偏角 | (7)<br>方位角 | (8)<br>備考 |
|---|---|---|---|---|---|---|---|
| $PI_1$ | | | | | | | |
| | 432.20 | | | | | 100°00'00" | |
| $PI_2$ | | 00°00'00" | 180°00'00" | 00°00'00" | | | |
| | | 23°21'30" | 203°22'00" | 23°21'45" | 23°21'45" | | |
| | | 46°43'00" | 226°43'00" | 46°43'00" | 23°21'15" | | |
| | 299.78 | | | | 23°21'30" | 123°21'30" | |
| $PI_3$ | | | | | | | |

觀測者：　　　　　　　　觀測日期：　　　　　　　儀器型號：
記簿者：　　　　　　　　天氣：

## 6.　偏角法(Deflection angle method)

偏角觀測法多應用在路工定線中，因其施測之角度為偏角，故稱偏角法。如圖 4-22 所示，設 $P$ 點為路線之起點，向 $A$、$B$、$C$……方向推進，在 $A$ 點處因路線須轉折至 $B$ 點(若轉折方向向右偏，則其角度前加 $R$，即右偏；向左，則加 $L$，即左偏。)。其轉折之角度可以下法求之。

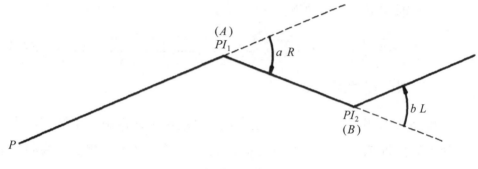

圖 4-22

(1)　在 $\mathrm{PI}_1$ 點(即道路交點)設站，並完成定心、定平程序。

(2)　以上盤動作使度盤歸零，再以下盤動作，使望遠鏡照準 $P$，此時度盤之讀數為 $0°00'00''$，或某一定值。

(3)　縱轉望遠鏡，以上盤動作，照準 $\mathrm{PI}_2$，並讀定其度盤讀數，設為 $a_1$；再以倒鏡重複觀測一次，設其讀數為 $a_2$，則其偏角 $a$ 之值為 $a = (a_1 + a_2)/2$。

若只作正鏡(或倒鏡)觀測，須事先精確消除望遠鏡之視軸誤差，以免產生誤差累積現象。

# 4-7　垂直角觀測法與間接高程之計算

## 1.　名詞與定義

自圓球表面向球心所作之諸法線(即與地表垂直之直線)，按理說應該是皆輻輳於球心，不會有平行線產生；但是，由於地球是一個旋轉橢球體，其形狀並非爲圓，是以其地表之諸法線並非皆輻輳於一點，故重力方向與法線方向亦並非完全一致。凡與重力方向一致之直線，稱爲**鉛垂線**(Plumb line)；亦即鉛垂線與水準面應成正交。含有鉛垂線之平面，稱**垂直面**(Vertical plane)，垂直面上兩線的交角，稱爲**垂直角**(Vertical angle)。

觀測點之鉛垂線向上、下延伸，與天球相交，其上方之交點稱**天頂**(Zenith)，下方之交點稱**天底**(Nadir)。自天頂至觀測點之弧長，稱**天頂距**。天頂距與垂直角之和，應爲90°。

照準軸在水平線之上，稱**仰角**(Elevation angle)，其讀數前之符號爲「＋」，照準軸在水平線之下，稱**俯角**(Depression angle)，其讀數前之符號爲「－」。

## 2.　垂直度盤之刻法

垂直度盤之刻法，常見者有象限式及全周式兩種，其中全周式又有零度在天頂與零度在水平方向兩種，茲分述如次：

(1)　象限式

如圖4-23所示，度盤之0°－0°線在水平方向，90°－90°線在垂直方向。此種刻法之優點，在於不論望遠鏡在縱轉前或縱轉後，二指標之讀數均直接是垂直角，計算時十分簡便。惟觀測時必須注意望遠鏡之位置是在仰角(爲「＋」號)或俯角(爲「－」

號）；尤其在近於水平位置時，其角度之正負未立即讀記，則計算時極易發生錯誤。

(2) 全周式

① 零度在天頂方向者

如圖 4-24 所示，刻度 0°在天頂方向，刻度按順時針方向增加至 360°。當望遠鏡在水平方向時，兩游標之讀數一為 90°，另一為 270°。且所得讀數減 90°(倒鏡時減 180°)即為垂直角。其差為正，示仰角；為負，即為俯角。

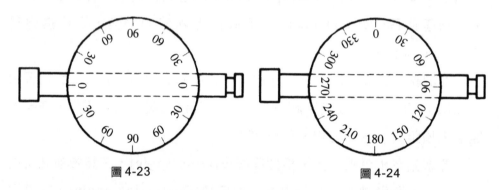

圖 4-23　　　　　　　　　　　　　圖 4-24

② 零度在水平方向者

如圖 4-25 所示，刻度 0°在水平位置，逆時針方向增加至 360°。望遠鏡水平時，兩游標讀數相差適為 180°，當望遠鏡上仰時，指標之讀數即為垂直角；下俯時，其垂直角等於 360°減所讀角度。

全周式刻法之優點為從讀數中，可明顯看出所測者為仰角或俯角，且二游標之讀數相差為 180°，可作檢核。但計算公式較繁。

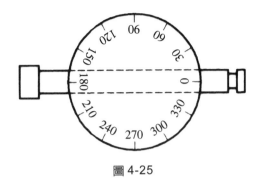

圖 4-25

## 3. 指標差及其消除法

　　經緯儀之望遠鏡在水平時，垂直角之讀數為 0°00'00"(象限式、或全周式中，0°在水平方向者屬之)，或 90°00'00"(全周式中，0°在天頂方向者屬之)。當讀數不為 0°或 90°，則其偏離之數稱為**指標差**(Index error)。

　　指標差可藉望遠鏡縱轉前後兩次讀數之平均數，予以消除。若欲藉儀器校正予以消除，因指標及水準器裝置之位置不同，其操作法亦略有不同，茲分述如下：

(1)　支架水準器之校正

　①　使氣泡居中、照準目標。

　②　用正、倒鏡測讀垂直角或天頂距各一次，並求其平均值。

　③　轉動指標改正螺旋，使指標線正對該平均值讀數即可。

(2)　指標水準器之校正

　①　使氣泡居中，照準目標。

　②　用正、倒鏡測讀其垂直角或天頂距各一次，並計算正、倒鏡觀測讀數之平均值。

　③　以指標水準器之微動螺旋轉動指標，使能恰對該正確之平均值讀數處。

　④　此時氣泡會遠離水準器之中央；可用其改正螺旋，使氣泡居中。

(3) 望遠鏡水準器之校正

　　可依木樁校正法校正之。

## 4.　垂直角及指標差之計算

　　設$R$示正鏡觀測，即望遠鏡在垂直度盤之右，$L$示倒鏡觀測，即望遠鏡在垂直度盤之左；　$A$、$B$示相距$180°$之二游標，$\alpha$為垂直角，$i$為指標差，$z$為天頂距，箭頭示觀測方向：

(1)　象限式

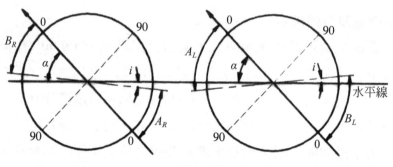

圖 4-26

　　由圖 4-26 知，正鏡時，兩游標之讀數即為仰角或俯角，縱轉之後(即倒鏡)亦然。今因$A$、$B$兩游標之指標連線，未與水平線一致，而有誤差$i$存在，故

正鏡時：$A_R = \alpha - i$

倒鏡時：$A_L = \alpha + i$

由上二式知

垂直角　$\alpha = \dfrac{1}{2}(A_R + A_L)$

指標差　$i = \dfrac{1}{2}(A_L - A_R)$

由此可知：

① 倒鏡讀數減正鏡讀數，其差之半，爲指標差。

② 正、倒鏡觀測值的平均數，即爲垂直角，且該角值中，已不含指標差。

③ 對同一儀器而言，儀器在未校正前，指標差爲一常數，各觀測站的結果應相同。該值宜記入手簿中，供各站觀測時之參考。

(2) 全周式

由圖 4-27 知

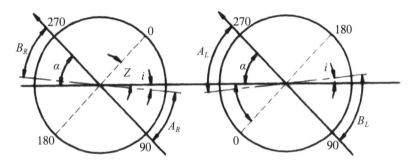

圖 4-27　全周式零度在天頂方向

$$正鏡時：A_R = 90° - \alpha + i \qquad 或 A_R = Z + i$$
$$倒鏡時：A_L = 270° + \alpha + i \qquad A_L = 360° - Z + i;$$

① 上二式就 $\alpha$ 與 Z 整理知

$$\begin{cases} \alpha = 90° - A_R + i \\ \alpha = -270° + A_L - i \end{cases}$$

或

$$\begin{cases} Z = A_R - i \\ Z = 360° - A_L + i \end{cases}$$

故

$$2\alpha = A_L - A_R - 180°$$
$$2Z = 360° - A_L + A_R$$

$$即垂直角\ \alpha = \frac{1}{2}(A_L - A_R) - 90°$$

$$= \frac{1}{2}[(90° - A_R) + (A_L - 270°)] \quad\text{......................(4-4)}$$

$$天頂距\quad Z = 180° - \frac{1}{2}(A_L - A_R) = \frac{1}{2}(A_R - A_L) + 180°.\text{(4-5)}$$

② 上二式就 i 整理之，得

$$i = A_R - 90° + \alpha$$

$$i = A_R - Z$$

或　　　$$i = A_L - 270° - \alpha$$

$$i = A_L - 360° + Z$$

故　　　$$2i = A_R + A_L - 360°$$

∴　　　$$i = \frac{1}{2}(A_R + A_L - 360°) = \frac{A_R + A_L}{2} - 180° \text{..........(4-6)}$$

由(4-5)及(4-6)，改以文字敘述，即

天頂距為：正鏡讀數減倒鏡讀數，其差之半，再加 180°。

指標差為：正、倒鏡讀數之平均值，減 180°。

## 5. 垂直角之測法

垂直角之觀測，在望遠鏡中，係以十字絲之水平絲(不是上、下那二條短橫絲——視距絲！)去照準覘標或標旗之紅白交界線；如覘標為錐形三角柱時，則照其下方之覆板；如為天然目標時，則照明顯而固定之點位。其高，稱為覘標高(Height of signal)，在計算高程時，將會被用及。

垂直角觀測的方法，視水準器裝置之位置而異，茲分述如次。

(1) 具有支架水準器者(如無該器，則採用與望遠鏡方向一致之度盤水準器)。

其操作程序爲：

① 照準目標，使目標約居於視場中央。

② 應用踵定螺旋，使支架水準器氣泡居中。

③ 應用望遠鏡微動螺旋，使十字絲之橫絲精確照準目標。

④ 讀定垂直度盤讀數。

(2) 具有指標水準器者

其操作程序爲：

① 以十字絲之中心精確照準目標，或以水平絲切目標之紅白交界處。

② 應用指標水準器之微動螺旋(在指標水準器之下方)，使水準氣泡居中。(若爲自動水準儀，則此步驟可省略)。

③ 讀定垂直度盤讀數。

(3) 具有望遠鏡水準器者

其操作程序爲：

① 俯仰望遠鏡，使望遠鏡之水準氣泡居中後(亦即使望遠鏡完全水平)後，讀定度盤讀數一次。

② 用望遠鏡精確照準目標後，再讀定度盤讀數一次。

③ 第二次之讀數減第一次之讀數，其差，即爲所求之垂直角。

垂直角觀測，除應施行望遠鏡正、倒鏡各觀測一次外，並應讀定二游標值，取其中數，以減少誤差之發生。

(4) 威特$T_2$經緯儀(全周式)操作法

① 將調動螺旋之刻劃，調整成垂直方向。

② 用望遠鏡之水平絲，精密照準目標上之定點。

③ 旋轉垂直度盤之微動螺旋，使垂直度盤指標水準器之氣泡居中。(可從符合器中觀察兩半像是否吻合。)

④ 將垂直度盤照明鏡打開；調整讀數顯微鏡之目鏡，並使度盤刻劃之像上下對齊後，讀定讀數。

⑤　縱轉望遠鏡，如同正鏡之動作，照準目標後，讀定讀數。正倒
鏡兩次讀數之和，應爲 360°。如差數在數秒之內，可以平差，
否則宜重測。

茲列舉三種垂直角觀測法之觀測、記錄舉例如下：

表 4-5　垂直角觀測(舉例)

| (I)點之名 | | (II) 測器高 | (III) 覘法 | (IV) 望遠鏡 | (V)垂直角 | | | (VI) 備考 |
|---|---|---|---|---|---|---|---|---|
| (a) 測站 | (b) 覘點 | | | | (c) 讀數 I | (d) II | (e) 中數 | |
| 1 | 2 | m 1.25 | | 右 | +5°15'20" | 15'40" | 5°16'00" | (I)象限式 |
| | | | | 左 | +5°16'20" | 16'40" | | |
| | 3 | | | 右 | −2°14'00" | 14'00" | −2°14'30" | |
| | | | | 左 | −2°15'00" | 15'00" | | |
| | | | | | | | | |
| 2 | 4 | m 1.35 | | 右 | 22°15'30" | 202°15'40" | +22°15'57.5" | (II)全周式 (0°在水平方向) |
| | | | | 左 | 157°43'40" | 337°43'40" | | |
| | | | | | | | | |
| 4 | 5 | m 1.33 | | 右 | 88°36'18.0" | | +1°23'45.6" | (III)全周式 (0°在天頂方向) |
| | | | | 左 | 271°23'49.2" | | | |
| | 6 | | | 右 | 94°12'43.7" | | −4°12'40.1" | |
| | | | | 左 | 265°47'23.6" | | | |

觀測者：　　　　　　　　觀測日期：　　　　　　　儀器型號：
記簿者：　　　　　　　　天氣：

## 6. 視水準差之影響

視水準差(Error due to curvature and refraction)又稱**地球曲度差**與
**折光差**或**兩差**。

　　間接高程測量之距離，常長達數百公尺，甚至數公里，故弧面差與大氣折光差對於高程測量之影響亦較大。

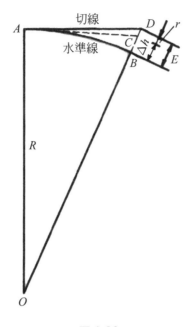

圖 4-28

　　如圖4-28所示，設$R$爲地球半徑，$A$、$B$爲地表上兩點，原在同一水準面上，其高差應爲零；今若在$A$點設站，觀測$B$點，因視線是以切線方向前進，而照準$D$點，故使標尺讀數加大。此誤差$\overline{BD}$即稱爲**地球弧面差**，簡稱**弧面差**或**球差**(Earth curvature)。(在圖中，以 E 示之)其公式可由下列計算推得：

即

$$\overline{AB} = \widehat{AB} \doteqdot \overline{AD}$$

$$\overline{AD}^2 = \overline{DO}^2 - \overline{AO}^2 = (E + R)^2 - R^2 = (2R + E) \cdot E$$

$$E = \frac{\overline{AD}^2}{2R + E}$$

式中右端分母中之$E$與地球半徑$R$相比，其值實甚小，故可略而不計，則得球差之公式為

$$E = \frac{\overline{AD}^2}{2R} \quad \text{............................................(4-7)}$$

又，地球外圍之濛氣，因其密度為上稀下密，且凹向地球，故原應照準$D$點之視線，因濛氣而內折至$C$，會使標尺讀數減少。此$\overline{CD}$即為**濛氣差**，又稱**大氣折光差**或簡稱**氣差**(Atomspheric refraction)(在圖中，以$r$表示)。

大氣折光差之值，常隨氣壓、濕度、溫度等之變化而變遷，因影響之因素甚多，無法精確推求得。惟按長期觀察之經驗所得，在一般情況下，陸地上之折光差約為弧面差的七分之一，且對弧面差而言，折光差之符號恒為負，即

$$r = -\frac{E}{7} = -\frac{\overline{AD}^2}{14R} \quad \text{..........................................(4-8)}$$

如將兩種誤差合併計算，以$\Delta h$示之，則

$$\Delta h = E + r = \frac{\overline{AD}^2}{2R} - \frac{\overline{AD}^2}{14R} = \frac{3\overline{AD}^2}{7R} \quad \text{...................(4-9)}$$

將式中之地球半徑$R$以平均數6370 km代入，可得

$$\Delta h = 0.067 \times \left(\frac{\overline{AD}}{1000}\right)^2 \quad \text{.....................................(4-10)}$$

式內$\Delta h$及$AD$均以公尺為單位。此合併後之兩種誤差，稱為**視水準差**，或**兩差**。

茲舉一例以明之。

**例 1** 設某二點之水平距離爲596.277m，試求其兩差改正數$\Delta h$。

**解** (1)用公式(4-9)

$$\Delta h = \frac{3d^2}{7 \times R} = \frac{3 \times (596.277)^2}{7 \times 6370000} = 0.0239\text{m}$$

(2)用公式(4-10)

$$\Delta h = 0.067 \times \left(\frac{\overline{AD}}{1000}\right)^2 = 0.067 \times \left(\frac{596.277}{1000}\right)^2 = 0.0238\text{m}$$

(3)用查表法，由附表一知

500m 之改正數 = 0.017；600m 之改正數 = 0.024，按內插法

100 : 0.007 = 96.277 : X，得

$$X = \frac{0.007 \times 96.277}{100} = 0.006739\text{m}$$

故其全部之差

$$\Delta h = 0.017 + 0.006739 = 0.0237\text{m}$$

三法相差之值均至小數點後之第四位。

又，兩差亦可用下式表示

$$\Delta h = \frac{1-k}{2R} \cdot \overline{AD}^2$$

式中之$k$爲折光係數，通常取 0.13 來計算。

## 7. 間接高程計算

在間接高程測量中，由已知點設站，向未知點作觀測，稱爲**直覘**；若在未知點設站，向已知點作觀測，並反求設站點之高程時，稱爲**反覘**。

如圖 4-29 所示，設垂直角爲$\alpha$，

$$h = DB + BE = DE$$

$$\because \tan\alpha = \frac{h}{d}$$

即　　$$h = d \times \tan\alpha$$

則$A$、$B$兩點間之高程差

$$H = h + i - z + \Delta h$$

式中$i$為儀器高，$z$為覘標高，即標尺紅白線間至地面之距離。

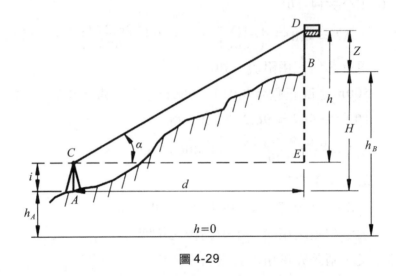

圖 4-29

設$H_A$為已知點之高程，$H_B$為所求點之高程，則

$$H_B = H_A \pm H$$

當為直覘時，$H$取正值，若為反覘，則取負值，即

直覘公式　$H_B = H_A + (h + i - z + \Delta h)$ .......................... (4-11)

反覘公式　$H_B = H_A - (h + i - z + \Delta h)$

$\qquad\qquad = H_A + z - h - i - \Delta h$ ............................ (4-12)

**例2** 已知第1點之高程為249.180m，其垂直角之觀測值如表列，試分別以直、反覘法求算第3點之高程。

**解**

表 4-6 垂直角觀測

| (I) 點號 | | (II) 測器高 | (III) 覘法 | (IV) 望遠鏡 | (V) 垂直角 | | | (VI) 備考 |
|---|---|---|---|---|---|---|---|---|
| (a) 測站 | (b) 覘點 | | | | (c) 讀數 I | (d) II | (e) 中數 | |
| 1 | 2 | 1.46 m | 直 | 右 | 94°-29'-09.8" | 10.0" | −4°23'46.6" | 覘標高 11.175 m |
| | 3 | | | 左 | 265°41'37.5" | 36.0" | −3°13'04.6" | |
| | | | 直 | 右 | 93°13'27.0" | 26.3" | | |
| | | | | 左 | 266°47'18.0" | 16.6" | | |
| | | | | 右 | | | | |
| 3 | 1 | 1.50 m | 反 | 左 | | | 4°42'06.2" | 覘標高 7.170 m |
| | | | | 右 | 85°18'24.0" | 20.0" | | |
| | 2 | | 反 | 左 | 274°42'35.0" | 34.0" | −2°14'49.7" | |
| | | | | 右 | 92°15'17.4" | 06.9" | | |
| | | | | 左 | 267°45'32.7" | 33.0" | | |

表 4-7　間接高程測量之計算

| (1)所求點B | 3 | 3 | |
|---|---|---|---|
| (2)起算點A | 1 | 1 | |
| (3)覘法 | 直 | 反 | |
| (4)傾斜角α | −3°13'04.6" | +4°42'06.2" | |
| (5)水平距離D | 596.277 M | 596.277 M | |
| ( I )高程之計算 | | | |
| (6)tanα | −0.056223 | +0.082245 | |
| (7)D | 596.277 | 596.277 | |
| (8)水準差h | +(−33.52 m) | −(+49.040 m) | |
| (9)球差及氣差 | +0.024 | −0.024 | |
| (10)測器高 | +1.460 | −1.450 | |
| (11)覘標高 | −7.170 | +11.175 | |
| (12)起算點高程 | +249.180 | +249.180 | |
| (13)所求點高程 | +209.974 | +209.841 | |
| (II)所求點高程之中數：209.908 | | | |

# 4-8　經緯儀之其他應用

## 1.　用經緯儀定節點

(1)　直線之兩端點可以通視時

①　將經緯儀整置於直線之始端，照準終端點後，將水平螺旋固定。

②　俯仰望遠鏡，在直線上分別設置諸節點。

③　縱轉望遠鏡後平轉之，再用倒鏡如上法重新檢核一次，如儀器結構欠嚴密，則前後兩次所求得之位置會不同，可以取前後二

次之中點，作為節點之正確位置。

(2) 兩端點不能通視，但可在直線上尋得一點能通視兩端者。

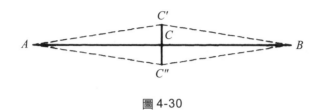

圖 4-30

如圖 4-30 所示，在儀器無誤差情況下，設 C 點位置較高，能同時看到 A、B 兩端點：

① 在 C 點附近設站，定平後，以正鏡照準 A 點，固定水平度盤後，縱轉望遠鏡。

② 如能照準 B 點，即該試點適在 AB 線上，可以分段放出節點之位置。

③ 如不能照準 B 點，應將經緯儀移動位置試驗之，直到望遠鏡縱轉前後能同時照準 A 與 B 點為止，再依上法，分別放出各節點之位置。

如儀器校正欠嚴密，雖亦可用二次縱轉法逐步試驗後，達到放節點的目的，惟其法費時費力，不如先校正儀器後，再行操作，來得方便。

(3) A、B 兩端點互不通視，且在 $\overline{AB}$ 連線上，亦無任何一點可通視兩端點者。

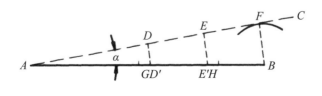

圖 4-31

如圖4-31所示：

① 視地形狀況，嘗試作一參考線$AC$。

② 在$AC$線上，先定出二參考用節點$D$、$E$。

③ 在$E$點設站，整置經緯儀後，照準$C$，並以$B$為圓心，用鋼卷尺畫圓弧；至經緯儀視野中能見及卷尺之最短讀數，即為切點$F$(不是交點！)

④ 量$BF$及$AF$之長，並由公式$\alpha = \tan^{-1}\dfrac{BF}{AF}$，求出$\alpha$角。

⑤ 移儀器至$A$，以$C$點為後視方向，旋轉$\alpha$角，此時望遠鏡所指者，即$AB$之方向。沿此方向按直線延長法，逐點定出$G$、$H$等諸節點。或先在$AF$上作節點，再以相似形原理，計算邊長後，平移至$AB$線上。

## 2. 作直線之延長線

在工程進行中，直線方向常有延長之必要。為防範儀器視準軸與水平軸間，因未能真正垂直所引起之誤差，作業時須採用正、倒鏡觀測，取其中數，以為消除，(此法即前述之分中法(Double centering))。在高低起伏較大地區作直線時，其法亦然。

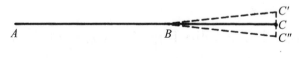

圖 4-32

如圖4-32所示，今在$A$點設站，欲過$B$點作延長線$BC$，其作法如下：

⑴ 整置儀器於$B$點，照準$A$點後，固定上下盤。

⑵ 縱轉望遠鏡後，指揮助手將標桿立於視線上之$C'$處，插測針，得$C'$點。

(3) 平轉望遠鏡，再照準A；固定上、下盤後，縱轉望遠鏡(即用倒鏡作觀測)，續向C'處附近作延長線。

(4) 如(3)所得之位置仍是C'點，則示儀器之視準軸與水平軸垂直，亦即儀器未含誤差，所得C'點在AB的延長線上。若所得點不在C'處，而為另一處C''，則取C'C''二者連線之中點處C，即為其正確位置。

如欲作較長距離之延伸，可如上法一直推移。惟必須採用分中法，方能減少誤差之發生。

# 4-9 經緯儀之儀器誤差及消除法

**經緯儀之四軸間，必須維持下列關係：**

(1) 當垂直軸直立時，水平軸為水平，即HH'⊥VV'。此時照準軸所行經之平面，才會是直立面而非斜平面。

(2) 為使水準器氣泡居中時，垂直軸能確切直立，則水準軸必須與垂直軸互相垂直，即LL'⊥VV'。

(3) 為使望遠鏡在俯仰觀測時，所得之面為一垂直面而非為圓錐面，則照準軸必須垂直於水平軸，即為ZZ'⊥HH'。

(4) 水平軸與水準軸應互相平行，即HH'//LL'。

如儀器四軸間未能完全符合上述結構原則，則其觀測結果必會含有誤差。

茲將其儀器誤差及消除法扼要列述如下：

**1. 照準軸誤差**

(1) 原因：照準軸與水平軸未成正交，即ZZ'未與HH'垂直。

(2) 現象及影響：望遠鏡繞水平軸旋轉時，照準軸所繪者，為一以儀器中心為頂點之圓錐面，而非與水平軸正交之垂直面。該誤差將

影響於水平角之讀數。其傾斜角度愈大，影響於水平角之誤差亦
愈大。

(3) 誤差消除法：觀測時用正、倒鏡觀測，取其平均數，即可消除。

## 2. 水平軸誤差

(1) 原因：經緯儀之水平軸未能真正水平，亦即水平軸與垂直軸未成
正交。

(2) 現象及影響：照準軸繞水平軸旋轉時，其所繪之平面是一經過儀
器中心之斜平面，而非垂直面；其影響於水平角誤差之大小，與
視線之高低成正比。

(3) 誤差消除法：採縱轉前後對同一點兩次讀數之平均值，可以消除
此項誤差。

## 3. 垂直軸誤差

(1) 原因：垂直軸未與垂線方向一致，即水平度盤尚未真正水平。

(2) 現象與影響：此時照準面為一斜平面，其所生之誤差影響到水平
角的讀數。

(3) 誤差消除法：精確校正儀器之度盤水準器；並於觀測前，確實作
好定平工作，以減少其誤差之發生。

## 4. 度盤之離(偏)心誤差(Eccentricity of plate)

(1) 原因：經緯儀之照準規(在上盤)中心，與刻度盤(即下盤)中心，不
在同一垂線上。

(2) 現象及影響：如正、倒鏡觀測時，均只讀同一游標，則其角度即
含有誤差。

(3) 誤差消除法：正、倒鏡觀測時，皆用二個游標讀數，再取其平均
值，即可消除。

5. **照準軸之離(外)心誤差(Eccentricity of telescope)**

又稱望遠鏡偏心距：

(1) 原因：照準軸與水平軸之交點，不在垂直軸之垂面上。(正常情形是，照準軸應通過水平軸與垂直軸的交點)

(2) 現象及影響：正鏡觀測時之讀數與倒鏡者不一致。

(3) 誤差消除法：取望遠鏡正、倒鏡兩次觀測值之中數，可消除偏心誤差之影響。

6. **度盤刻度誤差(Graduated error)**

(1) 原因：度盤分劃刻度不均勻。

(2) 現象及影響：因度盤刻劃之和，為一常數；當某部份讀數過大，則另有部份之讀數必然不足，會影響到讀數之可靠性。

(3) 誤差消除法：在原方向，每測回採變換度盤方式觀測，或採用複測法，均可使誤差發生之機會減少。

# 4-10　經緯儀之檢點與校正

經緯儀各軸間應保持如本章第三節所述結構上的基本關係，其所觀測之成果，才能正確可靠。故在每次外業之前，應分別逐項加以檢查，俾及早發現，並予以校正。茲將普通經緯儀與光學經緯儀之檢查與校正之法說明如次：

1. **水平度盤水準器之校正——使 LL′⊥VV′**

(1) 目的：在使水準氣泡居中時，垂直軸眞正垂直。

(2) 檢定與改正：與第三章第六節中所述之半半改正法同。

2. **垂直絲之校正**

(1) 目的：使十字絲中之垂直絲眞正在垂直方向，亦即與水平軸成正交。

(2) 先期工作：

① 先調節十字絲至明視距離——將望遠鏡照準天空，用目鏡之對光環調節，使十字絲黑而清晰。

② 再消除視差——將十字絲照準一明顯之點後，觀測者之眼睛，在目鏡附近上、下、左、右稍作移動，如十字絲在視野內亦作相對之移動，即示含有視差。可藉轉動望遠鏡上物鏡及目鏡之調節螺旋，予以消除。

(3) 檢點：用垂直絲之一端，照準前方一明確之點(亦可以在10cm×10cm的白紙上，畫一十字，貼在牆上，其高度比儀器略高即可)，固定上、下盤後，再俯仰望遠鏡，看垂直絲之全段，是否皆經過該點；若是，即示垂直絲是在垂線方向；若不是，即示垂直絲未真正垂直。

(4) 改正：放鬆十字絲環上之改正螺絲，輕擊螺頂，或逐用改針改正，使十字絲環能回復至正確位置。改正後須重複檢查一次，並應將放鬆之螺絲旋緊。

## 3. 十字絲之校正——使 $ZZ' \perp HH'$

此項校正之前，應先校正十字絲之垂直絲，使其真正在垂直方向。

(1) 目的：使照準軸與水平軸互相垂直，亦即讓望遠鏡繞水平軸迴轉時，其運動方向成一垂直面，而不是圓錐面。

(2) 檢點：

① 選擇一處其長度約在 100 公尺之平坦地，在其中央處，整置儀器，使其水平。

② 用十字絲之中心點，照準離儀器約四、五十公尺外之一明顯點A(或在牆上貼一繪有十字之白紙)，並固定上、下盤，如圖 4-33(a)。

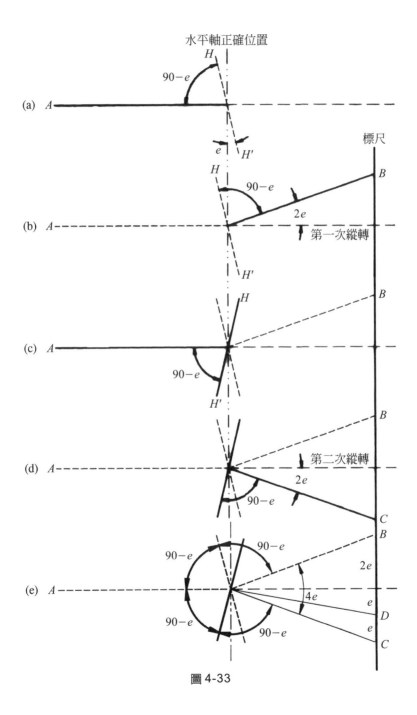

圖 4-33

③ 在A之反方向，距離約與 A 相等之地面處，平置一標尺(或另貼一白紙於牆上)。

④ 縱轉望遠鏡，照準標尺(或白紙)，設所得之點位為B，並令持尺者將位置標出，如圖 4-33(b)。

⑤ 放鬆下盤，平轉望遠鏡，復照準A，再固定下盤，如圖 4-33(c)。

⑥ 縱轉望遠鏡，如照準軸與水平軸成正交，則此時視線必仍照準B點；否則其照準者為另一新點 C，如圖 4-33(d)。

(3) 改正：

① 設照準軸與水平軸間有e角之誤差存在，當望遠鏡二次縱轉之後，由圖 4-33(e)知，其誤差角應為 e 之四倍。故其正確位置應在由C向B方向量取$\frac{1}{4}$ CB之長，即D點。

② 放鬆十字絲環左右二改正螺旋，用一邊鬆、另一邊緊的方式推移十字絲，待中絲正切於D點，即為正確位置。

(4) 注意事項：

① 此項改正，應反覆操作，直至完全正確為止。

② 改正之後，應複查前述垂直絲之校正，是否受到影響。

③ 本法在校正時因將望遠鏡縱轉二次，故稱**二次縱轉法**(Double sighting)，亦稱**分中法**(Double centering)。

## 4. 望遠鏡支架之校正——使 HH′⊥VV′

(1) 目的：使水平軸兩端之支架同高。

(2) 檢點：

① 定平儀器；望遠鏡照準距儀器約 25 公尺遠，且高出地面約 25°以上之一明顯、固定之點P，如屋簷之角尖等後，固定上、下盤，如圖 4-34。

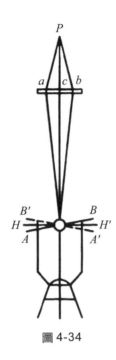

圖 4-34

② 在P點下方，約與儀器同高處，平置一標尺；將望遠鏡照準標尺，得一點a。

③ 縱轉望遠鏡後，再平轉，仍照準P點。

④ 固定下盤，下傾望遠鏡，使照準標尺。如此時望遠鏡所照準者仍為a點，即示水平軸與垂直軸係正交。否則，如視線交尺面於另一點b，則示水平軸二端不等高。

(3) 改正：

① 設AB與A'B'分別示水平軸在縱轉前、後之位置。

② 求算標尺上ab二點連線之中點c，並標示於尺上(或紙上)。

③ 放鬆支架一端之改正螺旋，使其在水平軸緩緩上昇或下降，直到望遠鏡俯仰時，視線始終經過p、c二點即可。

④　校正完畢後，應將改正螺旋旋緊。

近代儀器多將水平軸置於儀器框架之內，故不須作此項校正。

**5.　望遠鏡水準器之校正——使 $ll' /\!/ zz'$**

(1)　目的：在使望遠鏡水準器之水準軸與照準軸間，互相平行。

(2)　檢點與改正：與第三章第六節中之木樁校正法相同。惟改正時是改水準器，而不是改十字絲。即以十字絲之橫絲，精確對正標尺上正確讀數之位置，此時氣泡會離開中央，而向高的一邊游去；再用水準器一端之改正螺旋，使氣泡居中即可。

**6.　垂直度盤指標差之校正**

(1)　目的：使望遠鏡水平時，垂直角之讀數為零。

校正方法視儀器上構造而異。

(2)　望遠鏡上裝有水準器者

①檢點：

❶　將經緯儀定平後，旋轉望遠鏡上水準器之調節螺旋，使氣泡確實居中。

❷　審視垂直度盤上之讀數，是否適為 $0°00'00''$，如是，則示垂直度盤未含指標差；否則以下法改正。

②　改正：放鬆垂直度盤上游標之改正螺旋；移動游標之指標線，使其與垂直度盤刻劃盤上之 $0°00'00''$分劃確實對齊後，將螺旋固定即可。

(3)　望遠鏡上無水準器者

①　檢點：

❶　將望遠鏡照準遠方一固定點，該點較儀器略高或略低。

❷　將指標水準器之氣泡旋平，讀垂直角，設其讀數為$\alpha_1$。

❸　縱轉望遠鏡後，再平轉，仍照準原點，同法讀出垂直角一次，

設其讀數為 $\alpha_2$。若二次之垂直角相同，或相加為 360° 即示無誤。若不同，則如下法改正。

② 改正：

❶ 求二次垂直角之平均數，即 $\dfrac{\alpha_1 + \alpha_2}{2}$。

❷ 放鬆指標水準器之螺旋，使度盤讀數與上述之平均數相等。此時氣泡已不復居中，可再用指標水準器一端之改正螺旋，使氣泡居中，則指標差即消除。

改正後，則前後兩讀數應相等，或相加為一常數。

上述二法均應於改正後，再行檢查一次，以求證改正工作是否已作完善。

在上述六項校正中，前四項對觀測成果之影響甚大，故屬重要校正。第五項望遠鏡水準器之校正，僅在作業時，若將經緯儀當作水準儀使用，才須校正，對其它作業來說，可以省略。第六項垂直角指標差之校正，若要校正，則務求徹底；若時間不允許，亦可不作校正，而藉正、倒鏡觀測，取其中數之法，亦可消除。

此外，在對準目標時，將目標切於十字絲之交點處，亦可免除因垂直絲不垂直，或水平絲不水平所引起之誤差。

在新式光學經緯儀中，由於各部份結構均較嚴謹，且光學稜鏡組織複雜，故原則上皆不太需要校正。惟對於水準器、光學垂線鏡等獨立結構部份，則亦須校正。

茲以威特經緯儀為例，敘述如下：

## 1. 度盤水準器之校正

其法如普通經緯儀，用半半改正法改正之。

## 2. 垂直度盤附屬水準器之校正

(1)　目的：消除指標差。

(2)　檢點：

①　照準前方一目標，以水平絲精確切目標上之定點。

②　將垂直度盤附屬水準器之氣泡調居中央後，讀定垂直角值。

③　縱轉望遠鏡後，再平轉，重新照準該定點後，讀數。

④　若無指標差存在，則縱轉前後之讀數和，應為 360°，否則，即為有指標差之證(指標差在 10 秒以內，可不必顧慮)。

(3)　改正：

①　如相差較大時，可依天頂距 $Z = \dfrac{1}{2}$(正鏡垂直度盤讀數 $A_R$ + 360° 一倒鏡垂直度盤讀數 $A_L$)，算出正確之 Z 值。

②　旋轉測微鼓對正此讀數。

③　用正鏡照準原目標上之同一定點。

④　旋轉指標水準器上之微動螺旋，使度盤分劃線吻合。

⑤　用氣泡改正螺旋，使氣泡居中，即可。

## 3.　光學垂線鏡之校正

(1)　目的：在使光學垂線鏡之視線，與垂直軸重合。

(2)　檢點：

①　將儀器定平後，懸掛垂球，並將垂球尖端所指之點位，標示於地面。

②　取下垂球，由光學垂線鏡查看地面點，是否位在視場之小圓正中央。若在，即示正常；否則即示有誤。

(3)　改正：可用該鏡目鏡上之改正螺旋，直接改正之。

# 4-11　全測站測量儀

全測站測量儀(Total station)之主要結構，是由電子經緯儀與光波測距儀結合而成者。由於儀器上測角望遠鏡之光軸，與光波測距儀之光軸爲同軸結構，故經由一次照準，測角及量距工作可同時完成。其觀測所得之數據，復經由軟體程式及電子計算機處理，可自動完成計算及繪圖工作。

由於該儀器之性能優異，目前已有取代單獨使用經緯儀及測距儀之趨勢。

## 4-11-1　儀器簡介

茲以 Leica TPS 700 系列爲例，說明如下：

**1.　各部名稱及功能**

圖 4-35　Leical TPS 700 系列儀器外觀

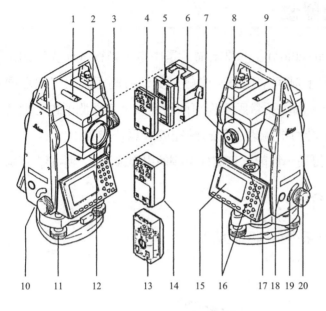

1 概略照準器
2 放樣指示燈
3 垂直微動
4 小電池(GEB111)
5 電池墊片(FOR GEB111)
6 電池座
7 目鏡及十字絲聚焦鈕
8 望遠鏡聚焦鈕
9 可拆式把手
10 RS232 插孔
11 踵定螺旋
12 物鏡
13 3 號電池電池盒
14 大電池
15 顯示幕
16 鍵盤
17 圓氣泡
18 電源開關
19 快速鍵
20 水平微動

圖 4-36　儀器各部名稱或功能

**2.　儀器及其相關配件在箱內放置位置如圖 4-37。**

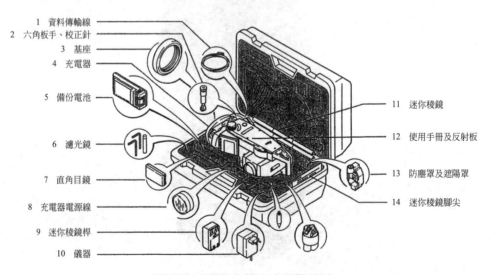

1 資料傳輸線
2 六角板手、校正針
3 基座
4 充電器
5 備份電池
6 濾光鏡
7 直角目鏡
8 充電器電源線
9 迷你稜鏡桿
10 儀器

11 迷你稜鏡
12 使用手冊及反射板
13 防塵罩及遮陽罩
14 迷你稜鏡腳尖

圖 4-37　儀器在箱內之配置情形

**3. 鍵的認識**

(1) 電源開關

在圖4-36中之「18」，開機時，輕按一下即可；關機時仍按該鍵，唯按的時間長應超過一秒鐘。

(2) 功能鍵

**ALL** 同時測量並記錄資料鍵

**DIST** 測量距離鍵

**USER** 使用者自動功能鍵，可設定為記錄或測距模式切換鍵

**PROG** 應用程式呼叫鍵

**▱T** 電子氣泡及雷射求心開關鍵

游標移動鍵及功能選擇鍵

△ 游標上移

▽ 游標下移

▷ 游標右移

◁ 游標左移

固定鍵

◢ 確認及執行鍵

**SHIFT** 功能鍵功能切換及數字英文字母輸入切換鍵

(3) 組合鍵

(先按 **SHIFT** 鍵後，顯示幕右下角會出現 ↑ 再按下列各鍵可執行按鍵上層功能)

光波設定(含模式及各修正值)

**USER** 進入延伸功能(含懸高測量)

**PROG** 主功能表儀器各部設定

| | |
|---|---|
| ✉⊤ | 顯示幕照明 |
| ▲ | 翻頁回到前一頁 |
| ▼ | 翻頁進入下一頁 |
| CE | 回到上一層功能畫面 |
| ◀ | 插入模式 |
| ← | 文數字輸入鍵 |

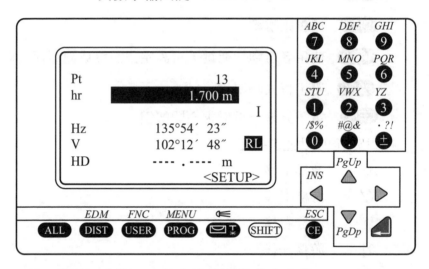

(4) 顯示幕顯示功能，及其上符號所代表之意義

| | |
|---|---|
| SET | 儲存設定 |
| OK | 確認 |
| END | 結束現在執行功能 |
| EXIT | 離開現在執行功能 |
| PREV | 查看先前設定顯示 |
| NEXT | 繼續往下執行下一功能 |
| ◀ ▶ | 可利用◀ ▶左右鍵查看或選擇其它顯示 |
| ▲▼ | 可利用▲▼上下鍵或 (SHIFT) + ▲鍵，(SHIFT) + ▼鍵查 |

看或選擇其它顯示

Ⅰ Ⅱ 望遠鏡正倒鏡位置

↻ ↺ 角度正轉、逆轉指示

IR 紅外線光波測距模式

RL 免用稜鏡測距模式雷射測距(僅限 TCR 型)

▮ 電池容量指示

## 4. 功能表及其相關說明

在 (SHIFT) (MENU) 中，首先出現的畫面是：

```
            MENU

QUICK SETTINGS
ALL SETTINGS
DATA MANAGER
CALIBRATION
SYSTEM INFO

<EXIT>
```

其各分項的功能爲：

(1)
| QUICK SETTINGS | 快速設定 |
|---|---|
| Contrast | ：顯示幕明暗設定 |
| Tilt Corr. | ：補償設定 |
| USER-KEY | ：設定 user 鍵功能 |
| TRIGGER-KEY | ：快速鍵設定 |

(2)
| SETTING | 全部設定功能 |
|---|---|
| SYSTEM SETTING | 系統設定 |
| ANGLE SETTING | 角度設定 |
| UNIT SETTING | 單位設定 |
| EDM SETTING | 測距儀設定 |
| COMMUNICATION | 傳輸參數設定 |
| DATE/TIME | 時間/日期設定 |

(3)
| DATA MANAGER | 資料處理 |
|---|---|
| VIEW/EDIT | 資料編輯、查看、刪除 |
| INITIALIZE MEMORY | 資料區格式化 |
| DATA DOWNLOAD | 輸出資料至 RS232 |
| MEMORY STATISTIC | 記憶資料狀態 |

(4)
| CALIBRATION | 角度誤差校正 |
|---|---|
| HZ-COLLIMATION | 水平照準差修正 |
| V-INDEX | 垂直指標差修正 |

(5)
| SYSTEM INFO 1 | 系統資訊第一頁 |
|---|---|
| Free Jobs | ：剩餘工作檔個數 |
| Tilt Corr. | ：補償狀態 |
| USER-Key | ：USER 鍵狀態 |
| TRIGGER-Key | ：快速鍵狀態 |
| Battery | ：電量指示 |
| Instr. Temp | ：儀器內部溫度 |
| DSP Heater | ：顯示幕加熱器狀態 |
| HZ-COLL | ：水平角補償狀態 |
| <SW> | 系統軟體版本 |

SHIFT PgDn
第二頁

其中第(2)項(SETTING)功能欄下，又有下列各相關功能：

(1)

| SYSTEM SETTINGS | 系統設定 |
|---|---|
| Beep | ：響聲大小設定 |
| Sector Beep | ：每 90°響聲設定 |
| Data Output | ：資料記錄路徑設定 |
| Auto off | ：自動關機功能開關 |
| USER-Key | ：USER 鍵功能設定 |
| TRIGGER-Key | 快速鍵功能設定 |
| Face I Def. | ：正倒鏡功能設定 |
| Contrast | ：顯示幕明暗設定 |
| GSI-Format | ：資料長度設定 |
| GSI-Mask | ：GSI 記錄資料設定 |
| DSP-Heater | ：顯示幕加熱器開關 |
| Reticle | ：十字絲照明亮度設定 |

SHIFT PgDn (第一組分隔)
SHIFT PgDn (第二組分隔)

(2)

| ANGLE SETTINGS | 角度系統設定 |
|---|---|
| Tilt Corr. | ：補償設定 |
| HZ increm. | ：水平正逆轉設定 |
| V setting | ：垂直角系統設定 |
| HZ collim. | ：水平照準修正開關 |
| Angle res. | ：角度最小顯示設定 |

(3)

| UNIT SETTINGS | 單位設定 |
|---|---|
| Angle | ：角度單位設定 |
| Distance | ：距離單位設定 |
| Temp. | ：溫度單位設定 |
| Pressure | ：壓力單位設定 |

(4)

| EDM SETTINGS | 測距儀設定 |
|---|---|
| Laser Pointer | ：雷射光點開關 |
| EDM Mode | ：測距模式設定 |
| Prism Type | ：稜鏡種類設定 |
| Prism Const | ：稜鏡係數設定 |
| <PPm>大氣修正常數設定 | |
| Guide Light | ：放樣指示燈開關 |
| | （選配） |
| <SIGNAL>反射訊號強度測試 | |

SHIFT PgDn

(5)

| COMMUNICATION | 傳輸協定設定 |
|---|---|
| Baudrate | ：傳輸速率設定 |
| Databits | ：資料長度設定 |
| Parity | ：檢查位元設定 |
| Endmark | ：結束符號設定 |
| Stopbits | ：停止位元設定 |

(6)

| DATA/TIME | 日期/時間設定 |
|---|---|
| Time(24 h) | ：設定時間 |
| Date | ：設定日期 |

在第(3)項(DATA MANAGER)功能欄下，亦有下列相關功能：

(1)

| VIEW/EDIT DATA　查看編輯資料 |
| --- |
| Job：查看工作檔資訊 |
| FIXPOINT：查看座標檔資料 |
| MEASUREMENT：查看測量檔資料 |
| CODELIST：查看編碼表資料 |
| <EXIT> |

(2)

| INITIALIZE WEWORY　資料區格式化 |
| --- |
| JOB：選擇要格式化之工作檔 |
| Data：選擇要格式化之資料區 |
| <DEL>刪除選擇檔案 |
| <ALLMEM>格式化所有資料 |

(3)

| DATA DOWNLOAD 手動輸出資料至 RS232 |
| --- |
| JOB：選擇要輸出之工作檔 |
| Data：選擇要輸出之資料區 |
| Form：選擇要輸出之資料格式 |
| <SEND>將資料送出 |

(4)

| MEMORY INFORMATION　記憶資料狀態 |
| --- |
| JOB：選擇要查看之工作檔 |
| Stations：選擇之工作檔內之測站數 |
| FixPoints：選擇之工作檔內已知座標點數 |
| MeasRecs：記錄測量點數 |
| Free Jobs：剩餘可開啟之工作檔數 |

## 4-11-2　施測作業

**1.** 定心、定平

　　該項儀器之定心定平工作，與傳統方式相似，惟對心工作是用雷射光束來做，只要先調整儀器之任二腳架，即可藉雷射光束及電子氣泡同時完成定心、定平工作，較傳統方式快速、準確。其程序為

(1)　架好儀器，將圓氣泡居中。

(2)　(ON)開機，出現畫面。(如次頁(a))

　　按下 [圖] 鍵打開雷射求心及電子氣泡

　　用 [上下鍵] 上下鍵可調整雷射光亮度

依傳統方式準確對心並居中電子氣泡，當畫面出現(次頁(b))

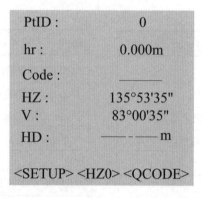

(a)

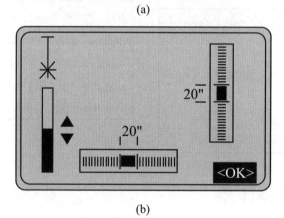

(b)

<OK> ↵ 執行完成定心定平回到待測畫面

| PtID : | 0 |
|--------|---|
| hr : | 0.000m |
| Code : | _____ |
| HZ : | 135°53'35" |
| V : | 83°00'35" |
| HD : | ——--— m |

<SETUP> <HZ0> <QCODE>

**2.** 光波設定

(1) 按 ON 開機，得畫面

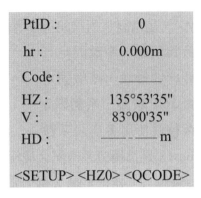

```
PtID :              0
hr :             0.000m
Code :          _____
HZ :           135°53'35"
V :             83°00'35"
HD :           ——·——m

<SETUP> <HZ0> <QCODE>
```

(2) 按下 SHIFT EDM，得畫面

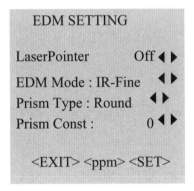

```
    EDM SETTING

LaserPointer      Off ◀ ▶
EDM Mode : IR-Fine  ◀ ▶
Prism Type : Round  ◀ ▶
Prism Const :    0 ◀ ▶

   <EXIT> <ppm> <SET>
```

　　其中第一項LaserPointer，是指可見光雷射；第二項EDM MODE：是
指光波測距模式有下列諸模式可供選擇：

　　IR-Fine　　紅外線標準測距模式需稜鏡(3000 m)

　　IR-Fast　　紅外線快速測距模式需稜鏡

　　IR-Track　紅外線追蹤測距模式需稜鏡

　　IR-Tape　　紅外線測反射的貼紙模式

RL-Short　可見光雷射免稜鏡測距(80m)

RL-Track　可見光雷射免稜鏡追蹤測距

RL-Prism　可見光雷射稜鏡測距(5000 m)

第三項 Prism Type，是指有下列稜鏡可供選擇：

Round　原廠圓稜鏡，系數固定

Mini　　原廠迷你稜鏡，系數固定

360°　　原廠 360°稜鏡，系數固定

User　　它廠稜鏡使用者自設系數

第四項 Prism Const，是指稜鏡系數配合稜鏡型式設定。

再將游標移至 <ppm> ↵，執行可輸入壓力及溫度自動設定大氣修正常數。

⑶　按 (SHIFT) (PgDn) 下一頁，得畫面

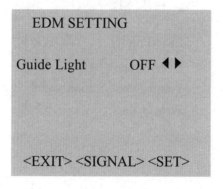

EDM SETTING

Guide Light　　　OFF ◀▶

<EXIT> <SIGNAL> <SET>

畫面中 Guide Light，是指放樣指示燈。再將游標移至<SIGNAL>↵執行可檢查反射信號強度。當設定完成後，再將游標移至<SET>↵執行完成設定，回到待測畫面

```
PtID :                    0

hr :                 0.000m

Code :               _____

HZ :            135°53'35"
V :              83°00'35"

HD :            ——-——m

<SETUP> <HZ0> <QCODE>
```

**3.** 測角、測距

依後視方向(原方向)是否需要歸零,而作業方式略有不同。

(1) 後視方向如需歸零,其作業程序如下:

① (ON)開機,畫面呈現

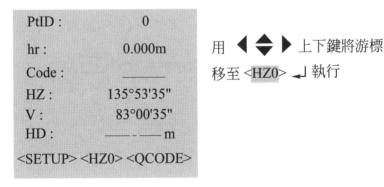

```
PtID :                  0

hr :               0.000m

Code :             _____

HZ :          135°53'35"
V :            83°00'35"

HD :          ——-——m

<SETUP> <HZ0> <QCODE>
```

用 ◀ ⬍ ▶ 上下鍵將游標
移至 <HZ0> ↵ 執行

② 畫面呈現

```
set     HZ=0?




<NO>            <YES>
```

用 ◀ ⬍ ▶ 上下鍵將游標
移至 <YES> ↵ 執行

③ 畫面呈現

```
PtID :               0

hr :              0.000m

Code :           _____
HZ :              0°00'00"
V :              83°00'35"
HD :            ——-——m

<SETUP> <HZ0> <QCODE>
```

完成歸零設定，回到待測畫面。

④ 利用 **USER** 鍵，可快速切換紅外線或雷射測距(但雷射測距僅限 R 型)。

⑤ 照準測點，按 **DIST** 鍵測角、測距、(但不記錄)；若需記錄，應 按 **ALL** 鍵，或按快速鍵(當快速鍵設定 ⊂ON⊃ 時)。

⑥ 游標移到 Code 可輸入編碼。
   ⊂SHIFT⊃ ⊂PgDn⊃ 至第二頁看其它資料。

⑦ 畫面及畫面中縮寫字表示

```
PtID :               0

hr :              0.000m

Code :           _____
HZ :             135°53'35"
V :              83°00'35"
SD :            ——-——m
dH :            ——-——m
<SETUP>        <QCODE>
```

PtID：點號　　　　SD：斜距

hr：反射稜鏡高　　dH：高差

HZ：水平角　　　　Code：編碼

V：垂直角　　　　HD：水平距

(SHIFT) (PgDn) 至次頁看其它資料

⑧ 畫面及畫面中縮寫字表示

| | |
|---|---|
| PtID : | 0 |
| hr : | 0.000m |
| Code : | ——— |
| E : | ——·—— m |
| N : | ——·—— m |
| H : | ——·—— m |
| <SETUP> | <QCODE> |

PtID：點號

hr：反射稜鏡高

E：橫座標

N：縱座標

H：高程

(2) 後視方向若為任意角度，其作業程序為：

① (ON) 開機，畫面呈現

| | |
|---|---|
| PtID : | 0 |
| hr : | 0.000m |
| Code : | ——— |
| HZ : | 135°53'35" |
| V : | 83°00'35" |
| HD : | ——·—— m |
| <SETUP> <HZ0> <QCODE> | |

用 ◀ ✦ ▶ 上下鍵將游標
移至 <SETUP> ↵ 執行。

②

| SETUP | |
|---|---|
| Job : | —— ◀▶ |
| Stn : | 100 |
| hi : | 1.2 m |
| BsPt : | 200 |
| BsBrg : | 135°53'35" |
| <EXIT> <STN> <SET> | |

用 ◀ ✦ ▶ 上下鍵將游標
　　移至 BsBrg，

用 ◀ ✦ ▶ 左右上下鍵輸入
　　後視角度然

後用 ◀ ✦ ▶ 上下鍵將游標
移至 <SET> ↵ 執行。

③
```
PtID :              0
hr :            0.000m
Code :          _____
HZ :          0°00'00"
V :          83°00'35"
HD :          ——·——m
<SETUP> <HZ0> <QCODE>
```

完成角度設定,回到待測畫面。

④ 利用 **USER** 鍵,可快速切換紅外線,或雷射測距(但雷射測距僅限 R 型)。

⑤ 照準測點,按 **DIST** 鍵測角、測距、(但不記錄);若需記錄,應按 **ALL** 鍵,或按快速鍵(當快速鍵設定 (ON) 時)。

⑥ 將游標移到 Code 可輸入編碼。
(SHIFT) (PgDn) 至次頁看其它資料

⑦ 畫面及說明

```
PtID :              0
hr :            0.000m
Code :          _____
HZ :        135°53'35"
V :          83°00'35"
SD :          ——·——m
dH :          ——·——m
<SETUP>      <QCODE>
```

PtID : 點號
hr : 反射稜鏡高
HZ : 水平角
V : 垂直角
SD : 斜距
dH : 高差

(SHIFT) (PgDn) 至次頁看其它資料

⑧　畫面及說明

```
PtID :              0

hr :            0.000m

Code :          _____
E :           ――・―― m
N :           ――・―― m
H :           ――・―― m
<SETUP>        <QCODE>
```

PtID：點號

hr：反射稜鏡高

E：橫座標

N：縱座標

H：高程

HD：水平距

BsBrg：後視方位角

## 4. 座標測量(一)

(1)
```
PtID :              0

hr :            0.000m

Code :          _____
HZ :         135°53'35"
V :          83°00'35"
HD :            ――・―― m
<SETUP> <HZ0> <QCODE>
```

用 ◀ ◆ ▶ 上下鍵將游標
移至 <SETUP> ↵ 執行。

(2)
```
     SETUP

Job :           0 ◀ ▶

Stn :             100

hi :             1.2 m

BsPt :            200

BsBrg :      135°53'35"
  <EXIT> <STN> <SET>
```

請正確輸入下列數值

Stn：測站點號

hi：儀器高

BsPt：後視點號

BsBrg：後視方位角

輸入完成後用 ◀ ◆ ▶ 上下鍵
將游標移至 <STN> ↵ 執行。

(3)

```
            STATION
   Stn :                    100
   E0 :                100.000m
   N0 :                100.000m
   H0 :                 10.000m



   <EXIT> <ENH=0> <PREV> <SET>
```

輸入測站座標及高程。

若要將測站座標及高程
歸零可直接將游標移至
<ENH=0> ↵ 執行。

用 ◀ ◆ ▶ 上下鍵將游標
移至 <SET> ↵
執行回到待測畫面。

(4)

```
   PtID :                     0
   hr :                  0.000m
   Code :              _____
   HZ :                0°00'00"
   V :                83°00'35"
   HD :                ─ ─── m

   <SETUP> <HZ0> <QCODE>
```

完成座標角度設定回到待測畫面。

(5) 利用 USER 鍵,可快速切換紅外線或雷射測距(但雷射測距僅限 R
型)。

(6) 照準測點,按 DIST 鍵測距(但不記錄);若需記錄,應按 ALL
鍵,或按快速鍵(當快速鍵設定 ON 時)。

(7) 將游標移到 Code 可輸入編碼。
SHIFT PgDn 至次頁,看其它資料

(8) 畫面及說明

| | |
|---|---|
| PtID : | 0 |
| hr : | 0.000m |
| Code : | ——— |
| HZ : | 135°53'35" |
| V : | 83°00'35" |
| SD : | ——.—— m |
| dH : | ——.—— m |
| <SETUP> | <QCODE> |

PtID : 點號

hr : 反射稜鏡高

HZ : 水平角

V : 垂直角

SD : 斜距

dH : 高差

(SHIFT) (PgDn) 至次頁，看其它資料

(9) 畫面及說明

| | |
|---|---|
| PtID : | 0 |
| hr : | 0.000m |
| Code : | ——— |
| E : | ——.—— m |
| N : | ——.—— m |
| H : | ——.—— m |
| <SETUP> | <QCODE> |

PtID : 點號　　　H : 高程

hr : 反射稜鏡高

E : 橫座標　　　HD : 水平距

N : 縱座標　　　BsBrg : 後視方位角

CH 4

**5.** 座標測量(二)

(1) ＯＮ 開機

畫面

PtID :                    0
hr :                0.000m
Code : _____
HZ :        135°53'35"
V :           80°00'35"
HD :        ――――― m

&lt;SETUP&gt; &lt;HZ0&gt; &lt;QCODE&gt;

按 PROG 鍵進入應用程式畫面。

(2)

PROGRAMS

SURVEYING
SETTING OUT
TIE DISTANCE
AREA(plan)
FREE STATION

&lt;EXIT&gt;

選擇 SURVEYING ↵執行。

(3)

```
        SURVEYING

[   ]   Setjob
[   ]   SetStation
[   ]   SetOrientation
        Start

<EXIT>
```

選擇 SetJob ↵ 執行設定工作檔檔名。

(4)

```
       SELECT JOB

job :        DEFAULT ◀ ▶
Oper :              0
Date :         24/02/1999
TIME :           08:57:56




<EXIT>   <NEW>   <SET>
```

建議使用內定值,直接選擇<SET>
↵執行。

(5)

```
        SURVEYING

[ • ]   Setjob
[   ]   SetStation
[   ]   SetOrientation
        Start

<EXIT>
```

執行 SetJob 後[ ]內會出現·號。

選擇 SetStation ↵執行輸入測站座標。

(6)

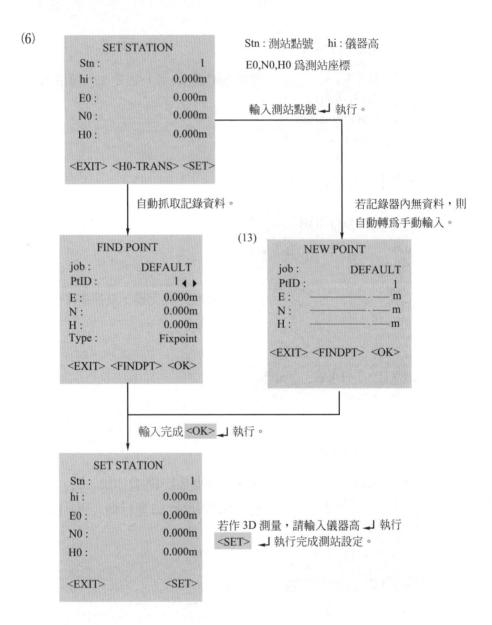

**SET STATION**

Stn :               1

hi :           0.000m

E0 :           0.000m

N0 :          0.000m

H0 :          0.000m

\<EXIT\> \<H0-TRANS\> \<SET\>

Stn：測站點號　hi：儀器高

E0,N0,H0 為測站座標

輸入測站點號 ↵ 執行。

自動抓取記錄資料。

若記錄器內無資料，則
自動轉為手動輸入。

(13)

**FIND POINT**

job :       DEFAULT

PtID :         1 ◂ ▸

E :          0.000m

N :         0.000m

H :         0.000m

Type :     Fixpoint

\<EXIT\> \<FINDPT\> \<OK\>

**NEW POINT**

job :       DEFAULT

PtID :         1

E :  ————.——m

N :  ————.——m

H :  ————.——m

\<EXIT\> \<FINDPT\> \<OK\>

輸入完成 \<OK\> ↵ 執行。

**SET STATION**

Stn :               1

hi :           0.000m

E0 :           0.000m

N0 :          0.000m

H0 :          0.000m

\<EXIT\>          \<SET\>

若作 3D 測量，請輸入儀器高 ↵ 執行
\<SET\> ↵ 執行完成測站設定。

(7)

```
        SURVEYING

[ • ]    Setjob
[ • ]    SetStation
[   ]    SetOrientation
         Start


<EXIT>
```

執行 SetOrientation 後[　]內
會出現 • 號。

選擇 SetOrientation ⏎ 執行
設定後視方位角。

(8)

```
        ORIENTATION
      (Set new or confirm)


BsPt :                    0
BsBrg :          161°02'21"


<EXIT> <HZ0> <COORD> <SET>
```

BsPt : 後視點點號

BsBrg : 後視角度

設定後視方位角之方式有兩種：

① 　將游標移至 BsBrg ，用◀ ◆ ▶左右上下鍵直接輸入後視角度，

　　或選擇 <HZ0> 歸零 ⏎ 執行 SET⏎，執行完成後視設定。

② 　將游標移至 <COORD> ⏎執行，利用座標自動計算。

(9)

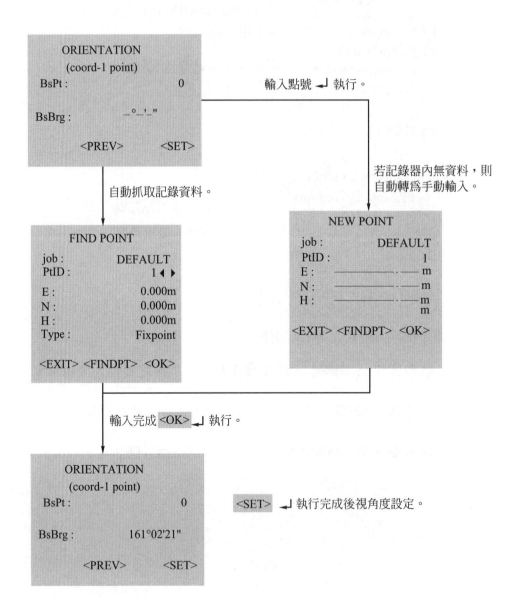

ORIENTATION
(coord-1 point)
BsPt :                    0

BsBrg :          _°_'_"

    <PREV>        <SET>

輸入點號 ↵ 執行。

自動抓取記錄資料。

若記錄器內無資料，則
自動轉爲手動輸入。

FIND POINT

job :         DEFAULT
PtID :              1 ◀ ▶
E :              0.000m
N :              0.000m
H :              0.000m
Type :         Fixpoint

<EXIT> <FINDPT> <OK>

NEW POINT

job :         DEFAULT
PtID :                1
E : _____.__ m
N : _____.__ m
H : _____.__ m
                        m

<EXIT> <FINDPT> <OK>

輸入完成 <OK> ↵ 執行。

ORIENTATION
(coord-1 point)
BsPt :                    0

BsBrg :       161°02'21"

    <PREV>        <SET>

<SET> ↵ 執行完成後視角度設定。

(10)

```
        SURVEYING

[ • ]   Setjob
[ • ]   SetStation
[ • ]   SetOrientation
        Start


<EXIT>
```

執行 SetOrientation 後[ ]內會出現•號。

選擇 Start ⏎ 執行開始座標測量。

(11)

```
        SURVEYING 1

PtID :              0

hr :            0.000m

Code :              0
HZ :        135°53'35"
V :          83°00'35"
HD :        ——.——m

<EXIT>        <COORD>
```

照準測點,按 DIST 鍵測距,但不記錄,若按 ALL 鍵,則測角、測距均可記錄。或按快速鍵(當快速鍵設定在 ON 上),與按 ALL 鍵的功能同。

游標移到 Code,可輸入編碼。

SHIFT PgDn 至次頁看其它資料。

(12)

```
        SURVEYING 2

PtID :              0

hr :            0.000m

Code :              0
HZ :          135°53'35"
SD :          ——·——m
dH :          ——·——m


<EXIT>         <COORD>
```

(SHIFT) (PgDn) 至次頁看其它資料。

(13)

```
        SURVEYING 3

PtID :              0

hr :            0.000m

Code :              0
 E :          ——·——m
 N :          ——·——m
 H :          ——·——m
<EXIT>         <COORD>
```

測完游標移到<EXIT> ↵
執行離開。

(14)

```
        SURVEYING

[ • ]  SetJob
[ • ]  SetStation
[ • ]  SetOrientation
       Start


<EXIT>
```

(15)

```
PtID :                    0
hr :                 0.000m
Code :                    0
HZ :              135°53'35"
V :                80°00'35"
HD :              ——·——m

<SETUP> <HZ0> <QCODE>
```

游標移到 EXIT↵ 執行離開回到等待畫面。

此外，全測站測量儀用在工程放樣、大區域面積測量、及自由測站法(我們將在第十章中介紹)等工作上，均十分方便——施測簡易快速，成果精度提昇，都是它比傳統儀器優異的地方。

# 習題

1. 水平角的觀測法有那幾種？試述其用途，並比較其精度。

2. 使用普通經緯儀觀測水平角時，常採用(1)正、倒鏡觀測，(2)分別讀記二游標之讀數，(3)取各測回讀數之平均數，試問其目的是在消除那些儀器誤差？

3. 經緯儀上有幾種水準器？各在何位置？有何功用？

4. 經緯儀之主要部分有幾？其裝置之原則如何？

5. 何謂指標差？作業時如發現儀器有指標差，但無時間可以校正儀器，該如何獲得正確之測值？如要校正，如何改正？

6. 木樁校正法應用在經緯儀與水準儀中，分別在校正何種誤差？其操作方法有何不同？試述其詳。

7. 垂直度盤之刻法有那幾種？各種刻法如何讀、算垂直角？

8. 經緯儀之整置，包括那些工作？其意義何在？

9. 何謂方位角？方向角？方位角與反方位角間之關係爲何？磁方位角與眞方位角有何不同？

10. 使用二次縱轉法的目的安在？如何操作？

11. 游標 30 格等於度盤 29 格，度盤一格爲 15'，問游標最小讀數爲多少？又，若游標 60 格等於度盤 59 格，游標之最小讀數爲 20"，試問度盤一格爲多少分？(30"；20')

12. 以威特$T_2$經緯儀觀測一目標，其天頂距正鏡讀數爲 88°36'11"，倒鏡讀數爲271°23'42.2"，試求其垂直角及指標差各爲若干？
(＋1°23'45.6"；－3.4")

13. 已知$A$點之標高爲249.180公尺，今在$B$點觀測$A$點覘標之垂直角爲5°58'01.4"，$A$、$B$兩點之距離爲750.123公尺，儀器高爲1.510公尺，覘標高爲11.175公尺，求$B$點之高程。(180.402公尺)

14. 已知$C$點之高程爲180.800公尺，自$C$點向$D$點作觀測，得$D$覘標之垂直角爲 4°02'21".6，兩點間之距離爲 498.122 公尺，儀器高爲1.510公尺，覘標高爲7.170公尺，求$D$點之高程。(210.332公尺)

CH **5**

# 三角(邊)測量與控制點之測算

# 5-1　概述

連結地面上諸點，組合成許多連續的三角形，有成網狀者，亦有成鎖狀者。用儀器觀測各三角形之內角，另由一已知邊推算其他各邊之長度，再用一已知邊之方位角推算其他各邊之方位角，並以一已知點之座標，來推求其他三角形各點之座標，逐得以決定各點之平面位置，以作為測量控制之依據，此項測量稱為**三角測量**(Triangulation)。該用於推算各邊邊長之已知邊，稱為**基線**(Base line)；其各測站點稱為**三角點**(Triangulation station)或**主三角點**。

三角測量亦為控制測量之一種。如不對角度作觀測，而逕觀測三角形各邊之距離，並據以推算各點之座標，則稱為**三邊測量**(Trilateration)。近年來，由於電子測距設備的日新月異與普及，三邊測量已逐漸為工程界所喜愛。

三角測量依涵蓋面積的大小，與測量精度要求的高低，可區分為四等，各等級之相關界限如下：

表 5-1

| 項目＼等級 | | I | II | III | IV | 備考 |
|---|---|---|---|---|---|---|
| 平均邊長 | | 20 km 以上 | 8～20 km | 3～8 km | 1～3 km | |
| 三角形閉合差 | 最大 | 3" | 5" | 10" | 25" | 三角形閉合差，是指三內角之和與 180° 之差 |
| | 平均 | 1" | 3" | 5" | 10" | |
| 邊長閉合差 | | $\dfrac{1}{25,000}$ | $\dfrac{1}{10,000}$ | $\dfrac{1}{5,000}$ | $\dfrac{1}{3,000} - \dfrac{1}{5,000}$ | 邊長閉合差，是指從已知邊閉合於檢核基線上長度之差 |
| 基線精度 | | $\dfrac{1}{300,000}$ | $\dfrac{1}{150,000}$ | $\dfrac{1}{75,000}$ | $\dfrac{1}{20,000}$ | |

在廣大地區測量時，視地球表面爲曲面之三角測量，稱爲**大地三角測量**(Geodetic triangulation)；在狹小地區內，視地球表面爲平面之三角測量稱爲**平面三角測量**(Plane triangulation)，又稱**三角圖根測量**。表5-1 所列之一、二等屬大地三角測量範圍，三等視施測範圍及方法，界於大地與平面三角測量之間；四等以下之控制測量，屬平面三角測量之範圍。

大地三角測量在球面上各點所連成之三角形之內角和，大於180°，其超出部份稱爲**球面角超**(Spherical excess)；各點點位座標亦以經緯度來表達；多用在廣大區域之控制、精密之城市測量，或地球科學的研究工作上。平面三角測量常用作工程測量、或地形測量的控制依據，其各點點位之座標，是以平面直角座標來表示。

本章所述者，屬平面三角測量範圍。

# 5-2　三角測量之圖形與強度

## 1.　三角測量之圖形

三角測量因點位的分佈形狀與測區的大小不同，有連結成網狀者，稱爲**三角網**(Triangulation net)，有連結成鎖狀者，稱爲**三角鎖**(Triangulation chain)。

如圖5-1 所示，爲一聚三角形，或稱**多邊形網**(Polygons with center station)。實線部份具有中心測站，稱爲**全網**。全網中應有二點以上之已知點，形成已知邊，以作爲推算其他邊長、方位角、及座標值的依據。

虛線部份稱爲**破網**，雖無中心點，由於圖中之$P$爲定值，$S_1$及$S_2$皆爲已知邊，故亦可藉以推得各三角點之座標。

多邊形三角網之優點，在於以有限數目之測站，能涵蓋最大之面積，且精度亦甚佳，非常適合作面狀之控制，故城市測量及較爲廣闊地區之測量，常被用及。

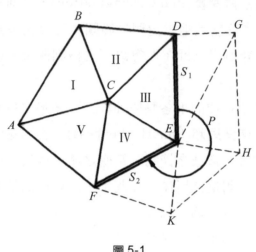

圖 5-1

平面三角測量中常用之三角鎖，有下述二種：

(1) 四邊形鎖(Chain of quadrilaterals)或稱複三角鎖(Chain of interlacing triangles)

如圖 5-2 所示，在連綴成帶狀的諸四邊形中，分別加入二對角線，且二端均有已知邊作爲控制者，稱爲**四邊形鎖**。該鎖由於觀測條件方程式數目較多，雖測設及計算較爲困難，但精度甚高，在大地三角測量中，較常採用；重要的平面三角控制，也藉此法來提高精度。

(2) 單三角鎖(Chain of Simple triangles)

如圖 5-3，**單三角鎖**是由若干依次相連之三角形所組成，且兩端均有已知邊作爲控制者。單三角鎖適合於線狀之控制，例如道路、河川等狹長、且成帶狀之地形。因計算條件較少，精度較差；但方便、快捷，是其優點。

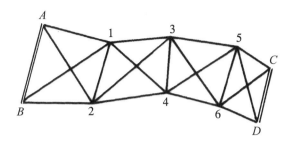

圖 5-2

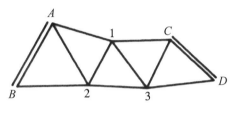

圖 5-3

## 2. 圖形強度

在計算三角形邊長時，因須用到各該角度之正弦函數值，在角度過銳或過鈍時，由於正弦函數在該角度範圍內，變化甚大，常會影響到邊長的精度，也就是說當測角誤差相等時，其角度愈銳或愈鈍，影響於所推算邊長之誤差亦愈大。故一般三角形之各內角，應限制在30°至120°之間為宜。

如圖 5-4 所示，設 $AB$ 為已知邊，$\delta_A$ 及 $\delta_B$ 分別為三角形之距離角 (Distance angle)$A$、$B$ 正弦對數函數之一秒差，該值以對數值小數點後之第六位數作個位數，例如角 A 為 30°，則

$$\log \sin 30°00'01" - \log \sin 30°00'00"$$
$$= 9.698974 - 9.698970 = 0.000004$$

即　　$\delta_A = 4$

或　　　log sin 30°00'00" − log sin29°59'59"

$= 9.698970 − 9.698967 = 0.000003$

即　　　$\delta_A = 3$

由於 1" 差會涉及四捨五入問題，使經由上、下差分別去算而得到不同的結果，故通常可先求 10" 差值，再除以 10，則捨位的問題影響較小。

圖形強度係數公式為

$$R = \delta_A^2 + \delta_A \cdot \delta_B + \delta_B^2 \dots\dots\dots\dots\dots\dots\dots\dots\dots\dots\dots\dots\dots\dots(5\text{-}1)$$

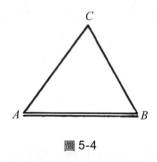

圖 5-4

**例 1** 設某三角形之 $A$，$B$ 角值分別假設如下，試以公式(5-1)求 $R$ 值。

表 5-2

| 組合 | 角值 | | R值 |
|---|---|---|---|
| | $A$ | $B$ | |
| (一) | 30° | 60° | $R = 3.6^2 + 3.6 \times 1.2 + 1.2^2 = 19$ |
| (二) | 30° | 30° | 40 |
| (三) | 45° | 45° | 13 |
| (四) | 60° | 60° | 4 |

解　由上表可知：

(1)當所測三角形近似於等邊三角形時，其圖形強度係數$R$值最低，如表(5-2)之(四)。

(2)當二角皆接近於30°時，則$R$值增大，如表(5-2)之(二)。

圖形強度係數值的大小，在表示對於最後邊長誤差影響的程度，故可以視作是鑑別所選三角形好壞的指標：$R$值較小，即表示所選之圖形強度較佳。

我國測量法規規定，三角測量的圖形強度，三等三角測量之理想係數值應小於 25，最大不得超過 40；四等之理想係數值亦應小於 25，最大不得超過 50；$R$值與$A$，$B$角之關係值詳附表二。

# 5-3　三角測量作業程序

三角測量適合於展望良好，或不便於直接量距之區域，其作業程序如下：

1. 紙上作業、準備，與儀器校正。
2. 踏勘與選點(基線網與三角點)。
3. 造標與埋石。
4. 基線測量(或藉已知點座標反算)。
5. 方位角觀測(或藉已知點座標反算)。
6. 角度觀測(水平角與垂直角)。
7. 計算—含角度平差、邊長反算及計算、方位角反算及計算、聚三角形邊長之計算、縱橫線計算及間接高程計算等。
8. 成果整理。

# 5-4　選點

**1. 選點要領**

(1) 按測量目的、測區範圍之大小，來決定作業的圖形、方法、點與點間之距離、及點位的多寡。

(2) 點與點間距離不宜太密或太稀，太密，會影響到整體的精度；太稀，則會有點位不足之現象。原則上每平方公里應有一個三角點。若點位不足，可另測補助三角點即可。

(3) 點與點間之關係是：相關點位間應互相通視，且展望良好；每一三角形之形狀，應儘量接近等邊，即使受地形所限，各角亦應限制在30°至120°之間。

(4) 所選點位中，儘可能包括二個以上的已知點，以避免量測基線。

**2. 選點作業程序**

(1) 先在既有之地形圖或航攝像片圖上，圈選點位及基線位置(選點用圖之比例尺應小於未來測圖之比例尺)。

(2) 將該圖置小平板上，攜至實地。首先檢查已知點是否被移動，再自山區或已知點開始，向平地或圖上選定之點位處，以平板儀用交會法選定至地面。

(3) 就實地狀況，調整原先在圖上所圈選之點位。

(4) 清除各點間視線之障礙，並豎旗，俾供觀測。

(5) 除繪製選點略圖外、並將該點之所在地、交通狀況(接近路線)、點之編號等資料填寫入「三角點之記」中、備其他工作人員及邇後工作時參考。

(6) 造標與埋石。

## 5-5　造標與埋石

**1.　造標**

　　為使觀測時有明顯之目標，在三角點上，常須設置各種不同類型之覘標(Signal)。

　　較常見之覘標，有紅白旗、普通覘標及高架覘標等三種。

(1)　紅白標旗

　　　　標旗僅能供短期觀測之用。旗面為紅白各半，且互相平行，藉竹竿與鐵絲，使之豎立，如圖 5-5。標旗之竹竿宜置於所選點位之頂端，觀測時，移去標旗，使儀器之中心與點位中心一致，待觀測完畢後，再將標旗置於原處。亦有在點位旁另釘木樁固定標旗，然後藉鐵絲之力量，使竹竿頂端紅白旗之交界處，與地面點之樁頂，在同一鉛垂線上者。

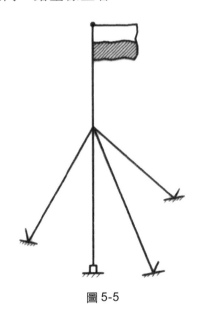

圖 5-5

(2)　普通覘標

普通覘標常見者有錐形及串字形等二種。如圖 5-6 所示，(a)
為串字標，(b)為錐形標。覘標上之心柱，是供對方觀測之用，務
必真正垂直。其覆板下緣亦須水平。建標時心柱中心、儀器中心
與標石中心三者更應在同一鉛垂線上。此外，在建標時，亦應注
意標架之四腳不得阻礙視線。

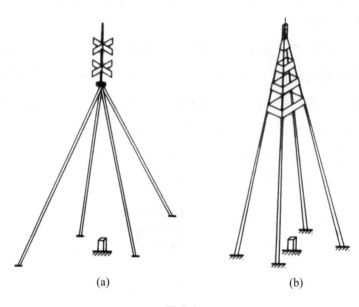

(a) (b)

圖 5-6

(3)　高架標

高架標多用於大地三角測量，有木造及鋼造兩種。由於標架
比較高大，在結構上分為內、外架：內架供安置儀器，或放置供
對方觀測用的燈光；外架則為供觀測者攀登或站立觀測之用。二
架彼此獨立，以免妨礙儀器之定心及穩定。

由於高架覘標建造成本較高，且搬運亦不易，在三、四等三
角測量中，很少使用。

## 2. 埋石

　　三角點選定後，多以木樁臨時標示其位置，如需長久保存，則應埋以標石。

　　標石頂面為正方形，高約五、六十公分，寬約十二、三公分，有石材及水泥兩種。水泥者頂端中央嵌以銅模，銅模中心十字絲之交點，即示三角點之正確點位。若為石材，則多以質地堅硬且不易風化之花崗石鑿成。

　　標石側面，則刻以等級、標石編號、與測設機關名稱等。

　　一、二、三、等永久三角點除柱石外，尚有磐石。磐石水平埋在地下，如圖 5-7 所示，中央刻以十字，為該三角點真正之中心位置。埋設時應使十字之方向精確對正北、東、南、西方。

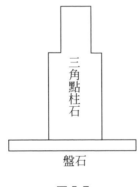

三角點柱石

盤石

圖 5-7

　　茲將觀測時所釘之木樁更換為標石之埋設方法說明如下：

(1)　先在樁之四周適當距離處，釘以木樁，如圖 5-8。

(2)　將成對角線二樁樁頂之小釘，以繩索相連結，並使二繩之交點正好在測站點之中心位置上。

(3)　移去繩索、挖坑、埋石。

(4)　再將繩索的位置復原，並藉二繩之交點來調整標石的正確位置與方向，直至繩索中心與標石中心一致。

此外，亦可藉二副經緯儀在互成直角之位置設站，來指揮埋石者之方向。如圖 5-8 兩虛線位置。

在城市中，亦可在平頂屋頂上埋設金屬標。該金屬標為鉛合金製成，並含有磁性，不怕酸、鹼腐蝕，可藉**磁化位置指示器**(Magnetic locators)來尋找，十分方便。

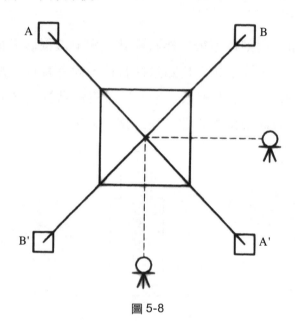

圖 5-8

# 5-6　基線測量

## 1.　基線與基線網

在三角網或三角鎖中，至少需有一個以上的邊長為已知，該已知邊長稱為**基線**。基線可由二已知點反算而得，亦可經由實量而得。實際量測基線的工作，稱為**基線測量**。

　　基線邊長應有的長度，視測量等級而定，三等三角測量其邊長應在一公里以上，一般平面控制測量之基線長度亦應大於500公尺。惟實際上因地形所限，基線長度常不易正好與三角形之邊長吻合，而須藉圖形增大，始能滿足。基線經由連結之三角形而漸次擴大，使與三角網或鎖相接合，此擴大之圖形稱為**基線網**(Base net)。

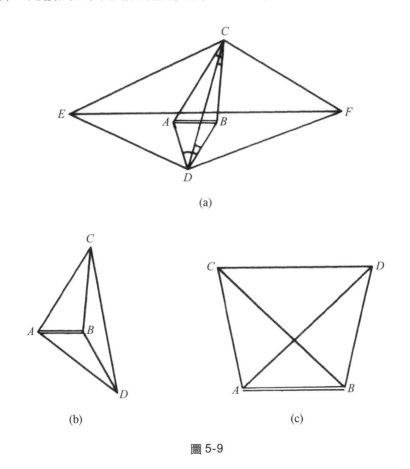

(a)

(b)　　　　　　　　　　(c)

圖 5-9

　　如圖5-9(a)所示，設 CD 邊長無法直接量得，可先將與 CD 大約成垂直方向之 AB 邊當作基線，實施量距。然後利用三角形角、邊關係，將 AB 邊長擴大至 CD。同理亦可將 CD 之長擴大至 EF。

圖 5-9(a)稱**菱形網**(Quadrilateral base net)，一般常用基線擴大之方法，以菱形網之使用，最為普遍。其他常有具有中心點之三角形，或稱**矢鏃形**( Polygonal base net)如圖 5-9(b)；及**四邊形**、或稱**蝶形基線網**(Trapezoidal base net)，如圖 5-9(c)等三種，其中以菱形網精度最高，蝶形最差。

基線網雖可擴大，但是不可超過三次。不論何種圖形，各內角之角度均不可過銳或過鈍，以在 20°至 140°之間為宜。

**2. 基線測量法**

基線測量是否準確可靠，對三角測量的精度會有絕對性的影響，故作業時不能不慎。其作業方法已有其它途徑可取代，茲從略。

**3. 利用邊長之反算，求基線長**

如三角測量之圖形中有一邊之二端點為已知點，則可經由邊長之反算，求得其邊長。

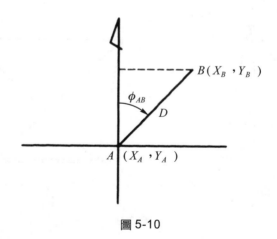

圖 5-10

反算公式有二，如圖 5-10 所示，一為：

$$D = \sqrt{(X_A - X_B)^2 + (Y_A - Y_B)^2} \quad\text{.............................(5-2)}$$

另一爲

$$D = \frac{X_B - X_A}{\sin\phi_{AB}} = \frac{Y_B - Y_A}{\cos\phi_{AB}}$$ ..................................................(5-3)

**4. 利用電子測距儀求基線長**

近年來，電子測距設備相當普遍，非但操作簡便，其精度更高達一萬分之一至二十五萬分一之間；所測邊長亦可自數百公尺至百餘公里，故平面基線測量作業，已可由電子測距儀取代矣！

# 5-7  三角點點位的檢查

在測區內，若含有二個以上之已知三角點，其方位角及距離均可經由反算求得。惟在引用之前，應先尋得三已知點，並觀測其內角值，再用各該點之座標值作反算，以便檢查各點之位置是否曾被移動。

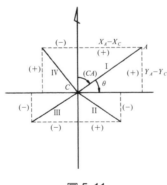

圖 5-11

關於邊長之反算法，已在上節中 5-2 式談及。至於方位角之反算，有兩種表示法：一種以 $X_A - X_C$ 爲對邊，如圖 5-11 即 $(CA) = \tan^{-1}\frac{X_A - X_C}{Y_A - Y_C}$，另一種以 $Y_A - Y_C$ 爲對邊，即 $\theta = \tan^{-1}\frac{Y_A - Y_C}{X_A - X_C}$。待求得(CA)或$\theta$角度後，再視其所在之象限，推求其方位角。

　　宜注意者，測量上所用之象限爲順時針方向旋轉，其餘部份與一般數學上所學者相同。

　　茲將上列二種表達方式中，(CA)與方位角之關係列如表 5-3 所示。

表 5-3

| 表達方式 | 象限<br>方位角 | I | II | III | IV |
|---|---|---|---|---|---|
| $(CA)=\tan^{-1}\left\|\dfrac{X_A-X_C}{Y_A-Y_C}\right\|$ | $\phi_{CA}=$ | $(CA)$ | $180°-(CA)$ | $180°+(CA)$ | $360°-(CA)$ |
| $\theta=\tan^{-1}\left\|\dfrac{Y_A-Y_C}{X_A-X_C}\right\|$ | $\phi_{CA}=$ | $90°-\theta$ | $90°+\theta$ | $270°-\theta$ | $270°+\theta$ |

檢測方式，其相關規定爲：

1. 角度檢測：應使用 **1"** 讀經緯儀作觀測，任一三角形反算所得之夾角，與其相應角度之實測結果作比較，其差應小於 **20"**。

2. 距離檢測：二三角點間之邊長，反算結果與電子測距儀實測所得者，其較差應大於 1：10000。

例2 茲在南澳山區檢測三角點。先在海岸山設站，測得樟樹山與左右山間之夾角爲 78°48'40"，若其角度之誤差在±20"之內時，視作未曾移位，試根據下列三點之座標資料，檢查海岸山之內角，是否有移位現象。並求左右山至海岸山之距離。

| 點名 | 縱座標 | 橫座標 |
|---|---|---|
| 樟樹山 | 31 030.74 | 110 717.92 |
| 海岸山 | 31 983.88 | 112 634.67 |
| 左右山 | 34 881.58 | 110 400.70 |

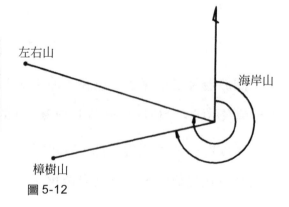

圖 5-12

**解**　由表 5-4 知

$$\phi_{海左} - \phi_{海樟} = 322°22'11'' - 243°33'37'' = 78°48'34''$$

即海岸山與另二點間之反算角度和實測者無異。但並不能確定是否有移位。((1)為甚麼？(2)如何証明？)

表 5-4　方位角邊長之反算

| ① 點名 | $A$ | 左右山 | $Y_A$ | 34881.58 | $X_A$ | 110400.70 | $Y_A - X_A$ | |
|---|---|---|---|---|---|---|---|---|
| | $C$ | 海岸山 | $Y_C$ | 31983.88 | $X_C$ | 112634.67 | $Y_C - X_C$ | |
| | | | ② $Y_A - Y_C$ | 2897.70 | ③ $X_A - X_C$ | $-2233.97$ | ④ 檢算 | |
| ⑤ $(Y_A - Y_C)$ | | 2897.70 | ⑨ $(Y_A - Y_C)$ | | 2897.70 | | ⑬ $(X_A - X_C)$ | 2233.97 |
| ⑥ | | $-2233.97$ | ⑩ $\sin(CA)$ | | 0.791967 | | ⑭ $\cos(CA)$ | 0.610564 |
| ⑦ $\tan(CA)$ | | 1.297108 | ⑪ $S$ | | 3658.86 | | ⑮ $S$ | 3658.86 |
| ⑧ $(CA)$ | | $52-22-11$ | ⑫ $\phi_{CA} = 322-22-11$ | | | | ⑯ $S$ 平均數 | 3658.86 |

| ① 點名 | $A$ | 樟樹山 | $Y_A$ | 31030.74 | $X_A$ | 110717.92 | $Y_A - X_A$ | |
|---|---|---|---|---|---|---|---|---|
| | $C$ | 海岸山 | $Y_C$ | 31983.88 | $X_C$ | 112634.67 | $Y_C - X_C$ | |
| | | | ② $Y_A - Y_C$ | $-953.14$ | ③ $X_A - X_C$ | $-1916.75$ | ④ 檢算 | |
| ⑤ $(Y_A - Y_C)$ | | $-953.14$ | ⑨ $(Y_A - Y_C)$ | | | | ⑬ $(X_A - X_C)$ | |
| ⑥ $(X_A - X_C)$ | | $-1916.75$ | ⑩ $\sin(CA)$ | | | | ⑭ $\cos(CA)$ | |
| ⑦ $\tan(CA)$ | | 0.497269 | ⑪ $S$ | | | | ⑮ $S$ | |
| ⑧ $(CA)$ | | $26-26-23$ | ⑫ $\phi_{CA} = 243-33-37$ | | | | ⑯ $S$ 平均數 | |

## 5-8　三角測量水平角之觀測法

　　三角測量水平角之觀測，採方向觀測法。其角度觀測所採取之測回數，視三角測量之等級而異：在三等三角測量中，需使用1″讀之光學經緯儀作三至四測回之觀測；小地區之三角測量，亦須用1″讀經緯儀作二測回之觀測，且各測回均需變換度盤位置，以減少因刻度不勻所引起之誤差。各次觀測值與平均數之差，三等三角與四等三角測量相同，均不得大於5″。

　　水平角觀測程序及記簿格式參閱第四章第六節。

## 5-9　歸心計算

### 1.　概述

　　整置經緯儀於欲施行觀測的位置上，該位置稱為**測站**。在三角測量中，測站上的點有三種：一為安置儀器時，儀器中心投影於地面的「**觀測點**」，二為供其他點照準目標用的「**照準點**」，三為標石上十字絲交會的「**中心點**」。在理論上，該三點應在同一鉛垂線上。有時為遷就地形或圖形強度，以致某些測站在觀測時，有一、二個方向會有阻礙，不能順利通視，若將經緯儀(即觀測點)稍向旁移，，即可進行觀測，此時所得之結果雖有移位現象，惟可藉歸心化算法予以解決。

### 2.　歸心計算(Reduction to center)

　　歸心計算有觀測點歸心與照準點歸心兩種：

　(1)　觀測點歸心

　　　　所謂**觀測點歸心**，是指改變測站之位置。如圖5-13所示，$C$為原標石中心，即應設站之位置；$A$、$B$二點為其觀測方向，因通視受阻，以致應測之$W_i$角度無法測得。今將儀器旁移至$C'$處設站，進行觀測，得$W_i'$角。

自標石中心移至觀測點$C'$之距離$e$，可於實地直接量得，其值愈小愈好。再以觀測點為心，自零方向(即後視方向，在本圖中為$A$點)順時針方向至標石中心間所觀測之角為$\phi$。$\phi$之值觀測時，不必過於要求精度。自標石中心至$A$點之距離$S_a$及至$B$點之距離$S_b$，均可由選點圖上直接量得。因$e$甚小，故標石中心點至所求點之距離，與觀測點至所求點之距離可以視為相等。

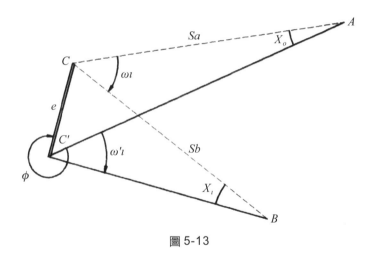

圖 5-13

$e$與$\phi$合稱歸心原子或歸心元素(Elements of reducing to center))。

由圖 5-13 關係可知

$$W_i + X_o = W_i' + X_i，移項之$$
$$W_i = W_i' + X_i - X_o \quad\text{................................(5-4)}$$

又，於$\Delta C'CB$內，由正弦定律知

$$\frac{\sin X_i}{\sin(360° - \phi + W_i')} = \frac{e}{S_b} \quad\text{................................(5-5)}$$

次於 $\triangle C'CA$ 內

$$\frac{\sin X_o}{\sin(360°-\phi)} = \frac{e}{S_a} \quad\text{.....................................(5-6)}$$

因得

$$\left.\begin{array}{l} \sin X_i = \dfrac{e}{S_b} \cdot \sin(360°-\phi+W_i') \\[2mm] \sin X_o = \dfrac{e}{S_a} \cdot \sin(360°-\phi) \end{array}\right\} \text{.....................(5-7)}$$

由於 $e$ 之值與 $S_a$、$S_b$ 相比,其值甚小,相對而言,$X_i$ 及 $X_o$ 亦均甚小,故可以用弧度表示

$$\left.\begin{array}{l} X_i = \dfrac{e}{S_b} \cdot \sin(360°-\phi+W_i') \\[2mm] X_o = \dfrac{e}{S_a} \cdot \sin(360°-\phi) \end{array}\right\} \text{.....................(5-8)}$$

再以秒數示角度,即須於右方乘以 $\rho''$,故得

$$\left.\begin{array}{l} X_i'' = \rho'' \cdot \dfrac{e}{S_b} \cdot \sin(360°-\phi+W_i') \\[2mm] X_o'' = \rho'' \cdot \dfrac{e}{S_a} \cdot \sin(360°-\phi) \end{array}\right\} \text{.................(5-9)}$$

式中,$\rho'' = \dfrac{180°}{\pi} \times 60' \times 60'' = 206264.8''$

觀測點歸心計算之例題參考表 5-5。

表 5-5　三角測量觀測點歸心計算

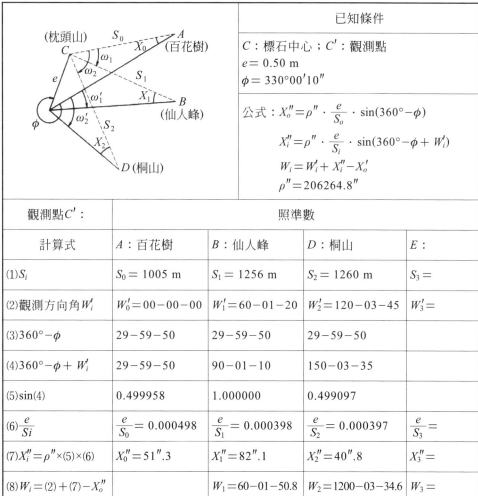

| 計算式 | 已知條件 |
|---|---|
| | $C$：標石中心；$C'$：觀測點<br>$e = 0.50$ m<br>$\phi = 330°00'10''$ |
| | 公式：$X_o'' = \rho'' \cdot \dfrac{e}{S_o} \cdot \sin(360° - \phi)$<br><br>$X_i'' = \rho'' \cdot \dfrac{e}{S_i} \cdot \sin(360° - \phi + W_i')$<br><br>$W_i = W_i' + X_i'' - X_o'$<br>$\rho'' = 206264.8''$ |

| 觀測點 $C'$： | 照準數 | | | |
|---|---|---|---|---|
| 計算式 | $A$：百花樹 | $B$：仙人峰 | $D$：桐山 | $E$： |
| (1)$S_i$ | $S_0 = 1005$ m | $S_1 = 1256$ m | $S_2 = 1260$ m | $S_3 =$ |
| (2)觀測方向角$W_i'$ | $W_0' = 00-00-00$ | $W_1' = 60-01-20$ | $W_2' = 120-03-45$ | $W_3' =$ |
| (3)$360° - \phi$ | $29-59-50$ | $29-59-50$ | $29-59-50$ | |
| (4)$360° - \phi + W_i'$ | $29-59-50$ | $90-01-10$ | $150-03-35$ | |
| (5)$\sin(4)$ | $0.499958$ | $1.000000$ | $0.499097$ | |
| (6)$\dfrac{e}{Si}$ | $\dfrac{e}{S_0} = 0.000498$ | $\dfrac{e}{S_1} = 0.000398$ | $\dfrac{e}{S_2} = 0.000397$ | $\dfrac{e}{S_3} =$ |
| (7)$X_i'' = \rho'' \times (5) \times (6)$ | $X_0'' = 51''.3$ | $X_1'' = 82''.1$ | $X_2'' = 40''.8$ | $X_3'' =$ |
| (8)$W_i = (2) + (7) - X_o''$ | | $W_1 = 60-01-50.8$ | $W_2 = 1200-03-34.6$ | $W_3 =$ |

上例為照準三方向時的情形，若方向有增減，只需增減計算個數即可。

(2)　照準點歸心

　　**照準點歸心**是指覘標中心因傾斜，與標石中心不在同一垂線上。

　　如圖 5-14 所示，$B$爲標石中心，$B'$爲含有錯誤之覘標中心投影於地面之位置；自 $0$ 測得水平角$\angle AOB' = \alpha'$，而實際上應施測者爲$\alpha$，由圖知，二者之關係爲

$$\alpha = \alpha' - X$$

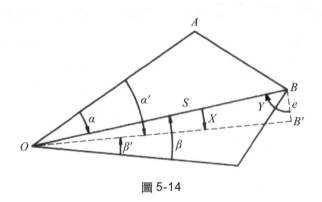

圖 5-14

設在$B$點以$BB'$爲零方向，右旋測至 $0$，得水平角$Y$。$BB' = e$，其值甚小。由三角形$OBB'$知

$$\frac{e}{\sin X} = \frac{S}{\sin Y}$$

即

$$\sin X = \frac{e}{S} \cdot \sin Y$$

式中$S$爲$OB$之概長，可由圖上直接量得，或經由計算獲得，$OB'$之距離與$OB$甚爲接近，亦可視爲$S$。上式以弧度秒示之，得

$$X'' = \frac{e}{S} \cdot \rho'' \cdot \sin Y \dots\dots\dots\dots\dots\dots\dots\dots\dots\dots\dots (5\text{-}10)$$

$X$之值爲正或爲負，當視照準點在標石之右方或左方而定。

**例 3** 如圖 5-15 所示，茲已測得各觀測值如下：

α' = 77°38'48"，Y = 78°30'30"，e = 0.35m，S = 1500m，試求 α 之正確角度。

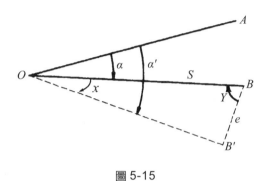

圖 5-15

**解** 由公式(5-10)知

$$X'' = \frac{0.35}{1500} \times 206264.8 \times \sin 78°30'30" = 47".2，故$$

$$\alpha = 77°38'48" - 47".2 = 77°38'00".8$$

# 5-10 控制點之測算

在三角測量作業中，測角工作所占的比重甚高。所測角度是否能滿足圖形中之幾何條件，對精度而言，是會有決定性之影響。然而，在測角的過程中，或多或少會有一些誤差附從，是以平差(Adjustment)計算是否得當，就顯得格外重要了。

## 1. 平差計算

平差計算可分為測站平差(Station adjustment)及圖形平差(Figural adjustment)兩項。

測站平差，是指在一測站周圍所測諸角之和，理論上為一定值，例如，繞測站一周，其諸角之和為 360°；或諸角之和，應為某一定值。

如圖 5-16 所示，$P$ 在圖(a)中為已知定值，而在圖(b)中，為 360°，即

$$C_1 + C_2 + \cdots + C_n - P = 0 \quad\text{.............................................} (5\text{-}11)$$

又設諸 $C$ 角之觀測值為 $(C_i)$，其相應之改正數為 $\gamma_i$，代入(5-11)式，得

即
$$\left.\begin{array}{l} (C_1) + (C_2) + \cdots + (C_n) + \gamma_1 + \gamma_2 + \cdots + \gamma_n - P = 0 \\ \gamma_1 + \gamma_2 + \cdots + \gamma_n + (\omega) = 0 \\ (\omega) = (C_1) + (C_2) + \cdots + (C_n) - P \end{array}\right\} \quad\text{.................} (5\text{-}12)$$

式中 $(\omega)$ 即為測站之角閉合差；(5-12)式稱為**測站方程式**。

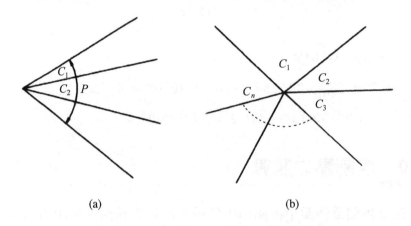

(a)　　　　　　　　　　(b)

圖 5-16

而**圖形平差**，是指滿足圖形之幾何條件，其中又包括角條件及邊條件等二種。各三角形之內角和應為 180°，是**角條件**。如圖 5-17 所示，在理論上，**角條件方程式**應為

$$A_i + B_i + C_i - 180° = 0 \quad\text{.............................................} (5\text{-}13)$$

設(A)、(B)、(C)示三角形三內角之觀測值；$\alpha$、$\beta$、$\gamma$ 為其相應之改正

數，即

$$
\left.\begin{array}{l}
A_i = (A_i) + \alpha_i \\
B_i = (B_i) + \beta_i \\
C_i = (C_i) + \gamma_i
\end{array}\right\} \quad\text{.....................................(5-14)}
$$

將上列關係代入(5-13)式，得

即
$$
\left.\begin{array}{l}
(A_i) + \alpha_i + (\beta_i) + \beta_i + (C_i) + \gamma_i - 180° = 0 \\
\alpha_i + \beta_i + \gamma_i + \omega_i = 0 \\
\omega_i = (A_i) + (B_i) + (C_i) - 180°
\end{array}\right\} \quad\text{.........(5-15)}
$$

式中$\omega_i$為三角形內角和之閉合差；上式即為**角方程式**。

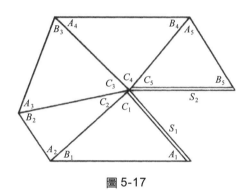

圖 5-17

## 2. 條件方程式

又，在三角網或三角鎖中，自一已知邊開始，藉正弦定律來推求圖形中其他各邊之邊長，直至另一已知邊或原邊時，其長度應相符，是為**邊條件**。即在圖 5-17 中，

$$
\frac{S_1 \cdot \sin A_1 \cdot \sin A_2 \cdots \sin A_n}{S_2 \cdot \sin B_1 \cdot \sin B_2 \cdots \sin B_n} = 1 \text{.........................(5-16)}
$$

上式稱為**邊條件方程式**。如以對數形式表達，並以[ ]示代數和，即[ ] = $\sum\limits_{i=1}^{i=n}$，則上式可改寫成

$$[\log \sin A_i] - [\log \sin B_i] + \log S_1 - \log S_2 = 0 \quad \cdots\cdots (5\text{-}17)$$

又由(5-14)第一式

$$A_i = (A_i) + \alpha_i$$

兩邊取正弦，並由泰勒氏定理，得

$$\sin A_i = \sin\{(A_i) + \alpha_i\}$$
$$= \sin(A_i) + \frac{\alpha_i}{\rho} \cdot \cot(A_i)$$
$$= \sin(A_i)\left\{1 + \frac{\alpha_i}{\rho} \cdot \cot(A_i)\right\}$$

即

$$\log \sin A_i = \log \sin\{(A_i) + \alpha_i\}$$
$$= \log \sin(A_i) + \log\left\{1 + \frac{\alpha_i}{\rho} \cdot \cot(A_i)\right\}$$
$$= \log \sin(A_i) + \frac{\mu}{\rho} \cdot \cot(A_i) \cdot \alpha_i \quad\cdots\cdots\cdots\cdots (5\text{-}18)$$

式中$\mu$為**對數率**，其值為 0.4343；$\rho$為**弧度**，其值為$\dfrac{180°}{\pi}$，通常是以秒表示，即$\rho'' = \dfrac{180°}{\pi} \times 60' \times 60'' = 206265''$

茲以$a_i = \dfrac{\mu}{\rho} \cdot \cot(A_i)$代入上式，則

同理

$$\left.\begin{array}{l} \log \sin A_i = \log \sin\{(A_i) + \alpha_i\} = \log \sin(A_i) + a_i \cdot \alpha_i \\ \log \sin B_i = \log \sin\{(B_i) + \beta_i\} = \log \sin(\beta_i) + b_i \cdot \beta_i \end{array}\right\} \cdot (5\text{-}19)$$

上式中，第一式以$\alpha_i = 1''$，第二式$\beta_i = 1''$代入，則得

$$a_i = \log \sin\{(A_i) + 1''\} - \log \sin(A_i)$$
$$b_i = \log \sin\{(B_i) + 1''\} - \log \sin(B_i)$$

$a_i$、$b_i$分別為$(A_i)$、$(B_i)$正弦對數函數之一秒差，其值之求法參閱本章第二節。

將(5-19)式代入(5-17)式，整理之，得

式中

$$\left.\begin{array}{l} [a_i \cdot \alpha_i] - [b_i \cdot \beta_i] + \omega = 0 \\ \omega = [\log \sin(A_i)] - [\log \sin(B_i)] + \log S_1 - \log S_2 \end{array}\right\} \cdots (5\text{-}20)$$

上式稱爲「**化成邊方程式**」，是以對數形式表達者。

爲省去對數計算之煩，亦可先將上列公式變更如下

$$a_i = \frac{\mu}{\rho} \cdot \cot(A_i) \,, \qquad b_i = \frac{\mu}{\rho} \cdot \cot(B_i)$$

故(5-20)式亦可改寫成

即

$$\left[\frac{\mu}{\rho} \cdot \cot(A_i) \cdot \alpha_i\right] - \left[\frac{\mu}{\rho} \cdot \cot(\beta_i) \cdot \beta_i\right] + \omega = 0$$

$$[\cot(A_i) \cdot \alpha_i] - [\cot(B_i) \cdot \beta_i] + \frac{\omega}{\mu} \cdot \rho = 0$$

由於觀測時，其角度難免有些微誤差附從，茲以 U 示誤差之總和，則(5-16)式應改爲

$$\frac{\sin(A_i) \cdot \sin(A_2) \cdots \sin(A_n) \cdot S_1}{\sin(B_1) \cdot \sin(B_2) \cdots \sin(B_n) \cdot S_2} = 1 + U \cdots (5\text{-}21)$$

上式兩端同取對數，並將右邊展開式中高次項省略，得

$$\log \frac{\sin(A_1) \cdot \sin(A_2) \cdot \cdots \sin(A_n) \cdot S_1}{\sin(B_1) \cdot \sin(B_2) \cdot \cdots \sin(B_n) \cdot S_2} = U$$

又由(5-18)式知邊方程式亦可寫作

$$[\cot(A_i) \cdot \alpha_i] - [\cot(B_i) \cdot \beta_i] + \frac{\omega}{\mu} \cdot \rho = 0$$

以 $U = \dfrac{\omega}{\mu}$ 代入，則邊方程式爲

式中

$$\left.\begin{array}{l} [\cot(A_i) \cdot \alpha_i] - [\cot(B_i) \cdot \beta_i] + \rho'' \cdot U = 0 \\ U = \dfrac{\sin(A_1) \cdot \sin(A_2) \cdots \sin(A_n) \cdot S_1}{\sin(B_1) \cdot \sin(B_2) \cdots \sin(B_n) \cdot S_2} - 1 \end{array}\right\} \cdots (5\text{-}22)$$

此式即爲直接用眞數求算之計算式，對於用計算機作業，甚爲便捷。

嚴格之三角測量平差，是將圖形中所有之角，邊及測站諸條件方程式一一列出，同時解決；但因計算過程甚爲複雜，故小地區之三、四等三角測量平差，多採用**強制平差**或稱**分段平差**(Forced adjustment)法來解決。分段平差法是將原有之網或鎖，改以單一之四邊形或有心之多邊形爲一獨立單元，先行平差，並將已滿足之條件，視爲正確，再逐個推展及次一圖形。該項推求法在理論上雖不完善，惟由於其計算結果尚不致影響及實用值，且簡便易行，故在一般之三角圖根測量作業中，仍普遍使用。

分段平差可分爲下列三種：一爲**分別平差**，即將測站、角及邊平差分成三次，獨立計算解決。二爲**二次平差**，即先作角平差(含測站及三角形二條件同時解決)，再作邊平差。三爲**一次平差**，即將角、邊、測站三條件同時解決。其中以一次平差法條件限制較多，理論亦較嚴謹，故精度亦較高；分別平差法則精度最低。

# 5-11 三角網之一次平差及座標計算

## 1. 三角網之一次平差

三角網之一次平差，需同時滿足下列各條件方程式：

(1) 角方程式

$$\left.\begin{array}{l} \alpha_1 + \beta_1 + \gamma_1 + \omega_1 = 0 \\ \alpha_2 + \beta_2 + \gamma_2 + \omega_2 = 0 \\ \cdots\cdots\cdots\cdots\cdots\cdots\cdots \\ \alpha_n + \beta_n + \gamma_n + \omega_n = 0 \end{array}\right\} \quad\cdots\cdots\cdots\cdots (5\text{-}23(a))$$

(2) 測站方程式

$$\gamma_1 + \gamma_2 + \cdots + \gamma_n + (\omega) = 0 \cdots\cdots\cdots\cdots (5\text{-}23(b))$$

(3) 邊方程式

$$\cot(A_1) \cdot \alpha_1 + \cot(A_2) \cdot \alpha_2 + \cdots + \cot(A_n) \cdot \alpha_n -$$
$$\cot(B_1) \cdot \beta_1 - \cot(B_2) \cdot \beta_2 - \cdots - \cot(B_n) \cdot \beta_n + \rho'' \cdot U = 0..$$
.............................................................(5-23(c))

並依次命各式之**聯繫數**為$-2K_1$、$-2K_2\cdots-2K_n$，$-2(K)$及$-2K$，再按**聯繫數法**(Method of correlates)解之，得**聯繫數方程式**(Correlates equations)之通式如下

$$\left. \begin{array}{l} \alpha_i = K_i + \cot(A_i) \cdot K \\ \beta_i = K_i - \cot(B_i) \cdot K \\ \gamma_i = K_i + (K) \end{array} \right\} \text{.......................... (5-24)}$$

將上式代入(5-23)式，並以$d_i = \cot(A_i) - \cot(B_i)$，得**法方程式**(Nomal equations)如下

$$3K_i + (K) + d_i K + \omega_i = 0 \text{...............................(5-25(a))}$$
$$[K_i] + n(K) + (\omega) = 0 \text{...............................(5-25(b))}$$
$$[d_i K_i] + \{[\cot^2(A_i)] + [\cot^2(B_i)]\} K + \rho'' \cdot U = 0 \text{......(5-25(c))}$$

式中$[\ ] = \sum\limits_{i=1}^{i=n}$。解(5-25)式，並令

$$\omega_o = \frac{1}{2n}\left\{\left[\frac{\omega_i}{3}\right] - (\omega)\right\} \text{...............................(5-26)}$$
$$\omega_o' = \frac{1}{2n}\left[\frac{d_i}{3}\right] \text{...............................(5-27)}$$

則得

$$\frac{1}{3}(K) = \omega_o' \cdot K + \omega_o \text{...............................(5-28)}$$

又將(5-25(a))式整理之，得

$$K_i = -\frac{1}{3}(K) - \frac{d_i}{3}K - \frac{\omega_i}{3} \quad\text{.............................................(5-29)}$$

將(5-28)式代入(5-29)式，可得

$$K_i = -\omega_o{}' \cdot K - \omega_o - \frac{d_i}{3}K - \frac{\omega_i}{3}$$
$$= -\left(\omega_o + \frac{\omega_i}{3}\right) - \left(\omega_o{}' + \frac{d_i}{3}\right)K$$

再令

$$\Delta_i{}' = \omega_o + \frac{\omega_i}{3} \quad\text{.........................................................(5-30)}$$

$$\Delta_i{}'' = \omega_o{}' + \frac{d_i}{3} \quad\text{........................................................(5-31)}$$

則

$$K_i = -\Delta_i{}' - \Delta_i{}'' \cdot K \quad\text{.............................................(5-32)}$$

將(5-32)式代入(5-33(c))式可得

$$-[d_i \cdot \Delta_i{}'] - [d_i \cdot \Delta_i{}'']K + \{[\cot^2(A_i)] + [\cot^2(B_i)]\}$$
$$\cdot K + \rho'' \cdot U = 0$$
$$\therefore K = \frac{-\rho'' \cdot U + 3\left[\dfrac{d_i}{3} \cdot \Delta_i{}'\right]}{[\cot^2(A_i)] + [\cot^2(B_i)] - 3\left[\dfrac{d_i}{3} \cdot \Delta_i{}''\right]} \quad\text{...................(5-33)}$$

再將(5-28)及(5-32)式代入(5-24)聯繫數方程式中，可得

$$\left.\begin{array}{l}
\alpha_i = -\Delta_i{}' - \Delta_i{}''K + \cot(A_i)K = -\Delta_i{}' - \{\Delta_i{}'' - \cot(A_i)\}K \\[4pt]
\beta_i = -\Delta_i{}' - \Delta_i{}''K - \cot(B_i)K = -\Delta_i{}' - \{\Delta_i{}'' + \cot(B_i)\}K \\[4pt]
\gamma_i = -\Delta_i{}' - \Delta_i{}''K + 3\omega_o'K + 3\omega_o = -(\Delta_i{}' - 3\omega_o) - (\Delta_i{}'' - 3\omega_o')K
\end{array}\right\}$$
$$\text{.....................................................................................(5-34)}$$

此即平差後各觀測角之改正值。

為便於列表，在計算時常將上式右端第一項及第二項分為兩段計算；第一段只求三角形閉合差$\omega_i$、測站閉合差($\omega$)、$\omega_o$及$\Delta_i'$，如是可得

$$\left.\begin{array}{l}\alpha_i' = \beta_i' = -\Delta_i' \\ \gamma_i' = -(\Delta_i' - 3\omega_o)\end{array}\right\} \quad\text{............................}(5\text{-}35)$$

第二階段先求邊長閉合差$U$，再求$d_i$、$\omega_o'$、$\Delta_i''$及$K$，由是得

$$\left.\begin{array}{l}\alpha_i'' = -\{\Delta_i'' - \cot(A_i)\}K \\ \beta_i'' = -\{\Delta_i'' + \cot(B_i)\}K \\ \gamma_i'' = -(\Delta_i'' - 3\omega_o')K\end{array}\right\} \quad\text{............................}(5\text{-}36)$$

合併(5-35)及(5-36)，即得$\alpha_i$、$\beta_i$、$\gamma_i$之值。

茲舉例如下：

例 4 如圖 5-18 所示，已測得$\Delta$I、$\Delta$II、…$\Delta$VI之觀測角值如表 5-6所列，試用聚三角形一次平差法，將角與邊之條件平差之。

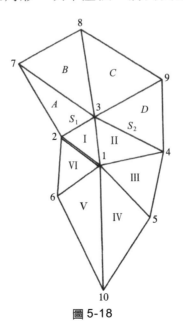

圖 5-18

**解** 表 5-6　聚三角形一次平差法(一)

| (1)<br>$i$ | (2)<br>$(A_i)$ | (3)<br>$(B_i)$ | (4)<br>$(C_i)$ | (5)<br>$(\omega_i)$ | (6)<br>$\dfrac{\omega_i}{3}$ | (7)<br>$\dfrac{\omega_o + \dfrac{\omega_i}{3}}{\Delta_i'}$ | (8)<br>$\Delta_i' - 3W_o$ |
|---|---|---|---|---|---|---|---|
| I | 52−28−29.9 | 86−02−36.8 | 41−29−17.1 | + 23″.8 | +7.933 | +10.425 | +2.949 |
| II | 56−48−09.0 | 24−49−43.6 | 98−22−00.1 | −07.3 | −2.433 | +0.059 | −7.417 |
| III | 63−30−56.0 | 68−07−30.7 | 48−22−03.1 | +29.8 | +9.933 | +12.425 | +4.949 |
| IV | 87−46−43.0 | 48−13−49.4 | 43−59−27.0 | −00.6 | −0.200 | +2.292 | −5.184 |
| V | 44−29−41.6 | 81−00−50.0 | 54−29−57.1 | +28.7 | +9.567 | +12.059 | +4.583 |
| VI | 39−25−25.7 | 67−17−34.0 | 73−17−15.6 | +15.3 | +5.100 | +7.592 | +0.116 |

$$[(C_i)] = 360\text{-}00\text{-}00.0 \qquad \left[\dfrac{\omega_i}{3}\right] = 29.900$$

| (9)<br>$-\Delta_i'$<br>$\alpha_i'$ | (10)<br>$-\Delta_i'$<br>$\beta_i'$ | (11)<br>$-(\Delta_i - 3\omega_o)$<br>$\gamma_i'$ | (30)<br>$\alpha_i' + \alpha_i''$<br>$\alpha$ | (31)<br>$\beta_i' + \beta_i''$<br>$\beta$ | (32)<br>$\gamma_i' + \gamma_i''$<br>$\gamma$ | (15)<br>備考 |
|---|---|---|---|---|---|---|
| −10.425 | −10.425 | −2.949 | −8.80 | −11.36 | −3.65 | 1. 公式<br>$\omega_i = [(A_i) + (B_i) + (C_i)] - 180°$ |
| −0.059 | −0.059 | +7.417 | +3.48 | −5.15 | +8.97 | $(\omega) = [(C_i)] - P$ |
| −12.425 | −12.425 | −4.949 | −11.00 | −13.76 | −5.03 | $\omega_o = \dfrac{1}{2n}\left\{\left[\dfrac{\omega_i}{3}\right] - (\omega)\right\}$ |
| −2.292 | −2.292 | +5.184 | −1.31 | −4.16 | +6.07 | 2. (30)、(31)、(32)項待表格(二)算 |
| −12.059 | −12.059 | −4.583 | −9.83 | −13.43 | −5.44 | 　　完後，才能算。 |
| −7.592 | −7.592 | −0.116 | −4.69 | −9.70 | −0.92 | |

## 表 5-7　聚三角形一次平差法(二)

| (1)<br>$i$ | (12)<br>$\sin(A_i)$<br>$S_1$ | (13)<br>$\sin(B_i)$<br>$S_2$ | (14)<br>$\cot(A_i)$ | (15)<br>$\cot(B_i)$ | (16)<br>$\cot(A_i)-\cot(B_i)$<br>$d$ | (17)<br>$\cot^2(A_i)$ | (18)<br>$\cot^2(B_i)$ | (19)<br>$\Delta_i'$ | (20)<br>$\dfrac{d_i}{3}$ |
|---|---|---|---|---|---|---|---|---|---|
| I | 0.793087 | 0.997617 | 0.7680 | 0.0692 | $+0.6988$ | 0.5898 | 0.008 | $+10.425$ | $+0.2329$ |
| II | 0.836788 | 0.419908 | 0.6543 | 2.1613 | $-1.5070$ | 0.4281 | 4.6712 | $+0.059$ | $-0.5023$ |
| III | 0.895055 | 0.928000 | 0.4982 | 0.4015 | $+0.0967$ | 0.2482 | 0.1612 | $+12.425$ | $+0.0322$ |
| IV | 0.999249 | 0.745829 | 0.0388 | 0.8931 | $-0.8543$ | 0.0015 | 0.7976 | $+2.292$ | $-0.2848$ |
| V | 0.700845 | 0.987726 | 1.0178 | 0.1581 | $+0.8597$ | 1.0359 | 0.0250 | $+12.059$ | $+0.2866$ |
| VI | 0.635051 | 0.922489 | 1.2164 | 0.4185 | $+0.7979$ | 1.4796 | 0.1751 | $+7.592$ | $+0.2660$ |
|  |  |  |  |  |  | $[\cos^2(A_i)]$<br>$=3.7831$ | $[\cos^2(B_i)]$<br>$=5.8349$ |  | $\left[\dfrac{d_i}{3}\right]$<br>$=0.0306$ |

| (21)<br>$\dfrac{W_o'+\dfrac{d_i}{3}}{\Delta_i''}$ | (22)<br>$\dfrac{d_i}{3}\Delta_i'$ | (23)<br>$\dfrac{d_i}{3}\Delta_i''$ | (24)<br>$\Delta''-\cot(A_i)$ | (25)<br>$\Delta''+\cot(B_i)$ | (26)<br>$\Delta_i''-3W_o'$ | (27)<br>$-K\cdot(24)$<br>$\alpha_i''$ | (28)<br>$-\cdot(25)$<br>$\beta_i''$ | (29)<br>$-K\cdot(26)$<br>$\gamma_i''$ |
|---|---|---|---|---|---|---|---|---|
| $+0.2354$ | $+2.4280$ | $+0.0548$ | $-0.5326$ | $+0.3046$ | $+0.2276$ | $+1.6323$ | $-0.9336$ | $-0.6976$ |
| $-0.4997$ | $-0.0296$ | $-0.2510$ | $-1.1540$ | $+1.6616$ | $-0.5075$ | $+3.5368$ | $-5.0926$ | $+1.5554$ |
| $+0.0348$ | $+0.4001$ | $+0.0011$ | $-0.4634$ | $+0.4363$ | $+0.0270$ | $+1.4202$ | $-1.3372$ | $-0.0828$ |
| $-0.2822$ | $-0.6528$ | $+0.0804$ | $-0.3210$ | $+0.6109$ | $-0.2900$ | $+0.9838$ | $-1.8723$ | $+0.8888$ |
| $+0.2892$ | $+3.4561$ | $+0.0829$ | $-0.7286$ | $+0.4473$ | $+0.2814$ | $+2.2330$ | $-1.3709$ | $-0.8624$ |
| $+0.2686$ | $+2.0195$ | $+0.0714$ | $-0.9478$ | $+0.6871$ | $+0.2618$ | $+2.9049$ | $-2.1059$ | $-0.7993$ |
|  | $\left[\dfrac{d_i}{3}\cdot\Delta_i'\right]$<br>$=+7.6213$ | $\left[\dfrac{d_i}{3}\cdot\Delta_i''\right]$<br>$=+0.0396$ |  |  |  |  |  |  |

| 備考 |
|---|

一、$\omega_o'=\dfrac{1}{2n}\left[\dfrac{d_i}{3}\right]=\dfrac{1}{2\times6}\times0.0306=0.0026$ ; $3\omega_o'=0.0078$

二、$u=\dfrac{\sin(A_1)\cdot\sin(A_2)\cdots\cdot\sin(A_n)\cdot S_1}{\sin(B_1)\cdot\sin(B_2)\cdots\cdot\sin(B_n)\cdot S_2}-1=\dfrac{0.264174}{0.264182}-1$

　　$=-0.0000303$

三、$K=\dfrac{-206265\cdot u+3\left[\dfrac{d_i}{3}\cdot\Delta_i'\right]}{[\cot^2(A_i)]+[\cot^2(B_i)]-3\left[\dfrac{d_i}{3}\cdot\Delta_i''\right]}=+3.064861$

上例中第⑩、⑪、⑫項分別為第(2)、(3)、(4)各角觀測值之改正數；就第 I 個三角形而言，其三內角之改正數

$$\alpha_1 + \beta_1 + \gamma_1 = (-8.''79) + (-11.''36) + (-3.''65) = -23.''80$$

第 II 個三角形中

$$\alpha_2 + \beta_2 + \gamma_2 = (3.''48) + (-5.''15) + (8.''97) = 7.''30$$

上列各三角形之角改正數，正好與第(5)項之誤差值大小相等，而符號相反，亦即表示原觀測值之角誤差數，可以藉以消除。

又，若將(32)項諸 $\gamma$ 角求其代數和，得

$$[r] = (-3.''65) + 8.''97 + (-5.''03) + 6.''07 + (-5.''44)$$
$$+ (-0.''92) = 0.''00$$

意即將第⑫項改正值代入第(4)項後，其 $P$ 仍為 360°。

上例為全網平差情形。若為破網，除 $P$ 值需從全網推來外，其邊長 $S_1$ 與 $S_2$ 亦需待全網中，聚三角形邊長計算完成後，才能計算。

## 2. 方位角與邊長之反算

在有已知點地區，其方位角及基線長可以經由座標反算而得。(其計算原理詳本章第 7 節)

**例 5** 題設如本節例 1，在圖 5-18 中，若已知第 1、2 點之座標值如表 5-8，試求：

(1)第 1 點至第 2 點之方位角 $\phi_{1-2}$。

(2)兩點間的水平距離 $S$。

解 表 5-8　方位角與邊長之反算

| ①<br>點<br>名 | $A$ | 2(184) | $Y_A$ | 2663604.406 | $X_A$ | 266079.322 | $Y_A-X_A$ | |
|---|---|---|---|---|---|---|---|---|
| | $C$ | 1(1136) | $Y_C$ | 2663142.497 | $X_C$ | 266670.360 | $Y_C-X_C$ | |
| | | | ②$Y_A-Y_C$ | 461.909 | ③$X_A-X_C$ | $-591.038$ | ④檢算 | |
| ⑤$(Y_A-Y_C)$ | | 461.909 | ⑨$(Y_A-Y_C)$ | 461.909 | ⑬$(X_A-X_C)$ | | 591.038 | |
| ⑥$(X_A-X_C)$ | | $-591.038$ | ⑩$\sin(CA)$ | $-0.6157761$ | ⑭$\cos(CA)$ | | 0.7879212 | |
| ⑦$\tan(CA)$ | | $-0.7815217$ | ⑪$S$ | 750.125 | ⑮$S$ | | 750.123 | |
| ⑧$(CA)$ | | $38-00-30$ | ⑫$\phi_{CA}$ | $308-00-30$ | ⑯$S$平均數 | | 750.124m | |

### 3.　聚三角形邊長之計算

聚三角形邊長之計算，仍藉一已知邊長及各三角形之內角，經由正弦定律來推求其他各邊之邊長。

如圖 5-19 所示，設 $A$、$C$ 為二已知點，則 $AC$ 邊長經由反算後，變為已知邊(如本節例5)。按正弦定律

$$\frac{BC}{\sin A}=\frac{AC}{\sin B}=\frac{AB}{\sin C}$$

得

$$\left.\begin{aligned}BC&=\frac{\sin A}{\sin B}\cdot AC\\AB&=\frac{\sin C}{\sin B}\cdot AC\end{aligned}\right\} \quad\text{.............................................(5-37)}$$

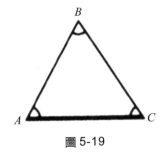

圖 5-19

例 6　延續本節例4、例5諸條件，試求聚三角形各邊之邊長。

解

表 5-9　聚三角形邊長之計算

| ① 點名 | (2) 角頂 | (3)水平角 | | | (4) 邊長之計算 | | | | 備考 |
|---|---|---|---|---|---|---|---|---|---|
| | | (a) 觀測值 | (b) 改正數 | (c) 改正值 | | | | | |
| 2 | A | 52°−28′−29.9″ | −8″.8 | 52°−28′−21.1″ | (a) sinA | (b) 0.793061 | (c) sinC | (d) 0.662451 | |
| 3 | B | 86−02−36.8 | −11.4 | 86−02−25.4 | AC | 750.124 | AC | 750.124 | |
| 1 | C | 41−29−17.1 | −3.6 | 41−29−13.5 | sinB | 0.997613 | sinB | 0.997613 | |
| | | 180−00−23.8 | | 180−00−00 | BC | 596.317 | AB | 498.109 | |
| $W_1$ | | + 23″.8 | | | | | | | |
| | A | − | | | sinA | | sinC | | |
| | B | | | | AC | | AC | | |
| | C | | | | sinB | | sinB | | |
| | | | | 180−00−00 | BC | | AB | | |
| $W_1$ | | | | | | | | | |

在第 II 個三角形中，其已知邊$AC$(1 至 3 點)之距離，即第 I 個三角形中之$BC$，業已求得。

各角頂與點名之關係列表如表 5-10，供作推求邊長之參考。(參閱圖 5-18)

又，在最後一個三角形中，其所推求之$BC$邊就是第一個三角形中之已知邊$AC$，由二者之差數，我們可以求得其邊長之閉合差及精度。

表 5-10

| 角　△ | I | II | III | IV | V | VI |
|---|---|---|---|---|---|---|
| $A$ | 2 | 3 | 4 | 5 | 10 | 6 |
| $B$ | 3 | 4 | 5 | 10 | 6 | 2 |
| $C$ | 1 | 1 | 1 | 1 | 1 | 1 |

**4. 縱橫線之計算**

如圖 5-20 所示，設 $B$ 為所求點，$A$、$C$ 為兩已知點，則

$$\sin\phi_{AB} = \frac{x_B - x_A}{AB} \; ; \qquad \cos\phi_{AB} = \frac{Y_B - Y_A}{AB}$$

$$X_B - X_A = AB \cdot \sin\phi_{AB} \; ; \qquad Y_B - Y_A = AB \cdot \cos\phi_{AB}$$

$$\left. \therefore X_B = AB \cdot \sin\phi_{AB} + X_A \; ; \quad Y_B = AB \cdot \cos\phi_{AB} + Y_A \atop \phantom{同理} X_B = X_C - BC \cdot \sin\phi_{BC} \; ; \quad Y_B = Y_C - BC \cdot \cos\phi_{BC} \right\}$$

同理

$$\dotfill (5\text{-}38)$$

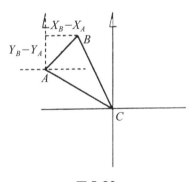

圖 5-20

例7 延續前面三例題，求各點之座標值。

解 茲以第1、2點為起算點推求第3點之座標如表5-11。其餘各點推求之方法相同；其角度之順序如表5-12；如圖5-18，供計算時之參考。(表中之$(AB)=\phi_{AB}$，即方位角之意，其餘部份亦同。)

表 5-11　縱橫線之計算

| 方位角之計算 | | 橫線X之計算 | | 縱線Y之計算 | |
|---|---|---|---|---|---|
| 所求點 | | $BC$ | 596.317 | $BC$ | 596.317 |
| B：3 | | $\sin(BC)$ | 0.182314 | $\sin(BC)$ | −0.983240 |
| 起算點 | | $X_C-X_B$ | 108.717 | $Y_C-Y_B$ | −586.323 |
| | | $-X_C$ | −266670.360 | $-Y_C$ | −2663142.497 |
| C：1 | | $-X_B$ | −266561.643 | $-Y_B$ | 2663728.820 |
| A：2 | | $AB$ | 498.109 | $AB$ | 498.109 |
| $(CA)$ | 308−00−30.0 | $\sin(AB)$ | 0.968304 | $\cos(AB)$ | 0.249775 |
| $180°-A$ | 127−31−38.9 | $X_B-X_A$ | 482.321 | $Y_B-Y_A$ | 124.415 |
| $(AB)$ | 75−32−08.9 | $X_A$ | 266079.322 | $Y_A$ | 2663604.406 |
| $180°-B$ | 93−57−34.6 | $X_B$ | 266561.643 | $Y_B$ | 2663728.821 |
| $(BC)$ | 168−89−43.5 | 中數$X_B$ | 266561.643 | 中數$Y_B$ | 2663728.820 |
| $180°-C$ $(CA)$ | 138−30−46.5 308−00−30.0 | 公式 | $X_C-X_B=BC\times\sin(BC)$ $X_B-X_A=AB\times\sin(AB)$ | $Y_C-Y_B=BC\times\cos(BC)$ $Y_B-Y_A=AB\times\cos(AB)$ | |

表 5-12

| 所求點 | B | 3 | 4 | 5 | 10 | 6 | 2 |
|---|---|---|---|---|---|---|---|
| 起算點 | C | 1 | 1 | 1 | 1 | 1 | 1 |
| 起算點 | A | 2 | 3 | 4 | 5 | 10 | 6 |

又，在最後一個三角形中，仍應求算已知點第二點之座標，其目的是在檢核計算成果之精度。

# 5-12 四邊形之二次平差及座標計算

## 1. 概述

於二已知點設站，向該二點連線同側上之另二未知點作觀測，並亦在該二未知點上設站，向二已知點作觀測，進而經由計算，求得該二未知點位置之座標者，稱為**四邊形觀測計算**。

四邊形之計算，亦可分為一次平差及二次平差兩法，本節僅介紹二次平差法。

## 2. 四邊形之二次平差

如圖 5-21 所示，該四邊形中具有三個獨立之角規約方程式，及一個邊規約方程式；其角規約方程式為

$$\left.\begin{aligned} \angle 1 + \angle 2 &= \angle 5 + \angle 6 \\ \angle 3 + \angle 4 &= \angle 7 + \angle 8 \\ \angle 1 + \angle 2 + \cdots + \angle 8 &= 360° \end{aligned}\right\} \quad \text{............(5-39)}$$

邊規約方程式為

$$\frac{\sin \angle 1 \cdot \sin \angle 3 \cdot \sin \angle 5 \cdot \sin \angle 7}{\sin \angle 2 \cdot \sin \angle 4 \cdot \sin \angle 6 \cdot \sin \angle 8} = 1$$

上式之對數式為

$$(\log \sin \angle 1 + \log \sin \angle 3 + \log \sin \angle 5 + \log \sin \angle 7)$$
$$- (\log \sin \angle 2 + \log \sin \angle 4 + \log \sin \angle 6 + \log \sin \angle 8)$$
$$= 0 \dots\dots\dots\dots\dots\dots\dots\dots\dots\dots\dots\dots\dots (5\text{-}40)$$

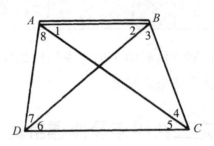

圖 5-21

茲分別平差之：

(1)　角平差

　　設四邊形各角之觀測精度相同，其觀測值以(1)、(2)、…、(8)表之。依(5-39)式之規約：

① 　當 $(1)+(2) \neq (5)+(6)$，則

$$\omega_1 = (1)+(2)-\{(5)+(6)\}$$

其各角之改正數應為 $\dfrac{-\omega_1}{4}$。

② 　當 $(3)+(4) \neq (7)+(8)$，則

$$\omega_2 = (3)+(4)-\{(7)+(8)\}$$

其各角之改正數應為 $\dfrac{-\omega_2}{4}$。

③ 　當 $(1)+(2)+\cdots+(8) \neq 360°$，則

$$\omega_3 = (1)+(2)+\cdots+(8)-360°$$

其各角之改正數為 $\dfrac{-\omega_3}{8}$。

(2) 邊平差

　　　　邊方程式之平差，應使平差後之結果不致影響到角方程式。茲推求其公式如下：

　　　　設$\bar{1}$、$\bar{2}$、$\bar{3}$…$\bar{8}$等為經由角平差改正後之各角值：$(\omega)$為邊方程式對數和之閉合差；$V_1$、$V_2$…$V_8$為$\bar{1}$、$\bar{2}$…$\bar{8}$等角之邊平差改正數，其值以秒為單位；$X_1$、$X_2$、$X_3$、$X_4$為$V_1$、$V_2$、…等之部份改正值；$\delta_1$、$\delta_2$…$\delta_8$等為改正後各角正弦對數函數之一秒差，以對數第六位為單位。則邊方程式為

$$\{\delta_1 \cdot V_1 + \delta_3 \cdot V_3 + \delta_5 \cdot V_5 + \delta_7 \cdot V_7\} - \{\delta_2 \cdot V_2 + \delta_4 \cdot V_4$$
$$\quad + \delta_6 \cdot V_6 + \delta_8 \cdot V_8\}$$
$$= -(\omega) \quad\dots\dots\dots\dots\dots\dots\dots\dots\dots\dots\dots\dots\dots\dots\dots (5\text{-}41)$$

欲使邊方程式平差時，不致改變原已完成平差之角方程式，則必須維持下列各方程式之關係

$$(\bar{1} + \bar{2}) + (\bar{3} + \bar{4}) + (\bar{5} + \bar{6}) + (\bar{7} + \bar{8}) = 360°$$
$$(\bar{1} + \bar{2}) = (\bar{5} + \bar{6})$$
$$(\bar{3} + \bar{4}) = (\bar{7} + \bar{8}) \text{則}$$

① 施於$(\bar{1} + \bar{2})$及$(\bar{5} + \bar{6})$各角之改正值，須相同，而施於$(\bar{3} + \bar{4})$及$(\bar{7} + \bar{8})$各角之改正值亦應相同；又因各角之精度相同，則改正時亦須同值。如是，則八角須以同一之改正值改正之。茲令其為$X$。

② 因各括弧內之二角間，有相互之關係，故$(\bar{7} + \bar{2})$…等項括弧內二角之改正值，須同值而符號相反，茲分別命各括弧內二角之改正值$X_1$、$X_2$、$X_3$、$X_4$，由是，在(5-41)式之邊方程式中，各角之改正值$V_1$、$V_2$、$V_3$…$V_8$等，有下列之關係存在：

$$V_1 = + x + x_1 \qquad V_5 = + x + x_3$$
$$V_2 = + x - x_1 \qquad V_6 = + x - x_3$$
$$V_3 = - x + x_2 \qquad V_7 = - x + x_4$$
$$V_4 = - x - x_2 \qquad V_8 = - x - x_4$$

$$\qquad\qquad\qquad\qquad\qquad\qquad\qquad\qquad\qquad\qquad (5\text{-}42)$$

將上式 $V_1$、$V_2 \cdots V_8$ 諸值代入(5-41)式，並合併其項，得

$$[(\delta_1 + \delta_4 + \delta_5 + \delta_8) - (\delta_2 + \delta_3 + \delta_6 + \delta_7)]$$
$$\cdot\ x + (\delta_1 + \delta_2) \cdot x_1 + (\delta_3 + \delta_4)$$
$$\cdot\ x_2 + (\delta_5 + \delta_6) \cdot x_3 + (\delta_7 + \delta_8) \cdot x_4$$
$$= -(\omega) \dots\dots\dots\dots\dots\dots\dots\dots\dots\dots\dots (5\text{-}43)$$

又命

$$C = [(\delta_1 + \delta_4 + \delta_5 + \delta_8) - (\delta_2 + \delta_3 + \delta_6 + \delta_7)]$$
$$C_1 = \delta_1 + \delta_2$$
$$C_2 = \delta_3 + \delta_4 \qquad\qquad\qquad\qquad\qquad\qquad (5\text{-}44)$$
$$C_3 = \delta_5 + \delta_6$$
$$C_4 = \delta_7 + \delta_8$$

以之代入(5-43)式，得

$$cx + c_1 x_1 + c_2 x_2 + c_3 x_3 + c_4 x_4 = -(\omega) \dots\dots\dots\dots\dots (5\text{-}45)$$

此式之未知數有五，由於未知數與$(-\omega)$之關係，應與其各角平均
之關係成比例，故

$$x : x_1 : x_2 : x_3 : x_4 = \frac{c}{8} : \frac{C_1}{2} : \frac{C_2}{2} : \frac{C_3}{2} : \frac{C_4}{2}$$
$$= \frac{c}{4} : C_1 : C_2 : C_3 : C_4$$

則

$$\frac{X}{x_1} = \frac{c/4}{C_1} \; , \; \frac{x_1}{x_2} = \frac{C_1}{C_2} \; , \; \frac{x_2}{x_3} = \frac{C_2}{C_3} \; , \; \frac{x_3}{x_4} = \frac{C_3}{C_4}$$

又

$$\frac{Cx}{C_1 x_1} = \frac{C^2/4}{C_1} \; , \; \frac{C_1 x_1}{C_2 x_2} = \frac{C_1^2}{C_2^2} \; , \; \frac{C_2 x_2}{C_3 x_3} = \frac{C_2^2}{C_3^2} \; , \; \frac{C_3 x_3}{C_4 x_4} = \frac{C_3^2}{C_4^2}$$

即

$$Cx : C_1 x_1 : C_2 x_2 : C_3 x_3 : C_4 x_4 = \frac{C^2}{4} : C_1^2 : C_2^2 : C_3^2 : C_4^2$$

由是可知，$(-\omega)$ 之數值，可以按 $\dfrac{C^2}{4}$，$C_1^2$，$C_2^2$，$C_3^2$，$C_4^2$ 之比例分配之。故

$$\left. \begin{aligned} Cx &= \frac{\dfrac{C^2}{4}(-\omega)}{\dfrac{C^2}{4} + C_1^2 + C_2^2 + C_3^2 + C_4^2} \\[2ex] C_1 x_1 &= \frac{C_1^2(-\omega)}{\dfrac{C^2}{4} + C_1^2 + C_2^2 + C_3^2 + C_4^2} \\[2ex] C_2 x_2 &= \frac{C_2^2(-\omega)}{\dfrac{C^2}{4} + C_1^2 + C_2^2 + C_3^2 + C_4^2} \end{aligned} \right\} \quad \cdots\cdots\cdots\cdots\cdots\cdots\cdots (5\text{-}46)$$

$\cdots\cdots\cdots\cdots\cdots\cdots\cdots\cdots$

令 $S = \dfrac{(-\omega)}{\dfrac{C^2}{4} + C_1^2 + C_2^2 + C_3^2 + C_4^2}$，代入(5-46)，則得

$$Cx = \frac{C^2}{4} \times S \; , \; C_1 x_1 = C_1^2 S \; , \; C_2 x_2 = C_2^2 \cdot S \; , \; C_3 x_3 = C_3^2 \cdot S$$

$$C_4 x_4 = C_4^2 \cdot S \cdots\cdots\cdots\cdots\cdots\cdots\cdots\cdots (5\text{-}47)$$

上式可整理得：

$$x = \frac{C}{4} \cdot S \quad , \quad x_1 = C_1 \cdot S \quad , \quad x_2 = C_2 \cdot S$$
$$x_3 = C_3 \cdot S \quad , \quad x_4 = C_4 \cdot S$$
.......... (5-48)

故邊平差之計算，可先由(5-44)式求$C$、$C_1$…等值，次用(5-47)式求$S$及用(5-48)求$X$、$X_1$…等值，最後用(5-42)求$V_1$、$V_2$…$V_8$，即可求得邊平差之各角改正值。

### 3. 四邊形所求點座標之計算

四邊形所求點縱橫線之計算，可由平差後之各角值，經由方位角之反算與計算、邊長之反算與計算及縱橫線之計算而求得。其公式及計算程序詳例題中表格所列。

### 4. 計算舉例

例8 設$A_{11}$、$A_{10}$為二已知點，分別向$B_1$、$B_{33}$二點作觀測，同時亦由$B_1$、$B_{33}$向$A_{11}$、$A_{10}$二點作觀測，其觀測成果如表中之㈠，試用二次平差法平差之，並求$B_1$、$B_{33}$二點之座標值。

解 ①求二次平差

表中之第㈩項，即為平差後之結果；第㈢項為校核用。

②求$P$、$Q$點之座標

表 5-13　四邊形之二次平差(一)

| $i$ | (一)觀測角 | 平差計算 | | (二)角平差改正數 | | $i$ | (三)角平差改正後各角值 |
|---|---|---|---|---|---|---|---|
| (1) | 110°-43'-09" | (1)+(2) | 147-57-11 | I + II | -0.625 | $\bar{1}$ | 111-43-08.38 |
| (2) | 36°-14'-02" | (5)+(6) | 147-57-09 | I + II | -0.625 | $\bar{2}$ | 36-14-01.38 |
| (3) | 17°-35'-38" | $W_2$ | + 02" | I + III | -3.875 | $\bar{3}$ | 17-35-34.12 |
| (4) | 14°-27'-20" | | | I + III | -3.875 | $\bar{4}$ | 14-27-16.12 |
| (5) | 39°-38'-47" | (3)+(4) | 32-02-58 | I - II | -0.375 | $\bar{5}$ | 39-38-47.38 |
| (6) | 108°-18'-22" | -[(7)+(8)] | 32-02-43 | I - II | +0.375 | $\bar{6}$ | 108-18-22.38 |
| (7) | 14°-00'-26" | | + 15" | I - III | +3.625 | $\bar{7}$ | 14-00-29.62 |
| (8) | 18°-02'-17" | $W_3$ | | I - III | +3.625 | $\bar{8}$ | 18-02-20.62 |
| 和 | 360°-00'-01" | $-\dfrac{W_1}{8}=$ I | -0.125 | | | 和 | 360°00'00" |
| — | 360 00 00 0 | $-\dfrac{W_2}{4}=$ II | -0.500 | 檢驗式：$\bar{1}+\bar{2}-(\bar{5}+\bar{6})=0$ | | | |
| $W_1$ | + 01" | $-\dfrac{W_3}{4}=$ III | -3.750 | $\bar{3}+\bar{4}-(\bar{7}+\bar{8})=0$ | | | |
| (四) $\log\sin\bar{1}$ | 9.9680204 | $\log\sin\bar{2}$ | 9.7716466 | (五) $\delta\bar{1}$ | -0.84 | $\delta\bar{2}$　2.87 | (六) $\delta\bar{1}+\delta\bar{2}=C_1$　2.03 |
| $\log\sin\bar{3}$ | 9.4803668 | $\log\sin\bar{4}$ | 9.3972633 | $\delta\bar{4}$ | 8.17 | $\delta\bar{3}$　6.64 | $\delta\bar{3}+\delta\bar{4}=C_2$　14.81 |
| $\log\sin\bar{5}$ | 9.8048540 | $\log\sin\bar{6}$ | 9.9774453 | $\delta\bar{5}$ | 3.73 | $\delta\bar{6}$　-0.69 | $\delta\bar{5}+\delta\bar{6}=C_3$　4.42 |
| $\log\sin\bar{7}$ | 9.3839253 | $\log\sin\bar{8}$ | 9.4908926 | $\delta\bar{8}$ | 6.47 | $\delta\bar{7}$　8.44 | $\delta\bar{7}+\delta\bar{8}=C_4$　14.91 |
| 和 | 8.6371665 | 和 | 8.6372478 | 和 | 17.53 | 和　18.64 | |
| — | 8.6372478 | | | — | 18.64 | | |
| $(W)$ | -81".3 | | | $C$ | -1.11 | $C\div4$ | -0.2775 |

| (七)$S$之計算 | | (八)$X$之計算 | | (九)邊平差改正數 | | $i$ | (十)邊平差改正各角值 | (十一)正弦對數 |
|---|---|---|---|---|---|---|---|---|
| $\dfrac{C_2}{4}$ | 0.31 | $\dfrac{C}{4}\cdot S=X$ | -0.0473 | $X+X_1=V_1$ | -0.585 | 1 | 111-43-07.8 | 9.968021 |
| $C_1^2$ | 13.76 | $C_1\cdot S=X_1$ | 0.6323 | $-X+X_2=V_3$ | 2.5714 | 3 | 17-35-36.6 | 9.480383 |
| $C_2^2$ | 219.34 | $C_2\cdot S=X_2$ | 2.5241 | $X+X_3=V_5$ | -0.706 | 5 | 39-38-46.6 | 9.804852 |
| $C_3^2$ | 19.54 | $C_3\cdot S=X_3$ | 0.7533 | $-X+X_4=V_7$ | 2.5885 | 7 | 14-00-32.2 | 9.383947 |
| $C_4^2$ | 222.31 | $C_4\cdot S=X_4$ | 2.5412 | | | | | 8.637203 |
| Σ | 475.26 | | | $X-X_1=V_2$ | 0.6796 | 2 | 36-14-02.0 | 9.771648 |
| | | | | $-X-X_2=V_4$ | -2.5241 | 4 | 14-27-13.6 | 9.397243 |
| | | | | $X-X_3=V_6$ | 0.8006 | 6 | 108-18-23.1 | 9.977445 |
| | | | | $-X-X_4=V_8$ | -2.4939 | 8 | 18-02-18.1 | 9.490876 |
| | | | | | | 和 | 360°00'00" | 8.637212 |
| | | | | $S=\dfrac{-(W)}{\Sigma}=0.1704$ | | | | 8.637203 |
| | | | | | | | | 0.00 |

圖：$(A_{11})A$　1　2　$B(A_{10})$　8　3　7　6　4　5　$(B_{33})D$　$C(B_1)$

計算者：　　　　　　　　　　計算日期：
校核者：　　　　　　　　　　校核日期：

表 5-14 四邊形之二次平差(二)

| I 平差後各角值 | | | | | 略圖 |
|---|---|---|---|---|---|
| ∠1 | 111−43−07.8 | ∠2 | 36−14−02.0 | | |
| ∠3 | 17−35−36.6 | ∠4 | 14−27−13.6 | | |
| ∠5 | 39−38−46.6 | ∠6 | 108−18−23.1 | | |
| ∠7 | 14−00−32.2 | ∠8 | 18−02−18.1 | | |

**II 方位角之反算與計算**

| (1) | $X_B = 19735.580$ | | (2) | $Y_B = 4810.251$ |
|---|---|---|---|---|
| (3) | $X_A = 19653.895$ | | (4) | $X_A = 4792.970$ |
| (5) | $\phi_{AB} = \tan^{-1}\dfrac{Y_B - Y_A}{X_B - X_A} = 78\text{-}03\text{-}17$ | | | |
| (6) | $\phi_{BP} = \phi_{AB} + [180° - (\angle 2 + \angle 3)]$ $= 204\text{-}13\text{-}38$ | | (7) | $\phi_{AP} = \phi_{AB} + \angle 1 = 189\text{-}46\text{-}24.8$ |
| (8) | $\phi_{BQ} = \phi_{BP} + \angle 3 = 221\text{-}49\text{-}14.6$ | | (9) | $\phi_{AQ} = \phi_{AP} + \angle 8 = 207\text{-}48\text{-}42.9$ |

**III 邊長之計算**

| (10) | $\overline{AB} = \sqrt{(X_B - X_A)^2 + (Y_B - Y_A)^2} = 83.493$ | | | |
|---|---|---|---|---|
| (11) | $\overline{BP} = \dfrac{\overline{AB} \times \sin\angle 1}{\sin\angle 4} = 310.762$ | | (12) | $\overline{AP} = \dfrac{\overline{AB} \times \sin(\angle 2 + \angle 3)}{\sin\angle 4} = 270.030$ |
| (13) | $\overline{AQ} = \dfrac{\overline{AB} \times \sin\angle 2}{\sin\angle 7} = 203.869$ | | (14) | $\overline{BQ} = \dfrac{\overline{AB} \times \sin(\angle 1 + \angle 8)}{\sin\angle 7} = 265.152$ |

**IV 縱橫線之計算**

| (15) | $X_P = \sin\phi_{BP} \times \overline{BP} + X_B = 19608.057$ | | (16) | $Y_P = \cos\phi_{BP} \times \overline{BP} + Y_B = 4526.859$ |
|---|---|---|---|---|
| (17) | $X_P = \sin\phi_{AP} \times \overline{AP} + X_A = 19608.056$ | | (18) | $Y_P = \cos\phi_{AP} \times \overline{AP} + Y_A = 4526.859$ |
| (19) | $X_Q = \sin\phi_{AQ} \times \overline{AQ} + X_A = 19558.776$ | | (20) | $Y_Q = \cos\phi_{AQ} \times \overline{AQ} + Y_A = 4612.651$ |
| (21) | $X_Q = \sin\phi_{BQ} \times \overline{BQ} + X_B = 19558.776$ | | (22) | $Y_Q = \cos\phi_{BQ} \times \overline{BQ} + Y_B = 4612.650$ |

# 5-13 測角前方交會計算

## 1. 概述

自二個或二個以上之已知點向所求點作觀測，經由計算，而求得該點之座標者，稱爲計算的**測角前方交會法**(Forward intersection)。其目的在補助測區中控制點位之不足。尤其在城市或山區中，利用建築物之避雷針或獨立樹當作點位使用，對測繪地形圖而言，十分方便。

## 2. 計算原理

設下列諸條件爲已知：$A$、$B$二點之座標$X_A$、$Y_A$，$X_B$、$Y_B$；$A$之原方向之方位角$\phi_{MA}$（$M$爲觀測點$A$之後視方向，爲已知點）；$B$之原方向之方位角$\phi_{NB}$（$N$爲觀測點$B$之後視方向，亦爲已知點）；$\angle MAC$與$\angle NBC$均爲觀測值。

(1) 方位角的推求

如圖 5-22 所示。

$$\angle ABC = \phi_{BC} - \phi_{BA}$$
$$\angle BCA = \phi_{CA} - \phi_{CB}$$

則

$$\sin\angle ABC = \sin(\phi_{BC} - \phi_{BA}) = \sin(\phi_{AB} - \phi_{BC}) \dots\dots\dots (5\text{-}49)$$
$$\sin\angle BCA = \sin(\phi_{CA} - \phi_{CB}) = \sin(\phi_{AC} - \phi_{BC}) \dots\dots\dots (5\text{-}50)$$

$A$、$B$二點若相連接，則$\phi_{AB}$爲已知；當該二點不相連，則可依下式計算求得

$$\phi_{AB} = \tan^{-1}\frac{x_B - x_A}{Y_B - Y_A}$$

且

$$\phi_{BC}=\phi_{NB}+(\angle NBC+180°)$$

$$\phi_{AC}=\phi_{MA}+(\angle MAC+180°)$$

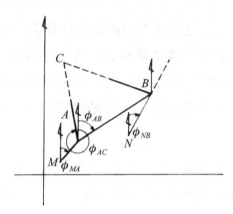

圖 5-22

(2)　縱座標$Y_C$之計算

$$Y_B-Y_A=AB\cdot\cos\phi_{AB}\dotfill(5\text{-}51)$$

$$Y_C-Y_A=AC\cdot\cos\phi_{AC}\dotfill(5\text{-}52)$$

以(5-51)除(5-52)式

$$\frac{Y_C-Y_A}{Y_B-Y_A}=\frac{AC\cdot\cos\phi_{AC}}{AB\cdot\cos\phi_{AB}}\dotfill(5\text{-}53)$$

按正弦定律及(5-49)、(5-50)式知

$$\frac{AC}{AB}=\frac{\sin\angle ABC}{\sin\angle ACB}=\frac{\sin(\phi_{AB}-\phi_{BC})}{\sin(\phi_{AC}-\phi_{BC})}\dotfill(5\text{-}54)$$

將(5-54)代入(5-53)式，得

$$\frac{Y_C-Y_A}{Y_B-Y_A}=\frac{\sin(\phi_{AB}-\phi_{BC})\cdot\cos\phi_{AC}}{\sin(\phi_{AC}-\phi_{BC})\cdot\cos\phi_{AB}}$$

即

$$Y_C - Y_A = \frac{\sin(\phi_{AB} - \phi_{BC}) \cdot \cos\phi_{AC}}{\sin(\phi_{AC} - \phi_{BC}) \cdot \cos\phi_{AB}}(Y_B - Y_A) \cdots\cdots\cdots (5\text{-}55)$$

上式兩邊加以$Y_A$，即得$Y_C$之座標值

(3) 橫座標$X_C$之計算

$$\frac{x_C - x_A}{Y_C - Y_A} = \tan\phi_{AC}$$

則

$$x_C - x_A = (Y_C - Y_A) \cdot \tan\phi_{AC} \cdots\cdots\cdots\cdots\cdots (5\text{-}56)$$

上式兩邊加以$X_A$，即得$X_C$之橫座標值。

## 3. 計算舉例

**例 9** 設已知及觀測條件如表5-15所示，試用前方交會法求101點之座標值。

**解** 表5-15表格計算時，可根據表中略圖所示點位之座標值，分左右兩欄同時計算，亦即由兩組觀測成果來算一共同之未知點，以避免發生錯誤。

宜注意者，$\angle MAC$與$\angle NBC$二角在觀測時，應分別以$M$或$N$為原方向。

表中「$A$之原方向之方位角」即是指$\phi_{MA}$；「$AC$方向角」即是指觀測角$\angle MAC$。

## 表 5-15 測角前方交會法

| 計算日期： 年 月 日 | 計算者： | | |
|---|---|---|---|
| 校核日期： 年 月 日 | 校核者： | | |

| 所求點C | 略圖 | 所求點C | 略圖 |
|---|---|---|---|
| 101 | | | |
| 觀測點A | | 觀測點A | |
| $H_{3-1}$ | | | |
| 觀測點B | | 觀測點B | |
| $G_1$ | | | |

| $y_B$ | 68,577,123 | | $x_B$ | 108,451,799 | |
|---|---|---|---|---|---|
| $y_A$ | 68,515,147 | | $x_A$ | 108,347,552 | |
| $y_B - y_A$ | 61,976 | | $x_B - x_A$ | 104,247 | |

| A之原方向之方位角 | $118-42-47$ | | B之原方向之方位角 | $351-35-54$ | |
|---|---|---|---|---|---|
| AC方位角 + 180° | $230-59-47$ | | BC方位角 + 180° | $297-00-55$ | |
| AC方位角$\phi_{AC}$ | $349-42-34$ | | BC方位角$\phi_{BC}$ | $288-36-49$ | |

$$\tan\phi_{A-B} = \frac{x_B - x_A}{y_B - y_A}$$

| $x_B - x_A$ | 104,247 | | $\phi_{AB}$ | $59-16-05$ | | $\phi_{AC}$ | $349-42-34$ |
|---|---|---|---|---|---|---|---|
| $y_B - y_A$ | 61,976 | | $\phi_{BC}$ | $288-36-49$ | | $\phi_{BC}$ | $288-36-49$ |
| $\tan\phi_{AB}$ | 1,682,054 | | $\phi_{AB}-\phi_{BC}$ | $130-39-16$ | | $\phi_{AC}-\phi_{BC}$ | $61-05-45$ |

$$y_C - y_A = \frac{\sin(\phi_{AB}-\phi_{BC})\cos\phi_{AC}}{\sin(\phi_{AC}-\phi_{BC})\cos\phi_{AB}}(y_B - y_A)$$

| $\sin(\phi_{AB}-\phi_{BC})$① | 0.758653 | | $\sin(\phi_{AC}-\phi_{BC})$④ | 0.875429 | |
|---|---|---|---|---|---|
| $\cos\phi_{AC}$② | 0.983915 | | $\cos\phi_{AB}$⑤ | 0.511023 | |
| $(y_B - y_A)$③ | $+61.976$ | | ④×⑤ | 0.447364 | |
| ①×②×③ | $+46.261989$ | | $y_C - y_A$ | $+103.410$ | |
| ④×⑤ | 0.447364 | | $y_A$ | 68515.147 | |
| $y_C - y_A$ | $+103.410$ | | $y_C$ | 68618.557 | |

$$x_C - x_A = \tan\phi_{AC}(y_C - y_A)$$

| $\tan\phi_{AC}$ | $-0.181560$ | | $x_C - x_A$ | $-18.775137$ | |
|---|---|---|---|---|---|
| $y_C - y_A$ | 103.4101 | | $x_A$ | 108347.552 | |
| $x_C - x_A$ | $-18.775$ | | $x_C$ | 108328.777 | |
| 縱線中數$y_C$ | | | 縱線中數$y_C$ | | |

| 計算者： | 計算日期： |
|---|---|
| 校核者： | 校核日期： |

# 5-14 後方交會點計算(即三點法)

## 1. 概述

於測區內一適當地點作測站，觀測三個已知點而得二觀測角，並藉以推算測站點位置之座標者，謂**後方交會法**(Resection)。因係含三已知點，故又稱**三點法**或**三點問題**。

三點法計算公式常見者有 Bruckhard 及 Pothonot-Snellins 等二種。本節僅介紹使用較普遍之 Bruckhard 法。

當測區內三角圖根點過稀，或因其距離過大，施測碎部不敷使用時，可於適當地點補設之。

## 2. 計算原理

如圖 5-23 所示，$A$、$B$、$C$為三已知點，今在$P$點設站觀測，得$\alpha$、$\beta$二角。

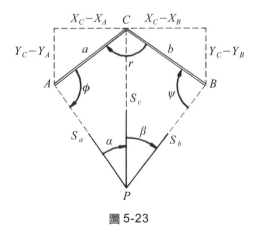

圖 5-23

(1) 求$\gamma$角

由圖 5-23 知

$$\tan\phi_{AC}=\frac{X_C-X_A}{Y_C-Y_A}，即\quad\phi_{AC}=\tan^{-1}\frac{X_C-X_A}{Y_C-Y_A}$$

$$\tan\phi_{BC}=\frac{X_C-X_B}{Y_C-Y_B}，即\quad\phi_{BC}=\tan^{-1}\frac{X_C-X_B}{Y_C-Y_B}$$

得

$$\gamma=\phi_{AC}-\phi_{BC}\dotfill(5\text{-}57)$$

$$\left.\begin{array}{l}\phi_{AP}=\phi_{AC}+\phi\\ \phi_{BP}=\phi_{BC}-\varPsi\end{array}\right\}\dotfill(5\text{-}58)$$

(2) 求 $\phi$ 及 $\varPsi$ 角

在 $\triangle APC$ 中

$$\frac{S_C}{\sin\phi}=\frac{a}{\sin\alpha}$$

則

$$S_C=\frac{a\cdot\sin\phi}{\sin\alpha}$$

在 $\triangle BPC$ 中

$$\frac{S_C}{\sin\varPsi}=\frac{b}{\sin\beta}$$

則

$$S_C=\frac{b\cdot\sin\varPsi}{\sin\beta}$$

即

$$\frac{a\cdot\sin\phi}{\sin\alpha}=\frac{b\cdot\sin\varPsi}{\sin\beta}$$

亦即

$$\frac{\sin\phi}{\sin\varPsi}=\frac{b\cdot\sin\alpha}{a\cdot\sin\beta}$$

令

$$\frac{\sin\phi}{\sin\varPsi} = \tan\mu = \frac{\tan\mu}{1}$$

按合分比得

$$\frac{\sin\phi - \sin\varPsi}{\sin\phi + \sin\varPsi} = \frac{\tan\mu - 1}{\tan\mu + 1} = \tan(\mu - 45°) \dots\dots\dots\dots (5\text{-}59)$$

又由和差化積公式，由(5-59)式

$$左邊 = \frac{2\cos\dfrac{\phi+\varPsi}{2} \cdot \sin\dfrac{\phi-\varPsi}{2}}{2 \cdot \sin\dfrac{\phi+\varPsi}{2} \cdot \cos\dfrac{\phi-\varPsi}{2}} = \cot\dfrac{\phi+\varPsi}{2} \cdot \tan\dfrac{\phi-\varPsi}{2}$$

代入(5-59)式，整理之，得

$$\tan\frac{\phi-\varPsi}{2} = \tan\frac{\phi+\varPsi}{2} \cdot \tan(\mu - 45°)$$

即

$$\phi - \varPsi = 2\tan^{-1}\left[\tan\frac{\phi+\varPsi}{2} \cdot \tan(\mu - 45°)\right] \dots\dots\dots\dots (5\text{-}60)$$

但

$$\phi + \varPsi = 360° - (\alpha + \beta + \gamma) \dots\dots\dots\dots\dots\dots (5\text{-}61)$$

　　由上二式相加、減，分別可求得$\phi$及$\varPsi$之值。

(3)　求邊長

①　已知邊長$a$、$b$之反算

　　由圖 5-23 知

$$\left.\begin{array}{l} \sin\phi_{AC} = \dfrac{x_C - x_A}{a}，即 \quad a = \dfrac{x_C - x_A}{\sin\phi_{AC}} \\[3mm] 同理 \sin\phi_{BC} = \dfrac{x_C - x_B}{b}，即 \quad b = \dfrac{x_C - x_B}{\sin\phi_{BC}} \end{array}\right\} \dots\dots\dots\dots (5\text{-}62)$$

② 未知邊之計算

在 $\triangle ACP$ 中

$$\frac{a}{\sin\alpha} = \frac{S_a}{\sin[180° - (\alpha + \phi)]} = \frac{S_a}{\sin(\alpha + \phi)}$$

即 $\left. \begin{array}{l} S_a = \dfrac{a \cdot \sin(\alpha + \phi)}{\sin\alpha} \\[4mm] S_b = \dfrac{b \cdot \sin(\beta + \varPsi)}{\sin\beta} \end{array} \right\}$ ........................ (5-63)

同理

(4) 求縱橫線座標

① 縱座標 $Y$ 之計算

在 $\triangle ACP$ 中

$$\cos\phi_{AP} = \frac{Y_P - Y_A}{S_a}$$

即 $\quad Y_P - Y_A = S_a \cdot \cos\phi_{AP}$

移項之,得

$$\left. \begin{array}{l} Y_P = S_a \cdot \cos\phi_{AP} + Y_A \\[2mm] Y_P = S_b \cdot \cos\phi_{BP} + Y_B \end{array} \right\}$$ ........................ (5-64)

同理

二組答案可互相校核,如其差數僅及公分,取中數即可。

② 橫座標 $X$ 之計算

同縱座標計算原理,得

$$\sin\phi_{AP} = \frac{x_P - x_A}{S_a}$$

則 $\quad x_P - x_A = S_a \cdot \sin\phi_{AP}$ ........................ (5-65)

同理 $\quad x_P - x_B = S_b \cdot \sin\phi_{BP}$ ........................ (5-66)

上列二式兩端分別加以 $X_A$ 及 $X_B$,即可求得 $X_P$ 之座標值。

## 3. 計算舉例

**例 10** 在未知點 11 向 9、3、4 三已知點作觀測，今三已知點之座標值及 $\alpha$、$\beta$ 二觀測值均已知如附表 5-16，試以後方交會法求第 11 點之縱橫座標值。

**解**

表 5-16　三點法縱橫線之計算(一)

| I 略圖 | | II 觀測值 | | | |
|---|---|---|---|---|---|
| (1)所求點 | | (13)$\alpha$ | | $19°28'11''$ | |
| $P$ | | (14)$\beta$ | | $25°05'21''$ | |
| 11 | | $\tan\phi_{AC}=\dfrac{X_C-X_A}{Y_C-Y_A}$ | $\tan\phi_{BC}=\dfrac{X_C-X_B}{Y_C-Y_B}$ | VI 方位角之推求 | |
| (2)覘點 | | (15)$(X_C-X_A)$ | 172.771 | (19)$(X_C-X_B)$ | 1296.319 |
| $A$ | 9 | (16)$(Y_C-Y_A)$ | $-1205.636$ | (20)$(Y_C-Y_B)$ | $-542.011$ |
| $B$ | 3 | (17)$\tan\phi_{AC}$ | $-0.143303$ | (21)$\tan\phi_{BC}$ | 2.391684 |
| $C$ | 4 | (18)$\phi_{AC}$ | $171-50-41$ | (22)$\phi_{BC}$ | $112-41-26$ |
| III 已知點之縱橫線 | | VII 已知點距離之計算 | | | |
| (3)$Y_A$ | 2664392.430 m | (23)$(X_C-X_A)$ | 172.771 | (27)$(X_C-X_B)$ | 1296.319 |
| (4)$Y_B$ | 2663728.805 m | (24)$\sin\phi_{AC}$ | 0.141854 | (28)$\sin\phi_{BC}$ | 0.922602 |
| (5)$Y_C$ | 2663186.794 m | (25)$a$ | 1217.949 | (29)$b$ | 1405.068 |
| (6)$X_A$ | 267685.180 m | (26)$a=\dfrac{X_C-X_A}{\sin\phi_{AC}}$ | (30)$b=\dfrac{X_C-X_B}{\sin\phi_{BC}}$ | | |
| (7)$X_B$ | 266561.632 m | VIII 所求點方位角之計算(上) | | | |
| (8)$X_C$ | 267857.951 m | (a)$\gamma=\phi_{AC}-\phi_{BC}=59-09-16$ | | | |
| IV 縱線差 | | (b)$\tan\mu=\dfrac{b\sin\alpha}{a\sin\beta}$ 之計算 | (c)$\phi+\psi=360°-(\alpha+\beta+\gamma)$ 之計算 | | |
| (9)$Y_C-Y_A$ | $-1205.636$ m | (31)$b$ | 1405.068 | (36)$\alpha$ | $19-28-11$ |
| (10)$Y_C-Y_B$ | $-542.011$ m | (32)$\sin\alpha$ | 0.333309 | (37)$\beta$ | $25-05-21$ |
| V 橫線差 | | (33)$a$ | 1217.949 | (38)$\gamma$ | $59-09-16$ |
| (11)$X_C-X_A$ | 172.771 m | (34)$\sin\beta$ | 0.424028 | (39)$\alpha+\beta+\gamma$ | $103-42-48$ |
| (12)$X_C-X_B$ | 1296.319 m | (35)$\tan\mu$ | 0.906819 | (40)$\dfrac{360°-(\alpha+\beta+\gamma)}{\phi+\psi}$ | $256-17-12$ |

表 5-17　三點法縱橫線之計算(二)

| VIII 已知點方位角之計算 | (d)$\tan\frac{1}{2}(\phi-\psi)=\tan_2^2(\phi+\psi)\times\tan(\mu-45)$ | | (e)方位角之計算 | |
|---|---|---|---|---|
| | (41) $\mu=$ | 42°12'08" | (47) $\frac{1}{2}(\phi+\psi)$ | 128°08'36" |
| | (42) $\mu-45°$ | 357°12'08" | (48) $\frac{1}{2}(\phi-\psi)$ | 3°33'38" |
| | (43) $\tan(\mu-45°)$ | 0.048867 | (49) $\phi$ | 131°42'14" |
| | (44) $\tan\frac{1}{2}(\phi+\psi)$ | $-1.273361$ | (50) $\psi$ | 124°34'58" |
| | (45) $\tan\frac{1}{2}(\phi-\psi)$ | 0.0622253 | (51) $\phi_{AP}=\phi_{AC}+\phi$ | 303°32'56" |
| | (46) $\frac{1}{2}(\phi-\psi)$ | 3°33'38" | (52) $\phi_{BP}=\phi_{BC}-\psi$ | 348°06'28" |
| IX 所求點距離之計算 | (53) $a$ | 1217.9494 | (57) $b$ | 1405.0684 |
| | (54) $\sin\alpha$ | 0.333309 | (58) $\sin\beta$ | 0.424028 |
| | (55) $\sin(\alpha+\phi)$ | 0.482155 | (59) $\sin(\beta+\psi)$ | 0.504951 |
| | (56) $S_a$ | 1761.8497 | (60) $S_b$ | 1673.2166 |
| X 所求點縱線之計算 | (61) $S_a$ | 1761.8497 | XI 所求點橫線之計算 (74) $S_a$ | 1761.8497 |
| | (62) $\cos\phi_{AP}$ | 0.552649 | (75) $\sin\phi_{AP}$ | $-0.833414$ |
| | (63) $(Y_P-Y_A)$ | 973.6845 | (76) $(X_P-X_A)$ | $-1468.3502$ |
| | (64) $(Y_P-Y_A)=S_a\times\cos\phi_{AP}$ | | (77) $(X_P-X_A)=S_a\times\sin\phi_{AP}$ | |
| | (65) $Y_A$ | 2664392.430 | (78) $X_A$ | 267685.180 |
| | (66) $Y_P$ | 2665366.114 | (79) $X_P$ | 266216.830 |
| | (67) $S_b$ | 1673.2166 | (80) $S_b$ | 1673.2166 |
| | (68) $\cos\phi_{BP}$ | 0.978537 | (81) $\sin\phi_{BP}$ | $-0.20607$ |
| | (69) $(Y_P-Y_B)$ | 1637.3043 | (82) $(X_P-X_B)$ | $-344.7997$ |
| | (70) $(Y_P-Y_B)=S_b\times\cos\phi_{BP}$ | | (83) $(X_P-X_B)=S_b\times\sin\phi_{BP}$ | |
| | (71) $Y_B$ | 2663728.805 | (84) $X_B$ | 266561.632 |
| | (72) $Y_P$ | 2665366.109 | (85) $X_P$ | 266216.833 |
| | (73) 中數 $Y_P=$ | 2665366.112 | (86) 中數 $X_P=$ | 266216.832 |

計算者：　　　　　　　　　　　　　　　計算日期：
校核者：　　　　　　　　　　　　　　　校核日期：

　　在後方交會測量中，若二切線之交角近於90°，且覘線與已知邊$a$、$b$近似等長，可提高所求點之精度。當未知點$P$與三已知點在同一圓周上時，因$1/2(\phi+\Psi)＝90°$則正切函數在此處為無解，故$P$點在設站時應力求避開此一現象。

　　又，後方交會法因僅在未知點作觀測，故精度不會太好。

# 5-15　二點法

## 1.　概述

　　於二適當位置設站，觀測二已知點，以計算法求得該二適當點位座標值之法，稱為**二點法**(Two points problem)。

　　施測碎部之前，如測區內之三角點過稀、過遠，或已知點受地形所限，而無法控制地形時，可於適當地點設置之，以補助點位之不足。

## 2.　計算原理

(1)　求$\angle X$與$\angle Y$

　　　　如圖5-24所示，$A$、$B$為二已知點，$P$、$Q$為新選之補助點。

　　　　今僅在$P$、$Q$設站，觀測$A$、$B$二點，得$\alpha$、$\beta$、$\gamma$、$\delta$四角度。

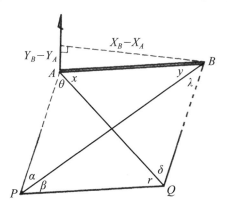

圖 5-24

在 $\triangle APQ$ 中

$$\frac{AP}{\sin\gamma}=\frac{PQ}{\sin Q}$$

$$PQ=AP\cdot\frac{\sin Q}{\sin\gamma}$$

在 $\triangle BPQ$ 中

$$\frac{BP}{\sin(\gamma+\delta)}=\frac{PQ}{\sin\lambda}$$

$$PQ=BP\times\frac{\sin\lambda}{\sin(\gamma+\delta)}$$

$$\therefore AP\cdot\frac{\sin Q}{\sin\gamma}=BP\cdot\frac{\sin\lambda}{\sin(\gamma+\delta)}$$

即　$\dfrac{AP}{BP}=\dfrac{\sin\lambda\cdot\sin\gamma}{\sin(\gamma+\delta)\cdot\sin\theta}$

但　$\theta=180°-(\alpha+\beta+\gamma)$

$\sin\theta=\sin[180°-(\alpha+\beta+\gamma)]=\sin(\alpha+\beta+\gamma)$ ；

$\lambda=180°-(\beta+\gamma+\delta)$

$\sin\lambda=\sin[180°-(\beta+\gamma+\delta)]=\sin(\beta+\gamma+\delta)$

$$\therefore\frac{AP}{BP}=\frac{\sin(\beta+\gamma+\delta)\cdot\sin\gamma}{\sin(\gamma+\delta)\cdot\sin(\alpha+\beta+\gamma)}\quad\cdots\cdots\cdots\cdots\cdots(5\text{-}67)$$

並令(5-67)$=\tan\phi$ ............................................................(5-68)

又在 $\triangle ABP$ 中

$$\frac{AP}{BP}=\frac{\sin Y}{\sin(\theta+X)}\quad\cdots\cdots\cdots\cdots\cdots\cdots\cdots\cdots\cdots\cdots(5\text{-}69)$$

由(5-68)及(5-69)知

$$\frac{\sin Y}{\sin(\theta+X)}=\frac{\tan\phi}{1}\quad\cdots\cdots\cdots\cdots\cdots\cdots\cdots\cdots\cdots(5\text{-}70)$$

按合分比

$$\frac{\sin(\theta+X)+\sin Y}{\sin(\theta+X)-\sin Y}=\frac{1+\tan\phi}{1-\tan\phi}$$

由右式 $= \tan(\phi + 45°)$

$$左式 = \frac{2\sin\dfrac{(\theta + X) + Y}{2} \cdot \cos\dfrac{(\theta + X) - Y}{2}}{2\cos\dfrac{(\theta + X) + Y}{2} \cdot \sin\dfrac{(\theta + X) - Y}{2}}$$

$$= \tan\frac{(\theta + X) + Y}{2} \cdot \cot\frac{(\theta + X) - Y}{2}$$

即　$\tan\dfrac{(\theta + X) + Y}{2} \cdot \cot\dfrac{(\theta + X) - Y}{2} = \tan(\phi + 45°)$

但在 $\triangle ABP$ 中

$$\theta + X + Y = 180° - \alpha \quad\text{.............................} (5\text{-}71)$$

$$\frac{\theta + X + Y}{2} = 90° - \frac{\alpha}{2}$$

則　$\tan\dfrac{\theta + X + Y}{2} = \tan\left(90° - \dfrac{\alpha}{2}\right) = \cot\dfrac{\alpha}{2}$

故　$\tan\dfrac{(\theta + X) - Y}{2} = \tan\dfrac{(\theta + X) + Y}{2} \cdot \cot(\phi + 45°)$

$$= \cot\frac{\alpha}{2} \cdot \cot(\phi + 45°)$$

即　$(\theta + X) - Y = 2\tan^{-1}\left[\cot\dfrac{\alpha}{2} \cdot \cot(\phi + 45°)\right] \text{.........} (5\text{-}72)$

　　將(5-71)與(5-72)兩式聯立，可得 $X$ 與 $Y$ 之值。

(2)　求方位角

　①　已知點 $AB$ 方位角之反算

$$\phi_{AB} = \tan^{-1}\frac{X_B - X_A}{Y_B - Y_A}$$

　②　方位角之計算

　　如圖 5-24 所示，下列各方位角可以由圖面推得

$$\left.\begin{aligned}
\phi_{BQ} &= \phi_{AB} + [180° - (Y + \lambda)] \\
\phi_{QP} &= \phi_{BQ} + [180° - (\gamma + \delta)] \\
\phi_{PA} &= \phi_{QP} + [180° - (\alpha + \beta)] \\
\phi_{AB} &= \phi_{PA} + [180° - (\theta + X)]\text{（校核用）}
\end{aligned}\right\} \quad \text{.............................(5-73)}$$

⑶　求邊長

　　① 已知邊邊長之反算

　　　　由圖 5-24 知

$$\sin\phi_{AB} = \frac{X_B - X_A}{AB}$$

$$\therefore \overline{AB} = \frac{X_B - X_A}{\sin\phi_{AB}}$$

　　② 邊長之計算

　　　　在 $\Delta PAB$ 及 $\Delta BPQ$ 中，由正弦定律知

$$\left.\begin{aligned}
\overline{AP} &= \frac{\overline{AB} \cdot \sin Y}{\sin\alpha}, & \overline{PQ} &= \frac{\overline{BP} \cdot \sin\lambda}{\sin(\gamma + \delta)} \\
\overline{BP} &= \frac{\overline{AB} \cdot \sin(\theta + x)}{\sin\alpha}, & \overline{BQ} &= \frac{\overline{BP} \cdot \sin\beta}{\sin(\gamma + \delta)}
\end{aligned}\right\} \quad \text{....................(5-74)}$$

⑷　所求點縱橫線之計算

　　① 橫線 $X$ 之計算

　　　❶ $X_Q$ 值之計算

　　　　　如圖 5-24 所示

$$\sin\phi_{BQ} = \frac{X_Q - X_B}{BQ} \quad 即 \quad X_Q - X_B = \overline{BQ} \cdot \sin\phi_{BQ}$$

$$\therefore X_Q = X_B + \overline{BQ} \cdot \sin\phi_{BQ} \text{.......(5-75)}$$

　　　❷ $X_P$ 值之計算

　　　　　同上圖知

$$\sin\phi_{AP} = \frac{X_P - X_A}{\overline{AP}} \quad 即 \quad X_P - X_A = \overline{AP} \cdot \sin\phi_{AP}$$

$$\therefore X_P = X_A + \overline{AP} \cdot \sin\phi_{AP}$$

② 縱線$Y$之計算

　　　$Y_Q$及$Y_P$之計算原理與橫線者同，僅將上列各式之正弦改為餘弦、$X$易為$Y$即可。

## 3. 計算舉例

**例 11** 設在測區中任意二點4、5處設站，分別向已知點1、3作觀測，得$\alpha$、$\beta$、$\gamma$、$\delta$四角值，及第1、3兩點之座標值如表(5-18)、(5-19)所列，試以兩點法計算，求第4、5兩點之座標值。

**解**

表 5-18　兩點法計算(一)

| 所求點 | 略圖 | | II X與Y角度之計算 | | | |
|---|---|---|---|---|---|---|
| P：5 | | | $\dfrac{\sin(\beta+\gamma+\delta)\cdot\sin\gamma}{\sin(\gamma+\delta)\cdot\sin(\alpha+\beta+\gamma)}=\tan\phi$ | | | |
| Q：4 | | | | | | |
| 覘點 | | | (1)$\sin(\beta+\gamma+\delta)$ | 0.570371 | (4)$\sin(\gamma+\delta)$ | 0.999582 |
| A：1 | | | (2)$\sin\gamma$ | 0.895055 | (5)$\sin(\alpha+\beta+\gamma)$ | 0.747325 |
| B：3 | | | (3)(1)×(2) | 0.5105134 | (6)(4)×(5) | 0.7470126 |
| I 觀測值 | | | (7)$\tan\phi$ | 0.6834066 | (8)$\phi$ | 34.34896 |
| $\alpha$ | 11－14－42 | | $\tan\dfrac{\theta+\chi-Y}{2}=\cos(45°+\phi)\cdot\cos\dfrac{\alpha}{2}$ | | | |
| $\beta$ | 56－52－49 | | (9)$\cot(45°+\phi)$ | 0.1880672 | (14)$\theta+\chi+Y$ | 168－45－18 |
| $\gamma$ | 63－30－56 | | (10)$\cot\dfrac{\alpha}{2}$ | 10.15771408 | (15)$\theta+\chi$ | 146－44－49 |
| $\delta$ | 24－49－41 | | (11)$\tan\dfrac{\theta+\chi-Y}{2}$ | 1.9103394 | (16)$\theta$ | 48－21－33 |
| $\alpha+\beta+\gamma$ | 131－38－27 | | (12)$\dfrac{\theta+\chi-Y}{2}$ | 62.36941 | (17)$\chi$ | 98－23－16 |
| $\beta+\gamma+\delta$ | 145－13－26 | | (13)$\theta+\chi-Y$ | 124-44-20 | (18)$Y$ | 22－00－29 |
| III之一　方位角之反算 | | | $\tan\phi_{AB}=\dfrac{X_B-X_A}{y_B-y_A}$ | | | |
| (19)$Y_B$ | 2663728.805 | (22)$X_B$ | 266561.632 | (25)$X_B-X_A$ | －108.728 |
| (20)$y_A$ | 2663142.497 | (23)$X_A$ | 266670.360 | (26)$y_B-y_A$ | ＋586.308 |
| (21)$y_B-y_A$ | 586.308 | (24)$X_B-X_A$ | －108.728 | (27)$\tan\phi_{AB}$ | －0.1854451 |
| III之二　方位角之計算 | | | $\phi_{BQ}=\phi_{AB}+[180°-(Y+\lambda)]$ | | | |
| (28)$\phi_{AB}$ | 349－29－39 | (31)$\phi_{BQ}$ | 112.70993 | (34)$\phi_{QP}$ | 204.36632 |
| (29)$180°-(\gamma+\lambda)$ | 123－12－57 | (32)$180°-(\gamma+\delta)$ | 91.65639 | (35)$180°-(\alpha+\beta)$ | 111.87473 |
| (30)$\phi_{BQ}$ | 112－42－36 | (33)$\phi_{QP}$ | 204-21-59 | (36)$\phi_{PA}$ | 316－14－28 |
| 檢核：$\phi_{PA}=$ 316-14-28　　$180°-(\theta+\chi)=$ 33-15-11　　$\phi_{AB}=$ 349-29-39 | | | | | | |
| IV 邊長反算 | | | $\overline{AB}=\dfrac{x_B-x_A}{\sin\phi AB}$ | | | |
| (37)$X_B-X_A$ | －108.728 | (38)$\sin\phi_{AB}$ | －0.182336 | (39)$\overline{AB}$ | 596.30572 |

表 5-19　兩點法計算(二)

| V 邊長之計算 | | | | | |
|---|---|---|---|---|---|
| $\overline{AP}=(\overline{AB}\cdot\sin Y)/\sin\alpha$ | | | $\overline{PQ}=(\overline{BP}\cdot\sin\lambda)/\sin(\gamma+\delta)$ | | |
| (40) | $\overline{AB}$ | 596.30572 | (50) | $\overline{BP}$ | 1676.7656 |
| (41) | $\sin Y$ | 0.374737 | (51) | $\sin\lambda$ | 0.570371 |
| (42) | $\overline{AB}\cdot\sin Y$ | 223.45781 | (52) | $\overline{BP}\cdot\sin\lambda$ | 956.37847 |
| (43) | $\sin\alpha$ | 0.195005 | (53) | $\sin(\gamma+\delta)$ | 0.999582 |
| (44) | $\overline{AP}$ | 1145.9081 | (54) | $\overline{PQ}$ | 956.7784 |
| $\overline{BP}=[\overline{AB}\cdot\sin(\theta+\chi)]/\sin\alpha$ | | | $\overline{BQ}=(\overline{BP}\cdot\sin\beta)/\sin(\gamma+\delta)$ | | |
| (45) | $\overline{AB}$ | 596.30572 | (55) | $\overline{BP}$ | 1676.7656 |
| (46) | $\sin(\theta+\chi)$ | 0.548339 | (56) | $\sin\beta$ | 0.837531 |
| (47) | $\overline{AB}\cdot\sin(\theta+\chi)$ | 326.97768 | (57) | $\overline{BP}\cdot\sin\beta$ | 1404.3431 |
| (48) | $\sin\alpha$ | 0.195005 | (58) | $\sin(\gamma+\delta)$ | 0.999582 |
| (49) | $\overline{BP}$ | 1676.7656 | (59) | $\overline{BQ}$ | 1404.9303 |
| VI 所求點縱橫線計算 | | | | | |
| 求橫座標$X_Q$　$X_Q-X_B=\sin\phi_{BQ}\cdot\overline{BQ}$ | | | 求縱座標$Y_Q$　$Y_Q-Y_B=\cos\phi_{BQ}\cdot\overline{BQ}$ | | |
| (60) | $\overline{BQ}$ | 1404.9303 | (70) | $\overline{BQ}$ | 1404.9303 |
| (61) | $\sin\phi_{BQ}$ | 0.922471 | (71) | $\cos\phi_{BQ}$ | $-0.386066$ |
| (62) | $X_Q-X_B$ | $+1296.0074$ | (72) | $Y_Q-Y_B$ | $-542.39582$ |
| (63) | $+X_B$ | 266561.632 | (73) | $+Y_B$ | 2663728.805 |
| (64) | $X_Q$ | 267857.639 | (74) | $Y_Q$ | 2663186.409 |
| 求橫座標$X_P$　$X_P-X_A=\sin\phi_{AP}\cdot\overline{AP}$ | | | 求縱座標$Y_P$　$Y_P-Y_A=\cos\phi_{AP}\cdot\overline{AP}$ | | |
| (65) | $\overline{AP}$ | 1145.9081 | (75) | $\overline{AP}$ | 1145.9081 |
| (66) | $\sin\phi_{AP}$ | 0.691626 | (76) | $\cos\phi_{AP}$ | $-0.722256$ |
| (67) | $X_P-X_A$ | 792.53983 | (77) | $Y_P-Y_A$ | $-827.639$ |
| (68) | $+X_A$ | 266670.360 | (78) | $+Y_A$ | 2663142.497 |
| (69) | $X_P$ | 267462.8998 | (79) | $Y_P$ | 2662314.858 |

本例中，$X_P$、$Y_P$ 及 $X_Q$、$Y_Q$ 均僅計算一值而已，實際作業時，可用下列算式再予計算一次，以茲校核

$$\phi_{QP} + \gamma = \phi_{QA}$$

則其反方位角

$$\phi_{AQ} = (\phi_{QP} + \gamma) - 180°$$

又由公式

$$\sin\phi_{AQ} = \frac{X_Q - X_A}{\overline{AQ}}, \quad \cos\phi_{AQ} = \frac{Y_Q - Y_A}{\overline{AQ}}$$

得

$$X_Q = X_A + \overline{AQ} \cdot \sin\phi_{AQ}, \quad Y_Q = Y_A + \overline{AQ} \cdot \cos\phi_{AQ}$$

式中 $\overline{AQ}$ 可比照邊長計算，用正弦定律求得。其餘計算與上表同。

二點法之計算較爲繁瑣。由於僅在兩未知點設站，另二測站之角值爲推求者，若觀測成果欠佳，將其誤差作四站分配，有欠合理，故其精度較四邊形者爲差。若應用 1′ 讀經緯儀、施行二測回之觀測、平均邊長在三公里附近，且已知點覘標與標石中心皆無偏誤現象，則所求點位之誤差，當在三公寸以下，即其精度可達五千分一以上，足敷測繪地形圖之需要。

# 5-16　單三角形之計算

## 1.　概述

在二已知點及一未知點分別設站，觀測由該三點所組成三角形之三內角，進而經由計算，而求得未知點座標之法，稱爲**單三角形**計算。

在有二已知點之測區內，可逐由單三角形求出許多控制點，作爲補點之用，以彌補三角圖根點之不足。

## 2. 計算程序

單三角形計算之程序為：

(1) 反算二已知點之方位角及邊長。

(2) 計算二已知點及所求點間之邊長。

(3) 根據計算所得之方位角、邊長及已知點之座標值，求未知點之座標。

## 3. 計算舉例

**例 12** 設鎮平、莉子崙為二已知點，堤心為未知點。今在該三點分別設站，得觀測結果如表 5-20 所列，試求堤心之座標。

**解** 單三角形因三點均曾設站觀測，且其誤差是平均分配至各角，不致有累積在某一站之顧慮，故計算所得，精度尚佳。又施測及計算方便亦為其優點。

表 5-20　單三角形之計算

| 所求點 | | | | | 邊長之計算 | | | |
|---|---|---|---|---|---|---|---|---|
| B：堤心 | | | | | AC | 3805.181 | | |
| 起算點 | | | | | BC | 2998.895 | AB | 3025.00 |
| C：鎮平 | | | | | 橫座標 $X_B$ 之計算 | | | |
| A：莿子崙 | | | | | $X_C - X_B = BC \cdot \sin\phi_{BC}$ ；<br>$X_B - X_A = AB \cdot \sin\phi_{AB}$ | | | |
| 觀測值 | A： | 50-31-19 | 改正值 | A： | 50-31-18 | BC | 2998.895 | AB | 3025.00 |
| | B： | 78-20-51 | | B： | 78-20-50 | $\sin\phi_{BC}$ | −0.993005 | $\sin\phi_{AB}$ | 0.084924 |
| | C： | 51-07-52 | | C： | 51-07-52 | $X_C - X_B$ | −2977.92 | $X_B - X_A$ | 256.895 |
| W = + 02″ | | | 檢核：180-00-00 | | | $-X_C$ | −103374.11 | $+X_A$ | 106095.13 |
| 已知 | $X_A$ | 106095.13 | 已知 | $Y_A$ | 71793.95 | $-X_B$ | 106352.03 | $X_B$ | 106352.02 |
| | $X_C$ | 103374.11 | | $Y_C$ | 69133.98 | 中數 $X_B$ = 106352.02 | | | |
| $X_A - X_C$ | | 2721.02 | $Y_A - Y_C$ | | 2659.97 | 縱座標 $Y_B$ 之計算 | | | |
| 方位角之計算 | $\phi_{CA}$ | 45-39-00 | 公式 | | | $Y_C - Y_B = BC \cdot \cos\phi_{BC}$ ；<br>$Y_B - Y_A = AB \cdot \cos\phi_{AB}$ | | | |
| | $180° - A$ | 129-28-42 | | | | BC | 2998.895 | AB | 3025.00 |
| | $\phi_{AB}$ | 175-07-42 | $\phi_{CA} = \tan^{-1}\dfrac{X_A - X_C}{Y_A - Y_C}$ | | | $\cos\phi_{BC}$ | 0.118077 | $\cos\phi_{AB}$ | −0.99638 |
| | $180° - B$ | 101-39-10 | $AC = \dfrac{X_A - X_C}{\sin\phi_{CA}} = \dfrac{Y_A - Y_C}{\cos\phi_{CA}}$ | | | $Y_C - Y_B$ | 354.100 | $Y_B - Y_A$ | −3014.07 |
| | $\phi_{BC}$ | 276-46-52 | $AB = \sin C \times \dfrac{AC}{\sin B}$ | | | $-Y_C$ | −69133.98 | $+Y_A$ | 71793.95 |
| | $180° - C$ | 128-52-08 | $BC = \sin A \times \dfrac{AC}{\sin B}$ | | | $-Y_B$ | 68779.88 | $Y_B$ | 68779.88 |
| | $\phi_{CA}$ | 45-39-00 | | | | 中數 $Y_B$ = 68779.88 | | | |

## ── 習題 ──────────────

1. 何謂三角測量？其與三邊測量之區別爲何？

2. 試詳述三角測量的作業程序。

3. 何謂歸心化算？常見之歸心化算有那幾種？試繪圖、並以公式討論之。

4. 平面三角測量中常用之鎖(Chain)有那幾種？各適用於何種地形？精度如何？試列表表達之。

5. 何謂基線？何謂基線網？又，基線網的形式有那些？各種之精度如何？基線測量工作異常繁雜費時，有沒有方法可以取代？試詳述之。

6. 三角點選點之原則爲何？

7. 用交會法補點，有那幾種方法？試從其觀測條件，討論各法之精度。

8. 何謂平差？平差計算可分爲那幾項？各有何幾何條件？

9. 在三角網一次平差法中，需同時滿足那些條件方程式？

10. 試討論四邊形計算、交會法計算、兩點法、單三角形計算之精度情形，並說明其理由。

11. 如圖所示，因不能在三角點$C$設站，而將儀器移至$C'$點作觀測，得各觀測值如下，試完成其歸心計算。

$$\angle AC'B = 62° - 11' - 12".4 \qquad S_0 = 967.20 \text{ m}$$
$$\angle BC'C = 45 - 56 - 57.8 \qquad S_1 = 2931.45$$
$$\angle CC'D = 80 - 15 - 20 \qquad S_2 = 659.42$$
$$e = 3.10^{\text{m}}$$

答：$\angle ACB = 62° - 19' - 02"$

$\quad\angle ACD = 188 - 49 - 51.2$

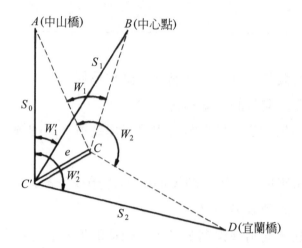

12. 已測得三已知點之內角如圖示；三點之座標值如表列。試以該三內角之計算值與觀測值之差，說明該三點是否有位移現象。(誤差在30"以內，視作無誤)

| 點名 | 縱座標 $Y$ | 橫座標 $X$ |
|------|-----------|-----------|
| 鎮平 | 69 435.94 | 104 976.65 |
| 枕頭山 | 69 133.98 | 103 374.11 |
| 莿子崙 | 71 793.95 | 106 095.13 |

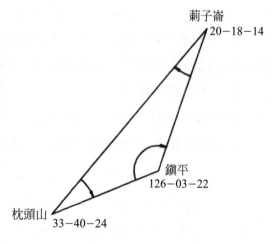

答：(枕頭山，－20"；莿子崙，－10"；鎮平，＋30")

13. 設1、3兩點為已知點，分別向4、5二點作觀測，同時亦由4、5向1、3兩點作觀測，其觀測結果如下，試以二次平差法平差之，並求4、5兩點之座標值。

| 觀測角 | 觀測值 | 觀測角 | 觀測值 |
|---|---|---|---|
| 1 | 98－23－12 | 5 | 63－30－56 |
| 2 | 22－00－31 | 6 | 56－52－49 |
| 3 | 34－46－30 | 7 | 11－14－42 |
| 4 | 24－49－41 | 8 | 48－21－33 |

| 點名 | 縱座標 | 橫座標 |
|---|---|---|
| 1 | 2663　142.497 | 266　670.360 |
| 3 | 2663　728.821 | 266　561.644 |

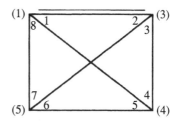

答：(1)平差後結果　　　　　　　　　　(2)所求點座標

| 點 | 平差後角值 | 點 | 平差後角值 |
|---|---|---|---|
| 1 | 98－23－13.4 | 2 | 22－00－31.4 |
| 3 | 34－46－32.9 | 4 | 24－49－42.3 |
| 5 | 63－30－56.2 | 6 | 56－52－48.6 |
| 7 | 11－14－43.5 | 8 | 48－21－31.7 |

| 點號 | 縱座標 | 橫座標 |
|---|---|---|
| 4 | 2663186.391 | 267857.654 |
| 5 | 2662314.840 | 267462.900 |

14. 如圖5-18所示，已測得$\triangle A$、$\triangle B$、$\triangle C$、$\triangle D$之各角觀測值如表列，且已知$S_1 = \underline{498.115\text{m}}$，$S_2 = \underline{1405.002\text{m}}$，$P = \underline{217°09'23''.0}$，試將該破網用「聚三角形一次平差法」平差之。

$S_1 = S_{2-3} = 498.115$ m

$S_2 = S_{3-4} = 1405.002$ m

$P = 217 - 09 - 23.0$

| (1) $i$ | (2) $(A_i)$ | (3) $(B_i)$ | (4) $(C_i)$ |
|---|---|---|---|
| $A$ | $99-55-21.6$ | $19-40-07.6$ | $60-23-47.8$ |
| $B$ | $52-49-12.6$ | $97-09-27.5$ | $30-01-41.8$ |
| $C$ | $57-25-09.6$ | $49-06-59.4$ | $73-28-11.0$ |
| $D$ | $67-34-24.0$ | $59-08-24.0$ | $53-15-28.0$ |

答：

| $i$ | $\alpha_i$ | $\beta_i$ | $\gamma_i$ |
|---|---|---|---|
| $A$ | $+8.''68$ | $+31.''83$ | $+2.''43$ |
| $B$ | $+10.54$ | $-2.74$ | $-8.53$ |
| $C$ | $-11.40$ | $+1.85$ | $-10.48$ |
| $D$ | $+32.05$ | $+40.98$ | $+31.00$ |

15. 設已知條件如下圖，且已知 $F_1$ 及 $G_1$ 之座標值，試以前方交會法求 101 之座標值。

　　$F_1(108383.263，68777.844)$

　　$G_1(108451.799，68577.123)$

答：101(108328.847，68618.513)

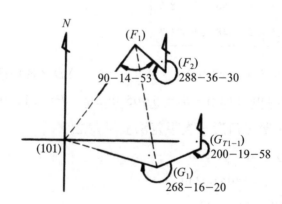

16. 茲在未知點 5 設站，向 10、1、4 三點作觀測。已知三點之座標值及二觀測角如下列，試以後方交會點法求第 5 點之座標。

　　　　10(266664.375，2661606.774)

　　　　1(266670.360，2663142.497)

　　　　4(267857.960，2663186.779)

　　　　$\alpha = 87 - 46 - 43.0$，$\beta = 68 - 07 - 30.7$

答：$\begin{cases} X = 267463.276 \text{ m} \\ Y = 2662314.764 \text{ m} \end{cases}$

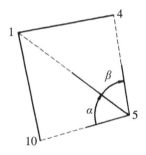

CH **6**

# 導線測量

# 6-1　概述

　　為求得測量成果之精確可靠,通常在正式工作展開前,應先在測區選定部份明確點位,用要求較嚴密的測、算方法來推求各該點的位置,以作為其他測量之依據者,稱為**控制測量**(Control survey)。三角測量與導線測量均為控制測量的一種。

　　所謂**導線測量**(Traverse surveying),是指聯結地面兩相鄰之測點,使成一連續折線,或一閉合之多邊形;測量各邊距離及相鄰邊間之諸夾角,據以決定各點之位置者。其點位稱**導線點**(Traverse point)或**測站**;其邊稱**導線邊**或**測線**。

　　導線測量又稱**多角測量**。在應用上多呈帶狀佈設,尤其是在市街、森林等展望不良、地勢隱蔽地區,皆能順利推展,既可免除建造高標之苦,在選點、計算方面,也均較簡易。這些優點是三角測量所沒有的。

　　導線測量之作業程序為:

1. 作業規劃與測區踏勘:先就測量目的與測區狀況作實地了解,以便決定導線點位的分佈及相關作業的規劃。

2. 儀器校正:任何測量工作施測以前,儀器必須作慎密之校正,以免影響觀測成果。

3. 選點與埋石:按原訂計劃選定點位後,視工作需要,決定埋設標石、水泥樁或木樁,作為以後測量作業的依據。

4. 觀測:包括量距、測角與測量高程。

   (1) 量距:用測距尺或電子測距儀直接量測水平距離,或用視距法間接測距。

   (2) 測角:應用經緯儀或羅盤儀測量導線兩邊間所夾之水平角、及北方與某邊間之磁方位角,或應用平板儀圖解角度。

(3)　測量高程：通常由導線起點開始，用直接水準測量逐點測算各點
之高程。至於是否該與已知水準點連測，當視是否有此需要而定；
通常可於起點處假定高程而推算之。平面測量可以不測高程。

5.　計算：就觀測成果計算各導線點之平面座標或高程。

6.　展點：視工作需要，將導線點按一定之比例尺展繪之。

# 6-2　導線測量的分類

導線測量按測量之方法、形狀、精度等不同，有下列三種分法：

## 1.　按測量之方法分

可分為計算導線及圖解導線兩種：

(1)　計算導線

根據實地測得之距離及角度，經由已知點之方位角與座標，
推算得其他各導線點之座標者。由於其測角工具為經緯儀或羅盤
儀，故又稱之為**經緯儀導線**或**羅盤儀導線**。

(2)　圖解導線

在測區直接將導線之方向與距離，按比例描繪於圖紙上，進
而求得該導線點之位置者。此種導線以平板儀為之，故又稱**平板
儀導線**。其優點是較計算導線簡便、迅速，惟精度則較差。

## 2.　按導線之形狀分

可分為閉合導線(Closed traverse)及展開導線(Open traverse)兩種：

(1)　閉合導線

導線自一點出發，經成折線狀延伸後，仍回歸至原點，形成
一閉合多邊形者。如圖 6-1 所示。因其易於校核，且精度亦較易
掌握，小地區之平面控制測量常被用及。

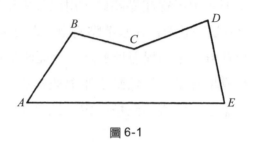

圖 6-1

(2)　展開導線

導線自一已知點出發，經延伸作折線前進，閉合至另一已知點者。如圖 6-2 所示。此種導線適用於道路、狹長地帶或河川、流域之測量。閉合導線內施測之展開導線，亦有稱之為**橫綴線**者。倘測角與量距均無誤差發生，導線計算結果必能附合於終點之座標與方位，故又稱**附合導線**(Connecting traverse)。

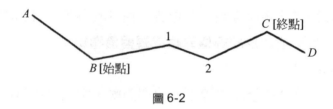

圖 6-2

## 3.　按導線之精度分

可分為一至四等。各等導線之精度及限制，各國或工程界之標準不盡相同，表 6-1 所列條件使用較為普遍，可供參考。

一、二、三等為精密導線測量，每隔 10—25 點，尚需加測天文方位角作為控制，屬大地測量範圍；其點位常被用作廣大地區的基本控制點。至於局部性的地形測繪，或工程上的應用，屬平面測量範圍，可採用三等或三等以下之導線點作為控制點即可。

表 6-1

| 等級 | 一等 | 二等 | 三等 | 四等 |
|---|---|---|---|---|
| 測量方法 | 使用1″讀經緯儀測角；電子測距儀量距 | 使用1″讀經緯儀測角；電子測距儀量距 | 使用1″讀經緯儀測角；電子測距儀或鋼捲尺直接量距 | 使用普通經緯儀測角；電子測距儀或鋼尺直接量距 |
| 控制條件(導線附合於何種點位間) | 一等三角點 | 一、二等三角點或一等導線點間 | 二、三等三角點或一、二等導線點間 | 二、三等三角點或二、三等導線點間 |
| 閉合差應小於 | $\dfrac{1}{25,000}$ | $\dfrac{1}{10,000}$ | $\dfrac{1}{5,000}$ | $\dfrac{1}{2500} \sim \dfrac{1}{5000}$ |

# 6-3　導線點之選擇及標誌與埋設

### 1.　選點

(1)　前後點位應相互通視，並應顧及量距及測角工作能順利進行。

(2)　點位宜視界開闊、展望良好。選擇時不僅要便於細部地形之測繪和圖幅接合區附近地物、地貌的切實掌握，尤其要注意其分佈能有效控制全區。

(3)　導線各邊之邊長，除受地形之限制外，應儘可能使其長短均勻，否則將會影響到整條導線的精度。在比例尺為一千分之一左右的導線邊長，以在 100 公尺左右為宜；比例尺愈小，則邊長宜愈長，但作業時亦相對的比較困難。

(4)　導線可循道路、或相關地物，按順時針方向前進，並編定點號，以利計算時方位角之推算。

(5)　為便於導線本身之檢核及未來測圖時之方便，可於測區中地勢較高之獨立目標中，選定若干點作為前方交會點點位之用。

### 2. 標誌與埋設

導線點之標示，依臨時或永久性而決定其樁材。一般情況多以木樁釘於地面，上釘小釘，作為標誌；在柏油或水泥路面上，則以大頭鋼釘為之，釘頂中央並刻以十字，以示點位；點位如需作長久保存時，則須埋石，其材質、大小尺寸及埋設方法均與三角點之標石相類似。

## 6-4　導線點與三角點之連繫

導線測量常須與附近已知之三角點或較高一級的導線點座標系統相連繫。其連繫方法，可以將原有之已知點納為所測導線的始(終)點，則導線起算邊之方位角與原有之三角點或導線點之座標系統即能一致。若所求導線距已知控制點較遠，亦可以用施測補助控制點的方式，來推求所測導線起點的位置。

## 6-5　導線邊長之測量

導線點間之距離，可用鋼尺、普通卷尺直接量距，或用電子測距儀測距，也可以經由光學測距法間接求得其距離。其量距方式的取捨，端視測區的地勢及要求的精度而定，大致上說：平坦地區可採用鋼尺或卷尺直接量距；在地勢崎嶇、交通繁雜、河川交錯地區、或精度要求較嚴的導線邊長測量，可採用電子測距儀測定，施測既方便，所得的精度亦高；在精度要求不高時，可用經緯儀等儀器測讀視距，或以視角法、直距法求得其距離。

導線邊長應以二次以上量得之結果，求平均值。所求距離應為平距。導線邊長愈長，精度會較高，但亦應顧及邊長宜均勻的條件。

## 6-6　導線測量角度觀測法

導線測量角度之觀測法，計有下列三種：

**1. 內外角法(Traverse by interior or exterior angle method)**

相鄰導線間之夾角可分爲內角與外角。導線按順時針方向前進，如圖 6-3，當經緯儀在 A 點設站，以相鄰邊的後方測站 E 爲原方向(或歸零方向)，固定下盤、放鬆上盤後，照準前進方向之 B 點，其所測得之角度即爲 A 點之**外角**；若以 B 點爲後視原方向，使度盤歸零，固定下盤、放鬆上盤，照準 E 點，其所測之角則爲 A 點之**內角**。

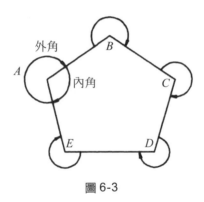

圖 6-3

一般觀測多採用**外角法**。復因測角時是循順時針方向施測，故又稱**右旋測角法**(Traverse by angles to the right )。

不論導線測量所測角度爲內角或外角，在同一導線中，應採用相同觀測法施測，以便可以用幾何條件予以規約。

導線測角由於邊長較短，除定心應格外小心外，其照準點亦應以三腳架懸掛垂球，或以腳踏車車輪之鋼絲來標示，以減少測角誤差之發生。

內外角法記簿方式如表 6-2。

表 6-2　導線測量(內外角法)

| 測站 | 觀點 | 望遠鏡 | 水平角 | | | | 備考 |
|---|---|---|---|---|---|---|---|
| | | | 讀數 I | II | 計算值 | 中數 | |
| A | E | 正 | 0 00 00" | 00'00" | 200°04'50" | 200°04'55" | |
| | B | | 200 05 00 | 04 40 | | | |
| | B | 倒 | 20 05 00 | 05 00 | 200 05 00 | | |
| | E | | 180 00 00 | 00 00 | | | |
| B | A | 正 | 0 00 00 | 00 00 | 206 12 40 | 206 12 30 | |
| | C | | 206 12 40 | 12 40 | | | |
| | C | 倒 | 26 12 20 | 12 20 | 206 12 20 | | |
| | A | | 180 00 00 | 00 00 | | | |

## 2.　偏角法(Deflection angle method)

如圖 6-4 所示，在 B 點設站，後視 A，固定上、下盤後，讀數(亦可先歸零)；縱轉望遠鏡、放鬆上盤，照準前視點 C，其所測得之角即為**偏角**。偏角向右旋時讀數增加，其值為正，記以 R，左旋時為負，記以 L。偏角法多用於展開導線或路線測量中。觀測時宜取正、倒鏡二次觀測之平均值，以提高其精度。亦有分別以正、倒鏡觀測若干次，再取其中數者。

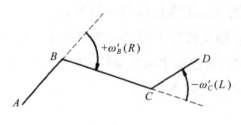

圖 6-4

### 3. 方位角法(Azimuth method)

　　使用具有羅針之經緯儀，可直接測定各導線邊的磁方位角，如圖 6-5 所示：

(1) 在A點設站，放鬆磁針及下盤，使下盤正對北方時，其讀數爲 0° 00'00"，固定下盤。

(2) 放鬆上盤照準B點，此時度盤之讀數，即爲導線AB邊的磁方位角 $\phi_{AB}$。固定下盤保留此值，移站至B。

(3) 在B點設站，完成定心、定平程序。鬆下盤，望遠鏡以倒鏡對正A點後縱轉望遠鏡，此時度盤之讀數，仍爲$\phi_{AB}$；鬆上盤，對正C點，即得導線BC之磁方位角$\phi_{BC}$。以下各站觀測法均相同，直至終點。

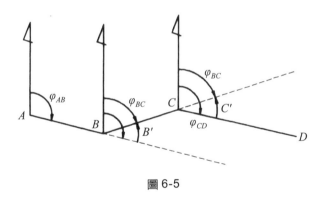

圖 6-5

　　以此法觀測，倘儀器含有誤差，容易產生累積；且觀測手續繁複，稍有不愼，容易發生錯誤，故工程界較少採用。

　　由於儀器結構的關係，通常測磁方位角時，僅作正鏡或倒鏡觀測多次，再取其平均數。

## 6-7　導線測距與測角精度之配合

　　距離與角度的不夠準確，是引起導線測量誤差發生的主要原因。

　　量距所生之誤差，往往是與測線之方向一致，而測角所生之誤差，則係與測線方向相垂直。如圖 6-6 所示，設 $AB$ 二點之量距誤差爲 $BB_1 = \delta D$，測角誤差爲 $\delta\theta$，因測角而產生之移位誤差爲 $\delta a = BB_2$；就導線之任一邊而言，其 $\delta D$ 與 $\delta a$ 之值應十分接近，否則其精度必爲較差之一方所破壞。當二者同時發生時，則所求點 $B$ 當移位至 $B'$ 處。

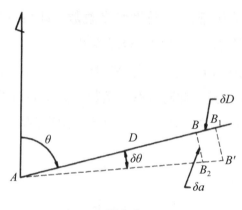

圖 6-6

　　在三等導線中，其量距精度約爲 1/7000，亦即

$$\frac{\delta D}{D} \fallingdotseq \frac{\delta a}{D} = \frac{1}{7000}$$

今由弧與角度之關係,得測角誤差之近似值爲

$$\delta\theta'' = \frac{\delta a}{D} \cdot \rho'' = \frac{1}{7000} \times 206265 = 29.5'' \fallingdotseq 30''$$

即測角精度在 30" 以內；若量距精度爲三千分之一，則測角精度應在 1' 左右。

　　目前工程界一般使用之經緯儀，其最小讀數皆小於 20" 讀，則其量距誤差亦應小於一萬分之一，始能配合。但測角誤差與邊長誤差之長短亦有密切的關係：導線邊長若受地形之限制而較短，量距時又以電子測距儀施測，則角誤差較邊誤差為大，導線之精度亦會較差。補救之道，惟有在作業中注意定心及照準工作，以提昇測角精度，使測角與量距之誤差大小，儘量拉近。

## 6-8　導線測量之方位角觀測

過地面觀測點$O$之鉛垂線兩端無限延申，與天球相交，其交點在上為**天頂**(Zenith)，在下為**天底**(Nadir)。在天文學上，任一過天頂、天底之大圓稱為**垂直圈**(Vertical circle)；垂直圈中經過南、北極的大圓稱為子午圈(Meridian)。自子午圈之北端起，右旋至測線間的夾角，稱為**方位角**(Azimuth)。

在導線計算中，為決定圖幅之正確方位，方位角的觀測，至為重要。通常在三等以上之導線測量中，常須藉觀測北極星；三等以下之導線，為便於白天作業，亦可以藉觀測太陽高度的方法，來推求其方位角。倘導線起、終點均為三角點或已知點，並能與其他的三角點或已知點通視，則可用反算的方式，求得其方位角。在一般工程的應用上，為求作業的便捷，多直接用測磁方位角的方式來取代。由於磁北與極北之間存有差距，作業時當應就精度要求的寬嚴，作一取捨。

## 6-9　導線測量之計算程序

導線計算作業程序如下：
1. 對導線邊長施行距離改正。
2. 對觀測角度予以化算及整理。
3. 推算各邊之方位角，並將角度之閉合差，作配賦改正。
4. 計算經距及緯距(即縱橫距)，並作閉合差之改正。

5. 計算各導線點之座標。

6. 檢核計算結果。

茲依閉合導線及展開導線之計算方法分別敘述如下：

# 6-10    閉合導線之計算

## 1.    角度閉合差之配賦

設 $\overline{\omega}_1$，$\overline{\omega}_2$，$\cdots\overline{\omega}_n$ 示諸角頂之外角，$\omega_1, \omega_2$，$\omega_n$,示諸角頂之內角，$\overline{\omega}_1'$，$\overline{\omega}_2'\cdots\overline{\omega}_n'$示諸角頂之偏角；$n$ 為多邊形之角頂或導線邊數，$i$ 示點號。按平面幾何學原理，知

$$\overline{\omega}_1+\overline{\omega}_2+\cdots+\overline{\omega}_n=(n+2)\times180°$$
$$\omega_1+\omega_2+\cdots+\omega_n=(n-2)\times180°$$
$$\overline{\omega}_1'+\overline{\omega}_2'+\cdots+\overline{\omega}_n'=360°$$

惟此項理論上之條件，在各角頂觀測時，由於尚有誤差附著，遂有閉合差之發生。今以 $f_\omega$ 示角閉合差之大小，則

$$外角閉合差 \ f_\omega=\overline{\omega}_1+\overline{\omega}_2+\cdots+\overline{\omega}_n-(n+2)\times180 \quad .........(6\text{-}1)$$
$$內角閉合差 \ f_\omega=\omega_1+\omega_1+\cdots+\omega_1-(n-2)\times180 \quad .........(6\text{-}2)$$
$$偏角閉合差 \ f_\omega=\overline{\omega}_1'+\overline{\omega}_2'+\cdots.+\overline{\omega}_n'-360 \quad .........(6\text{-}3)$$

閉合差 $f_\omega$ 界限之大小，視測角儀器之精粗與邊長大小情形而定，在一般情況下，若以普通 20" 讀經緯儀測角時

$$f_\omega\leqq\pm30"\sqrt{n} \quad ...........................................(6\text{-}4)$$

以 1" 讀經緯儀測角時

$$f_\omega\leqq\pm10"\sqrt{n} \quad ...........................................(6\text{-}5)$$

$f_\omega$ 如在規定界限之內，基於各角觀測之精度應相等，故可按點數平均配賦於各角頂。此項改正數之符號與原有誤差數之符號相反。又，在導線測量中，通常邊長皆不致太長，如閉合差不能適為點數整除時，其餘數(或不足數)可適當分配於相鄰較短邊之角頂，以免在秒以下出現小數，因為在實用上該項小數之出現，對成果之精度影響甚微。

## 2. 方位角之推算

當導線偏角已經誤差改正，且導線點 1 至 2 之方位角$\phi_{1-2}$為已知，則其他各導線邊之推算方法由圖 6-7 知

$$\phi_{1-2} = 已知值$$
$$\phi_{2-3} = \phi_{1-2} + \overline{\omega}'_2$$
$$\phi_{3-4} = \phi_{2-3} + \overline{\omega}'_3$$
$$\phi_{4-5} = \phi_{3-4} + \overline{\omega}'_4$$
$$\phi_{5-1} = \phi_{4-5} + \overline{\omega}'_5$$
$$\phi_{1-2} = \phi_{5-1} + \overline{\omega}'_1 \quad (檢核條件)$$

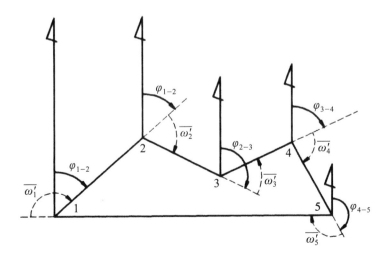

圖 6-7

式中$\varpi_i$為各點之偏角值，其值可正、可負。關於$\phi_{1-2}$的來源，有下列諸途徑：

(1)　在比較重要的測量工作上，例如大面積的測圖，必須考慮未來的圖幅拼接工作，或訂定機場跑道的方位等，可使用太陽單高法精確測定之。在一般工程上較少用及，其作業法可參考大地測量方面的書籍。

(2)　由已知點連測而得。

(3)　一般的平面測量，多直接由磁針測磁方位角而得。

(4)　若屬小區域，且不考慮與其他成果相銜接，亦可由假設而得。如以內角推算，其原理與上述方法類似。

### 3.　經、緯距計算與閉合差改正

(1)　經緯距的求法與、縱橫距誤差的發生

如圖 6-8 所示，設導線上任二點$ij$間之距離為$D_{ij}$，$\phi_{ij}$示該邊之方位角，$OY$為子午線方向，亦即直角座標中之縱軸，$OX$為過原點$O$與縱軸成正交之橫軸。又設$i$、$j$兩點之座標值分別為$i(X_i, Y_i)$，$j(X_j, Y_j)$則 $X_j - X_i = \Delta X_{ij}$，稱為**經距**(Departure)，或**橫線差**；$Y_j - Y_i = \Delta Y_{ij}$ 稱為**緯距**(Latitude)或稱**縱線差**。

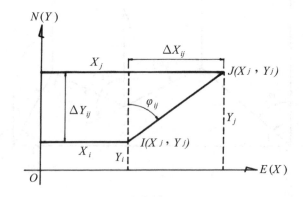

圖 6-8

由圖可知

$$\Delta X_{ij} = D_{ij} \times \sin\phi_{ij}$$
$$\Delta Y_{ij} = D_{ij} \times \cos\phi_{ij} \dots\dots\dots\dots\dots\dots\dots\dots\dots\dots\dots\dots(6\text{-}6)$$

任一點對於原點 $O$ 之經距，稱為該點之**橫線**(Meridian distance)$X$；對於原點 $O$ 之緯距稱為該點之**縱線**(Parallel distance)$Y$。

如圖 6-9 所示，導線邊自原點 $O$ 起，經距 $\Delta X$ 向東為正、向西為負；緯距向北為正、向南為負。

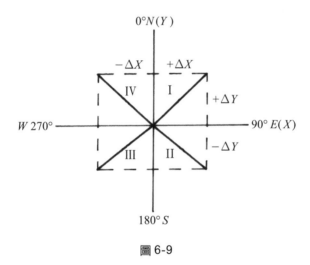

圖 6-9

在閉合導線的橫距及縱距計算中，由圖 6-10 知，導線起點即為其終點；縱距或橫距之數值雖有時為正、有時為負，而其橫距或縱距之代數和理論上均應分別為零。但閉合導線除了已平差之角外，尚有邊長未經消除誤差，以致縱橫距之代數和不一定為零，遂分別產生了**橫距誤差**(Error of departure)$\omega_x$及**縱距誤差**(Error of latitude)$\omega_y$，若以式示之，即

$$[\Delta X_{ij}] = D_{1-2} \cdot \operatorname{Sin}\phi_{1-2} + D_{2-3} \cdot \operatorname{Sin}\phi_{2-3} + \cdots + D_{n(n+1)}\operatorname{Sin}\phi_{n-(n+1)} = W_x$$
$$[\Delta Y_{ij}] = D_{1-2} \cdot \operatorname{Cos}\phi_{1-2} + D_{2-3} \cdot \operatorname{Cos}\phi_{2-3} + \cdots + D_{n(n+1)}\operatorname{Cos}\phi_{n-(n+1)} = W_y$$

.................................................................................(6-7)

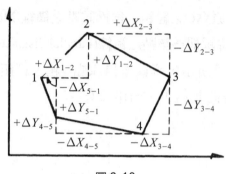

圖 6-10

(2) 精度的計算

在圖 6-11 中，設導線閉合時，其含有誤差之位置為 1'，1' $A$ $=-\omega_x$，$\overline{1A}=-\omega_y$，則**導線平面閉合差**(Linear error of closure) $\overline{11}'=E$，即

$$E = \sqrt{\omega_X^2 + \omega_Y^2}$$.................................................................(6-8)

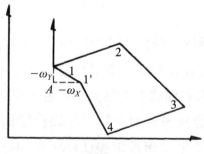

圖 6-11

**導線測量之精度$P$為**

$$P = \frac{E}{[D_{ij}]} = \frac{1}{[D_{ij}]/E} \dots\dots\dots\dots\dots\dots\dots\dots\dots\dots\dots\dots\dots\dots (6\text{-}8a)$$

式中$[D_{ij}]$為導線邊長之總和。通常精度之分子恒以 1 示之。

(3) 平面閉合差的改正

當精度合乎要求，前述之縱、橫距誤差即可實施改正計算。

其改正值之算法，普通常用者有下列三種：

① 經緯儀法則(Transit rule)

其原理係認定測角誤差甚小，導線平面閉合差之產生，主要為量距精度不足所致，遂導出：經緯距之改正值與導線經緯距絕對值之大小成正比例。設以$\omega_x$示經距總誤差，$\omega_y$示緯距總誤差；$[\,|\,\Delta X\,|\,]$、$[\,|\,\Delta Y\,|\,]$分別示導線經、緯距絕對值之總和；$|\,\Delta x_{ij}\,|$與$|\,\Delta y_{ij}\,|$分別示該線經、緯距之絕對值，得對於此邊之經距改正值及緯距改正值公式如下

$$C_{\Delta X_{ij}} = \frac{-\omega_x}{[\,|\,\Delta x\,|\,]} \times |\,\Delta x_{ij}\,|$$

$$C_{\Delta y_{ij}} = \frac{-\omega_y}{[\,|\,\Delta y\,|\,]} \times |\,\Delta y_{ij}\,| \dots\dots\dots\dots\dots\dots\dots\dots\dots (6\text{-}9)$$

此法稱為**經緯儀法則**。

② 羅盤儀法則(Compass rule adjustment)

其原理係基於兩項假設：①測角與量距之誤差，對於導線所產生之影響相等。②導線之誤差均為偶然誤差；量距之精度與邊長之平方根成正比例。遂導出：經緯距之改正值與邊長之大小成正比例。設以$D_{ij}$示改正邊之長度，$[D]$示導線之總邊長，$\omega_x$、$\omega_y$分別示經、緯距之總誤差，可得某線經、緯距改正值之公式如下：

$$C_{\Delta X_{ij}} = \frac{-\omega_x}{[D]} \times D_{ij}$$

$$C_{\Delta y_{ij}} = \frac{-\omega_y}{[D]} \times D_{ij} \quad\text{................................................................} (6\text{-}10)$$

此法係根據羅盤儀導線測量方法誘導而來，故稱**羅盤儀法則**，又因係包狄氏所創，故又稱**包狄氏法則**(Bowditch adjustment)

③ 任意改正法(Arbitrary adjustment method)

將改正值的大小，按導線邊長的長短來分配，亦即改正值的大小與邊長成正比。一般而言，由於導線各邊的邊長，在選點時皆已顧及均勻的條件，故在實用上，亦可用平均分配的方式來處理。

## 4. 導線點座標計算

設導線起算點座標值為已知，則各導線點之座標值可以自起點座標值逐點推算而得：

表 6-3

| 導線點 | 橫座標($X_i$) | 縱座標($Y_i$) |
|---|---|---|
| 1 | $X_1$(已知) | $Y_1$(已知) |
| 2 | $X_2 = X_1 + \Delta X_{1-2}$ | $Y_2 = Y_1 + \Delta Y_{1-2}$ |
| 3 | $X_3 = X_2 + \Delta X_{2-3}$ | $Y_3 = Y_2 + \Delta Y_{2-3}$ |
| ⋮ | ⋮ | ⋮ |
| $n$ | $X_n = X_{n-1} + \Delta X_{(n-1)-n}$ | $Y_n = Y_{n-1} + \Delta Y_{(n-1)-n}$ |
| $n+1$ | $X_{n+1} = X_n + \Delta X_{n-(n+1)} = X_1$ | $Y_{n+1} = Y_n + \Delta Y_{n-(n+1)} = Y_1$ |

表中 $\Delta X_{ij}$ 均是用經平差以後之結果。

在閉合導線中，$X_{n+1} = X_1$，$Y_{n+1} = Y_1$，此兩式為閉合導線計算中之規約條件，藉以檢核計算有無錯誤

## 5. 閉合導線計算舉例：

例1 如圖 6-12 所示，已測得 $\phi_{1-2} = 168°42'18"$ 試根據下列觀測成果，求閉合導線點 1、2、3、4、5 之座標。(距離：1 至 2 = 210.394m，2 至 3 = 252.301m，3 至 4 = 150.155m，4 至 5 = 108.776m，5 至 1 = 208.996m)

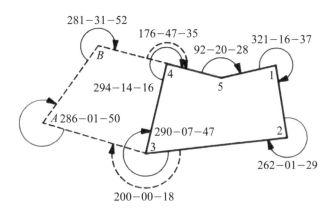

圖 6-12

**解** (1)方位角計算

表6-4 導線測量方位角計算

| (1)點號 | 偏角 $\alpha_i$ | | | (5)方位角 $\phi_{ij}$ | 備考 |
|---|---|---|---|---|---|
| | (2)計算 | (3)改正數 | (4)改正 | | |
| 1 | ° ′ ″ | | ° ′ ″ | ° ′ ″ | |
| | | | | $168-42-18$ | |
| 2 | $82-01-29$ | $-07''$ | $82-01-22$ | | |
| | | | | $250-43-40$ | |
| 3 | $110-07-47$ | $-08''$ | $110-07-39$ | | |
| | | | | $00-51-19$ | |
| 4 | $114-14-16$ | $-07''$ | $114-14-09$ | | |
| | | | | $115-05-28$ | |
| 5 | $-(87-39-32)$ | $-08''$ | $-(87-39-40)$ | | |
| | | | | $27-25-48$ | |
| 1 | $141-16-37$ | $-07''$ | $141-16-30$ | | |
| | | | | $168-42-18$ | |
| 2 | | | | | |
| + | $87-40-09$ | | | | |
| − | $87-39-32$ | | | | |
| $f_w=$ | $+37''$ | | | | |
| | | | | | |
| | | | | | |
| | | | | | |
| | | | | | |

檢核者： 計算者： 計算日期：

## (2) 導線點座標計算

表 6-5 導線測量縱橫線計算

| 點號 | 方位角$\phi_{ij}$<br>距離$D_{ij}$ | $\Delta X=D_{ij}\times\sin\phi_{ij}$ 計算 | 改正數 | 橫線$x(E)$ | $\Delta Y=D_{ij}\cdot\cos\phi_{ij}$ 計算 | 改正數 | 縱線$Y(N)$ |
|---|---|---|---|---|---|---|---|
| 1〜2 | 168−42−18<br>----------<br>210.394 | +41.208 | −0.015 | 500.000<br><br>541.193 | −206.315 | +0.017 | 2000.000<br><br>1793.698 |
| 2〜3 | 250−43−40<br>----------<br>252.301 | −238.162 | −0.015 | 303.016 | −83.274 | +0.016 | 1710.440 |
| 3〜4 | 00−51−19<br>----------<br>150.155 | +2.241 | −0.015 | 305.242 | +150.138 | +0.017 | 1860.595 |
| 4〜5 | 115−05−28<br>----------<br>108.776 | +98.511 | −0.015 | 403.738 | −46.127 | +0.016 | 1814.484 |
| 5〜1 | 27−25−48<br>----------<br>208.996 | +96.277 | −0.015 | 500.000 | +185.499 | +0.017 | 2000.000 |
| 〜 | ---------- | | | | | | |
| 〜 | ---------- | +238.237<br>−238.162 | | | +335.637<br>−335.720 | | |
| 〜 | ---------- | $\omega_x=+0.075$ | | | $\omega_y=-0.083$ | | |
| 〜 | ---------- | | | | | | |
| 備考 | 精度$=\dfrac{\sqrt{\omega_x^2+\omega_y^2}}{[D]}=\dfrac{\sqrt{(0.075)^2+(0.083)^2}}{930.622}\fallingdotseq\dfrac{1}{8300}$ | | | | | | |

檢核者：　　　　　計算者：　　　　　計算日期：

## 6-11 展開導線之計算

### 1. 方位角之計算

如圖 6-13，設展開導線中，$A$、$B$、$C$、$D$均為已知點，即$\phi_{AB}$與$\phi_{CD}$為已知；$B$(即第 1)點為始點，$C$為終點，則

$$
\left.
\begin{aligned}
\phi_{AB} &= 已知 \\
\phi_{12} &= \phi_{AB} + \omega'_1 \\
\phi_{23} &= \phi_{12} + \omega'_2 \\
&\cdots\cdots\cdots\cdots\cdots \\
\phi_{nc} &= \phi_{(n-1)n} + \omega'_n \\
\phi_{CD} &= \phi_{nc} + \omega'_c \\
&= 已知值(為檢核條件)
\end{aligned}
\right\}
\qquad (6\text{-}11)
$$

亦即$\omega'_1 + \omega'_2 + \cdots + \omega'_n + \omega'_c = \phi_{CD} - \phi_{AB}$，此為理論條件。

由於觀測時尚有誤差附著，設其角誤差為$f_\omega$，則

$$
\omega'_1 + \omega'_2 + \cdots + \omega'_c - (\phi_{CD} - \phi_{AB}) = f_\omega \qquad (6\text{-}12)
$$

展開導線角閉合差$f_\omega$界限之大小、及改正計算法，均與閉合導線相同。惟引用已知方位角時，應注意既有資料是方位角抑或反方位角，以免錯誤。

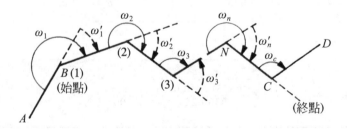

圖 6-13

## 2. 經、緯距計算與閉合差改正

展開導線經緯距之計算法與閉合導線相同。而其閉合差的算法如下：設自導線起點B至終點C所得之經、緯距總和值分別為$[\Delta X]$與$[\Delta Y]$；$\omega_x$與$\omega_y$分別為經、緯距因觀測所產生之誤差數，則

$$\omega_x = [\Delta x_{ij}] - (X_C - X_B)$$
$$\omega_y = [\Delta y_{ij}] - (Y_C - Y_B)$$

其平差法與閉合導線者同。

## 3. 導線點座標計算

導線起點座標值為已知，各導線點之座標值可自起點座標值起，逐點加改正後的經、緯距推算而得，直至終點。按，終點座標值本為已知，將算得之結果與之比較，藉以檢核計算有無錯誤。

## 4. 展開導線計算舉例

**例2** 題設如圖6-14所示，設第3點為始點、第5點為終點，試求展開導線點A、B之座標(距離3至A = 120.220m，A至B = 103.434，B至5 = 75.765)

**解** 在計算之前，應先從上節閉合導線計算例(例 1)中，查出$\phi_{2-3}$、$\phi_{5-6}$及第3、5點之座標值來，以便應用。

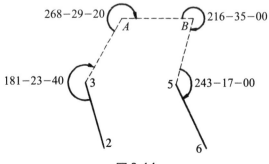

圖6-14

(1) 方位角計算

表 6-6 導線測量方位角計算

| (1)點號 | 偏角 $\alpha_i$ | | | (5)方位角 $\phi_{ij}$ | 備考 |
|---|---|---|---|---|---|
| | (2)計算 | (3)改正數 | (4)改正 | | |
| 2 | ° ' " | " | ° ' " | ° ' " | |
| | | | | 315－01－35 | |
| 3 | 1－23－40 | ＋9" | 1－23－49 | | |
| | | | | 316－25－24 | |
| A | 88－29－20 | ＋9" | 88－29－29 | | |
| | | | | 44－54－53 | |
| B | 36－35－00 | ＋8" | 36－35－08 | | |
| | | | | 81－30－01 | |
| 5 | 63－19－00 | ＋9" | 63－19－09 | | |
| | | | | 144－49－10 | |
| 6 | | | | | |
| | $f_w = \Sigma\omega_i' - (\phi_{5\text{-}6} - \phi_{2\text{-}3})$ | | | | |
| | $= 189°47'00" - [144°49'10" - 315°01'35"]$ | | | | |
| | $= -35"$ | | | | |
| | | | | | |
| | | | | | |
| | | | | | |
| | | | | | |
| | | | | | |
| | | | | | |

檢核者：　　　　　　計算者：　　　　　　計算日期：

(2)　縱橫線計算

表 6-7　導線測量縱橫線計算

| 點號 | 方位角$\phi_{ij}$ 距離$D_{ij}$ | $\Delta X = D_{ij} \times \sin\phi_{ij}$ | | 橫線$x$ | $\Delta Y = D_{ij} \cdot \cos\phi_{ij}$ | | 縱線$Y$ |
|---|---|---|---|---|---|---|---|
| | | 計算 | 改正數 | | 計算 | 改正數 | |
| 3～A | 316－25－24 ----------- 120.220 | －82.871 | －0.034 | 837.220 754.315 | ＋87.094 | ＋0.02 | 589.083 676.197 |
| A～B | 44－54－53 ----------- 103.434 | ＋73.030 | －0.035 | 827.310 | ＋73.248 | ＋0.01 | 749.455 |
| B～5 | 81－30－01 ----------- 75.765 | ＋74.933 | －0.034 | 902.209 | ＋11.198 | ＋0.02 | 760.673 |
| ～ | ----------- | | | | | | |
| ～ | ----------- | 65.092 －)64.989 $\omega_x = +0.103$ | --$\Sigma\Delta X$ --$X_5 - X_3$ | | 171.540 －)171.590 $\omega_y = -0.050$ | --$\Sigma\Delta Y$ --$Y_5 - Y_3$ | |
| ～ | ----------- | | | | | | |
| ～ | ----------- | | | | | | |
| 備考 | 精度$= \dfrac{\sqrt{\omega_x^2 + \omega_y^2}}{[D_{ij}]} = \dfrac{\sqrt{(0.103)^2 + (0.050)^2}}{299.419} \doteqdot \dfrac{1}{2700}$ | | | | | | |

檢核者：　　　　　　計算者：　　　　　　計算日期：

## 6-12 導線點之展繪

導線點展繪的目的是，將導線點按一定比例尺，展繪出其點與點間相互之關係位置，以作爲測繪地形圖的主要依據。其法有二：一爲先按比例尺將導線始邊邊長繪定於圖紙上之適當位置後，再自端點藉量角器(Protractor)定出與次一邊的夾角，畫方向線，並按比例尺定出邊長，而得次一點之點位；然後以同樣的方法逐點推出其他各點點位。由於量角器角度能顯示的精度有限，又所展各點之誤差亦有累積現象，且誤差之來源亦不容易掌握，故工程界較少使用。其另一法爲方格網法(Grid method)。目前已改用電腦繪製方格，十分方便。

## 習題

1. 導線選點時，爲甚麼要盡可能的避免特短邊？又，除此之外，選點時還應該注意那些要領？
2. 若按圖形形狀來分類，導線測量可分爲那幾種？各適用於那些地區？
3. 導線測量時，何以測角與量距的精度應配合？又，如何配合？
4. 導線測量之作業程序如何？試列述之。
5. 試從作業方法，適用地區及精度等條件，將導線測量與平面三角測量二者列表作一比較。
6. 閉合導線與展開導線二者在方位角的推算中，各以何項條件規約？試詳述之。
7. 某閉合導線各外角及各邊長之觀測值如下表所示，設第 1 點之 $X = 1000.00$，$Y = 500.00$，$\phi_{1-2} = 272°34'20"$，試計算各點之座標，並求出該導線之精度。

| 點 | 外角 | 距離 |
|---|---|---|
| 1 | 269°−41'−50" | |
| | | 77.40 m |
| 2 | 222−27−30 | |
| | | 120.98 |
| 3 | 229−57−00 | |
| | | 85.48 |
| 4 | 208−41−20 | |
| | | 103.81 |
| 5 | 291−10−00 | |
| | | 82.23 |
| 6 | 265−49−40 | |
| | | 40.39 |
| 7 | 86−30−40 | |
| | | 125.52 |
| 8 | 225−44−00 | |
| | | 75.97 |
| 1 | | |

答：

| 點 | 橫座標$x$ | 縱座標$v$ |
|---|---|---|
| 1 | 1000.00 m | 500.00 m |
| 2 | 922.70 | 503.49 |
| 3 | 837.22 | 589.08 |
| 4 | 844.65 | 674.25 |
| 5 | 902.21 | 760.67 |
| 6 | 946.61 | 693.48 |
| 7 | 918.40 | 667.87 |
| 8 | 1003.79 | 575.86 |

$$精度 = \frac{1}{3342}$$

8. 某展開導線之觀測資料如圖示，且已知$\phi_{2-3} = 315°01'35"$，$\phi_{56} = 144°49'10"$，$D_{3-A} = 120.220$m；$D_{AB} = 103.434$，$D_{B-5} = 75.765$；$X_3 = 837.220$，$Y_3 = 589.083$；$X_5 = 902.209$，$Y_5 = 760.670$，試求$A$、$B$兩點之座標值及該導線之精度。

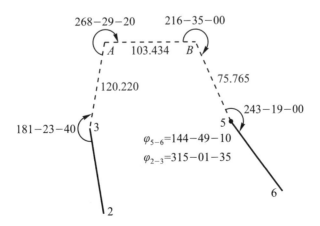

答：$X_A = 754.315$，$Y_A = 676.197$；$X_B = 827.310$，$Y_B = 749.455$

精度：1/2772

9. 設如上題，若$\phi_{2-3}$及$\phi_{5-6}$均爲未知，但知2、3、5、6、各點之座標值如下，試求該展開導線各點間的方位角。

| 點 | 橫座標 $x$ | 縱座標 $y$ |
|---|---|---|
| 2 | 922.702 | 503.486 |
| 3 | 837.220 | 589.083 |
| 5 | 902.209 | 760.673 |
| 6 | 949.610 | 693.473 |

答：

| 點 | 方位角 |
|---|---|
| 2 | |
| 3 | 315−02−19 |
| A | 316−25−41 |
| B | 44−54−43 |
| 5 | 81−29−25 |
| 6 | 144−48−07 |

10. 某展開導線已知$\phi_{5-6}$＝231-50-23；$\phi_{7-8}$＝142-40-51，其各角之觀測值如圖示，試求其各邊之方位角。

答：

| 點 | 方位角 |
|---|---|
| 7 | 142−40−51 |
| 8 | 239−18−30 |
| A | 144−52−47 |
| B | 234−09−56 |
| C | 326−57−05 |
| D | 279−39−34 |
| 6 | 51−50−23 |
| 5 | |

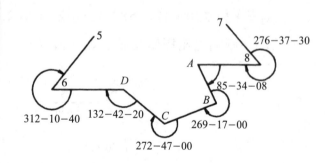

11. 某導線之邊長，及經、緯距之閉合差如表列，

　(1)　依羅盤儀法則、經緯儀法則及任意改正法計算各邊$\Delta X$與$\Delta Y$之改正數。

　(2)　求該導線之平面閉合差與精度各爲若干。

| 導線邊 | 1-2 | 2-3 | 3-4 | 4-5 | 5-6 | 6-7 | 7-8 | 8-1 | |
|---|---|---|---|---|---|---|---|---|---|
| 距離 | 77.40 m | 120.98 | 85.48 | 103.81 | 82.23 | 40.39 | 125.52 | 75.97 | $[D]=711.78$ $[|\Delta X_{ij}|]=395.337$ $[|\Delta Y_{ij}|]=521.346$ |
| $\Delta x_{ij}$ | −77.32 | −85.50 | +7.409 | +57.53 | 47.377 | −31.23 | +85.36 | −3.816 | $\omega_x=-0.191$ |
| $\Delta y_{ij}$ | +3.474 | +85.58 | +85.15 | +86.40 | −67.21 | −25.61 | −92.02 | −75.87 | $\omega_y=-0.096$ |
| 羅盤儀法則改正值 $\Delta x_{ij}$ | | | | | | | | | $\Sigma \Delta x_{ij}=$ |
| $\Delta y_{ij}=$ | | | | | | | | | $\Sigma \Delta y_{ij}=$ |
| 經緯儀法則改正值 $\Delta x_{ij}=$ | | | | | | | | | $\Sigma \Delta x_{ij}=$ |
| $\Delta y_{ij}=$ | | | | | | | | | $\Sigma \Delta y_{ij}=$ |
| 任意改正法改正值 $\Delta x_{ij}=$ | | | | | | | | | $\Sigma \Delta x_{ij}=$ |
| $\Delta y_{ij}=$ | | | | | | | | | $\Sigma \Delta y_{ij}=$ |

答：

| | | 1-2 | 2-3 | 3-4 | 4-5 | 5-6 | 6-7 | 7-8 | 8-1 | |
|---|---|---|---|---|---|---|---|---|---|---|
| 羅盤儀法則改正值 | $\Delta x_{ij}$ | 0.021 | 0.032 | 0.023 | 0.028 | 0.022 | 0.011 | 0.034 | 0.020 | $\Sigma \Delta x_{ij}=0.191$ |
| | $\Delta y_{ij}$ | 0.010 | 0.016 | 0.012 | 0.014 | 0.011 | 0.005 | 0.017 | 0.010 | $\Sigma \Delta y_{ij}=0.095$ |
| 經緯儀法則改正值 | $\Delta x_{ij}$ | 0.037 | 0.041 | 0.004 | 0.028 | 0.023 | 0.015 | 0.041 | 0.002 | $\Sigma \Delta x_{ij}=0.191$ |
| | $\Delta y_{ij}$ | 0.001 | 0.016 | 0.016 | 0.016 | 0.012 | 0.005 | 0.017 | 0.014 | $\Sigma \Delta y_{ij}=0.097$ |
| 任意改正法改正值 | $\Delta x_{ij}$ | +0.024 | +0.024 | +0.023 | +0.024 | +0.024 | +0.024 | +0.024 | +0.024 | $\Sigma \Delta x_{ij}=+0.191$ |
| | $\Delta y_{ij}$ | +0.012 | +0.012 | +0.012 | +0.012 | +0.012 | +0.012 | +0.012 | +0.012 | $\Sigma \Delta y_{ij}=+0.096$ |

12. 在上題中，假設角度觀測沒有問題，$\omega_x$ 與 $\omega_y$ 的形成，皆是因距離的不準確所致。試就題中之 $\Delta x_{ij}$ 與 $\Delta y_{ij}$ 來判斷，那些邊長可能有問題，為甚麼？

# 平板測量

# 7-1 概述

將展繪有已知點之圖紙，固定在平板上，藉平板儀測繪各已知點與其附近各點位、或地形間之方向、距離與高程等關係，並按比例尺縮繪於測板上者，稱為**平板測量**(Plane table surveying)。

平板測量因係在測區隨測隨繪，可充份掌握當地地形的狀貌，其應用範圍至廣，由比例尺為數百分之一至萬分之一地形圖測繪，均可使用。

平板測量成圖的方法，可依據測板上的已知點位作控制，再藉儀器的結構功能，將測區地物、地貌，按用圖的需要，測繪成各種不同類型的圖，並且可用交會法或圖解導線法來補充其控制點位的不足。由於成圖快而方便，是目前野外直接測圖的重要途徑。

# 7-2 平板儀之種類與構造

## 1. 種類

在習慣上，平板儀是依測板規格之大小，及施測時儀器之不同，概略分為大平板儀與小平板儀兩種：

大平板儀是指與經緯儀或測距儀上半部相似之**望遠鏡照準儀**(Telescope alidade)，該儀器具有望遠鏡與垂直度盤等設備，憑以測量點與點之關係。其測板規格約為 61 cm×79 cm×2 cm 或 60 cm×75 cm×2 cm，可測繪大比例尺地圖及測定圖根點。

小平板儀是指藉兩垂直鈑間之幾何關係，求傾斜百分比之**測斜儀**(Peep sight alidade)；其測板大小從 28 cm×32 cm 至 60 cm×50 cm，可用以測繪中、小比例尺地圖或圖解導線點。

此外，移點器、測尺、及標尺等，為二者皆有之附件。

2. 構造

(1) 望遠鏡照準儀(Telescope alidade)

望遠鏡照準儀之型式甚多,茲以較具代表性之美國 K、E (Keuffel & Esser Co.)廠出品之 K、E 平板儀為例說明之。

如圖 7-1 所示,儀器由望遠鏡,**貝門視距弧**(Beaman's stadia arc)、水準器及定規板等四個主要部份及腳架所構成。

圖 7-1

① 望遠鏡

望遠鏡在定規中央的支柱上,藉制動螺旋及微動螺旋操縱其俯仰。目鏡端附有折光稜鏡,是方便急傾斜地觀測時用的。由於在一般較平緩之處使用該稜鏡並不方便,故平時可取下。望遠鏡可繞照準軸而轉動,其相關性能如表 7-1。

② 貝門弧

在望遠鏡左側之垂直弧上,另外附有貝門視距弧,藉此弧可直接讀得觀測點與所求點間之距離及高差。為免除仰角與俯角之混淆不清,在製作時,特將垂直度盤零度位置刻以30,貝門弧零度處則刻以50。

表 7-1

| 諸元 | 規格 | 諸元 | 規格 |
|------|------|------|------|
| 望遠鏡管長 | 25.4 cm | 垂直游標最小讀數 | 1' |
| 物鏡有效孔徑 | 3.45 cm | 可俯仰角度 | ±30° |
| 調焦型式 | 內調焦 | 加常數 | 0 |
| 放大率 | 約 16 倍 | 乘常數 | 100 |

③　水準器

　　此式儀器有三個水準器，茲按其名稱、位置、功能列表，如表 7-2 所示。

表 7-2

| 水準器名稱 | 位置 | 功能 |
|------------|------|------|
| 圓水準器 | 裝於定規上 | 供整置平板水平之用 |
| 跨乘水準器 | 跨乘在望遠鏡上 | 當該氣泡居中時，儀器即可作直接水準測量；亦可藉以校正儀器。 |
| 垂直度盤指標水準器 | 與垂直弧游標及貝門弧之二指標相連 | 1. 藉以控制指標於水平或天頂方向。<br>2. 讀垂直角及貝門弧前，應先旋轉微動螺旋，使氣泡居中。(此時垂直度盤之游標及貝門弧之指標，始居於正確位置) |

④　定規

　　儀器底部為 45.72cm×7.62cm 之直尺型定規，左側邊緣製成斜面，俾描繪方向之用。定規上裝有方盒羅針,供標定測板方位之用。

⑤　測板與腳架

　　K • E 平板儀測板之材質，是用白松木數層膠合而成。板之背面中央，裝有銅質母螺絲，以便與腳架相連。

　　腳架之架首，是藉一組球窩關節狀之裝置，來作定平及迴轉等動作。爲美國人詹森氏所發明，故習慣上稱作詹森架首(Jahnson head)。

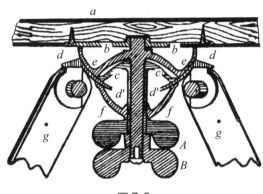

圖 7-2

　　圖 7-2 所示，爲詹森架首之剖面結構。圖中$a$爲測板，$b$爲連接測板與架首之墊板，$d$爲腳架頭，$g$爲架腿。架首下方有二大型蝴蝶螺旋，上方之$A$螺旋可以操控板面，使板面調整至水平位置；待測板水平後，再用 B 螺旋調整測板迴轉方向，以便標定方向。當測板定平後，旋緊$A$，因$A$之作用使$C$與$f$緊接於$d$，測板即不再上、下動搖，但此時仍可繞垂直軸左右迴轉，以利標定測板方位，若再旋緊$B$，則$e$與$d$就完全固定，此時測板既不能傾斜，也不能迴轉矣。

　　其腳架有金屬與木質兩種。因測區地形之需要，又有固定式與抽取式之別：固定式適合於平地；在崎嶇、丘陵地區，則用抽取式較爲方便。

(2)　測斜照準儀

　　如圖 7-3 所示，測斜儀由定規、水準器及垂直鈑等三部份所構成。

① 定規

定規由木質或鋁質材料製成，一側磨成斜面，有直接在斜面上刻劃公厘數者，亦有在斜面上置二螺絲，可隨使用者之需要，裝上適當之比例尺者，常見者有 1：300，1：500，1：1000 等尺面，其主要功能是在便於描繪方向線及標定圖上距離。

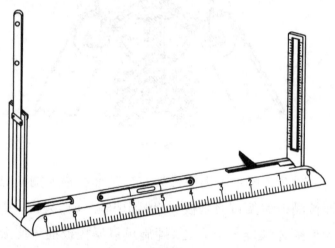

圖 7-3

② 水準器

定規之中央裝有管狀之水準器， 其感度約在 4.6′ 至 6.9′/2 mm 之間(曲率半徑在 1 m 至 1.5 m 之間)。水準管之兩端，各置一校正水平用之校正桿，應用測斜儀測量高程時，必須藉此桿之上舉或放平，使水準氣泡居中後，才能讀數。

水準器之作用有二：一為用於整置平板水平；一為用於保持上、中、下三個覘孔，各與其所對應前鈑之 35、20、0 分劃聯線成水平。

③　垂直鈑

　　垂直鈑爲銅質或鋁質製成，分別用鉸鏈連結於定規之兩端，稱爲前鈑及後鈑。使用時使其豎立，與定規成正交，不用時可摺合在定規上，以便攜帶及收藏。

　　前鈑一稱分劃鈑，鈑之中央空隙處，置一細絲，作爲照準之用。空隙處之兩側，均刻有分劃，二相鄰分劃間之距離適爲二垂直鈑間隔之 1/100，因兩鈑距離爲 220 公厘，故每分劃間之間隔數爲 2.2 公厘。每第五分劃線刻劃較長，並在線旁標記數字。右側自最下之 0 起，刻至最上之 40；左側有二列數字，一列刻在長分劃線之上，從最下之 35 向上遞減至 0，再由 0 增至 5；另一列刻在長分劃之下，則自最上之 30，往下刻至 70。

　　後鈑又稱覘孔鈑或抽出鈑，鈑之中央有上、中、下三個覘孔，與前鈑右側之第 35、20、0 三分劃線分別形成三條水平之照準線，不論自何覘孔觀測，均可測得物體傾斜之百分數。其在水平線以上之讀數爲仰角，其值爲正；在水平線以下者爲俯角，其值爲負。下覘孔照準前覘鈑 40 分劃處，可仰測至 40/100 之傾斜；用上覘孔俯測，可達 35/100。覘孔鈑之中央尙可抽出，其內側刻有分劃，可從最下之 40 觀測至最上之 75。當抽出鈑抽出後，從其上方之覘孔及前鈑下方之分劃，可讀俯傾斜至 70/100；如將測斜儀二端之位置互換，從前鈑左下角之覘孔及抽出鈑上之分劃，可測仰傾斜至 75/100。

④　平板及腳架

　　小平板儀之腳架，目前多直接使用大平板儀之腳架，只是測板較小而已，往昔簡單型已逐漸被淘汰。

(3)　附件：平板儀之主要附件有 T 形氣泡、方盒羅針、及移點器等：

① T形氣泡

　　由一組互相垂直之氣泡所構成，形如 T 字，十分輕巧。用於整置平板儀之水平，其感度約在 1'/2mm 左右。

② 方盒磁針

　　爲裝於長方形盒內之指北針。磁針之北端呈青色，方盒內兩端並刻以短線，示正南及正北。使用時先放鬆固定螺旋，並緩慢迴轉平板，俟磁針正指南、北，即示測板方位已定，並沿盒邊繪一方向線，註明北端，供以後各站標定方向用。羅針用畢後，應將磁針固定，以免磨損。

③ 移點器(Plumb bob hanger)

　　移點器之形式如圖 7-4 所示，使用時將其上部之 P 點對準設站點在圖上之位置，下部尖端懸掛垂球，使垂球尖端與地面點位在同一鉛垂線上。

　　此外，尚有比例尺、比規、放大鏡及標尺等附件，視測圖需要而攜帶。

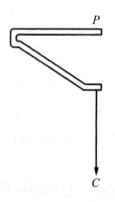

圖 7-4

# 7-3 平板儀測量原理

### 1. 視距測量原理

(1) 傾斜地視距測量原理

如圖 7-5 所示，設 $M$ 為儀器中心，$\delta$ 為儀器中心至物鏡之距離，$f$ 為物鏡至外焦點之距離，$C = \delta + f$ 為加常數，$i$ 為視距絲的間隔，$\varepsilon$ 為視角，$AB$ 為儀器在標尺上讀得之夾距，其值為 $l$。

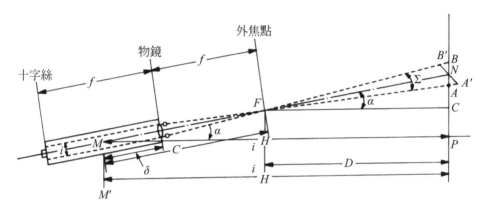

圖 7-5

設視線 $MN$ 與水平線 $MP$ 成傾斜角 $\alpha$，當標尺垂直於地面，則儀器至所求點間之平距，可以由下列關係式推得：

過 $F$ 點作 $FC \mathbin{/\mkern-5mu/} MP$ 則，$\angle NMP = \angle NFC = \angle \alpha$。

在 $\triangle BFC$ 中

$$\tan\left(\alpha + \frac{\varepsilon}{2}\right) = \frac{BC}{D},$$
$$BC = D \cdot \tan\left(\alpha + \frac{\varepsilon}{2}\right)。$$

在 $\triangle AFC$ 中

$$\tan\left(\alpha - \frac{\varepsilon}{2}\right) = \frac{AC}{D}$$

$$AC = D \cdot \tan\left(\alpha - \frac{\varepsilon}{2}\right)$$

又　$AB = l = BC - AC$

$$= D\left(\frac{\tan\alpha + \tan\frac{\varepsilon}{2}}{1 - \tan\alpha \cdot \tan\frac{\varepsilon}{2}} - \frac{\tan\alpha - \tan\frac{\varepsilon}{2}}{1 + \tan\alpha \cdot \tan\frac{\varepsilon}{2}}\right) \text{.......(7-1)}$$

$$= \frac{2D \cdot \tan\frac{\varepsilon}{2} \cdot \sec^2\alpha}{1 - \tan^2\alpha \cdot \tan^2\left(\frac{\varepsilon}{2}\right)}$$

上式中$D$為所求數，將$D$移出，整理之，得

$$D = \frac{l \cdot \left(1 - \tan^2\alpha \cdot \tan^2\frac{\varepsilon}{2}\right)}{2 \cdot \tan\frac{\varepsilon}{2} \cdot \sec^2\alpha}$$

$$= \frac{l}{2} \cdot \cot\frac{\varepsilon}{2} \cdot \cos^2\alpha - \frac{l}{2} \cdot \sin^2\alpha \cdot \tan\frac{\varepsilon}{2} \text{.................(7-2)}$$

但在$\triangle OO'F$中，$\angle OFO' = \angle\varepsilon$，$OO' = i$

$$\cot\frac{\varepsilon}{2} = \frac{f}{i/2} = \frac{f}{i} \times 2$$

$$\therefore \frac{1}{2}\cot\frac{\varepsilon}{2} = \frac{f}{i} = K$$

代入(7-2)式，得

$$D = l \cdot K \cdot \cos^2\alpha - \frac{l}{4K} \cdot \sin^2\alpha \text{.........................................(7-3)}$$

式中末項因分母甚大，分子甚小，可視為零，故可改寫為

$$D = l \cdot K \cdot \cos^2\alpha \text{........................................................ (7-3a)}$$

又，因為在$\triangle FMJ$中

$$\cos\alpha = \frac{MJ}{FM} = \frac{M'J'}{C},$$
$$H = M'J' + D = C \cdot \cos\alpha + D$$
$$= l \cdot K \cdot \cos^2\alpha + C \cdot \cos\alpha \dots\dots\dots\dots\dots\dots(7\text{-}4)$$

此即爲傾斜地視距所得平距之公式。

上式中若將末項重予整理

$$\because 1 - \cos\alpha = 2\sin^2\frac{\alpha}{2}$$

即

$$1 = \cos\alpha + 2\sin^2\frac{\alpha}{2}$$

兩邊同乘$C \cdot \cos\alpha$，則

$$C \cdot \cos\alpha = C \cdot \cos^2\alpha + 2C \cdot \cos\alpha \cdot \sin^2\frac{\alpha}{2}$$

代入(7-4)式，得

$$H = l \cdot K \cdot \cos^2\alpha + C \cdot \cos^2\alpha + 2C \cdot \cos\alpha \cdot \sin^2\frac{\alpha}{2}$$

式中末項之值甚微，可以省略，故

$$H = (K \cdot l + C) \cdot \cos^2\alpha \dots\dots\dots\dots\dots\dots\dots(7\text{-}5)$$

此即爲傾斜地視距讀數直接化算成水平距離之公式。

(2) 平地視距測量公式之推求

儀器水平時，即當$\alpha = 0°$，將其代入(7-4)式，得

$$H = lK + C$$

此即爲平地視距測量公式

(3) 高程差的求法

設 $H$ 為觀測點與所求點間之距離，$h$ 為高差，$\alpha$ 為垂直角，$i$ 為儀器高，$z$ 為望遠鏡中絲在標尺上之讀數，亦即覘標高，由圖 7-6 知

$$
\begin{aligned}
h &= H \cdot \tan\alpha \\
&= (K \cdot l + C)\cos^2\alpha \cdot \tan\alpha \\
&= \frac{1}{2}(K \cdot l + C) \cdot \sin 2\alpha \quad\text{......................................(7-6)}
\end{aligned}
$$

如十字絲之橫絲不與儀器高一致時，則

$$
h = \frac{1}{2}(K \cdot l + C)\sin 2\alpha + i - z \quad\text{.......................................(7-6a)}
$$

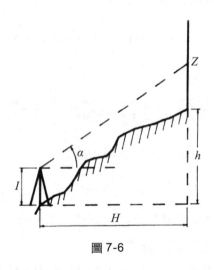

圖 7-6

## 2. 漢默爾自化測距原理

用二條以上視距絲，使其間隔可隨垂直角之大小而變動，藉以迅速測定平距及高程差。凡具有此種裝置之儀器，稱為自化視距儀（Self-reducing tacheometer）。

自化視距儀是德人漢默爾(Hammer)所發明，其特點是，在傾斜地實施視距測量時，只須讀視距絲及高程絲上之夾距，乘以特定之常數，即可逕行求得水平距離及高程差，可以省去讀定垂直角後，再行化算之繁。

# 7-4 平板儀之整置

平板儀之整置工作，包含架設儀器、定心、定平與標定方向等項。

**1. 架設儀器**

在點位上置腳架，連結測板。在架設時應注意測板之高度大致與施測者之胸部齊高，並應使板面上展繪之點位與實地之點位間成相似形。

**2. 定心**

所謂**定心**，是指使板面上之點位與實地之樁位間維持在同一條鉛垂線上。在大於五百分一之測圖時，須使用移點器，以便精確定位；若小於五百分一之測圖，只須用石子自測板上相應於地面點位之下方，自由落下，若落點十分接近木樁即可。

**3. 定平**

先將詹森架首下方之蝴蝶螺旋放鬆，使測板能自由的上下傾斜；再將獨立之$T$形水準器置於板面，視該二互相垂直之氣泡均居中後，即示測板已定平，固定蝴蝶螺旋即可。亦可用測斜儀或望遠鏡照準儀定規上之水準器來定平，惟氣泡應分別置於二互相垂直之位置上，俟皆能居中，即為已**定平**。若用望遠鏡照準儀作定平工作，應特別注意板面的平穩，以免儀器滑落。

**4. 標定方位**

標定方位的目的，是使平板上所展繪諸點之點位與實地上相應諸點之方位一致。標定之法有二：

(1) 已知點標定(Orienting by backsight)

　　**已知點標定**又稱**後視點標定**。先在測板上設測點及瞄準點上，各插一測針，再將儀器定規邊緣緊靠該二測針，迴轉測板，使該二點與地面上描準點後方所插之標桿成一直線，則測板方位已與實地一致。

　　用已知點標定方位，其點位之選擇，應選擇距離較遠、高差較小，並且能有第三點可以檢核者，最為理想。

(2) 指北針標定(Orienting by compass needle)

① 在有已知點地區

　　先利用已知點標定法，將測板方位定位後，將方盒磁針放在平板上任一空白角上，轉動磁針盒，俟磁針一端與盒內指線一致後，沿盒邊繪畫鉛筆線，並註明北方；俟後在各新點整置平板時，仍將磁針盒原邊，與所繪之鉛筆線相切，再迴轉平板，待磁針對正北方，平板即已標定。

② 在無控制點地區

　　若平板上未曾展繪已知點，則先在圖紙左(或右)上角畫一直線，並在前端箭頭處註明北方「N」。 將磁針盒邊緊靠該直線，旋轉平板，使指北針正對北方，固定平板，此時平板之方位已與實地方位一致。

## 7-5 平板儀測定控制點之作業法

　　平板作業時，倘測板上既有之已知點尚不足控制測區之地形時，可藉平板儀增測部份控制點，以為因應。常用之方法，有導線法、輻射法、支距法、交會法等數種。

在本節中，各圖上大寫之英文字母，示實地上測站之位置，小寫之英文字母，示相應之圖上測站點；各圖中之平板皆予放大，以利說明其相關問題。

## 1. 導線法(Traversing)

(1) 概說

用平板儀所作之導線測量，習稱**平板導線測量**，或稱**圖解導線測量**(Graphical traversing)。其法是將實地所選之導線點，應用平板儀逐點測繪於圖紙上，並予以平差改正。由於從測量、計算到標繪於測板上，十分快速簡便，且精度亦能滿足平板測量之需要，故在城市或蔭蔽地區測量作業中，使用情形十分普通。

(2) 平板導線的類別

① 依量距方法分，有直接量距平板導線及視距平板導線兩種。**直接量距平板導線**，通常應用鋼卷尺或塑膠尺量距；而**視距平板導線**之距離，則是以視距法測定。

② 依作業之精簡分，有單覘法與複覘法兩種。**單覘法**是指觀測時隔點設站，以直覘法決定後一邊，反覘法測定另一邊，而藉指北針來標定測板方位；**複覘平板導線**是每邊有往返觀測兩次之機會，用中數確定點位。故複覘法之精度較高。

③ 依導線之形狀分，亦有閉合圖解導線與展開圖解導線之分。

(3) 施測方法

茲以閉合導線為例。如圖 7-7 所示，在測區內有連續導線點 $A$、$B$、$C$、$D$、$E$，並以 $A$ 為起始點，其作業之步驟如下：

① 如 $A$ 為已知點，則在 $A$ 點整置平板後，用已知點標定方向；如為一獨立之導線,則在圖紙上適當之位置(能使所測範圍皆在測板內)取一點 $a$，表 $A$ 之圖上位置，整置平板後，用羅針標定方向。

② 自*a*向實地*B*、*E*描繪方向線,並量取距離(用直接量距或讀視距),按比例尺將*b*、*e*點標繪於圖上。

③ 移平板於*B*點,整置平板,並以*ba*線標定方向。依前述方法定出*C*點之圖上位置*c*;再移站至*C*,決定*d*;移站至*D*,決定點*e*。

④ 最後由*E*再測回*A*,檢查是否仍回歸起點*a*。如不能閉合,但閉合差在允許範圍之內,則可用平差法解決,否則重測。

⑤ 如通視情形良好,在施測進行中,應儘可能作檢核性觀測,以提昇其精度。

(4) 閉合差之界限與配賦

① 平面閉合差之界限

形成視距導線誤差的因素,較重要者有三:一為量距不夠精確;二為縮繪時,比例尺對線不準;三為照準時,測板方向有些微的偏斜。此三者在圖面上所形成之誤差,大致各為 0.2 mm。結合三者對於全部導線之影響,其誤差應為

$$W = \sqrt{0.2^2 + 0.2^2 + 0.2^2} \cdot \sqrt{n} = 0.35\text{mm} \cdot \sqrt{n}$$

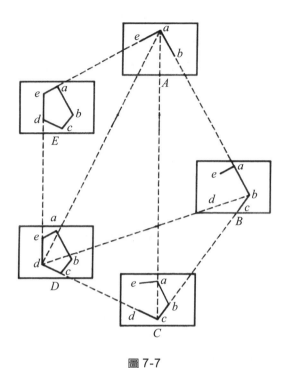

圖 7-7

式中n為視距導線點數。

上式是在視距在三百公尺以內、其誤差均為1：300至1：1000 之間時所推求者。 當平板導線用直接量距，且在平地上施測時，其誤差數可低於 $0.3\text{mm} \cdot \sqrt{n}$。 惟在一般情況下，若用複覘法作業

$$W \angle 0.35\text{mm} \cdot \sqrt{n} \text{...............................................(7-7)}$$

若用單覘作業，則可酌予放鬆。

$$W \angle 0.7\text{mm} \cdot \sqrt{n} \text{.................................................(7-8)}$$

② 平面閉合差之配賦與改正

平面閉合差配賦與改正，可循下列二途徑解決之：

❶ 如圖7-8所示，當導線點測回至原點，產生閉合差$aa'$時，可由錯誤點$a'$向原點$a$繪方向線；並從其它各圖解點，分別作平差方向線，平行於$aa'$，此諸平行線即為各圖解導線點正確之改正方向。

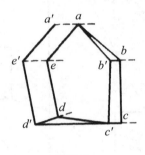

圖7-8

❷ 在測板邊緣圖紙上繪一長直線，使其長度較同比例尺之導線全長為長。自其一端$a'$始，依次按導線邊長定出$e'$、$d'$、$c'$、$b'$、$a$諸點，如圖7-9(a)所示。過$a'$作$aa'$垂直於$a'b'$，令其長與閉合差$aa'$相等。圖中右端之$b'a$，表示由含誤差之$b'$回歸至原始點$a$。

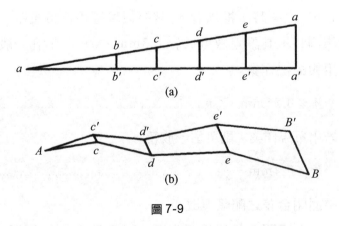

(a)

(b)

圖7-9

連接 $aa$，並自 $e'$、$d'$……等各分點作垂線與 $aa$ 相交，則 $ee'$、$dd'$、$cc'$、$bb'$ 各線段之長，即為相應各導線點應有之改正數。將該長度轉繪於圖 7-8 中之改正方向線上，即得 $e$、$d$、$c$、$b$ 各點經平差後之正確位置。

在平差過程中，由於誤差數 $aa'$ 甚小，在作平差圖時可酌予放大若干倍，以利作圖。惟此時 $ee'$、$dd'$……亦隨之放大，故在將平差圖上之長度轉入測板上修正點位時，應切記作等比例的縮小，方不致錯誤。在長度上，若用同比例尺會使平差圖之邊長過長，亦可酌予同倍數之縮小，因相似形之關係，不致影響其改正數之長度。

展開導線之平差情形如圖 7-9(b)所示。與閉合法類似。

③　高程閉合差之界限與配賦

圖解導線之高程閉合差，若係使用直接水準測量測高程時，其閉合差可參考直接水準測量閉合差之標準處理；若用平板儀施測時，當視所用之儀器、導線之邊長，及所用之比例尺等因素而異。概略言之，在五千分之一測圖時，實地各邊長均不超過 175 m，其導線高程之差合差

$$M_T \angle 0.05\text{m} \cdot \sqrt{n} \quad\text{.................................................(7-9)}$$

$n$ 為導線點數。

作業時，可視實際地形、儀器、需求等因素酌予調整。

高程閉合差的配賦，是採與距離長短成正比的原則處理。

## 2. 輻射法(Method of radiation)

輻射法又稱光線法，是指平板測量在作業時，常以測站為中心，向其四周之地形點(包含地物、地貌)作觀測，由於所繪之諸方向線有如光線狀，向四周輻射，故稱**光線法**。 如圖 7-10 所示，$C$ 為儀器之設站位

置，為已知點；虛線示自測站向各地物點所瞄繪之方向線。 該線在測圖時，只須在板面上酌量繪一短線，待測站至所測點之距離量得後，依比例尺在線上定出相應之點位後，即可擦去。將相關各點連結，即可成圖。

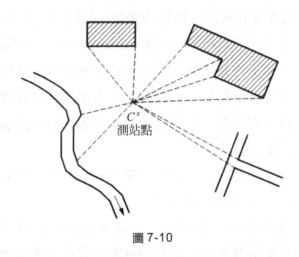

圖 7-10

輻射法在大比例尺之**碎部測量**(指測繪各點附近之地物、地貌，亦稱**細部測量**)中，較常使用。在施測過程中，由於作業時間較久，測板方位容易移動，宜事先選定遠方一清晰目標，描繪一方向線，以便隨時作為檢查之用。

## 3. 支距法(Method of offset)

由線外一點至線上之垂直距離稱為**支距**。**支距法**亦稱**座標法**。此法之特點是，祇要一付直角儀及卷尺，即可施測。

如圖 7-11 所示，在道路邊緣，定直線 $AB$，使用直角儀， 或用布卷尺 3：4：5 原理，作直角三角形，求得屋隅 4′在 $AB$ 線上之垂趾 4，量 $A4$ 及 44′之距離，即可求得 4′點在圖上之位置。 仿此，分別可求得 3′、2′、1′諸點，連結諸相關點，並於實地量取房屋之長寬，即可將房屋繪出。

　　在大於五百分之一的測圖中，如遇狹長之巷道，或不便設置儀器的地區，可以藉支距法解決。

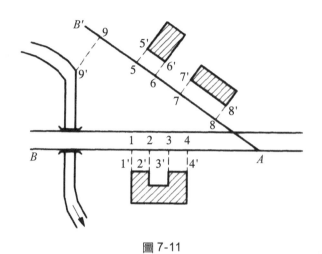

圖 7-11

### 4.　交會法(Method of intersection)

　　如測站至各地物點間，因有障礙，無法實施直接量距；或因距離過長，不便量距時，可用交會法來定各地物之點位。如圖 7-12 所示，先在R點設站，以L點為原方向，標定測板後，向各屋隅等地形點描方向線，再移測板至L點，用R點標定方向，亦向上述各地形點繪方向線，各相關方向線之交點，即為所求。

### 5.　平板交會測量(Graphical triangulation)

(1)　平板交會法之種類

　　　　**平板交會測量**亦稱**圖解三角測量**，其特點是僅靠圖上由已知點所描繪之方向線，而不必實地去量距離，即能決定所求點在圖上應有之位置。有前方交會法、側方交會法及後方交會法等三種。

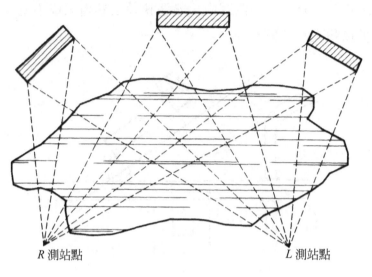

R 測站點　　　　　　　　　　　　　　　　L 測站點

圖 7-12

① 前方交會法(Forward intersection)

　　由兩個或兩個以上(含檢核方向)之已知點為測站，向所求點描繪方向線，各方向線在測板上之交點，即為所求點在圖上之位置，稱為**前方交會測量**。

　　如圖 7-13 所示，$A$、$B$、$C$為三已知點， 先在$A$點整置儀器，用$B$點標定方向後，經平板固定。並過測板上$a$點向所求點$P_1$及$P_2$描繪方向線。次移測板至$B$點，用$A$點或$C$點標定測板方向後，通過$b$點，再向未知點$P_1$及$P_2$描繪方向線，二次方向線之交點，即為所求點$P$在圖上之位置。同法在$C$點設站，標定方向、繪方向線，看該線是否仍經過$P$點，以為檢核。

　　前方交會法除可應用於遠處地形點之測定外，尚可作圖解三角鎖，以測定圖根點之點位，俾作為測繪比例尺圖之依據。

　　其高程之求法，若用平板儀，可直接從儀器中求得。

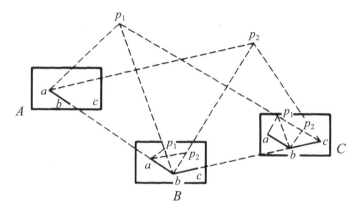

圖 7-13

② 側方交會法(Side section)

在已知點及所求點次第設站，藉交會法推求所求點之位置
者，稱為**側方交會法**，或**截線法**。

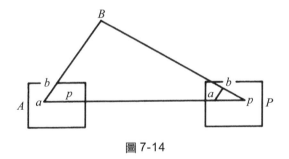

圖 7-14

如圖 7-14 所示，設先在已知點A設站，瞄準另一已知點，
標定方向後，向所求點P描繪方向線ap，次移測板至所求點P，
整置儀器，並以ap方向線標定測板之方向後，過測板上b點，
向實地B作方向線，其延線與ap線相交於P點，即得所求點P在
圖上之位置。

該法兼取前方交會法與後方交會法之長處，來推求所求點之位置。在二已知點中，若有一點不便接近時，用此法以定位，十分方便。

③ 後方交會法(Back intersection method)

在未知點設站，向二個或二個以上(含檢核條件)之已知點作觀測，經由此諸點，各向後方繪畫方向線，其所得之交點，即為所求點在圖上之位置。此法即稱**後方交會法**，又稱**三點法**(Three points problem)。如圖 7-15。

用後方交會法解決所求點之圖上位置，再以羅針標定測板方向，對某些外業作業而言，甚為方便。

圖解後方交會法多用於中、小比例尺之測圖，可以作補助圖根點，亦可直接測定地形點，其優點是不必量距，只要能看到三已知點之處，皆能設站觀測。

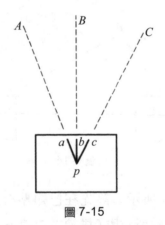

圖 7-15

(2) 示誤三角形之形成

如圖 7-16 所示，置平板儀於所求點 $P$，經定心、定平，並標定方向後，由平板上三已知點向實地相應之點照準，在理論上言，該三方向線在測板上應適交會於一點，即所求點P在圖上之位置。但在實際標定的過程中，平板方位未必能與理想之位置一致，遂使三方向不交於一點，而構成一小三角形，此三角形稱為**示誤三角形**(Triangle of error)。

　　示誤三角形發生的原因，絕大部份是因為羅針之靈敏度不夠、磁針受局部吸引、或交角太銳等因素，導致測板方位標定不正確所致。圖7-16中實線部份示正確位置，虛線部份示測板因標定時有α傾斜，遂形成斜線部份之示誤三角形。

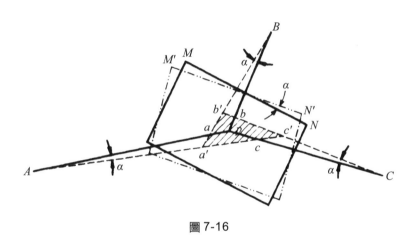

圖 7-16

# 7-6　平板儀測量作業

**1.　預備作業：**

　　平板測量作業之先，應先裱糊圖紙於測板上，並將已知點展繪出來，作為外業測圖時的依據(已於第六章第十節中介紹)。

**2.　望遠鏡照準儀作業程序：**

　　(1)　在觀測站整置儀器。

(2) 量儀器高。

(3) 用望遠鏡中之上、下二絲，讀標尺上之夾距$l$(讀數時，可先使其中一絲對整格，以方便記數)。

(4) 讀垂直角(或天頂距)及覘標高

   ① 若為自化視距儀，此項讀數可以省略

   ② 若為貝門視距弧，應先調整供望遠鏡俯仰之微動螺旋，使 V 尺鄰近指標處之任一邊，對正整分劃處，待指標氣泡居中後：在 V 尺上讀得之讀數，設為$M$；在 H 尺上之讀數，設為$P$；十字絲中絲(即水平絲)所對之讀數，設為$Z$。

(5) 計算公式：

   儀器中心與標尺上 Z 處之

$$高程差 = (M - 50)l + I - Z \dotfill (7\text{-}10)$$

   為便於計算，在施測時可以使$I = Z$，亦即中絲在標尺上照準與儀器同高之處，則可以使計算公式後二項省略。

   儀器中心與標尺二點間之

$$水平距離 = K \cdot l\left(1 - \frac{P}{100}\right) \dotfill (7\text{-}11)$$

(6) 舉例：

**例 1** 設標尺夾距$l = 2.0$m，V 尺讀數$M = 35$，H 尺讀數$P = 2$，求儀器中心與標尺上照準點之高程差及水平距離。

**解** 高程差 $= 2.0 \times (35 - 50) = -30.0$ m

即儀器中心標尺上之照準點高出 30.0 m。當儀器高，望遠鏡水平絲在標尺上的讀數，及$A$點之高為已知時，可以求得該二點之高程差。

水平距離＝(100 － 2)×2.0 ＝ 196m

**3. 平板儀測繪平面圖**

平面圖的施測，只需有距離及方向二條件即可，而不必考慮高程。

其作業法是，在測站上整置儀器，並標定方向後，利用本章第五節所述測定控制點之各種方法，諸如導線法、輻射法、支距法、交會法等，將諸控制點或地物點視地物形狀予以連結即成。

除上述各法之外，尚有半導線法、草圖法等各種輔助方法，當視測圖時之實際需要，只要合乎幾何原理，且不使地物失真，皆可選擇使用。

惟需注意者，在大比例尺之測圖中，應儘可能用卷尺直接量距，或以視距法、光波測距儀等測定距離，方能提昇成圖之精度。

# 7-7 平板儀測量應注意事項

1. 作業之前，應先檢查儀器及附件之各部門，是否正常。
2. 測圖用紙，應採用伸縮性小、質地細密者為佳；若採用透明塑膠片則更佳，可減少複製時之重新描繪工作。
3. 整置儀器時腳架應緊插入土，各處之螺旋亦應固定，以免測量進行中發生移位現象。
4. 展點及繪圖所用之鉛筆，以稍硬之 4H 鉛筆較佳。筆心宜尖細，畫線宜輕，方向線及線條之粗細，應保持在 0.1mm 附近。
5. 展點應以方格法、直角座標值行之。
6. 在施測進行中，手腳不可撞及平板，更不可將手臂放在平板上，以免測板移位。
7. 測板上之線條，除必要者外，其他參考線宜短，且愈少愈好。
8. 在不同之點設站時，應儘可能以交會法對已施測完畢之地物點再作觀測，以檢查是否準確。

9. 照準儀不可在測板上任意拖動；橡皮擦屑亦應以衛生紙或手套推離板面，切不可以用手掌擦拭，以維持板面清潔。

10. 測圖時，地物點應擇要取捨，以避免板面過於繁瑣。

# 7-8　平板儀測量誤差之來源

平板儀經校正後，若仍有誤差存在，其來源可能有下列三項：

## 1. 自然誤差

例如圖紙因氣候之影響而伸縮，磁針因磁場不穩定、局部吸引等因素所產生之誤差皆是。

## 2. 儀器誤差

例如望遠鏡之照準軸與水平軸未能真正垂直等情形。這些誤差經校正後若仍有些微存在，其量必不致太大，故可以略而不計。

## 3. 人為誤差

例如定心不準確，點位與儀器中心不在同一之鉛垂線上，則對目標時所繪之方向線必有偏差存在；定平欠完善，則測繪時容易產生誤差；照準不確實，會使照準方向與測繪方向間形成偏差。惟上述諸項其影響量亦甚小。

至於展點不準確、照準時誤認點位、定位後測板中途移動等情形，則均屬錯誤範圍，惟有作業時應仔細防範、小心從事。

# ─ 習題 ─────────────────────────

1. 在平板導線測量中，若發生了平面閉合差，試繪圖說明其平差改正法。

2. 在三點問題中，示誤三角形與交會點位置之關係，往往取決於儀器在何處設站。試就各種情況繪圖說明之。

3. 測繪地形的方法有那幾種？各適合於何種場合？

4. 平板測量之優缺點為何？試分析之。

5. 如何整置平板儀？其各步驟之目的為何？試詳述之。

6. 平板儀有那些基本結構？那些附件？

7. 圖解三角測量有那幾種方法？如何作業？

8. 平板儀較重要之校正有那幾項？為甚麼？

9. 用 $K \cdot E$ 平板儀在已知點 $A$ 作業，向置於 $B$ 點之標尺作觀測，已讀得夾距 $l = 1.22$ m，V 尺讀數 $M = 56$，H 尺讀數 $N = 2$，望遠鏡中絲照準標尺高 1.45 m 處，儀器高 1.23 m，試求兩點間之平距與高差。

   答：119.56 m；＋7.10 m

10. 在某一傾斜地測量，讀得垂直角為 3°10'30"，標尺夾距為 2.22 m，儀器高 1.23 m，水平絲讀數為 1.45 m，且已知該儀器之 $K = 99.58$，$C = 0.30$ m，求兩點間之平距及高程差。

    答：220.69 m；5.29 m

11. 茲在 $B$ 點架設橫距桿，桿長 2 m；在 $A$ 點設站，測得橫距桿之夾角為 2°12'24"，垂直角為 10°10'10"，若儀器與橫距桿同高，且已知 $A$ 點之高程為 11.11 m，試求 $AB$ 兩點間之平距及與 $B$ 點之高程差。

    答：51.924 m；20.425 m

CH **8**

# 地形測量

# 8-1　概述

　　各種天然之物體，例如河流、森林等，以及人為之物體，例如道路、房屋等、稱為**地物**(Features)；地面上之高低起伏狀態，如山脈、溪谷等；稱為**地貌**(Relief)。合地物與地貌，總稱為**地形**(Topography)。

　　將地形按一定之比例尺，並以統一之圖式註記，縮繪於圖紙上者，稱為**地圖**(Map)。常見之地圖有二種：一為僅描繪地物者，稱**平面圖**(Planemetric map)，如地籍圖、交通圖等是；一為兼及地物及地貌者，則稱為**地形圖**(Topographic map)。凡以測製地形圖為目的之測量，稱為**地形測量**(Topographic surveying)。

　　地形測量成圖的方式是，依據控制點，來測繪點四周地面上之地物及地貌。所謂**控制點**，即專為測圖而設之點，亦稱**圖根點**。其平面位置之決定，在精度要求較嚴謹時，是經由三角測量或導線測量觀測計算而來；若要求精度不高，亦可由平板儀導線或交會法求得。高程位置則可由逐差水準求得，亦可由間接高程或平板儀直接施測獲得。控制點分佈的密度，得視測區地形之需要而定，在一般情況下，點與點之間在圖上之距離，大約是 4 至 5 公分，比例尺大、距離可酌增，比例尺小，則距離宜酌減，亦即控制點之量應增加。

　　地形測量中對於地物、地貌的施測，稱為**測細部**(或碎部)。其作業方式，有記載測圖及實地測繪二種。**記載測圖**是將外業資料實測後，攜回室內，轉製成圖。該法因較易發生錯誤或遺漏，且難以掌握地面真實之變化，故僅在地形變化較單純之地區，偶有採用。 實地測繪多以平板儀作業，亦有用數種儀器混合使用者；前者靠一人主測，費時較長，而後者雖可藉數人同時作業，惟人力之耗費，亦頗可觀。

　　地形測量可行之於廣大地區，如全國，或一省，亦可在局部地區施測，如一城、鎮、或更小之村落；或成線狀展開，如路線測量等是。當一區域之地形圖無法以一幅圖面涵蓋全區時，須先行分幅施測，待完成後，再作拼接。小比例尺圖之分幅、習慣上以經緯度行之；用大比例尺測圖時，則常使分幅之圖成矩形。

在一般之地形圖中，可概括分為兩類：一為工程用之地形圖，一為基本地形圖。工程用地形圖之比例尺，大約在 1：500 至 1：5000 之間為主，大於或小於上述比例尺之測圖，則多為應特殊需要而施測者。基本地形圖之比例尺，就全國性之大範圍而言，大致可分為三類：

表 8-1

| 分類 | 比例尺 | 測圖方式 |
|------|--------|----------|
| 大 | 1：5,000～1：25,000 | 以實地測繪或航測方式完成 |
| 中 | 1：50,000～1：100,000 | 以航空測量或編繪方式完成 |
| 小 | 小於 1：100,000 | 編繪方式完成 |

# 8-2　地形圖之表示方法

當地物經縮繪後，在圖上已無法顯示其屬性，或為凸顯其性質時，則可以用符號來表示，此種符號稱為**地圖圖式**(Legend or Conventional-signs)。

圖式是由測量權責機關(在中央為內政部)統一制定者。其制定之原則是要能充份掌握地物之「象形」，或讓人見圖即能「會意」其內含。

表 8-2 為較常用之地形圖圖式(摘自聯勤測量署出版之台灣經建版地形圖)。其他有關圖式資料，可從內政部或測量單位之出版品中查得。

表 8-2　地形圖圖式舉例

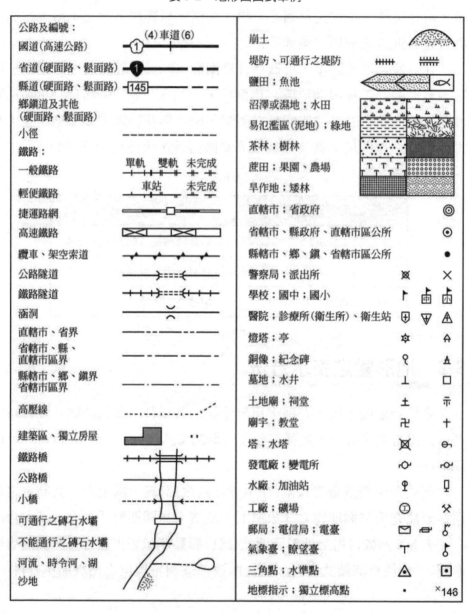

　　地形圖所表達者，主要為地物及地貌。地貌表達的方式，概略言之，有下述之三種：

**1. 暈渲法**

　　運用光輝暗影之色調濃淡，來顯示地貌之起伏狀態者，稱**暈渲法** (Shading method)。在小比例尺的輿圖上，如全國圖或世界圖等彩色印刷者，多應用之。

**2. 暈滃法**

　　以粗細、疏密不同之線劃、來顯示地形的高低，使圖面具有立體效果者，稱**暈滃法**。該法多用在示意圖上，例如報章上描述兩軍對峙之地形狀況時，即常用此法表達。

**3. 等高線法**

　　依次將地面上高程相同之點連結，形成一條曲線，將該曲線投影於平面圖上，藉以表示地面之高低起伏狀態者，此種曲線稱為**等高線** (Contour line)，又稱**水平曲線**，簡稱**曲線**。以此曲線顯示地形之法，即為**等高線法**。

　　等高線既能表達地貌的蜿蜒起伏，又能非常明確的表達出地面之高程，是以在工程上應用最廣，效果亦最佳。

　　此外，亦有用分層設色表達者，例如河流、海洋用藍色、高山用棕色等來顯示，色澤愈濃，表示愈深或愈高。

# 8-3　等高線之種類及其特性

**1. 等高線之種類**

　　等高線為荷蘭人 Cruquins 及法人 Buache 於十八世紀時首先開始使用。一般將其歸納成四種：

(1) 首曲線(Primary contour line)

乃表示地貌狀態的基本曲線，爲地形的主體。一般均以0.2mm之連續、圓滑之實細線條表示。

(2) 計曲線(Index contour line)

將首曲線每逢五之倍數，繪成較粗之曲線，並列註標高，以便於讀計曲線之高程者，稱爲**計曲線**。

(3) 間曲線(Intermediate contour line)

在地形變化較大，且傾斜平緩之處，當首曲線難以顯示地形之變化時，可以在二首曲線之間，加繪一曲線：其高程爲相鄰二首曲線高程和之半；其線條爲長約 5mm 之間斷性短線；可從需要處插入，不需要即截止(亦即不必考慮其連續)。

(4) 助曲線(Supplementary contour line)

助曲線之性質與間曲線相似，是：加繪在首曲線與間曲線之間；其等高線之垂直距離爲首曲線間的四分之一；其線條爲長約 1 mm 之短虛線；視地形需要，可以隨處插入及終止。

各種曲線如圖 8-1。

## 2.　等高線之性質

(1) 同一等高線上各點之高度均應相等。

(2) 任一等高線皆應自行閉合，而形成一封閉曲線；可能閉合於同一幅圖內，或閉合於圖外。

(3) 等高線稀疏，表示實地坡度平緩；稠密、則表示坡度陡峭。

(4) 如等高線之水平間隔大致相等，則相應之實地應爲規律、平整之坡地；如其水平間隔不規則，示實地地形崎嶇不平。

(5) 等高線經過峭壁處，則數條等高線會重合，成密集等高線通過；如過懸崖，等高線應繪成虛線。除上述二情況外，二不同高度之等高線不可能相交或重疊；也不會由一等高線分裂成二。

(6) 等高線過河川山谷時，必沿河岸向上竄，直至河谷底與等高線同高處通過，然後再折返沿河岸而下；在兩支流匯合處時，則呈 M 形通過。

(7) 曲線上稀下密，在相應之實地應為凸傾斜；反之，為凹傾斜。

(8) 等高線遇山脊線或山谷線時，成直角通過。通常在山脊及山鼻處，等高線多呈 U 形，字底朝低處；狹谷呈 V 形，字底朝山頭。

(9) 鞍部是指同一山脊上兩山峰間之低窪地區。其兩峰之等高線大致呈對稱形態。

(10) 在地面隆起地區，但其高度未達一等高距時，除應於等高線外側加繪細短線外，並視需要，得酌加標高；低窪地區除於等高線內側加繪細短線外，並加註負號及高程於頂點，以示其深度。

圖 8-1

## 8-4　等高距

相鄰二等高線間之垂直距離,稱爲**等高距**,或**等高線間隔**(Contour interval)。

等高距的大小,視比例尺之尺度,用圖所需之精度,及地面傾斜之緩急而異,爲使測圖易於閱讀起見,等高線不宜太密,亦不宜太疏。在一般情況下,其參考數如表 8-3。

表 8-3

| 比例尺 | $\frac{1}{500}$ | $\frac{1}{1,000}$ | $\frac{1}{2,500}$ | $\frac{1}{5,000}$ | $\frac{1}{10,000}$ | $\frac{1}{25,000}$ | $\frac{1}{50,000}$ | $\frac{1}{100,000}$ |
|---|---|---|---|---|---|---|---|---|
| 等高距 | 0.5 m | 0.5～1 m | 1～2 m | 2 m | 5 m | 10 m | 20 m | 50 m |

若同一幅圖中兼有高山及平原,則可用二種不同的等高距來顯示。其目的在能逼眞的表現出地貌狀況,並提昇其精度。

## 8-5　等高線之測法與地貌測繪要領

### 1.　直接測定法

直接測定法亦稱**等高點法**(Trace contour method)。在已知點設站,直接測量同一高程諸點之點位,並連接之,所得曲線即爲所求之等高線。其諸點高程之測法,是用試驗法推求,其公式爲

> 覘標高＝(測站標高＋儀器高)-所求等高線之高
> ＝儀器視線高(H.I)－所求等高線之高 ................(8-1)

其作業程序如下:

(1)　求覘標高(即標尺上應有之讀數)

　　　如圖 8-2 所示，茲設在地面高為 50.50 m 之點設站，儀器高 1.20 m，則得儀器之視線高(H.I) ＝ 50.50 m ＋ 1.20 m ＝ 51.70 m，如欲測 51 m 之等高線，其覘標高 ＝ 51.70 m － 51 m ＝ 0.70 m，如欲測 50 m 之等高線，其覘標高 ＝ 51.70 － 50 ＝ 1.70 m，同法可求得 49 m 之覘標高為 2.70 m；48 m 之覘標高為 3.70 m。

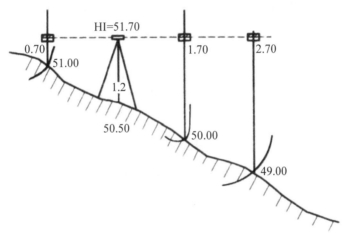

**圖 8-2**

(2)　作記號

　　　在視距標尺，或急造量距尺尺桿上 0.70 m、1.70 m、2.70 m ……諸高處，分別綁上青、白、黃……等色布，或貼以不同顏色之色紙；例如 0.70m 處綁以青色，示 51m 之等高線等。

(3)　求點位

　　　令持尺者於適當之地形點處，豎立測尺(視距標尺或急造量距尺)。觀測者從業已整置妥當之儀器中，察看視線是否恰與尺上某色布之高程一致。例如當青色布條恰在水平視線上，即示持尺點之地面，適為等高線 51 m 通過之點。將該點之位置測繪於圖上，並註明高程。若視線未能正好經過某色布上，觀測者從儀器中查看是過高或過低，可令持尺者酌向高處或低處移動，至恰在線上為止。

持尺者在移動位置時，應作有規律之移動，例如先跑51m等高線上各點，再跑 52 m 者，則觀測者於連接等高線時，才不會紊亂。

直接測定法多應用在緩傾斜地大比例尺之測圖上。由於精度高，施測時雖費時較長，仍為測量界所樂用。

## 2. 間接測定法

間接測定法又有方格法及定點法兩種成圖方式：

### (1) 方格法(Checker board)

方格法是在測區，將地面訂以方格，再以水準儀或其他儀器求出方格交點之高程，並用插繪法繪出其曲線。該法適用於地勢平坦、且地物不太複雜之地區。在一般大型建築基地，例如機場，或丘陵地區之平基工作，常用此法作業，其工作程序如下：

### ① 定方格交點

如圖 8.3 所示，先將測區之地面，用木樁訂以方格。方格之大小，可以從 5m×5m 至 50m×50m，視測圖精度需要而定；普通地形多採用 20m 見方者。並用卷尺或測距儀量距離，用經緯儀或直角儀定直角。

### ② 賦予編號

其編號原則是：較短一邊命以A、B、C……，長的一邊命以 1、2、3……，即得各點之樁號，如 A12、B03 等。

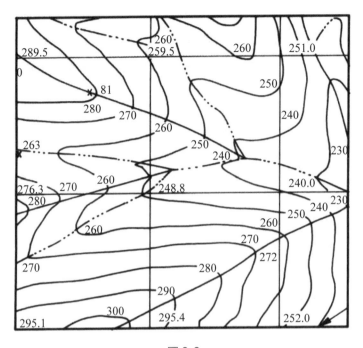

圖 8-3

③ 測各樁頂水準

如測圖範圍不大，可以取其中央之任一點高，作為後視，再以其他各點為前視，分別求出各樁頂之高度。如測區範圍較大，可將測區略予劃分，從各區中選擇一位置適當者，先作直接水準測量，待平差改正後，再以該等點位之高度為起算點，分別推算四周各點位之高度。

④ 插繪等高線

於圖紙上，按比例尺繪以方格，並在圖廓上註明樁號。將各相應交點之高程轉入圖紙，再依據相關之高度及距離，按比例插繪等高線。

⑵ 定點法

　　**定點法**或稱**地形要點法**(Key point for contours)。想要掌握地貌，必須先瞭解地性線及地形要點。所謂**地性線**，是指：

① 凸線(稜)

　　即是山脊之連線，亦稱**分水線**。乃連絡地面上，各高點之線。其走向由山頂向四方輻射，用以控制山的位置及形狀。

② 凹線

　　乃河流與溪谷、或溪谷與溪谷間之連線。線條呈樹枝狀、測圖時、其交點位置是否能確實掌握，對圖面的逼眞感及精確度，有很大的影響。

③ 傾斜變換點(線)

　　是指凸線或凹線上，傾斜變換之點，或兩傾斜面間相交之線。

④ 方向變換點(線)

　　是指凸線或凹線向左或向右轉折之轉折點或線。

　　而地形要點，是指地形發生變化之點，例如前述之方向變換點、傾斜變換點、山之頂、河流之轉折點等皆是。

　　測圖時，先測定地形要點之平面位置及高程，再將諸點連結成蜘蛛網狀，如圖 8-4 所示，並註明高程。在兩高程點間，用插入法將其中所含等高線之位置勾出。將高程相同之點連結之，即得其等高線。

3. **地貌測圖要領**

⑴ 在測繪等高線時，應先著眼於測區的**總貌**(Generalization)，再及細部。因總貌是地形之通勢，爲所測地形圖與測區間神似與否的關鍵所在。在小比例尺測圖中，總貌之把握，尤其重要。

⑵ 在繪畫等高線之前，應先將地性線，例如山脈走向的起始點、河流、溪谷的轉折點等描出後，再行插繪等高線，方不致使地形總

貌失真。其測繪順序是：在山地是先山脊而後溪谷；在高原是先
溪谷而後高原。

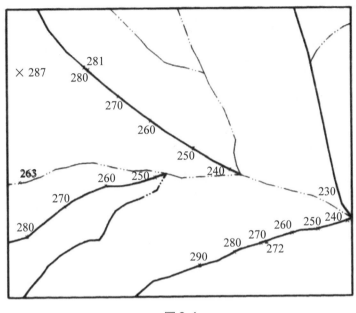

圖 8-4

(3) 在觀測點設站時，應兼顧地物與地貌皆可施測；但其優先順序，
則是先地物而後地貌。因等高線的走向，常需參考地物之故。例
如，等高線不會從建築物中間穿過，也不會與道路成垂直通過等是。

(4) 測圖時，測站與所測繪地區間，應保持適當之距離，方能掌握重
點，其結果才會逼真。因若過份接近，地性線判斷不易，會使測
圖工作倍感困難。

(5) 在連結諸等高點成曲線時，偶而會因少數點位的不妥，而使曲線
不順暢，其原因可能是有些點位之高程欠準確，也可能是些獨立
點位。故在描繪等高線時，可擇其中影響較大者，再作檢查，較
不重要之點，亦可逕予刪除。這種現象在緩傾斜地較易發生。惟

對於大比例尺測圖，應以等高線之正確為原則；小比例尺之測圖，則應以地形總貌逼真為原則。

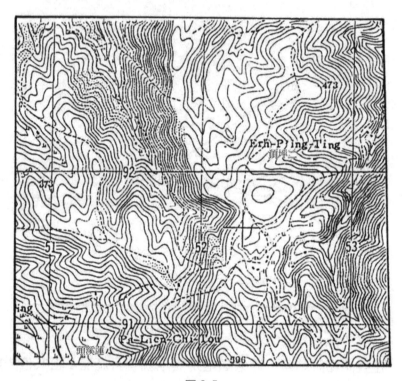

圖 8-5

(6)　為使地形圖面能清晰醒目，在地物、地貌的取捨上，除必須顧及地形總貌的表達外，其餘部份可視板面之疏密，擇要表達之。

(7)　以間接法測繪等高線時，其點位之高程誤差，以不超過其等高距之半為原則；但在重要之地形點上，應特別要求其精度，以避免圖形失真。

　　圖 8-5 為五萬分之一地形圖舉例；圖 8-6 為該圖之縮繪情形(有所刪減)。

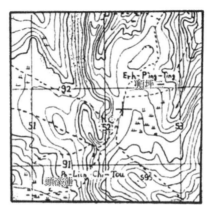

圖 8-6

# 8-6 地形測量之作業程序

地形測量之作業方式，有直接用平板儀施測，或以航空攝影測量方式進行者兩種，在作業程序上略有不同，茲分述之：

## 1. 平板儀地形測量作業程序

(1) 施測規劃

依據施測之目的，決定測圖之比例尺、控制點之分佈、作業方法之分析、人員之編組、儀器之類型與數量、誤差的充許界限、及經費的分配等項目，除詳列於施測之計劃書中外，並應將作業進度列管，俾能確實掌握進度與精度。

(2) 控制點施測

用三角點或導線點控制平面位置，水準測量控制高程，平板導線測圖根點，以彌補圖面點位之不足。

(3) 地形圖測繪

用平板儀或其他儀器測繪地物、地貌。

(4) 內業

包括整飾鉛筆稿圖、拼接、清繪、著墨、加註等高線之雁行註記(等高線上註記高程之數例)等資料，並曬藍、及製版印刷。

## 2. 航空攝影測量測圖作業程序

包括(1)作業計劃；(2)在已知點設置對空標誌；(3)在測區上空作航空攝影測量；(4)在實地作地面控制測量，且在像片上酌量選刺像片之連結點，以便測定其平面、及高程之座標值；(5)將航攝底片置於立體製圖儀上，使呈現光學模型，並利用該模型，描繪地形圖，(6)將所得之航測圖攜至測區、待補註地名及遺漏之資料後，整飾、繪製、印刷成圖。

# 8-7 施測地形圖使用儀器、方法與比例尺之配合

## 1. 經緯儀

適用於以數值法測繪地形圖。

角度(亦即方向)，可以用經緯儀觀測；距離則用測距儀或視距法求取。高程則用垂直角觀測計算，並在測區作草圖及註記後，攜回室內展點、繪製即可。大比例尺測圖時，使用此法亦十分方便。

若用電子測距經緯儀施測，因有自動記錄儲存裝置，並可與電腦聯接，計算及繪圖工作，可藉電腦運作完成，作業既快速，亦可避免誤讀、誤記之弊端發生。

## 2. 小平板儀及經緯儀

適用於以圖解法測地形圖。

施測時將小平板儀整置於測站上，分別向各目標描繪方向線；而距離及高差，則是藉設置在測板邊上之經緯儀讀垂直角及視距後，計算而來。

　　成圖快捷，是其優點，但其精度較經緯儀法為差。若用直接量距法取代視距，精度將可提昇。

### 3. 大平板儀

　　適用於一般大、中比例尺之地形測圖。

　　大平板儀為地形測圖之主要作業儀器，從用照準軸描方向，到貝門視距弧或自化尺上之刻劃讀距離及高程，一付儀器即可同時解決。精度好、成圖快、不用記錄器及避免轉繪之煩，均是其優點。

### 4. 小平板儀

　　適用於中、小比例尺之測圖。

　　用測斜儀描方向，急造量距尺讀距離及高程，精度雖不很高，但成圖快，亦為其優點。尤其用交會法在山區作業，更是方便。

### 5. 水準儀

　　適用於以方格法測地形圖。

### 6. 航空攝影測量

　　請詳專書，茲不贅。

## 8-8 地形圖之精度與檢查

### 1. 地形圖之精度

　　茲根據我國國防部於民國五十四年頒部之「測量規則」，美國地形圖審查委員會(Committee on Map Specification and Test)1939年所訂之審查標準，及日本於1960年公佈之「國土調查法施行令」，等三種有關精度之要求，列表如下：

(1)　在控制點方面：

表 8-4

| | 圖上平面移位誤差 | 高程誤差 | 展繪精度 |
|---|---|---|---|
| 中 | 應小於 0.5 mm | | |
| 美 | 應小於 0.13 mm | 應小於等高線間隔之 1/10 | 0.17 mm |
| 日 | | | 0.2 mm |

(2)　在地形點方面：

表 8-5

| | 平面移位誤差 | 高程移位 | |
|---|---|---|---|
| | | 由等高線推算之各點 | 圖上各地形點 |
| 中 | 90 ％點位應小於 0.8 mm | 90 ％以上須準確至等高距之 1/3 | |
| 美 | 95 ％須準確至 0.5 mm | 85 ％以上須準確至等高距之半，其餘者亦不可超過一個等高距 | 須準確至 1/4 等高距之內 |
| 日 | 同美國 | | |

(3)　在圖幅拼接帶

美國規定：相同地物地貌之平面位置，須準確至 0.25 mm 以內。

## 2.　地形圖之檢查

地形圖測繪完成後，須由審核人員予以檢查，藉以明瞭成圖之精度。常用之方法有三：

(1)　斷面檢核法(Cross setion test)

在圖面上任作一直線，其長度以能貫通全板面為原則，並在其兩端各選擇一明確之點位(控制點或地形點)。於實地相應之點位上，用經緯儀標定直線，並在該直線上選定若干明確之地形點或地物，使與圖面上相應各點之點位作比較，即可以瞭解其吻合情形。

⑵　任意點檢核法(Random spot test)

亦稱**散點檢查法**。檢核者在測區中之圖根點上設站，選擇若干地形要點(其位置在圖上亦屬明確易辨者)。實測其位置及高程，使與圖面上所測點作比較。原則上校核面積須佔全幅的 5 ％以上；圖上約每 5 cm² 範圍內應抽查一點。亦有在圖幅內任選兩象限，予以抽查者。

⑶　面積檢核法(Area test)

亦稱**全面檢查法**。其法是在測區範圍內，選擇其中之某一部份，將比例尺放大一倍，重新測圖。測妥後,用透明塑膠片予以縮繪至與原圖相同之比例尺，將其放置原圖上，使座標線重合後，查看其地形要點的吻合情形。

上列檢查法，可任擇一法行之。面積檢查法精度要求較高，往往在測圖精度發生爭執時用之。檢查結果以90 ％符合精度要求者爲合格。

# 8-9　圖幅之接合、清繪、整飾與縮製

## 1.　接合

若測區較大，在測繪地形圖時，必須先行分割施測，待測畢後，再拼接成一整幅。通常在測細部前，鄰近各組可先行協調，某些板在測圖時於圖廓線外側多測約$3cm$寬度之圖，並將其描繪在透明紙上，供另外組作接邊及修邊之用。修正時，在地物方面，直線道路不可因強行接邊而變成折線，房屋之形狀亦不可扭曲變形；在地貌方面，等高線是否圓

滑合理，均應顧及。其地形點位之平面位置及高程之移位情形，應在允許範圍之內。

## 2. 清繪及整飾

   ⑴ 整理圖面

      將殘留之方向線、輔助線、及不必要之高程數字等，先行清除。

   ⑵ 修正

      道路、房屋等按圖示或相關之規格，予以修正。

   ⑶ 加註表面註記

      加註地區、山河、村集、道路等名稱。及行政區域之界址等。

   ⑷ 擦拭圖面

      將修正時所留下之線條或記號，徹底擦拭乾淨，以保持圖面清新。

   ⑸ 著墨、清繪

      所用筆尖之線號，應合乎規定；計曲線、圖根點等該加強之部份，在線號上宜特別注意。

   如原圖為塑膠片、則可直接曬藍，不須著墨。

## 3. 廓外整飾及註記

   為便利用讀者對地形圖內容之瞭解，常須在圖廓外註記下列資料：

   ⑴ 圖名

      位在圖幅之正上方，多以隸書書寫。

   ⑵ 圖號及圖幅接合表

      所測圖幅數在一幅以上時，即應予以編號，並在圖廓右下方加繪圖幅接合表，以便於用圖者瞭解各圖幅彼此間的關係位置。

(3) 繪指北方向線

在大比例尺圖中，僅繪一指北針方向線即可。在小比例尺的地圖上，位於圖幅之右下方，則繪以「三北針」圖。所謂**三北針**，是指①**真北**，為正對地球北極之方向。在地圖上是以子午線或經線之上端示之。通常是用作編製地圖確定北方之依據。在線之頂端，註以星形，以資識別。②**磁北**，為磁場北極之方向。因磁場之磁北常繞北極而移動，故與真北不在一起，通常以指北針定之。其線之頂端註以半箭形。③**座標北**，亦稱**方格北**，為地圖上方格座標縱線上端所指之方向。用一直線代表之。

(4) 比例尺

用文字的、數字或圖示的三種之一，或混合使用。

(5) 圖廓及方格座標註記

大面積的小比例尺地形圖，常須於圖隅處註明經緯度。小區域或大比例尺之地形圖，則應有方格座標註記。

(6) 測圖機關、時間及測繪者姓名。(姓名書寫於圖之背面、以利查考)。

## 4. 地形圖之縮製

在工程上、常因使用地形圖之單位或性質不同，而對成圖比例尺之要求亦異。一般處理的方式是，將實測之大比例尺，視需要酌予縮製。

地形圖縮製之方法有三

(1) 幾何法(Geometrical method)

即先在原圖上註以方格，再在另一張空白紙上亦註以方格，其比例尺視用圖之需要而訂。將原圖上之地物、地貌逐格對照其位置，轉繪至另張格紙上即可。此法在縮繪時若嫌等高線過密，亦可視需要作有規則的刪減(此種刪減法為地圖編繪方法中的一種)。

(2) 縮放儀法(Pantograph method)

　　　即藉縮放儀作一定比例尺的縮放。

(3) 攝影法(Photographic method)

　　　藉攝影器材將原圖作一定比例尺的縮放。

　　由於目前影印技術及電腦製圖已日趨普遍，是以地形圖之縮製，已十分便捷。

# 8-10　地形圖之用途

## 1. 為斷面圖之繪製與土方計算之依據

　　斷面圖的功用，是在顯示地面的高低起伏狀態。有縱斷面圖及橫斷面圖兩種。其表達的方法是，以高程為縱座標、距離為橫座標。將各距離上之高程標出後，連結之，即得其斷面圖。

　　若欲用地形圖來作斷面圖時：

(1) 可先在地形圖上欲知其間斷面之兩定點 A、B 間作連線。

(2) 再在與該直線成平行狀之外側，繪製一組等間隔之平行直線，並分別在右側線端註以高程數字。

(3) 自地形圖上各等高線與$AB$直線相交之點，向平行直線組作垂線。當該交點處等高線之高程適與平行線組之高程相同時，繪一小點，示其位置。

(4) 自端點起，將各小點連結之，即得$AB$直線之斷面圖。

　　至於土石方之計算，將在第十二章第八節中詳述。

## 2. 是各項工程建設規劃的藍本

　　諸如鐵、公路、渠道、水庫、橋涵等工程建設中，其設計與施工、均需以地形圖為藍本。其他像市政建設、水土保持、土地開發與利用等、亦皆以詳實之地形圖是賴。足見地形圖在各項建設中，佔有非常重要的地位。

# 8-11 數值地形測量

　　數值地形測量，是將所測得之地形、地貌點，用三維座標來表達。其成果可經由自動繪圖儀輸出，繪製成線畫式地形圖，或貯存於數值地形資料庫中，俾備運用。

　　用數值方式取代傳統的測量方法，其主要的促成因素，是因為地圖測繪自動儀之發展，已日趨便利。該方式不僅可減少人工測繪時無法避免的誤差，更可提高地形圖成圖的精度及品質。

## 8-11-1 適用範圍及分類

　　數值地形測量，適用於地形測量、平面測量、地圖修測及航空測量等範圍。其分類法大致可歸納為：

表 8-6　數值地形測量的分類

| 數值地形測量 | 航測法 | 半數值法 | 用人工將相片數化(用類比儀器,並輔以電腦)。 |
| | | 數值法 | 直接用電腦處理影像相片。 |
| | 地測法 | 半數值法(人工記錄、電腦處理)。 | |
| | | 編碼法(儀器記錄、電腦處理)。 | |
| | | 電腦平板(電腦記錄、處理)。 | |
| | 成圖數化(人工描圖、電腦處理)。 | | |

## 8-11-2　作業流程

其作業流程為：規劃準備、控制測量、細部測量、電腦繪圖、成果檢核及成果輸出等項，茲分述如下。

**1. 規劃準備**

規劃準備，是整個作業的基礎，其主要工作為：

(1) 作業人力分配及進度掌控。

(2) 將測區劃分成若干工作區塊，並繪製草圖。

(3) 在工作草圖上，將有關線畫予以編碼、註解。以避免未來資料紊亂。

數值地形測量所需之軟、硬體設備，大致有：

(1) 硬體部份

① 全測站測量儀——應注意其度盤之最小讀數、精度、測距範圍及標準誤差、記錄器的功能等，是否能滿足工作需要，相關設備是否完善。

② 電腦及周邊設備－應注意電腦型號，記憶體及磁碟容量等因素的影響。

(2) 應用軟體

① 數值地形測量系統軟體。

② 繪圖軟體——應注意繪圖速度、解析度、重複精度、筆頭架數等因素。

(3) 編碼系統

① 外業編碼。

② 圖例與標準圖例編碼。

(4) 決定細部測量時，圖根點、地物取捨、及高程點取樣原則。

## 2. 控制測量

數值地形所用之控制點，多半是從測區本身、或附近等級較高之已知控制點推引而來。其目的是藉新建之控制(圖根)點座標、高程值，來加強測區內點位之密度，以防止測圖時，產生圖形扭曲變形。

數值地形控制測量之首要工作，就是檢測即將引用之已知點點位，是否可靠。

已知點的檢測作業，在三角點方面，是在測區附近選擇三個(含)以上之已知點，反算各點間的夾角，使與實測之角度作比較(詳本書5-7)；或反算三點間彼此之距離，使與電子測距儀或衛星定位儀施測之結果作比較。當各點間形成之內角和，或距離達到規定之標準時，方能引用。在已知水準點檢查方面，是在測區附近選擇適當之較高等級水準點，以精密水準儀實施檢測，採每二點間往返閉合方式，連續三點所測之結果，均在閉合之標準內時，始可引用。

在平面控制測量方面：三角(三邊)測量適用於大面積、小比例尺之地形圖測量；導線測量適用於小面積、大比例尺之地形測量，或通視較差、無法使用三角測量之地區。

高程控制，以採直接水準測量方法為原則；山地或高樓上之點，以三角高程測量方法為宜。當點位對空通視良好，且已知水準點分佈均勻之地區，可以採用衛星定位測量方式解決。

## 3. 細部地形測量

數值地形之細部地形測量，以使用全測站測量儀、用光線法施測各所求點，並自動記錄各觀測點資料。其觀測資料之記錄，採數值方式，存放於記錄器中，並利用輸入編碼，來表達觀測資料之性質，以及點位與地物間之群屬性，其目的是在蒐集野外地貌、地物資料，用數質資料格式，方便內業處理，使組成三度空間之DTM(Digital Terrain Model)、數值地形模型和編繪地形圖之用。

細部地形測量工作，主要在從事圖根點加密，和野外細部測量上：

(1) 圖根點加密

該項測量因所需測站點之密度甚大，當原測設之控制點(三角點、導線點、圖根點等)不敷需求時，即需實施加密工作。所謂圖根點加密，是依觀測所得之斜距、水平角、垂直角(或天頂距)，直接計算該點位之三度空間座標。該工作可由細部地形測量人員於作業需要時，隨時施測即可。經由支導線法、自由測站法(詳第九章第十節)、或引點法等途徑，求取座標值。

(2) 野外細部測量

野外細部測量之作業程序為：

① 整置儀器。

② 輸入測站點及後視已知點資料(點號、三度空間座標值等)。

③ 將儀器照準後視點，並完成施測準備工作。

④ 對選擇之地物、地貌點作施測。

⑤ 施測完成後，轉站。

施測時，同一地物若有前後連接之關係時，必須依順(逆)時針方式，循序觀測及記錄，以利內業作業時，方便連線。

若某一地物點具有二種以上之屬性，在施測時，必需分別記錄，以利內業連線。例如，在道路邊，房屋二隅與道路之交會處，該二點既表達房屋，又表達道路，故兩種屬性均應輸入。

在一般情況下，點與點間之連線，皆以直線行之。若施測之地物呈弧形，則在施測點位之同時，必須另行輸入代表弧線之控制碼，使程式在執行時，以三點畫一圓弧的方式畫弧。至於施測圓形地物時，必須先施測圓心位置，並將半徑值輸入記錄器，方可求得所需之圓。

在隱蔽、通視不良之地區，可於略圖上標示其與附近已知點位間之相關數據，俾內業編輯時，再行補繪。

## 4. 電腦繪圖

當野外資料蒐集至某種程度，應儘快將記錄器中之觀測資料及屬性資料，傳輸至電腦中，予以處理。通常以當天資料當天處理完畢爲妥。當天處理的資料，僅限於記錄器中資料之傳輸、觀測點位座標計算、與地物線畫之編輯等項，其餘部份如電腦繪圖作業、DTM 模型組建、內插等高線、與圖幅之修飾、分版等作業，均須待外業全部結束後，再行處理。

電腦處理數值地形資料及繪製地形圖等工作，主要是藉由測繪系統EDS的軟體來運作。

EDS測繪系統，是由數個可獨立運作之程式單元，套裝組合而成。該軟體對測繪資料的計算、整理與運用，非常方便。像系統安裝、資料組合、平面模組化、測量平差、座標幾何編輯、繪圖、資料轉換、斷面處理等，均可經由軟體的運作，得以解決。

## 5. 成果檢核

完成電腦繪圖工作之後，尚須對所得成果加以檢核(包含內、外業)，以確保成果之品質。

內業檢核係就分層及分幅繪製之圖形，由檢核人員逐一檢查，對於錯誤或有疑問之處，用紅筆勾出，送繪圖人員檢查改正。若涉及外業時，則由外業人員修測改正。

內業檢核工作的重點爲

(1) 各分層中，應閉合或連續之線條，是否有中斷、錯連或不合理之重疊等現象；線畫是否勻稱。

(2) 各分層圖之內容是否合理，註記是否按圖例表示。

(3) 有無明顯之資料遺漏或錯誤；相鄰圖幅接邊是否妥當。

(4) 文字註記是否正確合理；高程註記與等高線是否一致。

(5) 圖廓外資料有無遺漏或錯誤。

(6) 其他待查證事項。

## 8-11-3 相關注意事項

　　地形測量圖根點之選擇，應以地勢較高，且通視良好之處為佳。至於地物之取捨，數值地形測量雖無比例尺之區分，但為能滿足各方應用之需求，除特殊要求外，一般對地物之取捨，原則上以 1：500 至 1：1000 地形圖上所需之資料為準。

　　在高程點取樣上，應先由外業所得之高程點，計算出數值地型，再由所得之數值地型內插法，求取等高線。

　　數值地型之計算方式，各軟體使用者不盡相同，其中以「不規則三角網格法」組成之數值地形方式較佳，為多數軟體所採用。

　　若需使用「不規則三角網格法」組成之數值地形軟體時，在高程點取樣上，應注意配合下列各原則：

1. 在地勢平緩地區，可以用大三角形來表示之，即於該區四周選取距離相近之高程點，組成一個近似於三邊相等之正三角形。若地區範圍較大，則可以多測取高程點，以較多之三角形來表達。

2. 在地形變化較複雜的地區，則視等高線所需之間隔大小，決定各三角形之最佳大小。因若取點過密，會增加資料處理時時間之浪費；而取點過疏，將難以表達該地地形。其取捨分寸之拿捏，有賴於施測者之經驗。例如所需等高距為 1 公尺，測區地形變化複雜時，在高低起伏小於 1 公尺處，可於其間取一適當之點，作為該處之平均高程即可，以減少施測與計算之時間浪費。

3. 在坡度變換處，應實施斷線處理，即設定坡度變換線爲斷線。斷線間之地形爲等坡度，在組成三角網數值地型時，斷線必爲三角形之一邊，且三角網格不得橫過斷線。如遇懸崖、斷層等地形，可在此類地形之上緣與下緣分別施以斷線處理，以密集之三角網格表達。

4. 遇特殊地形，如小土丘，可以視作三角錐形，只需取其最高點及底部各點；如土丘較大、或形狀較圓，則可於其中間部份加測一些高程點，組成多段式之錐形，來表達其外形。

## ─ 習題 ───────────

1. 何謂等高線？等高線有那些特性？試將其特性予以分類陳述之。

2. 在測量細部時，該如何掌握地形總貌？試詳述之。

3. 何謂細部測量？如何施測？

4. 何以地性線與地形要點，是掌握地貌的重要途徑？

5. 等高線直接測定法與間接測定法各適用於何種場合？如何實施？

6. 一張完善的地形圖，應具備那些項目？

7. 欲對所測之地形圖，作精度檢查，試問有那些方法？如何檢查？

8. 除課本上所述地形圖的用途之外，試再從其他書籍中，找出五種以上的用途，並酌予解釋，並註明資料來源。

9. 下頁圖中實線部份示山脊線，虛線部份示流水線，雙實線示大河，試根據各高程點及地形特徵，描繪其等高線(等高距 5 m)。

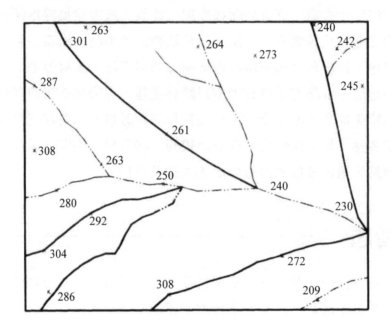

| 28.7 | 26.7 | 25.5 | 23.7 |
|------|------|------|------|
| 27.3 | 25.3 | 23.2 | 22.8 |
| 25.9 | 22.8 | 22.8 | 22.5 |
| 25.1 | 23.6 | 22.5 | 21.5 |

CH **9**

# 地籍測量

# 9-1　概述

地籍測量(Cadastral surveying)是以測定每筆土地之所在位置、面積大小，並調查其使用狀況(含地目、等則、使用及所有權人等)，據以實施分段編號，建立完整圖冊資料，俾供政府作為管理、課稅及國土規劃之依據。

地籍測量為土地測量工作之一環。實際上，土地測量尚涉及土地開發、疆界勘定、土地重劃、荒地利用，甚至連農路修築、灌溉工程、都市計畫定樁測量等工程領域，都是它的工作範疇。

地籍測量因影響及土地所有人之權益，故對界址之正確性必須謹慎從事。因而施測時，必須遵守「土地法」及「地籍測量實施規則」等相關規定之節制。其辦理之程序為：

**1.** 三角(三邊)測量或精密導線測量。

**2.** 圖根測量。

**3.** 戶地測量。

**4.** 計算面積。

**5.** 製圖。

其中第1、2項屬控制測量；第3、4項依目前作業型態及電腦軟體之普及，幾乎採同步作業。

戶地測量又包含地籍調查及界址測量兩大項工作。界址測量，可以用航測或地面測量方式施測。惟航測法因受牽制的因素較多，目前仍以地面測量方式在進行，且已採用數值法在辦理。

# 9-2　橫梅氏投影座標系統及 TM2 度座標分帶

將地球表面的經緯線座標，依一定的法則，轉移到平面圖紙上的過程與方法，稱地圖投影。常見的投影方法，有維持表面積正確的莫爾威等積投影，多用在小尺度、顯示出全球性的各種分布圖（如世界人口密度分布圖等）；將圖紙捲成圓錐狀，與地球相切於中緯度地區的蘭伯特圓錐投影；和將想像中光源置於地球球心，將圖紙捲成南北向直立的圓柱狀，使它與地球表面在赤道附近相切的梅卡脫(亦有譯作麥卡脫者)圓柱投影等多種。

台灣因位居低緯度處，大致以使用後者最爲準確。它的特點是：

1. 經線與緯線相交處皆呈直角狀。

2. 圖上各點間之方位皆正確，有利於航空與航海。

3. 圖紙與球面相切於赤道附近，在低緯度附近測圖，影響到面積與形狀的誤差皆甚小。

4. 但在高緯度地區，若用此投影法，會讓經緯線長增加，而使得實地投影到紙上的面積因而被放大而失眞。目前台灣所使用者，爲橫梅氏投影座標系統(Universal Transverse Mercator Projection)簡稱UTM 座標系統。實際上橫梅氏投影法，只是將梅卡脫原投影中相切的直交原柱面改爲和中央經線相切的橫向圓柱而已。

爲了避免離相切的中央經線越遠，變形越大，因而再把球面切割成數片，分別作成以各帶的中央經線和圓柱相切的分帶投影地圖。

TM(即橫梅)2度座標分帶，是指以經度兩度的距離爲投影範圍。這是目前台灣經濟建設中，各類型大尺度比例尺中通用的座標系統。在台灣，座標原點定在中央經線121°E以西250km與赤道交會處。該系統的尺度比率(指測線於投影平面上之長與實際距離的比值)在 0.9999 與 1.00005 之間；尺度誤差約在一萬分之一到二萬分之一之間。

## 9-3　面積計算

　　土地面積，非地表面積，而是指土地周界投影在水平面上的面積。我國土地面積之計算單位為公頃(1 公頃＝100 m×100 m)，其最小單位，以平方公尺來表達。

　　面積計算法可依據不同的測量所得之數據，運用相關之數學公式來計算。常用之方法有下列幾種：

**1.　縱橫座標法**：將在下節中敘述。

**2.　三邊法**

　　如圖 9-1 所示，先依界址將原地面劃分為若干相鄰之三角形，設以 $a_i$、$b_i$、$c_i$ 表示各三角形之三邊，$n$ 為三角形之個數，則面積 $A$ 可由下式求得

$$A = \sum_{i=1}^{n} \sqrt{S_i(S_i - a_i) \cdot (S_i - b_i) \cdot (S_i - c_i)} \quad\quad\quad (9\text{-}1)$$

式中

$$S_i = \frac{1}{2}(a_i + b_i + c_i) \quad\quad\quad\quad\quad\quad\quad\quad\quad (9\text{-}2)$$

若使用電子測距儀測距，電子計算機計算，十分方便。

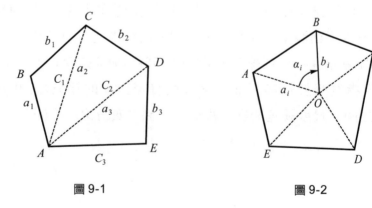

圖 9-1　　　　　　　　　　　圖 9-2

### 3. 光線法(Method of radiation)

如圖 9-2，於測區內$O$點設站，分別測出各三角形之鄰邊$a_i$、$b_i$及其所夾之角$\alpha_i$，其面積可由下式求得

$$A = \frac{1}{2} \sum_{i=1}^{n} a_i \cdot b_i \cdot \sin\alpha_i \quad\text{......}(9\text{-}3)$$

### 4. 支距法(Method of offset)

當圖形之邊界不規則、或呈曲線狀時，可於近邊界處設直線，直線內部，可將其所圍成之多邊形分爲三角形或梯形，用公式處理；其不規則之部分，可用支距法求解。常用之支距法有下列三種情況：

(1) 不等間隔梯形公式

當圖形之邊界呈折線狀，且彼此間間隔不等時，可藉測定各轉折點之支距來求面積。

如圖 9-3 所示，設直線起點之橫座標爲$X_o$，其至邊界之支距爲$Y_o$，並分別求取各轉折點之支距$Y_1$、$Y_2 \cdots Y_n$及相應之垂趾$X_1$、$X_2 \cdots X_n$，將各值代入下式，即可求得其面積

$$A = \frac{1}{2} \sum_{i=1}^{n} (Y_i + Y_{i-1}) \times (X_i - X_{i-1}) \quad\text{......}(9\text{-}4)$$

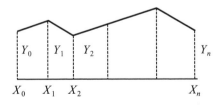

圖 9-3

(2) 等間隔梯形公式

如圖 9-4，當圖形邊界爲曲線，但可以分爲相等之間隔$d$，其支距分別爲$Y_1$、$Y_2$、$\cdots Y_n$，則其面積公式爲

$$A = d\left(\frac{Y_1 + Y_n}{2} + Y_2 + Y_3 + \cdots + Y_{n-1}\right)................(9\text{-}5)$$

(3) 辛浦生公式

當境界線之外緣$a'$、$b'$、$c'$呈拋物線狀，如圖9-5所示，可以下式推得其全面積之公式

$$A = \frac{d}{3}[Y_1 + Y_n + 4(Y_2 + Y_4 + \cdots + Y_{n-1})$$
$$+ 2(Y_3 + Y_5 + \cdots + Y_{n-2})]................(9\text{-}6)$$

上式之$n$須爲奇數。

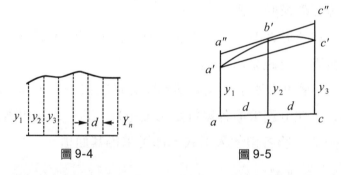

圖9-4　　　　　　　　圖9-5

辛浦生公式之來源，在於拋物線與其弦間所圍之面積，等於外接平行四邊形面積之三分之二。當面積以等間隔之梯形公式計算時，因曲線若爲離直線而上凸，則梯形公式計算之結果，會讓所得之面積過小；若曲線下凹時，又會失之過大，都沒有辛浦生公式來得準確。

**5. 求積儀法**

　　求積儀(Planimeter)又稱面積儀，在測算不規則圖形之面積時，非常方便。市售各型求積儀之基本原理，大致與極式求積儀(Polar planimeter)者相同，只是在讀數等部份作更精密之改良而

已。茲以極式求積儀之測算面積原理作一介紹。

　　如圖 9-6 所示，圖中 $P$ 為極點(Fixed pole)，裝有尖針，可藉重鎮 $W$ 固定於圖面上；$T$ 為航針，亦有稱描跡針者；$J$ 為連接極臂(Pole arm)(圖中 $R$ 之方形桿，$R=JP$)與航臂(Tracing arm)，亦有稱指臂者，亦為方形桿，圖中之 $L$，$L=TJ$)的連接點。$B$ 為調整航臂長度之制動螺旋，$C$ 為微動螺旋，可使航臂桿 $L$ 上之指標線，正確對準桿上之比例尺分劃。圖 9-7 為求積儀上之讀數系統，$D$ 為測輪，亦稱讀數輪，其刻度有 100 分劃；$V$ 為游標，可讀至測輪最小分劃之 1/10；$G$ 為計數盤(Counter dial)，測輪每轉一周，計數盤即轉動一分劃，亦即轉 1/10 周。故計數盤上所讀得之數字為千位數，測輪上讀得者百位數(指標線所對阿拉伯數字部份)及十位數(指標線所對之數字與數字間所夾之格數)，游標上所讀得者，則為個位數部份。

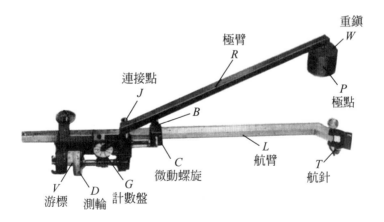

圖 9-6

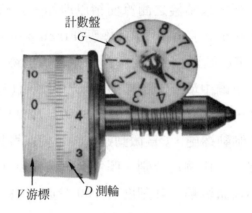

計數盤
G

10

5

0

4

V 游標　　　D 測輪

3

圖 9-7

# 9-4　極式求積儀求積原理

求積儀測計面積，是依據積分原理而來。為討論方便，我們可依極點$P$所在的位置，分別說明如下：

## 1.　當極點$P$在所求面積之外

如圖 9-8，設航臂長為$L$，欲測算之面積為$A$，極點$P$在面積$A$之圖外，航針$T$自圖形境界線$T_1$處移動至$T_2$時，測輪及計數盤將隨之轉動。當航針$T$行進之方向與測輪輪面相平行時，航針所經之距離，就是測輪滾動之距離；當航針行進之方向與輪面相垂直，此時測輪呈滑動狀，即測輪及計數盤不會轉動；當航針行進之方向與測輪輪面成$\alpha$角斜交時，如圖9-9，則測輪實際滾動之距離$b$應為

$$b = X \cdot \cos\alpha$$

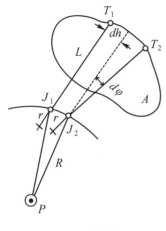
圖 9-8

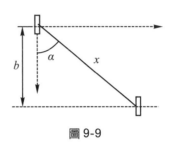
圖 9-9

⑴　求欲測面積$A$之積分式

　　在圖 9-8 中，設$J_1 T_1 T_2 J_2$間所圍之微小面積爲$dA$，航針與測輪方向平行移動時之距離爲$dh$，其所得之面積爲$L \times dh$；旋轉移動時所得之面積爲$\frac{1}{2}L^2 d\phi$，則

$$dA = L \cdot dh + \frac{1}{2}L^2 \cdot d\phi \dots\dots\dots(9\text{-}7)$$

又設測輪至樞紐點$J$之距離爲$r$，因測輪所轉動之距離爲

$$db = dh - r \cdot d\phi$$

將上式移項後，得$dh$值，代入 9-7 式，得

$$dA = L \cdot db + \left(L \cdot r + \frac{1}{2}L^2\right)d\phi \dots\dots\dots(9\text{-}8)$$

將上式積分之，得面積公式

$$A = L \cdot b + \left(L \cdot r + \frac{1}{2}L^2\right)\int d\phi + C \dots\dots\dots(9\text{-}9)$$

當航針 $T$ 自境界線 $T_1$ 點起，按順時針方向移動，復回返至 $T_1$ 時，此時之 $d\phi = 0$，即 $\int d\phi = 0$，則 9-9 式第二項以後為 0，得

$$A = L \cdot b \quad\text{....................................................}\text{(9-9a)}$$

(2) 求單位面積常數

設測輪半徑為 $r'$，測輪旋轉數為 $n$，測輪旋轉前之起始讀數為 $n_1$，旋轉後之終止讀數為 $n_2$。當測輪呈順時針方向旋轉時，$n = n_2 - n_1$；逆時針方向旋轉時，$n = n_1 - n_2$，則測輪旋轉長度 $b = 2\pi r' \cdot n$。我們可將 9-9a 式改寫成

$$A = L \cdot 2\pi r'(n_2 - n_1) \quad\text{...............................}\text{(9-10)}$$

在上式中，因每付儀器之 $L \times 2\pi r'$ 為常數，可以 $K$ 值取代，即

$$A = K \cdot (n_2 - n_1) = K \cdot n \quad\text{..........................}\text{(9-11)}$$

當航臂長為定長時，$K$ 常數為 $10\ \text{m}^2$，故 $K$ 又稱為**單位面積常數**。

(3) $K$ 常數的求法

若已知某圖形之面積 $A$，並用求積儀求得該面積周長之讀數 $n_2 - n_1$ 將上列各已知條件代入 9-11 式，即可求得 $K$ 值

$$K = \frac{A}{n} = \frac{A}{n_2 - n_1} \quad\text{................................}\text{(9-12)}$$

一般而言，因求積儀上航臂長 $L$ 可隨不同比例尺而調整，$K$ 亦隨之而異。故各儀器航臂上比例尺旁，均刻有 $K$ 值，以利引用。

**例 1**　用極式面積計量一圖形之面積，自一點開始，讀數為 8219，右旋迴轉復回至起始點，計數盤已超過一周，讀數為 2146，每單位讀數所示實地面積為 $2\ \text{m}^2$，請計算此圖形之實地面積。

| 解 | 轉動一周，又回復至原點之讀數為 | 12146 |
|---|---|---|
| | 轉動前之讀數(在原點處)為 | − 8219 |
| | | 3927 |

已知每單位讀數所示之實地面積為 2 m² ，故該圖形之實地面積為
3927×2 m = 7854 m²

**例 2** 設圖形之比例尺為 1/100，欲使一面積計迴轉輪迴轉一周表 50 平方公尺，已知迴轉輪直徑為 2 cm，求航臂長。

**解** 設圖上面積為 $A_1$ 、實地面積為 $A$ 、比例尺分母為 m²，則由公式 $\dfrac{A_1}{A}$
$= \dfrac{1}{m^2}$ 知 $A_1 = A/m^2$

將題中各值化為同單位(公厘)：

$A = 50 \text{ m}^2 = 50 \times (1000 \text{ mm})^2$

測輪半徑 $r' = \dfrac{2 \text{ cm}}{2} = 10 \text{ mm}$ ，迴轉周數 $n = 1$

代入公式(9-10) $A = L \cdot 2\pi r' n$ 得

$L = \dfrac{A}{m^2 \cdot 2\pi r\gamma \cdot n} = \dfrac{50 \times 1000 \times 1000}{100 \times 100 \times 2 \times \pi \times 10 \times 1}$

$= 79.578 \text{ mm}$

## 2. 當極點 $P$ 位於所求面積之內

如圖 9-10，當測輪滑動方向與航針移動方向一致時，則測輪上之讀數會保持不變；當測輪輪面延長線經過極點 $P$ ，則航針 $T$ 以 $TP$ 為半徑所形成之圓，稱為**零圓**(Zero circle)，其所包圍的面積稱**零圓面積**(Area of zero circle)。

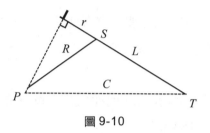

圖 9-10

　　在圖 9-11 中，極點 $P$ 固定在欲測面積 $A$ 之範圍內，航針 $T$ 繞境界線一周，則 $\int d\phi = 2\pi$，極臂長 $R$ 為半徑所圍繞之面積為 $\pi R^2$，故 9-9 式可改寫成

$$A = L \cdot b + \left( L \cdot r + \frac{1}{2}L^2 \right) \cdot 2\pi + \pi R^2$$
$$= Lb + (2L \cdot r + R^2 + L^2)\pi \quad\text{.............................} (9\text{-}13)$$

式中之 $(2L \cdot r + R^2 + L^2)\pi$ 即為零圓面積。

　　又，由圖 9-10 知

$$C^2 = (L + r)^2 + (R^2 - r^2)$$
$$= L^2 + R^2 + 2Lr$$
$$\therefore 圓面積為 C^2 \cdot \pi = (L^2 + R^2 + 2Lr)\pi$$

令 $(L^2 + R^2 + 2L \cdot r)\pi = A_G$，則 10-13 式可簡寫成

$$A = K \cdot n + A_G \quad\text{.............................................} (9\text{-}13a)$$

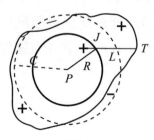

圖 9-11

**例 3** 用極式面積計量一圖形之面積，極在圖形以內。自圖形周界上一定點開始，讀數為 3438，向右迴轉航針，回歸至起始點，讀數為 8007，已知對應於航臂長之零圓面積分割常數為 15068，單位讀數所代表之面積為 10 m²，求所量圖形面積為幾何？

**解**

| 轉一周後讀數 | 8007 |
|---|---|
| 原始讀數 | − 3438 |
| 實際運轉面積 | 4569 |
| 零圓分割常數 | 15068 |
| 實際運轉面積 | + 4569 |
| 改正後之實際運轉面積 | 19637 |
| 單位讀數所示實地面積 | × 10 m² |

$$196370 \text{ m}^2 = 19.637 \text{ 公頃}$$

在其他型式之求積儀方面，尚有補正式、滾動式等。

## 1. 補正式定極求積儀(Polar compensating Planimeters)

該型儀器以透鏡中心之小黑點代替航針，透鏡之放大倍率為二倍，描繪境界線時，精確度較高。此外，在測輪系統上，亦備有放大鏡，使讀數更為精準。

該型儀器並具有讀數歸零裝置；且可將極點 $P$ 分置於航臂之左或右邊，分別求圖形面積一次，取其中數，更可提昇其精度。

## 2. 滾動式圓盤求積儀(Rolling disk Planimeters)

係以直線移動的滾動輪代替極臂。滾動輪控制樞紐，使在半徑為無限大之圓上運動，相當於極點在圖形外，而可不計零圓面積，對於狹長圖形面積之測計，異常方便。若使之與面積電子計算機相連，直接用數字顯示面積，精度更高。

　　晚近由於地籍資料已逐漸步入數值化，在面積計算工作上，對求積儀之依賴，已不似往常般殷切了。

## 9-5　數值地籍測量

　　**數值地籍測量**(Numerical cadastral surveying)，是指依據地籍調查結果，和各項控制點(含都市計畫樁)施測所得成果，使用精密儀器(如電子測距經緯儀等)，來測量各宗地四周界址點之角度及距離，用以推算得各點之座標，並且利用該項資料，建立宗地資料、地號界址、及界址座標等基本檔，以確定一宗土地之位置、形狀、面積及繪製地籍圖等，作為辦理土地登記之依據。

　　數值地籍，因每宗土地之界址，皆有固定座標，展繪時不受比例尺、圖紙伸縮、及使用頻率多寡等因素影響，且據以辦理鑑界、分割、求算面積、或境界線整理等工作時，均較傳統作業方法簡捷準確，是其優點。

　　本章僅就面積計算、土地分割、及境界整理等部份酌予介紹，其餘部份，可參閱地籍測量或土地測量專業書籍，茲不贅。

## 9-6　數值法面積計算

　　利用閉合導線點各點位之座標值據以求算面積之方法稱**數值法**。

　　數值法面積計算之基本公式，緣於對梯形、三角形或長方形面積公式之運用。

　　如圖9-12所示，設該五邊形各點之座標值如圖示，所圍成之五邊形面積以$A$示之。由梯形面積公式得

$$2A = (X_1 + X_2)(Y_1 - Y_2) + (X_2 + X_3)(Y_2 - Y_3)$$
$$- (X_1 + X_5)(Y_1 - Y_5) - (X_5$$
$$+ X_4)(Y_5 - Y_4) - (X_4 + X_3)(Y_4 - Y_3) \dots\dots\dots\dots\dots (9\text{-}14)$$

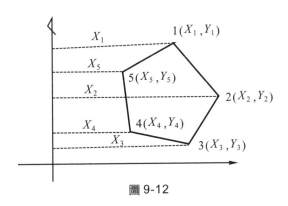

圖 9-12

## 1. 縱橫座標法

上式展開時，正項$Y$在前，負項$X$在前，得

$$2A = Y_1 X_2 + Y_2 X_3 + Y_3 X_4 + Y_4 X_5 + Y_5 X_1$$
$$- (X_1 Y_2 + X_2 Y_3 + X_3 Y_4 + X_4 Y_5 + X_5 Y_1) \dots\dots\dots (9\text{-}15)$$

我們可以將其改寫成

$$A = \frac{1}{2}\left[\begin{array}{cccccccccc} Y_1 & & Y_2 & & Y_3 & & Y_4 & & Y_5 & Y_1 \\ X_1 & & X_2 & & X_3 & & X_4 & & X_5 & X_1 \end{array}\right]$$
$$\dots\dots\dots\dots\dots\dots\dots\dots\dots (9\text{-}15a)$$

或

$$A = \frac{1}{2}\left[\begin{array}{cccccccccc} X_1 & & X_2 & & X_3 & & X_4 & & X_5 & X_1 \\ Y_1 & & Y_2 & & Y_3 & & Y_4 & & Y_5 & Y_1 \end{array}\right]$$
$$\dots\dots\dots\dots\dots\dots\dots\dots\dots (9\text{-}15b)$$

式中符號[ ]示總和。計算時，實線相乘部份之積爲正，虛線部份爲負。

**例 4**　已知五邊形各點之座標爲：$A(3,8)$、$B(8,5)$、$C(6,1)$、$D(2,2)$、$E$ $(0,6)$，試求其圍成之面積。(單位：公尺)

**解**　代入公式 9-15a，得

$$A = \frac{1}{2}[(8×8 + 5×6 + 1×2 + 2×0 + 6×3)$$
$$-(3×5 + 8×1 + 6×2 + 2×6 + 0×8)]$$
$$= 33.5 \ m^2$$

## 2. 高斯公式

9-14 式展開、集項時，$Y$ 在括號外、$X$ 在內(或反是)，得

$$2A = Y_1(X_2 - X_5) + Y_2(X_3 - X_1) + Y_3(X_4 - X_2)$$
$$+ Y_4(X_5 - X_3) + Y_5(X_1 - X_4)$$

茲以 $i$ 示點號，則其通式爲

$$2A = \sum_{i=1}^{n} Y_i(X_{i+1} - X_{i-1})$$

即

$$A = \frac{1}{2}[Y_i(X_{i+1} - X_{i-1})] \dots\dots\dots\dots\dots\dots\dots (9\text{-}16)$$

或

$$A = \frac{1}{2}[X_i(Y_{i-1} - Y_{i+1})] \dots\dots\dots\dots\dots\dots (9\text{-}16a)$$

上列二式即高斯公式。我們可將上列二式合併成表格形式，以利計算及檢核。

**例 5**　已知條件如例 4，試用高斯公式，求其所圍之面積。

**解**　茲列表求解如下：

表 9-1 高斯公式計算

| (1) | (2) | (3) | (4) | (5) | (6) 2A=(3)×(4) | | (7) 2A=(2)×(5) | |
|---|---|---|---|---|---|---|---|---|
| 點號 $i$ | 橫座標 $X_i$ | 縱座標 $Y_i$ | $X_{i+1}-X_{i-1}$ | $Y_{i-1}-Y_{i+1}$ | 正 | 負 | 正 | 負 |
| A | 3 | 8 | 8 | 1 | 64 | · | 3 | |
| B | 8 | 5 | 3 | 7 | 15 | | 56 | |
| C | 6 | 1 | −6 | 3 | | 6 | 18 | |
| D | 2 | 2 | −6 | −5 | | 12 | | 10 |
| E | 0 | 6 | 1 | −6 | 6 | | | 0 |

檢核： 和 $\begin{cases} +12 \\ -12 \end{cases}$ 和 $\begin{cases} +11 \\ -11 \end{cases}$ $\begin{matrix} +85 \quad -18 \\ \vee \\ 2A=67 \end{matrix}$ $\begin{matrix} +77 \quad -10 \\ \vee \\ 2A=67 \end{matrix}$

$\therefore A = 33.5 \text{ m}^2$

說明： 第一行第(4)項之計算為：$X_{1+1}-X_{1-1}$，即 $X_2-X_0$，式中 $X_0$ 為 $X$ 之最後一點，即 $X_5$ 之意。其求法 $=X_2-X_5 = 8-0$，故為 8。同理，第一行第(5)項為 $Y_{1-1}-Y_{1+1} = Y_5-Y_2 = 6-5 = 1$。

## 3. 倍經(緯)距法

測線各邊中點至縱軸垂距之二倍稱為**倍經距**(Double Meridian Distance)，簡稱 DMD，亦有稱**倍橫距**者。以此法計算面積稱**倍經距法**。

將 9-14 式以通式示之，得

$$2A = [(X_i + X_{i+1})(Y_i - Y_{i+1})] \quad\text{.......................................(9-17)}$$

式中右邊第一項 $X_i + X_{i+1}$，即倍經距 DMD；$Y_i - Y_{i+1}$ 為緯距，亦即縱線差 $\Delta Y$。

同理，若測線各邊中點至橫軸垂距之二倍，則稱為**倍緯距**(Double Parallel Distance)，簡稱 DPD。依此法計算面積，則稱**倍緯距法**。

將 9-17 式 $X$、$Y$ 互換，亦即將座標軸旋轉 90°，得其通式

$$2A = [(Y_i + Y_{i+1})(X_i - X_{i+1})] \quad\text{................................................ (9-18)}$$

上列二式亦可合併製表，以便計算與檢核工作一次完成。

**例 6**　題設如例 4，試用 DMD 法求算其面積；並用 DPD 法檢核之。

**解**

表 9-2　DMD 及 DPD 法計算

| (1) | (2) | (3) | (4) | (5) | (6) | | (7) | (8) | (9) | |
|---|---|---|---|---|---|---|---|---|---|---|
| 點號 | 橫座標 | 縱座標 | DMD | 緯距$\Delta Y$ | $2A=(4)\times(5)$ | | DPD | 經距$\Delta X$ | $2A=(7)\times(8)$ | |
| $i$ | $X_i$ | $Y_i$ | $X_i+X_{i+1}$ | $Y_{i+1}-Y_i$ | $+$ | $-$ | $Y_i+Y_{i+1}$ | $X_{i+1}-X_i$ | $+$ | $-$ |
| A | 3 | 8 | | | | | | | | |
| | | | 11 | $-3$ | | 33 | 13 | 5 | 65 | |
| B | 8 | 5 | | | | | | | | |
| | | | 14 | $-4$ | | 56 | 6 | $-2$ | | 12 |
| C | 6 | 1 | | | | | | | | |
| | | | 8 | 1 | 8 | | 3 | $-4$ | | 12 |
| D | 2 | 2 | | | | | | | | |
| | | | 2 | 4 | 8 | | 8 | $-2$ | | 16 |
| E | 0 | 6 | | | | | | | | |
| | | | 3 | 2 | 6 | | 14 | 3 | 42 | |
| A | 3 | 8 | | | | | | | | |

$$\underset{2A=|-67|}{\underbrace{22 \qquad 89}} \qquad\qquad \underset{2A=67}{\underbrace{107 \qquad 40}}$$

$\therefore A = 33.5 \ \text{m}^2$

又，上述 9-17 式，亦可寫作

$$2A = [(X_i + X_{i+1})(Y_{i+1} - Y_i)] \qquad\qquad (9\text{-}17a)$$

9-18 式，寫作

$$2A = [(Y_i + Y_{i+1})(X_i - X_{i+1})] \qquad\qquad (9\text{-}18a)$$

者，由於面積是取其絕對值，故並無影響。

若欲簡化計算，可將圖形酌予平移，使$X$與$Y$各減去某一定值，亦即使$X$座標與$Y$座標分別產生一個"0"，以減少冗長計算。

直接測算面積的方法，除數值法外，尚有光線法、支距法等，其處理原則，大都是將多邊形之面積分割成梯形、矩形、或三角形等基本型態，再行計算。

# 9-7　土地分割

土地分割作業，大致以梯形面積及任意多邊形之分割爲多，茲分述如下。

## 1.　梯形面積分割法

(1)　將已知梯形分割成二塊

如圖9-13所示，已知梯形$P_1$、$P_2$、$P_3$、$P_4$各點點位，且可量$l_0$、$l_n$及$h$之長，全部面積$A$及分割面積$a_1$均爲已知，其分割點$B$、$C$之求法如下：

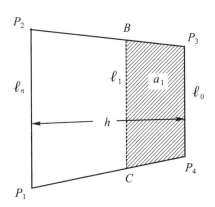

圖9-13　梯形平行分割

① 先求面積之分割比

$$q = \frac{a_1}{A} = \frac{(l_1 + l_0) \times h_1}{(l_n + l_0) \times h} \cdots\cdots\cdots\cdots\cdots\cdots\cdots\cdots\cdots\cdots\cdots (9\text{-}19)$$

② 再求側邊長之比

$$m = \frac{h_1}{h} = \frac{P_4 C}{P_4 P_1} = \frac{P_2 B}{P_3 P_2} = \frac{l_1 - l_0}{l_n - l_0} \cdots\cdots\cdots\cdots\cdots\cdots\cdots (9\text{-}20)$$

代入 9-19 式 $q = \frac{(l_1 + l_0)(l_1 - l_0)}{(l_n + l_0)(l_n - l_0)} = \frac{l_1^2 - l_0^2}{l_n^2 - l_0^2}$ ，整理之，得

$$l_1 = \sqrt{l_0^2 + q(l_n^2 - l_0^2)} \cdots\cdots\cdots\cdots\cdots\cdots\cdots\cdots\cdots\cdots\cdots (9\text{-}21)$$

代入 9-20 式，得 $m$ 值，再由 9-20 式，得

$$P_4 C = m \cdot P_4 P_1 \;;\; P_3 B = m \cdot P_3 P_2$$

由 $P_4$ 向 $P_1$ 方向量 $P_4 C$ 長，可訂出 $C$ 點；由 $P_3$ 向 $P_2$ 方向量 $P_3 B$ 長，亦可訂出 $B$ 點。

**例 7**　如圖 9-13 所示，若已知梯形面積為 12000 $m^2$，上底 $P_3 P_4$ 長 = 80.000 m，下底 $P_1 P_2$ = 120.000 m，欲自其割去 4000 $m^2$，分割線平行於底，且距上底較近，求：(1)分割線長，(2)分割梯形 $a_1$ 之高。

**解**　(1)求分割線長

$$\because q = \frac{a_1}{A} = \frac{4000}{12000} = 0.333$$

$$\therefore l_1 = \sqrt{l_0^2 + q(l_n^2 - l_0^2)} = \sqrt{80^2 + 0.333 \times (120^2 - 80^2)}$$

$$= 95.205 \text{ m}$$

(2)求分割梯形之高

由　$m = \frac{l_1 - l_0}{l_n - l_0} = \frac{92.205 - 80}{120 - 80} = 0.3801$

$$h = \frac{2A}{上底 + 下底} = \frac{24000}{80 + 120} = 1200.000 \text{ m}$$

又由$m = \dfrac{h_1}{h}$知

$h_1 = 0.3801 \times 120 = 45.612$ m

(2) 將梯形面積分割成多塊

如圖9-14所示，已知地面$P_1$、$P_2$、$P_3$、$P_4$各點點位，全面積$A$及分割面積$a_1$、$a_2$、$a_3$、…均為已知，求各分割點之位置。茲以分割成三塊來討論，其法如下：

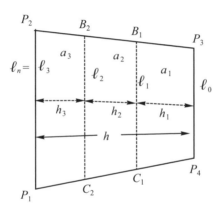

圖9-14　梯形分割成多塊

① 求面積比

$$q_1 = \frac{a_1}{A} \,,\, q_2 = \frac{a_2}{A} \,,\, q_3 = \frac{a_3}{A} \,,\, \cdots\cdots \quad\text{.................................(9-19a)}$$

② 如上節，可求得

$$l_1 = \sqrt{l_0^2 + q_1(l_n^2 - l_0^2)} \quad\text{..........................................(9-21a)}$$

$$l_2 = \sqrt{l_1^2 + q_2(l_n^2 - l_0^2)} \quad\text{..........................................(9-21b)}$$

$$l_3 = \sqrt{l_2^2 + q_3(l_n^2 - l_0^2)} \quad\text{..........................................(9-21c)}$$

……

③ 計算各梯形高

$$\because a_1 = \frac{h_1}{2}(l_1 + l_0)$$

$$\therefore h_1 = \frac{2a_1}{l_1 + l_0}，同理 h_2 = \frac{2a_2}{l_1 + l_2}，h_3 = \frac{2a_3}{l_2 + l_3}$$

④ 計算側邊比

$$m_1 = \frac{h_1}{h}，m_2 = \frac{h_2}{h}，m_3 = \frac{h_3}{h} \dots\dots\dots\dots\dots\dots (9\text{-}20a)$$

⑤ 計算各梯形側邊長

$$P_3B_1 = m_1 \times P_3P_2；P_4C_1 = m_1 \times P_4P_1$$

$$B_1B_2 = m_2 \times P_3P_2；C_1C_2 = m_2 \times P_4P_1$$

$$B_2P_2 = m_3 \times P_3P_2；C_2P_1 = m_3 \times P_4P_1$$

檢核：　$P_3B_1 + B_1B_2 + B_2P_2 = P_3P_2 \times (m_1 + m_2 + m_3) = P_3P_2$

　　　　$P_4C_1 + C_1C_2 + C_2P_1 = P_4P_1 \times (m_1 + m_2 + m_3) = P_4P_1$

例8　如圖 9-14 所示，已知梯形之上底 $P_3P_4 = 80.000$ m，下底 $P_1P_2 = 120.000$ m，$A = 12000$ m²，今欲將其自上底間分為三份，其面積分別為 $a_1 = 3000$ m²、$a_2 = 4000$ m²、$a_3 = 5000$ m²，且分割線平行於原有梯形之底，試計算各梯形之高。

解　(1) $q_1 = \dfrac{3000}{12000} = \dfrac{1}{4} = 0.25$；

　　　$q_2 = \dfrac{4000}{12000} = 0.333$；

　　　$q_3 = \dfrac{5000}{12000} = 0.41$

　　(2) $l_1 = \sqrt{l_0^2 + q_1(l_n^2 - l_0^2)}$

　　　　　$= \sqrt{80^2 + 0.25 \times (120^2 - 80^2)}$

　　　　　$= 91.652$ m

$$l_2 = \sqrt{91.652^2 + 0.333 \times (120^2 - 80^2)}$$

$$= 105.186$$

檢核：$l_3 = \sqrt{105.186^2 + 0.4 \times (120^2 - 80^2)}$

$$= 120 \text{ m}$$

(3) $h_1 = \dfrac{2a_1}{l_1 + l_0} = \dfrac{2 \times 3000}{91.656 + 80} = 34.954 \text{ m}$

$\quad h_2 = \dfrac{2a_2}{l_1 + l_2} = \dfrac{2 \times 4000}{91.656 + 105.186} = 40.642 \text{ m}$

$\quad h_3 = \dfrac{2a_3}{l_2 + l_3} = \dfrac{2 \times 5000}{105.186 + 120} = 44.408 \text{ m}$

檢核：$h_1 + h_2 + h_3 = 34.954 + 40.642 + 44.408$

$$= 120.004 \text{ m} \doteqdot h$$

得 $A = (80 + 120) \times 120.004 \times \dfrac{1}{2} = 12000.4 \text{ m}^2$

與原有面積數接近

## 2. 多邊形土地分割法

設一宗土地，其界址點之座標為已知，現欲過境界線上某指定點，作一分割線，將原宗地分割成二宗，其求算分割點座標，及分割後土地面積之作業方法如下，茲以實例說明之。

例9 已知宗地界址點 $A$、$B$、$C$、$D$、$E$ 之座標值如表列，試經過 $AB$ 邊之中點 $P$，作一分割線 $PQ$，使分割後二宗土地之面積相等，並求分割點 $P$、$Q$ 之座標。

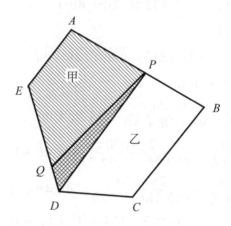

圖 9-15　數值分割

| 點號 | | $A$ | $B$ | $C$ | $D$ | $E$ |
|---|---|---|---|---|---|---|
| 座標值 | $X$ | 103 | 108 | 106 | 103 | 100 |
| | $Y$ | 108 | 105 | 101 | 101 | 106 |

(單位：公尺)

**解**　(1)求$P$點座標：

$$X_P = \frac{X_A + X_B}{2} = 105.5 \text{ m} \;；\; Y_P = \frac{Y_A + Y_B}{2} = 106.5 \text{ m}$$

(2)連$PD$線，試求甲($\square APDE$)及乙($\square PBCD$)之面積：

$$\text{甲面積} = \frac{1}{2} \begin{bmatrix} \dfrac{103}{108} \times \dfrac{105.5}{106.5} \times \dfrac{103}{101} \times \dfrac{100}{106} \times \dfrac{103}{108} \end{bmatrix} = 19.25 \text{ m}^2$$

$$\text{乙面積} = \frac{1}{2} \begin{bmatrix} \dfrac{103}{101} \times \dfrac{105.5}{106.5} \times \dfrac{108}{105} \times \dfrac{106}{101} \times \dfrac{103}{101} \end{bmatrix} = 14.75 \text{ m}^2$$

得甲、乙二面積差，亦即△$DQP$之面積，也就是應從甲地分出數為：

$$\frac{19.25 - 14.75}{2} = 2.25 \text{ m}^2$$

(3)按，△$DQP$之面積＝$DP \times DQ \times \sin\angle QDP$        (9-22)

$$DP = \sqrt{(X_P - X_D)^2 + (Y_P - Y_D)^2} = 6.042 \text{ m}$$

又，由$\angle QDP = \phi_{DP} - \phi_{DE}$知

$$\phi_{DP} = \tan^{-1}\left|\frac{X_P - X_D}{Y_P - Y_D}\right| = 24°26'38''$$

$$\phi_{DE} = \tan^{-1}\left|\frac{X_E - X_D}{Y_E - Y_D}\right| = 360° - 30°57'50''(第四象限)$$

$$= 329°02'10''$$

即$\angle QDP = 55°24'28''$

將上列各值代入 9-22 式，得

$$DQ = \frac{2 \times 2.25 \text{ m}^2}{6.042 \text{ m} \times \sin 55°24'28''} = 0.9047 \text{ m}$$

(4)求$Q$點之座標

$$X_Q = X_D + \overline{DQ} \cdot \sin\phi_{DE}$$

$$= 103 + 0.9047 \times \sin 329°02'10''$$

$$= 102.534 \text{ m}$$

$$Y_Q = Y_D + \overline{DQ} \cdot \cos\phi_{DE} = 101.776 \text{ m}$$

(5)檢核

求分割後，甲方應有之面積▱$APQE$

$$2A = \begin{bmatrix} 103 & 105.5 & 102.534 & 100 & 103 \\ 108 & 106.5 & 101.776 & 106 & 108 \end{bmatrix} = 33.999 \text{ m}^2$$

∴$A = 16.9995 \text{ m}^2$，即甲方應有數。

若點$P$為某直線上之任意指定點時，可用下節方法，求其座標。

## 9-8　數值法戶地測量與直線截點法座標計算

　　在市區街道中，很多界址點皆在同一直線上，藉直線截點法來求取座標值，最爲方便。

　　如圖 9-16 所示，在二未知點 $A$、$B$ 間分割成 $C$、$D$、$E$⋯⋯點，各該分割點座標值之求法如下：

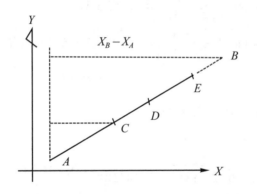

圖 9-16　直線截點法

**1.** 先行測算 $A$、$B$ 二點之座標。

**2.** 反算 $AB$ 二點間之邊長。

**3.** 實量 $AC$、$CD$、$DE$⋯⋯各段長，總加之，其和爲 $L$。

**4.** 設 $e$ 示誤差，其來源爲 $e = L - S$，按：其允許範圍爲 $e < 0.02$ m $+ 0.003$ m$\sqrt{S}$，($S$ 單位亦爲公尺)。

**5.** 其各分割點之座標求法爲：

$$X_C = X_A + AC(X_B - X_A)/L$$
$$Y_C = Y_A + AC(Y_B - Y_A)/L$$
$$X_D = X_A + AD(X_B - X_A)/L$$
$$Y_D = Y_A + AD(Y_B - Y_A)/L$$
$$\cdots\cdots$$
$$檢核：X_B = X_A + AB(X_B - X_A)/L$$
$$Y_B = Y_A + AB(Y_B - Y_A)/L$$

$$\cdots\cdots\cdots\cdots\cdots\cdots\cdots\cdots (9\text{-}23)$$

茲以實例說明如下。

**例 10** 如圖 9-17，設 $P$、$Q$ 之座標值為已知，今在 $P$ 點設站，以 $Q$ 點為後視點。今實測得角 $\alpha_1$ 及 $\alpha_2$，並用鋼捲尺量得 $PA$、$PB$、$AC$、$CD$、$DB$ 距離。試以光線法求未知點 $A$、$B$ 之座標，及以直線截點法求 $C$、$D$ 之座標。

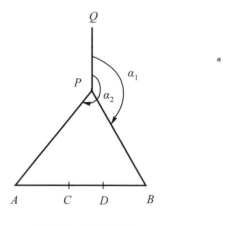

圖 9-17　截點分割

已知座標及觀測值如下：(單位：公尺)

$P$、$Q$ 座標：$X_P = 250.000$，$Y_P = 200.000$；$X_Q = 250.000$，$Y_Q = 250.000$

$PA = 141.421$，$PB = 116.655$

$\angle \alpha_1 = 217°26'30''$，$\angle \alpha_2 = 225°00'00''$

$AC = 10.100$，$CD = 9.800$，$DB = 9.900$

**解**　(1)求 $A$、$B$ 點座標 $\phi_{PQ}$

$$\because \phi_{PQ} = \tan^{-1} \left| \frac{X_Q - X_P}{Y_Q - Y_P} \right| = 00°00'00''$$

則 $\phi_{PA} = \phi_{PQ} + \angle \alpha_2 = 225°00'00''$

$$\therefore X_A = X_P + PA \cdot \sin\phi_{PA} = 150.000 \text{ m}$$

$$Y_A = Y_P + PA \cdot \cos\phi_{PA} = 100.000 \text{ m}$$

又，$\phi_{PB} = \phi_{PQ} + \angle \alpha_1 = 217°26'30''$

$$\therefore X_B = X_P + PB \cdot \sin\phi_{PB} = 179.079 \text{ m}$$

$$Y_B = Y_P + PB \cdot \cos\phi_{PB} = 107.379 \text{ m}$$

(2)求 $AC$、$CD$、$DB$ 各段改正後距離

反算 $D_{AB} = \sqrt{(150 - 179.079)^2 + (100 - 107.379)^2} = 30.0006 \text{ m}$

①求 $AC$

$$30.0006 : 29.8 = AC : 10.1$$

$$\therefore AC = \frac{30.0006}{29.8} \times 10.1$$

$$= 10.168 \text{ m}$$

②求 $CD$

$$CD = \frac{30.0006}{29.8} \times 9.8 = 9.866 \text{ m}$$

③求 $DB$

$$DB = \frac{30.0006}{29.8} \times 9.9 = 9.967 \text{ m}$$

將計算結果表列之：

表 9-3　截點距離配賦

| 樁號 | 實量距離 | 配賦後距離 | 反算距離 |
|------|---------|-----------|---------|
| $AB$ | | | 30.0006 |
| $AC$ | 10.100 | 10.168 | |
| $CD$ | 9.800 | 9.866 | |
| $DB$ | 9.900 | 9.967 | |
| 累計 | 29.800 | 30.001 | |

(3)用直線截點法求 $C$、$D$ 點座標

$$X_C = X_A + AC(X_B - X_A)/L$$
$$= 150 + 10.168 \times (179.079 - 150)/30.0006$$
$$= 159.856 \text{ m}$$

$$Y_C = Y_A + AC \times (Y_B - Y_A)/L = 102.500 \text{ m}$$

$$X_D = X_A + AD(X_B - X_A)/L$$
$$= 150 + 20.034 \times (179.079 - 150)/30.0006$$
$$= 169.419 \text{ m}$$

$$Y_D = Y_A + AD \times (Y_B - Y_A)/L$$
$$= 104.928 \text{ m}$$

(4)檢核：

$$由 \phi_{AB} = \tan^{-1} \left| \frac{X_B - X_A}{Y_B - Y_A} \right| = 75°45'41'' 知$$

$$X_C = X_A + AC \times \sin\phi_{AB} = 159.856 \text{ m}$$
$$Y_C = Y_A + AC \cdot \cos\phi_{AB} = 102.501 \text{ m}$$
$$X_D = X_A + AD \cdot \sin\phi_{AB} = 169.419 \text{ m}$$
$$Y_D = Y_A + AD \cdot \cos\phi_{AB} = 104.928 \text{ m}$$

# 9-9　境界線之調整

　　界址調整的主要工作，是將原為折線之界址，調整為直線，並且不影響雙方原有之面積數。

例 11　茲有相鄰兩宗土地如圖9-18，其界址點$A(1,5)$，$B(5,9)$，$C(9,6)$，$D(3,0)$，$E(3,7)$，$F(4,5)$，$G(6,6)$，$H(5,2)$均為已知，試經過已知點$E$，作一分割線$EP$，將原相鄰處之折線取直，且不影響甲、乙雙方原有之面積。(單位：公尺)

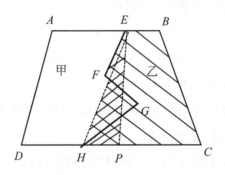

圖 9-18　界址調整(一)

解　(1)求甲、乙兩地之面積

　　甲地範圍為多邊形$AEFGHD$，其面積

$$A_{甲}=\frac{1}{2}\begin{bmatrix}1 & 3 & 4 & 6 & 5 & 3 & 1\\5 & 7 & 5 & 6 & 2 & 0 & 5\end{bmatrix}=18\ m^2$$

　　乙地範圍為多邊形$EBCHGF$，其面積

$$A_{乙}=\frac{1}{2}\begin{bmatrix}3 & 5 & 9 & 5 & 6 & 4 & 3\\7 & 9 & 6 & 2 & 6 & 5 & 7\end{bmatrix}=17\ m^2$$

　　(2)連$EH$，先試求四邊形$EBCH$之面積，以$A_E$示之

$$A_E = \frac{1}{2} \begin{bmatrix} 3 & 5 & 9 & 5 & 3 \\ 7 & 9 & 6 & 2 & 7 \end{bmatrix} = 21 \text{ m}^2$$

原乙地面積應為17 m²，今$A_E$為21 m²，即多出4 m²，亦即所求點$P$應向$C$點方向移動，使$\triangle EHP = 4$ m²。

又由公式

$$4 \text{ m}^2 = \frac{1}{2} HE \cdot HP \cdot \sin \angle EHP \tag{a}$$

知，式中

$$HE = \sqrt{(5-3)^2 + (2-7)^2} = 5.385 \text{ m}$$

$$\angle EHP = \phi_{HC} - \phi_{HE}$$

$$\phi_{HC} = \tan^{-1} \left| \frac{9-5}{6-2} \right| = 45°$$

$$\phi_{HE} = \tan^{-1} \left| \frac{3-5}{7-2} \right| = 338°11'55''$$

將上列各值代入(a)式，得

$$4 \text{ m}^2 = \frac{1}{2} \times 5.385 \times HP \times \sin 66°48'05''$$

$$\therefore HP = \frac{4 \times 2}{4.9496} = 1.616 \text{ m}$$

(3)求$P$點座標

$$X_P = 5 + 1.616 \sin 45° = 6.143 \text{ m}$$

$$Y_P = 2 + 1.616 \cos 45° = 3.143 \text{ m}$$

(4)驗算

調整後乙之面積為$\square EBCP$

$$\square EBCP = \frac{1}{2} \begin{bmatrix} 3 & 5 & 9 & 6.143 & 3 \\ 7 & 9 & 6 & 3.143 & 7 \end{bmatrix} = 16.9995 \text{ m}^2$$

※若指定在$D$點設站，$A$點為原方向，在實地如何放$P$點？

例12　在圖 9-19 中，於$AB$及$CD$二線間，甲、乙兩方田地之界址呈折線通過。設$P$、$Q$分別為該二直線上之點，且自各折線之交點處，已分別向$PQ$連線作支距，所得結果如圖示(單位：公尺)。今欲將其調整爲直線，且調整後，甲乙雙方原有之面積維持不變，試調整之。

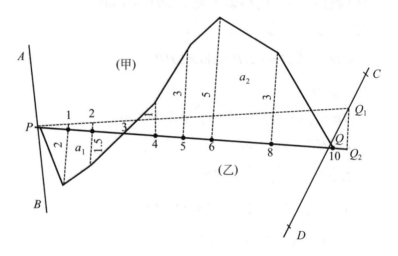

圖 9-19　界址調整(二)

解　(1)先用$PQ$作試調線，求雙方之面積差

設界址與$PQ$線下方所圍之面積爲$a_1$，上方所圍者爲$a_2$，累計各三角形與梯形之面積和，得

$$2a_1 = 2 \times 1 + (2 + 1.5) \times 1 + 1.5 \times 1 = 7 \text{ m}^2$$

$$2a_2 = 1 \times 1 + (1 + 3) \times 1 + (3 + 5) \times 1 + (5 + 3) \times 2 + 3 \times 2$$
$$= 35 \text{ m}^2$$

得二者之面積差

$$\frac{35 - 7}{2} = 14 \text{ m}^2$$

即甲方多得14 $\text{m}^2$之土地。

(2)從甲方面積中，分出多得之數

設$P$點位置不變，以$PQ$爲底、$h = Q_1Q$爲高，作一三角形$PQ_1Q$，

使其面積為14 m²。由三角形面積公式知

　　$2 \times 14 = PQ \times h$

得　　$h = \dfrac{14 \text{ m}^2}{10 \text{ m}} = 1.4 \text{ m}$

此即為調整後甲方應割除面積△$PQ_1Q$之高

(3)放所求點$Q_1$

在$PQ$之延長線上，取$h$長，使其與$PQ$線成垂直方向移動，當其一端在$PQ$之直線上，另一端正好與$CD$線相交，其交點處即為$Q_1$。

# 9-10　自由測站法界址測量

自由測站法是指從任意點位設站，觀察、計算所得各點之座標(各系統間至少需對二點以上之共同點位，皆作過觀測)，藉軟體作座標移轉，改算至全區共同使用之座標系統上，得全區統一後之新座標值。該項作業方法應用在界址測量工作上，非常方便。

在第四章第十一節中，我們曾介紹過全測站經緯儀，該儀器的另一特色，就是作自由測站的工作。其作業程序為：

| 序號 | 畫面顯示 | 操作與說明 |
|---|---|---|
| 1 | | (ON) 開機 |
| 2 | PtID :　　　　　　0<br><br>hr :　　　　　0.000m<br>HZ :　　　　135°53'35"<br>V :　　　　83°00'35"<br>HD :　　　——·——m<br><br><HZ0>　　　　<SETUP> | 按PROG鍵進入應用程式畫面 |
| 3 | PROGRAMS<br>SURVEYING<br>SETTING OUT<br>TIE DISTANCE<br>AREA(plan)<br>FREE STATION<br><EXIT> | 選擇 FREE STASION ↲執行。 |
| 4 | FREE STATION<br>[ ]　SetJob<br>　　Start<br><br><br><EXIT> | 選擇 SetJob ↲執行設定工作檔檔名 |

| 序號 | 畫面顯示 | 操作與說明 |
|---|---|---|
| 5 | SELECT JOB<br><br>Job :　　　　DEFAULT ◀ ▶<br>Oper :　　　　　　　0<br>Date :　　　　24/02/1999<br>TIME :　　　　　08:57:56<br><br>\<EXIT\>　　\<NEW\>　　\<SET\> | 建議使用內定值,直接選擇\<SET\>⏎<br>執行(或選擇已知點存放工作檔檔名) |
| 6 | FREE STATION<br><br>[　·　] SetJob<br>　　　 Start<br><br><br><br>\<EXIT\> | 執行 SetJob 後[　]內會出現‧號<br><br>選擇 Start ⏎執行 |
| 7 | FREE STATION<br>\<Station Setup\><br>Stn :　　　　　　　100<br>hi :　　　　　　0.000 m<br><br>\<EXIT\>　　　　　　\<OK\> | Stn : 測站點號　　　　hi : 儀器高<br>輸入測站點號及儀器高\<OK\>⏎執行 |

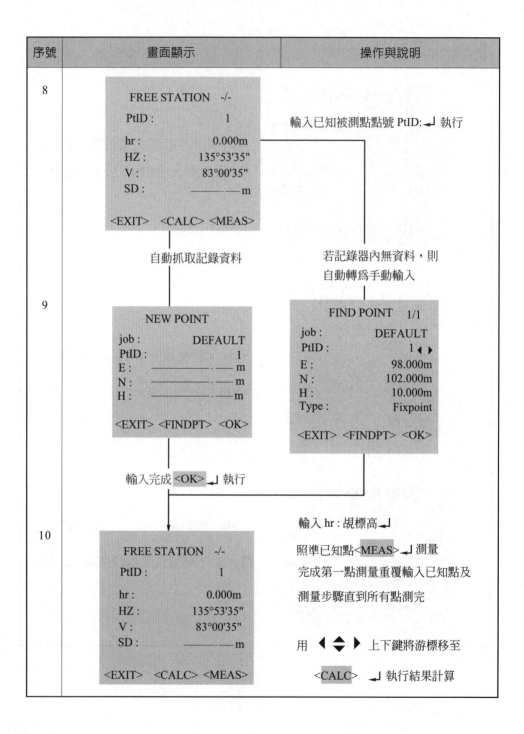

| 序號 | 畫面顯示 | 操作與說明 |
|---|---|---|
| 8 | FREE STATION -/-<br><br>PtID :      1<br><br>hr :     0.000m<br>HZ :    135°53'35"<br>V :     83°00'35"<br>SD :  —————m<br><br>\<EXIT> \<CALC> \<MEAS> | 輸入已知被測點點號 PtID:↵ 執行 |
| 9 | 自動抓取記錄資料<br><br>NEW POINT<br>job :     DEFAULT<br>PtID :     1<br>E :  —————m<br>N :  —————m<br>H :  —————m<br><br>\<EXIT> \<FINDPT> \<OK> | 若記錄器內無資料，則<br>自動轉為手動輸入<br><br>FIND POINT   1/1<br>job :     DEFAULT<br>PtID :     1◀▶<br>E :     98.000m<br>N :    102.000m<br>H :    10.000m<br>Type :    Fixpoint<br><br>\<EXIT> \<FINDPT> \<OK> |
| 10 | 輸入完成 \<OK> ↵ 執行<br><br>FREE STATION -/-<br><br>PtID :      1<br><br>hr :     0.000m<br>HZ :    135°53'35"<br>V :     83°00'35"<br>SD :  —————m<br><br>\<EXIT> \<CALC> \<MEAS> | 輸入 hr : 覘標高↵<br><br>照準已知點 \<MEAS> ↵ 測量<br>完成第一點測量重覆輸入已知點及<br>測量步驟直到所有點測完<br><br>用 ◀ ↕ ▶ 上下鍵將游標移至<br><br>\<CALC> ↵ 執行結果計算 |

| 序號 | 畫面顯示 | 操作與說明 |
|---|---|---|
| 11 | FREE STATION RESULT<br>Stn :       100<br>E0 :       100.000m<br>N0 :       90.000m<br>H0 :       10.000m<br>hi :       1.100m<br><br>\<EXIT\>   \<PREV\>   \<SET\> | 顯示測站座標 |
| 12 | (SHIFT) (PgDN)<br><br>FREE STATION RESULT<br>Pts :       2<br>S.Dev E :       0.002m<br>S.Dev N :       0.003m<br>S.Dev H :       0.005m<br>S.DevAng :       0°00'15"<br>\<EXIT\>   \<PREV\>   \<SET\> | 至第二頁看其它資料<br><br>Pts : 測量點數<br>S.Dev E : 橫座標中誤差值<br>S.Dev N : 縱座標中誤差值<br>S.Dev H : 高程中誤差值<br>S.DevAng : 角度中誤差值 |
| 13 | PtID :       100<br>hr :       1.100m<br>HZ :       135°53'35"<br>V :       83°00'35"<br>HD :       —— · — m<br><br>\<HZ0\>       \<SETUP\> | 察看正確後\<SET\> ◢ 執行將結果設定成測站座標，並自動設定方位角，回到待測畫面，可直接作角度、距離及座標測量 |

## ─ 習題 ─

1. 試以高斯公式法,求下列各點圍成之面積:

   1 (200.00 m,100.00 m)　　　　2 (107.39,132.33)

   3 (36.04,205.22)　　　　　　4 (95.69,326.37)

   5 (212.39,309.43)　　　　　6 (245.90,232.02)

   答:$A = 31605.6 \text{ m}^2$

2. 若將上題之$X$平移$36.04$ m,$Y$平移$100.00$ m,(為什麼?)得新座標值如下,試用倍經(緯)距法求其面積。

   1 (163.96 m,0.00 m)　　　　2 (71.35,32.33)

   3 (0.00,105.22)　　　　　　4 (59.65,226.37)

   5 (176.35,209.43)　　　　　6 (209.86,132.02)

   答:$A = 31605.6 \text{ m}^2$

3. 設已知條件如圖示,今欲自圖中分割$25 \text{ m}^2$之土地,分割線平行於上、下底,且接近於$P_3P_4$,求分割線$P_3B$與$P_4C$之長。

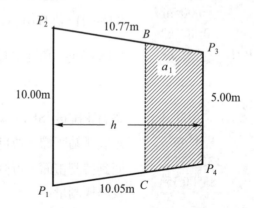

   答:$A$:($P_3B = 4.461$ m,$P_4C = 4.162$ m)

4. 已知條件如下，若將其面積三等分，求分割線長

   $l_0 = 50.00$ m，$l_3 = 100.00$ m，

   $P_4P_1 = 100.50$ m，$P_3P_2 = 107.70$ m

   $a_1 = 2500$ m²，$a_2 = 3000$ m²，$a_3 = 2000$ m²

   $h = 100.00$ m

   答：$P_3B_1 = 44.588$，$B_1B_2 = 40.388$，$B_2P_2 = 22.725$ m

   $P_4C_1 = 41.607$，$C_1C_2 = 37.688$ m，$C_2P_1 = 21.206$ m

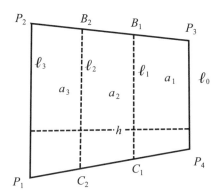

5. 如圖 9-17 所示，已知 $P$、$Q$ 二點之座標為 $P(176.950$ m,$173.854$ m)，
   $Q(171.326$ m,$180.273$ m)，並量得距離 $PA = 42.854$ m，$PB = 32.749$
   m，$AC = 10.273$ m，$CD = 11.305$ m，$DB = 10.620$ m，
   $\angle\alpha_1 = 211°32'13"$，$\angle\alpha_2 = 259°42'37"$，試求 $A$、$B$、$C$、$D$ 各點之
   座標。

   答：$A$ (150.280 m,140.310 m)　$B$ (182.460,141.572)，
   $C$ (160.549,140.713)　　$D$ (171.846,141.156)

6. 應用比較法量計一圖形之面積，極在圖形外，對於一已知面積為
   10000 m²之圖形二次讀數差為 2354，同樣之航臂長，極在圖形外，
   對於欲求面積之圖形二次讀數差為 8786，問其面積為幾何？

答：37323.7 m²

7. 用極式面積計量一圖形之面積，極在圖形以內，自圖形周界上一定點開始，讀數為 0，航針順時針方向迴轉，讀數反而逐漸減少，至回歸於起始點時，讀數為 8525，已知零圓分割常數及單位讀數分別為 15068 及 10 m²，求圖形面積。

答：13.593 公頃

8. 已知一面積計之迴轉輪周直徑為 2 cm，欲使對於 1/1200 圖形計算時單位讀數代表 10 平方公尺，求航臂長。

答：110.2 mm

9. 設甲、乙兩宗土地各界址點及座標值如圖示及表列，請以數值法將相鄰之 $E$、$F$、$G$　$H$ 點作一調整，要過指定點 $E$，$EP$ 分割線交 $DHC$ 直線於 $P$ 點，且甲、乙兩宗土地之原有面積不變。試求 $DP$ 長及 $P$ 點及座標。

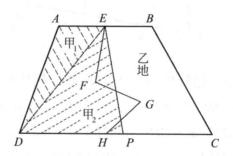

(單位：公尺)

| 座標＼點 | $A$ | $B$ | $C$ | $D$ | $E$ | $F$ | $G$ | $H$ |
|---|---|---|---|---|---|---|---|---|
| $X$ | 150.000 | 179.550 | 190.800 | 145.280 | 167.730 | 163.468 | 171.251 | 163.488 |
| $Y$ | 300.000 | 310.780 | 276.360 | 268.720 | 306.468 | 298.350 | 281.360 | 271.776 |

10. 設甲、乙兩宗土地各界址點之座標如表列，其中 $E$　$F$、$G$　$H$ 為二宗土地之相鄰點。今欲改用一通過界址點 $E$ 之直線，$EP$ 為境界線，亦即將現有之界址整理成直線，並維持原宗土地之面積不變(圖中 $D$、$H$、$P$　$C$ 在同一直線上)。試求距離線 $DP$ 之長、計算分割點 $P$ 之座標；若未來外業時在 $D$ 點架設儀器，求 $\angle ADP$ 之值。

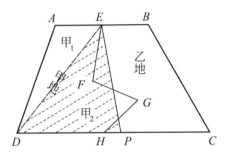

(單位：公尺)

| 測站 | 縱座標 $N$ | 橫座標 $E$ |
|---|---|---|
| $A$ | 300.000 | 100.000 |
| $B$ | 281.852 | 103.200 |
| $C$ | 274.627 | 90.603 |
| $D$ | 292.006 | 85.731 |
| $E$ | 289.737 | 101.810 |
| $F$ | 292.838 | 94.289 |
| $G$ | 284.897 | 91.351 |
| $H$ | 287.612 | 86.963 |

# 衛星定位測量

# 10-1 概述

## 1. 定義與簡史

GPS衛星定位測量，是指在任何時間、任何天候及任何未被遮蔽之地點，以衛星接收儀接受GPS全球定位系統所傳輸之衛星資訊，並據以計算接受點位置座標之方法。其全名是：NAVigation Satellite Time And Ranging/Global Positioning System(NAVSTAR/GPS)，即授時與測距導航系統／全球定位系統。一般皆簡稱為**全球定位系統**，或直接以GPS稱之。

GPS 原本是由美國國防部為軍事系統而開發之衛星導航、定位系統，由於作業簡便、快捷，且定位之精度亦奇佳，現今除使用在各類測量及科學研究之外，其他領域之使用情形也愈來愈趨普遍。

第一顆 GPS 實驗衛星 Block I 發射成功，是 1978 年的事，待至1989年起，陸續發射 Block II 工作衛星，至1993年，全部系統二十餘顆衛星始佈建完成。1990 年底，並有 Block III 衛星之發射，用以改善GPS的觀測條件。

## 2. 特性

全球定位系統的優點甚多，其最顯著之特性約有下述五種：

(1) 相對定位精度高

　　　50 km 以內：基線精度可達 1～2 ppm。

　　　100～500 km：基線精度可達 0.1～1 ppm。

　　　1000 km 以上：基線精度可達 0.01 ppm。

(2) 其作業方式，除觀測點仰角 15° 以上之上空必須無遮蔽外，其餘如觀測之時間、地點、天候狀況等，均不受限制。

(3) 使用者不必付費。

(4)　可立即求得三維座標。

(5)　儀器操作簡便，觀測、定位時間亦短；且內業可完全由電腦軟體求解，不受使用者專業背景的影響。

目前已漸有取代傳統三角測量之趨勢。

## 3.　與傳統測量方法之比較：

表 10-1

| 區分 | 傳統方法 | GPS 方法 |
|---|---|---|
| 等級規劃 | 須從圖形邊長、相交角度、誤差傳播及地形情況等因素作一、二、三等三角或導線測量規劃。 | 不須考慮等級問題，只須進行施測之程序及圖形強度作規劃即可。 |
| 設站條件 | (1)須考慮點與點間觀測之通視問題。<br>(2)常將點位選在山頂、大廈樓頂或建標，以滿足通視條件。 | (1)需考慮設站點處仰角15°以上之範圍內，應無遮蔽。<br>(2)可選在最接近圖形上理想點位處，且可優先考慮交通方便之處，不必顧慮通視問題。 |
| 觀測條件 | (1)觀測以獲取相關之角度及距離資料為主。<br>(2)天候會對觀測成果造成影響。 | (1)觀測以獲取相關之電碼及載波相位資料為主。<br>(2)衛星分佈的幾何狀況會造成影響，但天候則不會。 |
| 內業計算 | 須具有測量專業背景者進行平差計算工作。 | 為模組式自動化計算，凡有能力使用套裝軟體者，皆可計算。 |

# 10-2　GPS 的系統架構

GPS全球定位系統之架構，可分為太空衛星(Space segment)、地面監控(Control segment)及使用者(User segment)等三部份，其相互間之關係如圖 10-1，茲分述如下：

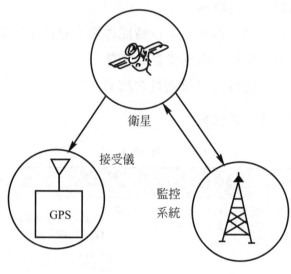

圖 10-1

## 1. 太空衛星部份

在太空中，GPS 定位系統是由 24 顆衛星所組成，其中 22 顆在實際運作(1997 年)，其餘 2 顆則作為預備之用。上述衛星分佈在 6 個軌道面上，軌道面近似圓形，每一軌道面上分佈 4 顆。軌道面之傾角為 15°，軌道高度距地面約 20200 公里，每顆衛星繞行一周的時間約需 11 小時又 58 分鐘。其軌道及衛星之所以如此分佈，其目的是在使全球任何地點於任何時間內，皆可同時觀測到 4 顆以上之衛星，以便實施三度空間之定位測量。

圖 10-2 示衛星及軌道之分佈情形。

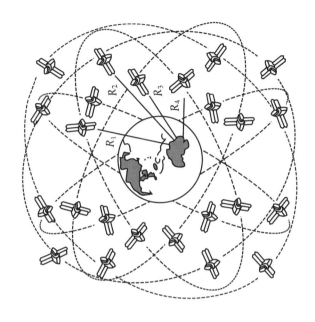

圖 10-2

## 2. 監控部份

監控部份由五個監視站(Monitor station；MSs)、一個主控站(Master control station；MCS)及三個地面天線(Ground aritennas；GAS)所組成。

每個**監視站**內，均置有一組GPS雙頻接收器、標準原子鐘、感測器及資料處理設備等，每天 24 小時全程追蹤每一顆衛星，並將追蹤觀測所得之虛擬距離觀測量、氣象及電離層等資料，每 15 分鐘為一組，求得其勻化數據後，傳送至主控站處理。

**主控站**將收得各監視站送回之數據，予以整合處理，並據以推算出衛星星曆、衛星時錶改正量及電離層改正係數等，並將彙集結果先傳送至地面天線，復由地面天線傳送至衛星，以便更新資料。

### 3. 使用者部份

使用者部份之主要裝備，為能夠接收GPS訊號之一組機具，其中至少應包含：

(1)　接收天線與前置放大設備。

(2)　信號處理器：用於信號之識別與處理。

(3)　精密振盪器：用於產生標準頻率。

(4)　訊息傳輸系統：含操作、顯示器和數據記錄器。

(5)　微處理機：用於接收儀的控制、數據蒐集和導航計算。

(6)　電源。

## 10-3　與 GPS 作業有關之名詞與定義

### 1. GPS 衛星訊號(Statellite message)

GPS衛星訊號是指：將衛星之時間、星曆、及電離層改正參數等訊息，經由$C/A$電碼(Code)與$P$電碼之調制，使傳輸到衛星所發射的兩種$L$頻道(Bond)上(即無線電載波$L_1$與$L_2$)並藉著衛星內部的精密原子鐘，使該頻率維持穩定。

文中所指之：

$P$碼，是指一種每秒$10.23$ MHz 頻率之二位元隨機數列方形波，計有$37$種不同之形式，約$267$天才重覆一次。

$C/A$碼，是指一種每秒$1.023$ MHz 之方形波，其性質與$P$碼相似，但其頻率則較前者為低，且約每$1$ millisec，重覆一次。

至於 GPS 衛星發射之$L$頻道，由於每顆衛星皆傳播兩種載波頻率：$L_1$頻道(其頻率為$1575.42$ MHz，波長為$19$ cm)載波上可同時調制$P$電碼及$C/A$電碼，以及導航訊息；$L_2$頻道(其頻率為 $1227.60$ MHz，波長 24

cm)只能調制$P$電碼及導航訊息。

　　某些接收儀可以解碼,當接收到導航訊息之後,可逕行實施即時定位測量;但有些接收儀卻不具解碼能力,惟仍可藉相位觀測法之助,用雙測站相對定位法來獲取高精度的觀測成果。

## 2.　GPS 觀測量

　　GPS 接收儀主要在做兩種量測:一種為**虛擬距離**(Pseudo range);另一種為**載波相位**(Carrier phase)。

(1)　虛擬距離

　　　　**虛擬距離**是利用接收儀本身產生的複製電碼,與從衛星傳輸至接收儀的電碼二者之間的相關比對,而得到一個**時間延遲**(Time delay),將此一時間延遲再乘以光速,而求得距離$\rho$,即

$$\rho = c \cdot \tau$$

由於此距離內尚含有衛星與接收儀二者內部因時錶誤差,以及衛星軌道誤差、訊號傳播經由大氣層所產生之訊號延遲等因素所產生之影響,亦即其與實際距離間,尚存有一**偏離量**(bias),故稱為**虛擬距離**。其關係如圖 10-3 所示。

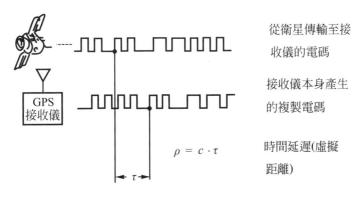

圖 10-3　虛擬距離時間延遲示意圖

虛擬距離可以下式表示

$$PR = R + dR + c(dt - dT) + c \cdot ta + \varepsilon \ldots\ldots\ldots\ldots\ldots\ldots (10\text{-}1)$$

式中$R$為實際距離，$dR$為因衛星星曆與實際軌道差所產生之距離；$dt$與$dT$分別為衛星及接收儀之錶差；$ta$為因大氣影響產生之時間延遲；$\varepsilon$為殘差(包括接收儀內之系統誤差、多路徑誤差等)。

(2) 載波相位

在介紹載波相位之前，先談談相位。所謂相位，是指在一圓周上，任一點之角度量，該量是以週為單位，如圖 10-4(a)所示。當電磁波訊號以$f$之頻率傳播，其圖形則由圓形而轉換成波形，其相位值亦由 0°至 360°，也就是說由 0 週至 1 週，如圖 10-4(b)所示。

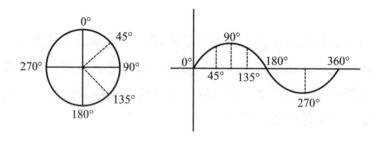

(a) 載波相位示意圖

(b) 轉換成波形之相位圖

圖 10-4

就理論言，「載波相位觀測量」就是GPS訊號在接收點處之「**瞬間載波相位值**」。但是，我們在實際測量中，卻無法直接測量出其「**瞬間相位**」，因此，事實上，我們所求得的，只是衛星訊號和接收儀參考訊號之間的「**相位差**」而已。其關係如圖 10-5。

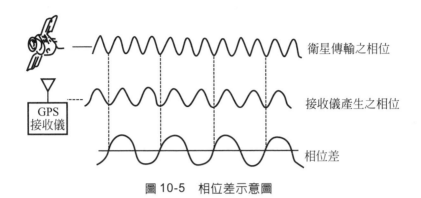

圖 10-5　相位差示意圖

　　「相位差測量」是利用衛星與接收儀二者所產生之相位比較來完成。它是用週期來度量，亦可以改換成秒來表示。是以我們可以藉電波真空傳播速度之理，把觀測量從時間換算成距離。

**3. 週波未定值(Cycle ambiguity)、跳週(Cycle slip)與失鎖(Loss of lock)**

　　當接收儀接收到從衛星傳回到觀測點的第一組觀測量時，其全部的相位$\phi°$，實際上是由一個整數週$N$，小數相位$\phi fr$，及未知整數值$n$所組成，亦即

$$\phi° = N° + \phi fr + n$$

式中之未知整數$n$，即稱為**整數「週波未定值」**。

　　理想中，若接收儀能全程鎖住訊號，則整個觀測過程就可以順利求得一組整數周波未定值；但因衛星在移動的軌跡上受到障礙物的遮蔽、或其它因素，使接收到之訊號中斷──即所謂之「**失鎖**」現象，將會使計算趨於複雜，這種現象在動態測量中尤為明顯。

　　失鎖會使訊號產生「**跳週**」現象；此外，當雜訊比過大時，接收儀所接收的訊號亦被中斷，也可能產生因計數上的錯誤而形成「跳週」現象。

跳週的次數很難估算，避免之道，惟有嚴格要求在觀測點水平方向
15°以上，於觀測之際，確實無障礙，方可減低跳周現象的發生。

## 4. GPS 的座標系統

GPS 衛星測量位置基準，是依據**天文座標系**(又稱**地球質心空間直
角座標系**)，如圖10-6所示，其原點定在地球之**質量中心**，$z$軸指向**慣用
地形極**(Conventional terrestrial pole；CTP，亦有譯作**平均北極者**)，
$X(N)$軸位在通過格林威治(Green-wich)之零子午面上，$Y(E)$軸與$X$、$Z$軸
相互垂直，構成一右旋座標系統，來確定各地面點的絕對位置。該系統
習慣上稱 WGS 84(The World Geodetic System 1984)，即**1984 年世界
大地系統**。

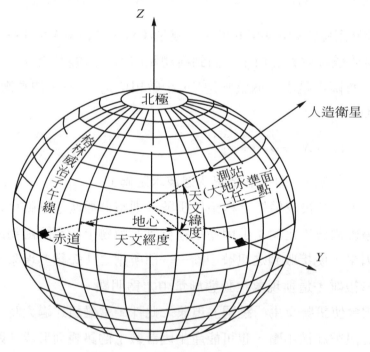

圖 10-6　天文座標系(WGS-84 座標系)

GPS座標與TM2°投影座標間之轉換關係為：

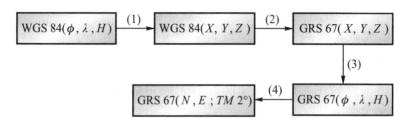

式中　　　$X = (N' + H)\cos\phi \cdot \cos\lambda$

　　　　　$Y = (N' + H) \cdot \cos\phi \cdot \sin\lambda$

　　　　　$Z = [N'(1 - e^2) + H)] \cdot \sin\phi$

　　　　　$N' = \dfrac{a}{(1 - e^2 \cdot \sin^2\phi)^{1/2}}$

　　　　　$b = a(1 - f)$

　　　　　$e = \dfrac{(a^2 - b^2)^{1/2}}{a}$

　　　　　$a$、$f$為地球原子

在同一座標系統下，座標表示型態可以改變。可分為：卡式空間直角座標($X$、$Y$、$Z$)、大地座標(緯度、精度、橢球高)及平面投影座標($N$，$E$；$TM2°$)等三種方式表示。

其主要參數如表 10-2：

表 10-2

| 參數 | 代號 | 值 |
|------|------|-----|
| 長軸半徑 | $a$ | 6378137±2 m |
| 第二階重力位能係數 | $\tau$ | −484.16685×10 |
| 地球角速度 | $\omega$ | 7292115×10 徑／秒 |
| 重力常數 | $GM$ | 3986005×10 公尺／秒 |
| 扁平率 | $f$ | 1/298.257223563 = 0.00335281066474 |

# 10-4　GPS 定位測量中誤差之來源與處理模式

　　GPS衛星定位測量主要誤差的來源，大致上可分為衛星誤差、接收儀誤差、傳播誤差及其他誤差等四種。其中有些可採用事先防範措施，使觀測時不致發生；部份無法防範者，則可以經由後續處理予以消除。茲分述如下。

**1.　與衛星有關之誤差**

　　(1)　衛星時錶差

　　　　　由於衛星時錶與GPS時間無法完全一致，其差值將影響及每一筆觀測量；而且在不同的衛星間，其差值亦沒有關聯。在處理這個問題方面，一般的作法是用二次多項式來估算其時錶差。

　　(2)　衛星軌道誤差

　　　　　當衛星出現在不是星曆上所預測的位置上時，即形成所謂的**衛星軌道誤差**。其最主要的形成原因是，因無法求得衛星所受各種力的大小，進而無法作合理的修正。當這種現象發生時，若測站與測站間的距離不長，可藉差分的模式予以消除；若所作為長距離間的施測，則需利用精密軌道等條件來處理。

**2.　與接收儀有關之誤差**

　　接收儀時錶誤差，是接收儀誤差的主要來源。因接收儀內部所使用的時錶精度較衛星時錶為低，若觀測時間短，尚可以保持穩定狀態，當觀測時間增長，則會產生偏移現象。應付之道，可以利用虛擬距離觀測量來改正；或加裝高精度振盪器，來提升接收儀時錶之精度。

　　此外，接收儀本身設計是否精良，例如雜訊與真正衛星訊號間的分辨能力、以及如何迅速、穩定其顯示功能等，都是影響觀測量精度的重要因素。

### 3. 衛星信號

　　影響衛星信號傳播的主要來源有三：即電離層、對流層的干擾及多路徑效應。茲分述如次：

⑴ 電離層(Ionosphere)干擾

　　**電離層**大致分佈在地表上方100至1000公里一帶，如圖10-7所示。其產生影響的主要原因是，因電子密度發生變化。例如當太陽黑子活動較頻繁時，其影響亦隨之增大。夜間電離層的影響量計小，大約只有白天的十分之一。尤其是午夜至清晨 5 點前後，影響最小，最適合於觀測。每天正午之後，變化即達最高，宜儘量避免觀測。

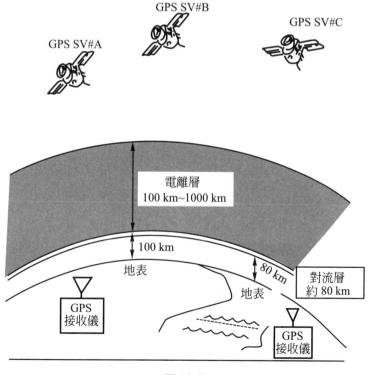

圖 10-7

此外，觀測點所在地區的緯度高、低，其所受電離層的影響亦異。大體而言，低緯度地區所受之影響，較中、高緯度地區為大。

(2) 對流層(Tropsphere)誤差

**對流層**的位置分佈在約離地表上方80至100公里一帶，主要是受空氣的乾濕、水蒸氣的濃稀，及溫度的高低等因素所造成。

當兩測站間之高程相差甚大時，受對流層的影響亦較大，施測時應注意及此。

(3) 多路徑效應

接收儀在接收衛星傳輸之訊號時，因受地面上反射物的影響，使訊號直接、間接的被天線所接收，如圖10-8所示，這種現象稱為**多路徑效應**。觀測點附近之大型水泥廣場、水面、或金屬板等，都是造成多路徑誤差現象的因素。避免之法：除設站點應避開上述之地形、地物外，並應儘量將天線放低、或使用大地測量專用天線。

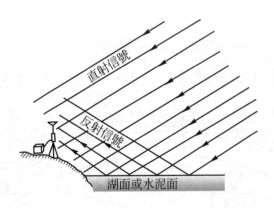

圖 10-8

## 4. 其它誤差

GPS衛星定位測量，是以相對定位為主，亦即其觀測值應與一組參考值作比較，以便求得轉換計算之參數。設若當作參考的已知測站座標值不正確、或精度欠佳，即使GPS本身測得再精密，其所得結果亦不可靠。是以正確參考站的起始座標，十分重要。

此外，測站點天線之高度是否量錯、接收儀操作有否錯誤、及天線腳架是否移位等，對觀測成果均有影響。

## 5. 處理模式

DGPS(Differential GPS)是就改善GPS利用電碼定位，欲提升其精度而發展出之一項修正系統。將一已知位置座標之GPS測站作為參考站(Reference station)，從該站接收衛星資料，並求算出衛星與該站間之距離值。復將該距離值與參考站所測得之虛擬距離間之差值，當作修正值，再經由數據傳送的方式，傳送至架設在待測站的接收儀上，進行修正，以提高待測站之定位精度。簡言之，DGPS就是利用差分方式，藉以消除大部份之誤差項，而使所獲得的結果，能有較高的精度。其關係圖如圖10-9。

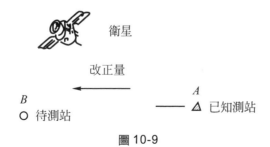

衛星

改正量

B ○ 待測站

A △ 已知測站

圖10-9

因觀測方式的不同，有單差、雙差及三次差諸方式：

⑴　單差(Single difference)亦稱一次差

　　單差又可分為地面、空中及時間等三種：

　　利用地面兩測站同時觀測同一顆衛星，將所得結果作線性組合後，其距離差稱為「**差分距離**」(Differential range)。此項定位法稱為**地面一次差**(Between-receiver single difference)，其關係圖如圖 10-10。地面一次差之作用，是在消除衛星時錶因不穩定所引起之誤差效應。

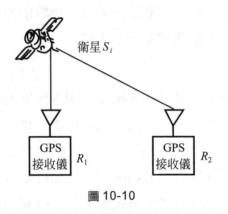

圖 10-10

　　由同一測站之接收儀$R$在同一時間$t$內，對兩顆衛星($S_i$、$S_j$)作觀測，其所得之兩相位觀測量之差，稱為**距離差**(Range difference)或稱**空中一次差**(Between-satellite single difference)。其關係圖如圖 10-11。其作用亦在將接收儀時錶誤差予以消除。

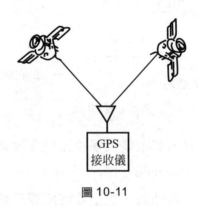

圖 10-11

　　　當接收儀$R$在連續兩時間$t_1$、$t_2$對同顆衛星$S_i$作觀測，其所得兩個相位觀測量之差，稱為「**含時間之距離差**」或**時間一次差**(Between epoch single difference)，亦稱**都卜勒**(Doppler)**觀測量**。如圖10-12所示，其作用是可將周波未定值各項誤差予以互相抵消。

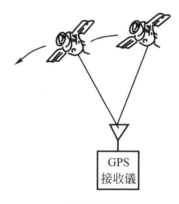

圖 10-12

(2)　雙差(Double difference)，亦稱二次差

　　　衛星資料後級處理模式，通常都是採取「雙差」或「三差」的方式來解決。

　　　所謂**雙差**，是指由兩組相關的「距離差」相減而來，亦即由兩測站在兩不同時間、同時觀測兩顆不同之衛星的結果組合而成，如圖10-13所示。該項觀測可消除對流層與電離層之折射效應，同時亦可消除接收儀之時錶差。

(3)　三次差(Trible difference)

　　　在兩個不同測站上，於不同的時間、同時觀測不同的兩顆衛星，如圖10-14，(實線部份為觀測時間$t_1$之一組雙差，虛線部份示時間$t_2$的一組雙差。)得兩組雙差，將兩組雙差的值相減，即為三次差。

　　在三次差模式中，已不再含有週波未定值。惟由於經過多次運算，其誤差量亦隨之放大，因此，它的結果只能視為初步結果，藉以改正跳周問題。

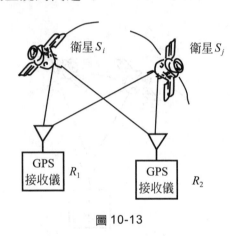

衛星 $S_i$　　　衛星 $S_j$

GPS
接收儀 $R_1$

GPS
接收儀 $R_2$

圖 10-13

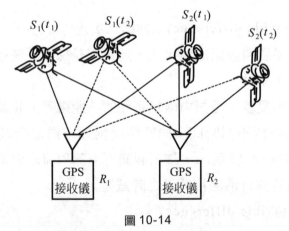

$S_1(t_1)$　　$S_1(t_2)$　　$S_2(t_1)$

$S_2(t_2)$

GPS
接收儀 $R_1$

GPS
接收儀 $R_2$

圖 10-14

# 10-5　GPS 衛星定位測量的種類

　　GPS就定位的原理而言，可分為絕對定位及相對定位兩種類型；就測量之方式言，又可分為靜態定位、動態定位及快速靜態等三種，茲分述如次。

**1.　就定位的原理而言，可分為絕對與相對定位測量**

(1)　絕對定位測量

　　　　在觀測點設站，架設GPS接收儀，藉對衛星的觀測成果來決定該點在地心座標系統上的位置，稱為**絕對定位**，又稱**單點定位**。其所得之位置為**絕對位置**。

(2)　相對定位

　　　　相對定位是指在二個以上之點設站，其中至少應含有一站以上為已知點(即其座標值為已知)，其目的在求觀測站與已知測站間的**相對位置**。

　　　　利用差分方式，可將虛擬距離觀測量精度提高至 10 公尺左右；若採相位觀測量，精度可提升至 10 公分，再經過嚴密的後續處理，其精度更可高達數公釐以內。

**2.　就測量之方式而言，可分為靜態定位測量與快速靜態定位測量**

(1)　靜態定位(Static)測量

　　　　將衛星接收儀停放在靜止不動的觀測點上作觀測，稱為**靜態定位**。靜態定位通常需要花半小時至兩小時的時間，作連續性的施測，用以提昇其觀測精度。

(2)　快速靜態(Rapid static)測量

　　　　此法與靜態定位測量的方法類似，惟將量測的時間予以縮短，改為5至20分鐘，以便快速求解其周波未定值，用以解決跳週問題。

　　作業時須顧及：

①　利用 *P* 碼與相位觀測量結合，求解週波未定值。

②　作業進行中，同時須鎖住四顆以上之衛星訊號；衛星之**幾何分佈**(PDOP)**值**應小於 7(PDOP 值愈小，則觀測時間愈短)。

**3. 其他**

(1)　動態定位(Kinematic)測量

　　將接收儀之天線，置於呈運動狀態之汽車、船、飛機等運動體上，對它的運動軌跡作觀測，稱為**動態定位**。

　　精密的動態定位(相位觀測量)，必須全程鎖住四顆以上的衛星訊號，且在沒有跳週、失鎖等現象發生，及可以立刻改正的情況下，才能實施。

(2)　假動態(Pseudo-kinematic)測量

　　將一部接收儀固定置放於某一特定點上，作為參考站，另一部接收儀依序置放在各待測點上，並分別作 2 至 5 分鐘的施測，這種測法稱為**假動態測量**。

　　假動態測量施測時，必須同時收到四顆以上之衛星訊號，並且必須在 1 個小時之後、4 個小時之內，重覆觀測一次，將兩個時段的資料合併計算之。

　　在近距離、待測點數目龐大地區，使用此法最為方便。

(3)　停停走走(Stop-and-go)測量

　　在作業開始之前，先以天線交換法(Antenna swap)或已知基線法求解週波未定值。再將一部接收儀置放於某特定點上，作為參考點，另一部則依序移動。當移動接收儀開始逐點測量時，應切實注意接收儀之天線，必須維持 15° 以上對空之通視，應無障礙。當收得之衛星訊號皆能維持在四顆以上、且週波未定值不變，則每個測站只需數秒鐘，即可測定其座標位置。

　　在測站搬遷途中，若訊號遭遇阻擋，則必須回到發生失鎖現象之前一站去，重新輸入點名，並接受四顆以上之衛星訊號，以解決跳週問題；另一方式是於到達下一測站時，將觀測時間拉長，用實施**假動態測量**來解決跳週問題後，再按正常方式，繼續向前施測。

# 10-6　外業——野外觀測與作業程序

## 10-6-1　點位之選擇

GPS 觀測點位之選擇宜注意下列各項：

1. GPS作業，實際上是在用接收儀接收衛星傳輸回來之訊號，以作為計算座標時之依據。因此，凡自接收儀水平方向 15°以上之天空，不能有任何遮蔽物例如樹木、建築物等出現。

2. 高壓線鐵塔、電視轉播站及無線電台等地區，都可能對GPS訊號造成干擾，是以所選測站應遠離該等建築物 1 公里以上。

3. 飛行物體出現頻繁之地區，亦應避免設站。

4. 在選點工作進行之前，應先在略圖上規劃施測之順序及路線，尤其是當施測點位較多、或進行快速靜態測量時，非但可以節省時間，更可確保施測工作進行之順暢。

5. 所選點位應有清楚之標示，(以石材標誌或銅標為佳，以利長期使用。)以便爾後工作人員可以順利找到。各點位並應作點之記，詳細載明點位所在之地點、土地或建築物主權所有人之姓名、聯絡電話、地址等資料，俾便事先聯絡，方便工作之進行。

6. 如所選點位附近有障礙物阻擋，但又必須選擇該點時，可先繪草圖，並標示障礙物方向及觀測時段，從儀器中查得該時段衛星之分佈情形，作爲是否放棄該處資料時之參考。

## 10-6-2 人員編組與觀測時段之安排

1. 在靜態定位作業時，如在交通方便地區，可以由 1 人操作接收儀即可；如需登山、作動態或快速靜態定位、或在野外觀測的時間較長，則以 2 人 1 機較妥。

2. 在觀測時段之選擇上，若以 GPS 作大地測量(即三度空間定位)，則至少須同時觀測到 4 顆以上幾何分佈良好之衛星(即衛星分別分佈在觀測點上空的 4 個象限內)。

3. 至於觀測時間的長短，可視基線本身之長短而定：當基線長度在 15 公里以上，其觀測時間宜在 2 至 4 個小時之間；若在 15 公里至 5 公里之間，其觀測時間可減至 2 小時以內；若再短至 5 公里以下，則觀測時間約半小時即可。

## 10-6-3 DOP、PDOP 與 RDOP 值之取捨

1. DOP(Dilution of precision)值是衛星幾何強度之指標。由於衛星測量最後之精度，是由標準偏差與 DOP 值之乘積而來，因此，DOP 值愈小愈好。當其值大於 5.0，即示其值欠佳。

2. PDOP(Position of DOP)值在動態、或快速靜態測量時，其值應低於 7.0。

3. 在做靜態測量時，RDOP(Relative of DOP)之值應低於 0.9。

## 10-6-4 作業程序

茲分別以 Leica 及 Trimble 兩種廠牌之作業程序簡介如下：

1. Lecia GPS system 200 及 300 系列之全貌如圖 10-15。其接收儀野
外操作程序：

圖 10-15

茲分儀器架設與控制作業兩大部分敘述：

有關硬體(儀器)架設之程序為：

(1) 架設三角架、光學基座、並予以定心、定平。

(2) 裝設 GRT44 支桿。

(3) 裝設 SR299 接收儀。

　　裝設時，應注意壓黑色按鈕(1)，使 SR299 接收儀完全座落在支桿上後，逆時針方向旋轉之，務使固定紐(2)鎖緊。

(4) 將 SR299 接收儀分別與電池及控制器相連接：

① 先將 CR233 控制器藉 2.8 m 長之導線，與 SR299 接收儀之一插孔相連(此時應注意二者之紅點應相對)。

② 再將 GEB71 鎳鎘電池與 SR299 接收儀中之另一插孔，藉 1.8 m 長之導線相連(注意，此時亦應使二者之紅點對紅點)。

　　二導線亦可互換使用。

　　正式接收作業是在 CR233 控制器上進行。其控制作業之程序為：

(1) 按「ON」鈕，開機：

　　當聽到"嗶"聲後，再按任何鍵，即可進入「主操作」畫面

　　　　　　　　　[0000] "Main Menu"

(2) 以「↑」，「↓」，「−」，「→」游標，將黑色指標落在「MISSIONS」上；此時按「F1」鍵，(即對正視窗欄上之「CONT」處)，得所需之「各類任務」畫面

　　　　　　　[0100] "Missions"

(3) 以游標指示到所需要的任務處。

　　按「F1」鍵，(即對正視窗欄上之「RUN」處)，得「執行任

務」畫面，此時檢查內容應為：

```
[1000]        CURRENT MISSION

Mission code :                     Type :
Mission name :                     Session 3
Last mod.    :    02  Oct  91   17:14
Data device  :    <MEMCARD>  free :  [      KB]

CONT   EXIT-M
```

※：檢查記憶卡之容量是否夠用。

(4) 按「F1」鍵，(即對正視窗欄上之「CONT」處)，待數秒後，得
「起始座標位置」畫面，內容為：

```
[1005]        SET Initial Position
              Last Fix                USER INPUT
 Lat :   47  24  36 . 184  N     47   30   00 . 000  N
 Lon :    9  38  12 . 771  E      9   30   00 . 000  E
 Hgt :          473 . 652  m           450 . 000  m
 Use : -------------------- USER INPUT ------------------------

CONT
```

此項動作的目的是，將觀測點的經緯度輸入，以便追蹤在該
觀測點附近運行的衛星。(準確至分之 10 位數即可。)

注意，Last Fix 是指前次觀測時所在位置之經緯度，供參考
用。當目前設站點所在位置的座標與前者相近，(即二次設站點
之距離在二、三十公里以內，)則可沿用該值，追蹤衛星。若二
者相差甚大，可按「→」鍵，得「User Input」，輸入觀測點位
置之概略經緯度即可。

(5) 按「F1」鍵，(即對正視窗欄上之「CONT」處)，得「衛星追蹤
控制」畫面，內容為：

| [1006] | SET Satellite Tracking Control | | | | |
|---|---|---|---|---|---|
| Health and L2 mode　　　　: AUTO<br>Minimum elevation　　　　　: 15 | | | | | |
| CONT | | | | | |

(6) 按「F1」鍵，(即對正「CONT」處)，得「時間輸出」畫面：

「[1012] SET Time-Mark Parameters」

(7) 按「F1」鍵，(即對正「CONT」處)，得「測量模式」畫面，選擇「STATIC」，內容為：

| [1021] | SET Operation | | | | |
|---|---|---|---|---|---|
| Type　　　　　　　　　　　: STATIC SURVEY | | | | | |
| CONT | | | | | |

此時有靜態、動態、快速靜態等模式。此例所顯示者為靜態。

(8) 按「F1」鍵，(即對正「CONT」處)，得「資料彙集控制畫面」，內容為：

```
[1101]      SET Data Collection Parameters

Compacted or sampled              : COMPACTED
Min . sats start recording        : 4
Obs . rec . -rate stat .          : 1 secs


CONT  |      |      |      |      |      |
```

(此畫面第一次作業時即已設定，在一般觀測時，可以跳過此步。)

(9)　按「F1」鍵，(即對正「CONT」處)，得「走走停停指示」畫面，內容為：

```
[1103]      SET Stop-Go Parameters

Baseline length approx      : 10 km
Stop at 100%                : NO
Maximun recording time      : 60 min
Stop ot maximun time        : No

CONT  |      |      |      |      |      |
```

(此畫面一般亦可跳過。)

(10)　按「F1」鍵，(即對正「CONT」處)，得「點號設定」畫面，內容為：

```
[1104]          SET Point Id Parameters

Point Id template :        NNNNNN*********
Point number start position :      : 1
Point number end position :        : 6
Point number increment :           : 1

CONT  |  SET  |      |      |      |      |
```

⑪ 按「F1」鍵，(即對正「CONT」處)，得「相關屬性資料輸入」畫面，內容為：

```
[1109]      ENTER Data Set Parameters

Project     : ######      Mission    :
Controller  : ######      Sensor     :
Note 1      : #############################
Note 2      : #############################

CONT
```

此時可以游標走到「Note 1」或「Note 2」，輸入需要的屬性或參考資料。

⑫ 按「F1」鍵，(即對正「CONT」處)，得「測量」畫面，內容為：

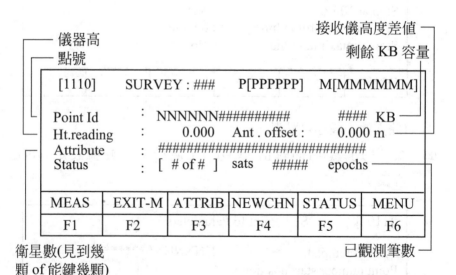

此時以游標分別輸入

① 點號(Point Id)：例如A164等，(不要有無意義的字眼，如A0164等出現，以減少後續作業之困擾)。

② 儀器高(Ht. reading)：可經由儀器箱內所附之高程尺，直接讀取自儀器上白色刻劃至樁頂之讀數。以公尺為單位輸入，如1.414 m。

③ 接收儀高度差值(Ant offset)：指儀器中心至白色刻劃間之距離。每部儀器為一常數，只須輸入一次即可。如：0.441 m。

④ Status：是指在 1 分鐘內，可追蹤到所有有效的衛星數，「見到幾顆」of「應能見到幾顆」，如：7 of 7 或 6 of 6。

　　再查顯示 GDOP 之值，只要衛星數在 4 顆以上(4 of 4)，且 GDOP 之值在 7 以下，即可開始測量了。

⑬ 此時按「F1」鍵，(即對正「MEAS」處)，即示接收儀已開始在測量，並作記錄中。

　　在儀器觀測進行中，應隨時注意衛星追蹤狀況，含：GDOP值、信號雜訊比(S/N比)、記錄筆數(epochs)、及衛星失鎖等。其檢查方式如下

① 按「F5」鍵，(即對正「STAUS」處)，得「衛星追蹤狀況」畫面，內容為

衛星號數
L1　S/N　比
L2　S/N　比
方位角
仰角高

| [1451] | | STATUS Satellites | | | | | | |
|---|---|---|---|---|---|---|---|---|
| Sat : : | 02 | 03 | 06 | 11 | 13 | 14 | -- -- | -- -- | -- -- |
| S/N1 : | -- | 45 | 43 | 42 | 42 | 39 | -- -- | -- -- | -- -- |
| S/N2 : | -- | 44 | 41 | 40 | 41 | 37 | -- -- | -- -- | -- -- |
| Azi : | 237 | 167 | 346 | 27 | 118 | 56 | -- -- | -- -- | -- -- |
| Ele : | 15 | 72 | 49 | 27 | 38 | 18 | -- -- | -- -- | -- -- |
| CONT | | | | | |

　　S/N比之值最好在 40 以上。如追蹤到之衛星只有四顆、或更少於此數，其S/N之比值雖大於 40，則宜以加長觀測時間來增加其可用量，以便求解其週波差。

(再按「F1」鍵,即可回到[1110]「測量」畫面。)

② 在快速靜態測量中,若欲求得最好的成果,則觀測時GDOP之值應在 4 以下;當其值大於 8,亦應以加長觀測時間,來改善成果。

③ 每站觀測記錄總筆數,其所消耗記憶容量之數,大致為:

在 5 公里左右的邊長,以 15 秒鐘記錄壹筆,觀測時間約 15 分鐘,則總記錄量為 60 筆。如每筆平均有 5 顆衛星資料,則可能消耗 15 bits 的記憶容量。

由此可預估現存之記憶空間,是否夠用。

④ 有關電池電量是否足夠的檢查方式是:

❶ 按「F6」鍵,(即對正視窗欄之「MENU」,進入下列畫面:

| [1310] SURVEYING MENU<br><br>SET<br>ENTER<br>DISPLAY<br>STATUS | | | | | |
|---|---|---|---|---|---|
| CONT | | | | | |

❷ 將游標移至「STATUS」位置。

❸ 按「F1」鍵,(即對正「CONT」處),以游標移動至「Battery/Voltage」位置。

❹ 按「F1」鍵,得畫面如下:

```
[1461]        STATUS Battery / Voltage
                                        E              F
接收儀外接電量 —— Sensor external       : | * * * * * * * * - |
控制器外接電量 —— Controller external   : | * * * * * * * - - |
控制器內接電量 —— Controller internal   : | - - - - - - - - - |
記憶片電量    —— Memory card          : | * * * * * * * - - |

CONT
```

如電量低於兩個「**」時，在完成觀測後，應立即更換電池。尤應注意者，在每次外業之前，均應事先檢查電池電量，以避免在工地出現不足現象。

⑤　衛星失鎖時之因應之道：

在觀測進行中，因訊號要通過大氣中之電離層，會受干擾，可能會發生衛星失鎖現象。此時控制器會發出「嗶」聲警告，作業人員應立即注意畫面，畫面上會顯示出失鎖狀況，例如「$2L_1$，$1L_2$」或「$3L_1$，$4L_2$」等。當衛星失鎖，致使可用衛星之數少於四顆，且預訂之觀測時間尚未截止，則其所造成之中斷，可能影響到後續計算時，無法求解週波差。例如原預訂觀測15分鐘，在第7分鐘時，失鎖7顆，則前面已測及後面待測之時間被分割成兩段，因觀測量不夠，則無法求解週波差。解決之道，只有在後段的8分鐘之後，再加測7分鐘的觀測量，補足15分鐘之觀測值，才能求解。

該項補救措施，亦可改用「Stop-Go Indicator」方法輔助觀測，其法如下：

❶　在原「[1110] SURVEY」畫面下，按「F6」鍵，進入「[1310] SURVEYING MENU」畫面；將游標移至「STATUS」位置。

❷　按「F1」鍵，得「[1314] STATUS」畫面；再將游標移至
　　「Stop-Go Indicator」處。

❸　按「F1」鍵，得下列畫面，內容如下：

| [1455]　　　STATUS Stop-Go Indicator | | | | (1/2) | |
|---|---|---|---|---|---|
| Type | : | STS POINT | | | |
| Amount Completed | : | 57 % | | : Stop : YES | |
| Time to go | : | 3 : 40 min | | | |
| Time elapsed | : | 4 : 50 min | | | |
| Max . rec . time set | : | 15 : 00 min | | Stop : NO | |
| CONT | | | | NEXT | |

　　　此時宜注意其「Amount completed」之百分比。當衛星
訊號中斷，該值會重新由 0 ％開始。故從此值可以幫助判斷
失鎖的狀況。

## 2.　Trimble 400 系列接收儀野外操作程序

Trimble 400 型之儀器構造如圖 10-16。

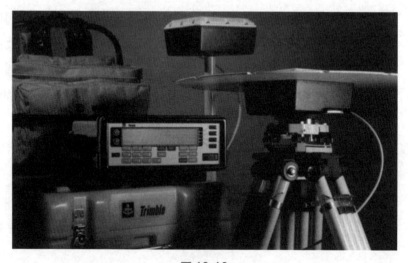

圖 10-16

茲將其主機、主要鍵功能簡介、及野外操作程序分述如下：

(1) 接收儀主機

接收儀主機面板如圖 10-17，機背板如圖 10-18 所示。由面板圖知，其主要部份是由深色鍵、淺色鍵、文(數)字鍵、黑色鍵、四個游標鍵及螢幕所組成。

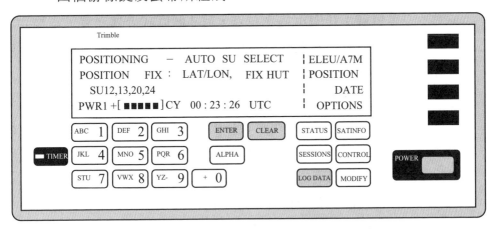

圖 10-17 4000 系列接收儀面板圖

天線插孔

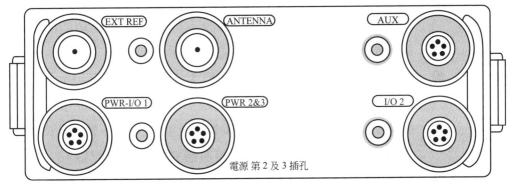

電源-I/O 第一插孔(5 PIN)

電源 第 2 及 3 插孔

I/O 第 2 插孔(7 PIN)

圖 10-18 4000 系列接收儀背板圖

深色鍵：含POWER、ENTER、CLEAR、LOGDATA等4個鍵，為主機之主要操作鍵。

淺色鍵：含STATUS、SATINFO、SESSIONS、CONTROL、MODIFY、ALPHA等6個鍵為測站資料與衛星狀況等控制鍵。

文、數字鍵：可輸入英文及數字等資料。

黑色鍵：在顯示幕之右方，有4個直式排列之鍵，當輸入深色鍵或淺色鍵，其相關附屬功能出現於螢幕時，即可從黑色鍵處選擇適當之項目輸入，而得其相對應之功能。

接收儀背板則包含天線插孔、外接振盪器接孔、及電源接孔二個。使用時將黑色護套小心拔出，將電源、天線電纜接頭接好，並注意電源接頭之方向記號。

⑵　幾個主要鍵目錄下之功能

茲將幾個主要鍵目錄下之功能，擇要介紹如下：

①　LOG DATA目錄下之功能

該鍵目錄下，有下列9種功能，可供選擇：

❶　QUICK-START NOW!示立即開始記錄。

當事先未作 SESSIONS 設定時，可使用此功能開始記錄。惟其結束記錄之動作，必須藉手來操作。

❷　START PRE-PLANNED示開啓事先設定之記錄時段。

欲起動事先設定之記錄時段，可於進入此功能後，選擇欲起動之 STATION SESSION，並開始記錄。當 SESSION 中設定之觀測時段結束後，接收儀會自動結束記錄。

❸　START FAST STATIC OR KINEMATIC SURVEY 示開啓「快速靜態」或「動態」測量。

惟需注意者，「快速靜態測量」僅使用於雙頻($L_1/L_2$)接收儀。

❹ ENABLE AUTO-SURVEY TIMER 示啓動自動(開始／結束)
記錄功能。

　　在使用此功能之前，必須已於SESSIONS下設定SESSION，
才能有效起動。

❺ RESULTS FROM PREVIOUS SURVERY 示已儲存的FILES
內容。

❻ SETUP SURVERY CONTROLS 示設定測量時接收儀之相關
各值。

　　內含：天線接收仰角、PDOP之最大值、及接收間隔等。

❼ MODIFY QUICK START CONTROLS 示靜態測量時，將

ELEVATION MARK：+15°　　　最低觀測仰角定爲+15°

MIN SVS：1　　　　　　　　最少衛星顆數定爲 1 顆

MEAS SYNC TIME：15 SEC　　記錄時間間隔定爲每 15 秒鐘一筆

❽ MODIFY FAST STATIC CONTROLS 示快速靜態測量，將
ELEVATION MASK 設爲＋15°

　　　SVs　　　　　　　　　4　5　6

　　　minimum meas time：20　15　8 min

　　　meas sync time：5° sec

❾ MODIFY KINEMATIC CONTROLS 示現階段暫時不用設
定，接著按MORE，使畫面進入「測量方法」後，再選擇作
業方法，即可開始記錄資料。

② COMTROL 目錄下功能

❶ Logged Data Files：顯示記憶體容量等資料，畫面如下：

```
┌─────────────────────────────┬──────────────┬──────────┐
│ Survey Data File :          │ Directory    │ ☐  <<press
│   9 file used : 8.4% of memory │ Delete    │ ☐        │
│   6 files Recoverable       │ Recover      │ ☐        │
│ 21 Hours Left@ 6SVs, 150.0 sec │           │ ☐        │
└─────────────────────────────┴──────────────┴──────────┘
```

意即

測量的資料檔：　　　　　　　　　　　　查詢檔案名
　　有 9 個檔案：共使用 8.4%記憶體　　刪除檔案
　　有 6 個檔案可救回　　　　　　　　　救回檔案
還可記錄 21 個小時：每 15 秒記錄一筆,
有 6 顆衛星情況：A483

如按上圖右側 Directory 欄邊黑鍵，得畫面如下：

```
┌─────────────────────────────┬──────────────┬──────────┐
│ File : A001-017-1     I : 06 │ Next File    │ ☐        │
│ Created :      08 : 49 UTC   │ Prev File    │ ☐        │
│         MON 17-01(JAN)-94    │              │ ☐        │
│ 22 KBYTES       123 Records  │              │ ☐        │
└─────────────────────────────┴──────────────┴──────────┘
```

意即

檔名：A001-017-1　尋找：第 6 個檔　　　下一個檔名
建立時間：UTC 08 : 49　　　　　　　　　前一個檔名
　　　　MON 17-01 (JAN)-94(日期)
使用 22 個位元組　　計 123 筆資料

如按同圖之 Delete 欄處黑鍵(即第二黑鍵)，得畫面如下：

| | |
|---|---|
| File : A001-017-1　　Index : 06<br>Created :　　　08 : 49<br>　　　　MON 17-01(JAN)-94<br>22 KBytes　　　　　123 Records | Next File　　　　　□<br>Prev File　　　　　□<br>　　　　　　　　　□<br>Delete it　　　　　□ |

即可利用右邊的「Next File」及「Prev File」搜索到欲刪除
的 file 檔；再按「delete it」鍵，即可刪除。若欲刪除其它
檔，其操作步驟相同。

　　又如按同圖之 Recover(即第三黑鍵)，所得畫面與按
Delete 者同，亦是先選欲救回的檔，再按「Recover it」鍵
即可。

❷　Power-up control：選擇開、關機的設定，畫面如下：

| | |
|---|---|
| Power - up Initialization control<br><br>(Do not default controls)<br><br>　　　At power up | 　　　　　　　　　□<br>　　　　　　　　　□<br>change　　　　　　□<br>　　　　　　　　　□ |

　　意即

開關機設定控制

(不使用內定值去控制開關)　　　　　　　　改變

　　　At power up

　　若使用 Change 鍵時，可有二種選擇：

(a) Do not default control(不使用內定值)

(b) Default controls(使用內定值)

一般作業時可使用(a)項。

❸ Sv Enable/Disable：指定某衛星接收與否，其畫面為：

```
Ignore Health (Surveying) :          More Modes                    □

SV 01                                                             □
                                                                  □
                                     Set modes                    □
```

(a) 若按上圖右側 More Modes 側邊之鍵，會出現 3 種條件可供選擇：

ⓐ Enable Mode：使用衛星的號碼顯示

(作業時建議使用此項條件。)

ⓑ Ignore Health (positioning)：定位時是否忽略此健康衛星 None(不使用)。

ⓒ Ignore Health (Surveying)：觀測時是否需要忽略此衛星模式 None(不使用)。

(b) 若按上圖右側之 Set Modes 鍵，則畫面變換成：

```
Enable / Disable Mode : SV01      Next SV                         □

                                  Prev SV                         □
Current Mode : (設定)                                              □

         Enabled               Change Mode                        □   <<press
```

當使用 Change Mode 鍵時，亦有 4 種情況可供選擇：

ⓐ Ignore Health (Survery only)：忽略此衛星(僅在作測量記錄)。

ⓑ Disables：不使用。

ⓒ Ignore Health (Position)：忽略此衛星(僅在做定位測量時用)。

ⓓ Enabled：使用。

至於如何更改，可先利用上圖右上方「Next SV」及第二鍵「Prev SV」二鍵，先行找出衛星號碼後，再用右下方之「Change Mode」鍵改變其所設定之值即可。

此項作業時，將每顆衛星設定為「可接受」(即Enable)即可，可省去許多不必要之步驟。

再按「More」鍵，進入下一畫面。

❹ Adject Local Time：校正當地時間，其畫面如下：

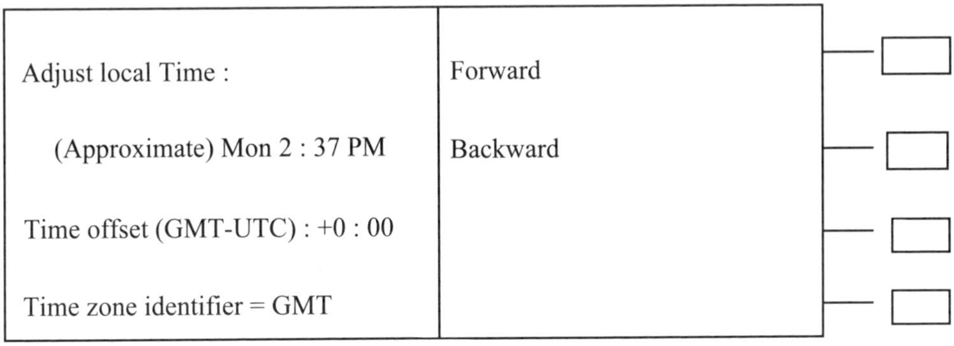

| | | |
|---|---|---|
| Adjust local Time : | Forward | ☐ |
| (Approximate) Mon 2 : 37 PM | Backward | ☐ |
| Time offset (GMT-UTC) : +0 : 00 | | ☐ |
| Time zone identifier = GMT | | ☐ |

意即

校正當地時間

目前顯示時間

時間校正值(藉右側「Forward」及「Backward」鍵調整其值。)

當地時間系統：GM(可自行設定)

按：衛星時間是以UTC時間來表達；台灣地區時間為GMT，二者之關係式為：

GMT ＝ UTC ＋ 8$^h$

此項作業如皆在台灣地區，則只須校正一次即可，勿須每次更動。

❺ Baud Rate/Format：控制I/O 1 及 2 傳輸埠的傳輸速率等參數值，其畫面如下：

| | | |
|---|---|---|
| Serral port 1settings | More | |
| Baud RATE (38400) | change | |
| Format　　　　(8-None-1) | change | |

利用右側 More 鍵，可跳至 Port 2 去作設定。

利用右邊中間之 change 鍵，可改變傳輸速率。

利用右下方之 Change 鍵，可改變傳輸資料格式。

在一般情況下作業時，可將 Port1/Port 2 均設定為

38400 - 8 - Note - 1

即可。

❻ Remote Protocol：選擇外部指令聯絡格式，其畫面如下：

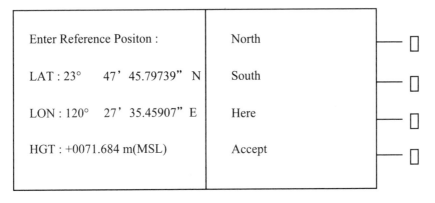

| Remote interface protocol (4000A/S compatible) (Attention,command,Data) | change | □ □ □ □ |
| --- | --- | --- |

利用 Change 鍵，可作下列 2 種選擇：

(a)　4000 A/S compattible

(Attention, command, Data)

(b)　Data collector compatible：

(STX, Data, Checksum, EXT)

原廠建議使用(a)項選擇較好。

❼　Reference Position：輸入參考座標，其畫面如下：

| Enter Reference Positon： LAT：23°　47'　45.79739" N LON：120°　27'　35.45907" E HGT：+0071.684 m(MSL) | North South Here Accept | □ □ □ □ |
| --- | --- | --- |

此欄顯示上一次觀測時之經緯度座標值及高程。如觀測點距前次觀測站間距離不大(約一、二十公里內)時，可沿用該值，以便追蹤衛星，否則可將地圖上查得所在第之經緯度值輸入、更改之，即可。

❽　Masks/SYNC Time：修改，輸入仰角，PDOP極值及每筆記錄時間。其畫面如下：

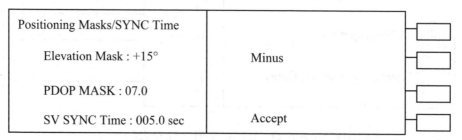

Elevation Mask：仰角(靜態及快速靜態均應在15°以上)。

PDOP Mask：位置精度因子值。(其值應小於7)

SV SYNC Time：記錄每一筆間隔時間。(靜態為15秒、快速靜態為5秒)

Accept：儲存並跳離至另一畫面。

❾　Postioning Modes：選擇定位模式。其畫面如下：

| Positioning Mode : | | |
|---|---|---|
| | | |
| | | |
| Weighted solution Enabled | Change | |
| LAT/LON or LAT/LON/Height | Change | |

若選擇上面之change鍵，可得下列2種選擇：

(a)　weight solution enabled：加強衛星接收訊號品質。

(b)　weight solution disabled：不加強。

若選擇下面之change鍵，可得下列4種選擇：

(a)　LAT/LON or LAT/LON/Height：緯度／精度定位、或緯度／精度／高。

(b)　LAT/LON (Fixed height)：當高固定,只做緯／經度之定位。

(c)　Height (Fixed LAT/LON)：當緯／經度固定時,僅做高的測量。

(d)　LAT/LON/Hight always：任何時候均對精度／緯度／高作觀測。

　一般作業時,可選擇(a)項。

⑩　Power control：電源(電池控制)

　　進入充電狀況後,可有三種選擇情況:

(a)　Charge & PWR output disable：充電器及電源不作外接使用。

(b)　Battery charge enable (cantion-use only with trimble osm)：使用 Trimble 的充電器充電。

(c)　Power output Enable：電源輸出供其他設備使用。

　一般作業時,以(a)項選擇為佳。

⑪　L1/L2 operation：選擇接收訊號:

L1/L2 Tracking：P-code

$$\boxed{\text{P-code}}$$

Channel 1：L1P L2P (9 個頻道均可同時接收 L1P 及 L2P)。

⑫　Cycle printouts：控制列印:當須外接印表機或電腦時才有作用,通常可免。

⑬　Default controls：將內部設定各值固定為內定值。

　至於其它鍵,諸如SESSIONS、MODIFY、及STATUS等之功能,因受篇幅所限,茲從略。

(3)　靜態測量操作程序

　①　設備檢查

除主機Trimble 4000SSE接收儀外，作業前並應檢查下列諸附件是否齊全：每部GPS都要含天線(含天線電纜線)、天線接合器、求心基座、木質三腳架及天線高量尺各一。

此外，儀器之電源是否充足，應詳作檢查，以免妨礙正常工作之進行。

② 參數設定

❶ 按POWER，得畫面：

```
QUICK - START NOW ! (SINGLE SURVEY)    ——
START PRE - PLANNED (SINGLE SURVEY)    ——
START FAST STATIC OR KINEMATIC SURVEY)    ——
                                  MORE    ——
```

❷ 按CONTROL，得畫面：

```
RECEIVER CONTROL :          LOGGED DATA FILES
  ( 1 of 7 )                 RTCM-104    OUTPUT
                             RTCM-104    INPUT
                                        MORE
```

❸ 再按MORE鍵數次後，得畫面：

```
RECEIVER CONTROL :            POWER CONTROL
  ( 5 of 7 )                 L1/L2 OPERATION       <<Press
                           NMEA-183    OUTPUT
                                      MORE
```

再按上列畫面右側「Press」所指處之黑色鍵，得畫面：

```
L1/L2 TRACKING :          P-CODE  ┊  L1 TRACKING
                          P-CODE  ┊  L2 TRACKING
                                  ┊
                                  ┊
```

❹ 待確認顯示無誤後，再按CLEAR鍵，予以清除。

❺ 連續按MORE鍵數次，直到畫面呈現：

```
RECEIVER CONTROL :        DEFAULT CONTROLS        <<Press
( 7 of 7 )                                   ┊
                                             ┊
                                     MORE
```

再按「Press」所指處黑鍵，得畫面：

```
INITIALIZE ALL CONTROLS TO DEFAULT
SETTINGS AND RESTART RECEIVER        ┊
                                     ┊    NO
             ARE YOU SURE ?          ┊    YES      <<Press
```

再按「Press」所指處黑鍵。當所有條件設定完畢之後，畫面
顯示：

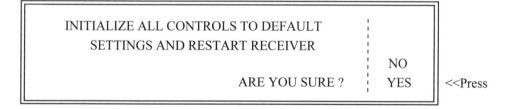

```
      QUICK - START NOW ! (SINGLE SURVEY)    ──
      START PRE - PLANNED (SINGLE SURVEY)    ──
   START FAST STATIC OR KINEMATIC SURVEY)    ──
                                    MORE     ──
```

❻　按 MORE，得畫面：

```
                ENABLE AUTO - SURVEY TIME  ──
            RESULTS FROM PREVIOUS SURVEY  ──
                  SETUP SURVEY CONTROLS  ──              <<Press
                                 MORE  ──
```

再按「Press」所指處黑鍵，得畫面：

```
        MODIFY QUICKSTART      CONTROLS  ──
        MODIFY FAST STATIC     CONTROLS  ──             <<Press
        MODIFY KINEMATIC       CONTROLS  ──
```

再按「Press」所指處黑鍵，畫面進入：

```
 QUICKSTART CONTROLS
 STORE POSITION : NORMALLY              │ CHANGE
 ELEVATION MASK : +15°     MIN SVs : 03 │
 MEAS SYNC TIME : 015.0 SEC             │ ACCEPT        <<Press
```

❼　再按黑色鍵所指「ACCEPT」處，得畫面：

```
                ENABLE AUTO - SURVEY TIMER  ──
            RESULTS FROM PREVIOUS SURVEY  ──
                  SETUP SURVEY CONTROLS  ──
                                 MORE  ──
```

參數設定即告完成。

③ 開始測量

❶ 按 LOG DATA 鍵，得：

```
QUICK - START NOW ! (SINGLE SURVEY)      ──        <<Press
START PRE - PLANNED (SINGLE SURVEY)      ──
START FAST STATIC OR KINEMATIC SURVEY    ──
                                MORE     ──
```

再按「Press」所指處之黑鍵，得下列畫面。此時即已正式開始測量矣。

```
0492 - 137 - 0 PRE - SURVEY POSITION      ELEV/AZM
APPROX. MEMORY LEFT : 94 HR               POSITION
SUB2,19,06,18                             DATE
PWR2+ [ ■■■■■ ]  ☖     2 : 05 :03 PST/24  MORE
```

④ 結束測量

待觀測筆數已足，即作結束測量程序之操作。

❶ 按 LOG DATA，得畫面如下：

```
SURVEY :                                  USER INPUT
                                          CHANGE

                                          END SURVEY      <<Press
```

❷ 按「Press」所指處黑鍵,得畫面:

```
                                        YES    <<Press
STOP THE CURRENT SURVEY ?

                                        NO
```

❸ 再按「Press」所指處黑鍵,得畫面:

```
          SURVEY ENDED ── GET READY TO INPUT
                      ANTENNA HEIGHT
```

❹ 再輸入天線高、天線型式,測量工作即結束。

```
ANT HEIGHT : 0000 .0000 INCHES          UNITS
MEAS TYPE : UNCORRECTED                  NEXT
  ANT TYPE : COMPACT L1/2 W/GRAND P      NEXT
ANT SERIAL : 000000                    ACCEPT
```

又,點名資料須另行輸入。

(4) 快速靜態測量

① 參數設定

❶ 按 LOG DATA 鍵後，得畫面：

```
QUICK - START NOW ! (SINGLE SURVEY)    ——
START PRE - PLANNED (SINGLE SURVEY)    ——
START FAST STATIC OR KINEMATIC SURVEY)    ——
                              MORE    ——
```
<<Press

❷ 按上列畫面右下方「Press」所指處之鍵，得畫面：

```
ENABLE AUTO - SURVEY TIMER    ——
RESULTS FROM PREVIOUS SURVEY    ——
SETUP SURVEY CONTROLS    ——
                 MORE    ——
```
<<Press

❸ 按上列畫面右側「Press」所指處之鍵，得畫面：

```
MODIFY QUICKSTART        CONTROLS    ——
MODIFY FAST STATIC       CONTROLS    ——
MODIFY KINEMATIC         CONTROLS    ——
```
<<Press

❹ 再按「Press」所指處之鍵，得畫面：

```
QUICKSTART CONTROLS
STORE POSITION : NORMALLY              CHANGE
ELEVATION MASK : +15°       MIN SVs : 03   MINUS
MEAS SYNC TIME : 015.0 SEC             ACCEPT
```
<<Press

❺ 再按「Press」所指處之鍵,得完成參數設定之最終畫面:

```
FAST STATIC SURVEY ELV MASK : +15°         DEFAULT
                        4    5    6  SVS     MINUS
MINIMUM MEAS TIMES : 20 15 08 MIN
MEAS SYNC TIME : 15.0                        ACCEPT
```

若要改變時間數,可藉「→」、「←」鍵作修正。此時正式觀測前
之各項準備工作,即告完成。

② 開始測量

❶ 按LOG DATA後,選擇START FAST STATIC OR KINEMATIC
   SURVEY.得畫面:

```
                                                        <<Press
        START FAST STATIC SURVEY  ——
        START KINEMATIC SURVEY  ——
```

❷ 再按「Press」所指欄之鍵,得畫面:

```
                                                        <<Press
FAST STATIC : MOVE TO MARK              START

    TRACKING 5 SVs                  INPUT/CHNGS
*** PRESS START AT NEW MARK         END SURVEY
```

❸　此時天線已架設妥當，選擇右邊之 START，得：

```
FAST STATIC :COLLECTING DATA
                                         ABORT
MARK  ID :＿＿＿＿0001      5  SVs     INPUT/CHNGS          <<Press
TIME REMAINING : 14: 59                  END SURVEY
```

❹　輸入測站點號，並按「INPUT/CHNGS」鍵後，再選擇 AN-
　　TENNA HEIGHT 項，輸入高度及天線型式。

❺　當接收時間已足，儀器會發出警告聲音，螢幕並顯示：

```
FAST STATIC :COLLECTING DATA             MOVE
                                         ABORT
MARK  ID : FLDC0001       5  SVs     INPUT/CHNGS
** PRESS MOVE BEFORE MOVING              END SURVEY
```

❻　若要移動至另一測站時，按「MOVE」即可。

❼　當移至另一測站，測量時只須重覆❸、❹、❺、❻各步驟即可。

❽　若全部觀測結束時，按「END SURVEY」，螢幕會出現再確
　　認畫面，只要再選擇「YES」，即已完成快速靜態測量。
　　此外，尚有自動定時測量等作業方式，因限於篇幅，茲從略。

# 10-7　內業──後續資料處理

GPS 之內業工作，幾乎全靠軟體操作，茲不再談。

## 10-8　其他衛星導航系統

目前世界上可供衛星定位導航的系統有四：

**1.　美國的 GPS 系統**

　　由圍繞地球運行的 24 顆衛星所組成。為目前世人使用頻率最普遍者。現階段我們只能使用它的商業領域部分，其定位精度可達 10 公尺，但它在軍事用途上的精度頗高。

**2.　歐洲的 Galileo 伽利略系統**

　　由衛星 30 顆所組成。據說其定位精度可達 1 公尺。

**3.　俄羅斯的 GLoNASS 格洛納斯系統**

　　由 24 顆衛星所組成。據稱其定位精度亦可達 1 公尺。

**4.　大陸的 Beidou 北斗系統**

　　大陸的北斗衛星計畫，是按照三個階段次第建置完成的。

　　第一階段：2000 年左右完成的北斗一號系統：是由 5 顆靜止軌道衛星和 30 顆非靜止軌道衛星所組成，其定位精度約 10 公尺，與 GPS 系統相當。其目的在追求能建立自主性衛星導航。

　　第二階段：在 2012 年底完成北斗二號系統：經度在 5～10 公尺，和美 GPS 及俄格洛納斯系統相當，亦能與它們相容共用，且具有告知位置和簡短文書的服務功能，對於商務、救難及軍事用途上，是一大特色。

　　第三階段：2020 年，已具備全球衛星導航能力，該年初已完成 8 顆衛星的佈建，亦即「最簡系統」。定位精度可達 2.5～5.0m，可覆蓋全球。

　　待至 2020．8．1，301 顆衛星全數到位，北斗三號全球衛星導航正式開通。其功能除用在軍事、國防，領域上外，並且可提供導航供全球定位系統、授時服務，尤其在各種通信或互聯網的整合上，其所獲得的商業效益尤佳。

CH **11**

# 地理資訊系統與遙感探測概要

# 11-1　地球空間資訊學簡介

### 1. 定義

地球空間資訊學(Geomatics)簡稱空間資訊學，是指針對地球空間資訊所進行的量測、蒐集、分析、儲存、管理、顯示、及應用等的科學。他的範圍，幾乎涵蓋了所有的測量領域(像大地、天文、重力、磁力、海洋、土地、攝影測量和遙感探測等)，和地理資訊學、土地資訊管理等領域。

### 2. 領域

也就是說，它是一門跨多學門領域的綜合性科學。它是藉衛星定位系統(Global Positioning System；GPS)，地理資訊系統(Geographic Information System；GIS)、遙測(Remote Sensing；RS)，計算機技術和通訊技術等為主要工具，整合了地球物理、國土開發、資訊工程，乃至土木、水利，和各種測繪科技，使日趨龐雜的空間資訊，便於處理和管理。

### 3. 研究方向

空間資訊學的快速發展，顯示了地球科學的研究方向，已從昔日的定性，走向今日的定性兼定量；從類比走向數位化；從靜態走向動態；並已朝即時的、資訊化方向進展中。

本書前章已介紹過 GPS。限於學習時數，本章僅將 GIS 與 RS 二部分作概要性介紹，希望使讀者對測量學術現代化進程的瞭解，能有所助益。

## 11-2　地理資訊系統概述

**地理資訊系統**(Geographic Information System，GIS)，是一種藉由電子計算機來獲取、儲存、管理、處理、與分析一大群的地理資料(含空間資料及屬性資料)，來解決一些與空間資訊有關的學術、或實務方面的問題。它的基本架構，通俗點說，GIS 是經由電腦軟、硬體的運作，將許多空間資料(圖像、及文、數字的)套疊在以其最下層為標準的基礎上，使成為一個新的、適用的資訊。

由於 GIS 系統的分析與查詢功能超強，尤其在處理龐雜的資料能力上，更見威力。因而近年來，各學門、或其他研發機構，均大量投入人力與經費，以加速其發展，擴增其解決問題的功能。

## 11-3　空間資料與屬性資料

GIS 所使用的資料來源，大致可分為空間資料與屬性資料等二種。所謂**空間資料**(Spatial Data)，是指表達物體空間位置的資料。這些資料通常是用圖形來表達，故又稱**圖形資料**(Graphic Data)。而**屬性資料**(Attribute Data)，則是指圖形以外的各種資料，如文、數字等，故亦有稱之為**非空間資料**(Non-spatial Data)者。

空間資料是以**位相**(Topology)來表達任一物體與其物體間距離、方向、高程等之相對空間關係。這些關係，涉及到：

**1.　空間資料的幾個基本元：**

節點(Node)：是指鏈的起、終點，或是二鏈的交點。通常以符號來表示，例如水井、獨立家屋等皆是。

線、鏈或線段(Line、Segment)：是在定義兩個面的界限、或確定的邊界線。由二節點連接或轉折線組成。如河流、道路。

面(Polygon)：又稱多邊形。由線的閉合所組成。亦可解釋成是由許多鏈連結而成。如某種區域、森林等皆是。

文字(Annotation)：將屬性內容標示於圖形上。

像元(Pixel)：是圖樣元素(Picture Element)的簡稱。它是數位影像中的最小單元，一般呈點狀般的正方形。由像元組成連續陣列，即可將航攝像片、或衛星像片等資料顯現出來。每一像元中的值，並可表達出整張影像的色彩或色調分佈。

方格(Grid cell)：以正方形方式組成。方格內一般是以加註數字來表達其內容，亦即是一連續之地理變數。例如用 7、8、9……分別代表土壤的類別或性質等。

**2. GIS須能辨識每個物件之區位、方向、與相鄰物件的連接情形，包括：**

方向(Direction)：是定義一條鏈的起、終點。

連接(Connectivity)：是指由節點連接成鏈。

毗鄰(或相鄰，Adjacency)：是在確定一條鏈的左多邊形與右多邊形。

**3. 尺度的表達**

名目尺度(Nominal)：點──小井；線──道路；面──東、西區。

順序尺度(Ordinal)：點──大、小點；線──粗、細線；面──主、次要發展區。

等距尺度(Interval-Ratio)：點──人口密集區；線──等高線；面──地價區位圖等。

**4. 地圖比例尺(向量)與解析度(網格)之互換等**

屬性資料是用文、數字、或彩色等來描述某地理區域、或其空間地物的特性。

　　由於屬性資料相當龐雜，難以完全以文字或數字表達，故藉由空間資料與屬性資料之結合，建立成一完整之資料庫。(在資料庫中，二者分開儲存)使用者只需藉助於編製之共同識別碼(Common Identifier)、資料欄位格式、網路架構及有效的供需機制等，即可將散處之資料整合，以達資源共享，和滿足各專業領域資訊之需求。

# 11-4　GIS 的基本功能

　　GIS 的基本功能，概略來分，應有下列五項：

**1. 資料蒐集與取得**

　　資料蒐集的途徑：

(1)　既存在之資料：將之數化或掃描後，輸入 GIS 系統。

(2)　缺圖地區：先完成地測後，再透過文字檔輸入。

(3)　有遙感探測資料部份：經外部檔輸入。

**2. 資料輸入與處理**

　　包括前期處理，如系統分區資料及建立標準模式等。並將上述各項以圖型或文字、數字型式輸入之資料，予以轉換成需求格式，以利GIS運作。

**3. 資料、格式轉換**

(1)　投影、座標系統等資料不同時之轉換：

　　　　由於GIS資料之來源異常龐雜，彼此間所使用之地圖投影及座標，亦未必皆同，當我們要整合這些資料、進行分析時，這些資料必先經過糾正，才能使用。糾正的方法是，先行選取、修正其中一幅精度、可信度皆高之圖作為基準，再將該圖與同區域中其他圖幅之地物、地貌等之座標資料加以對位，並輸入電腦中，然後據以修正其他地圖或圖層的座標等資料，使另一圖層可以精確的套疊在同一區域的圖層上。這項糾正工作，一般只須要先將控制點的座標輸入，至於其他地物、地貌的座標糾正工作，則可藉軟體之功能，任由電腦去自動計算、處理。

(2) 資料格式不同時之轉換：

　　在資料格式上，一般較常見者，有向量式(Vector)及網格式(Raster，亦有稱點陣式者)等二種。向量式具大小、方向等條件，且與實地情況較為接近，比較受使用者所喜愛，雖比較精準，但建檔不易，成本亦高。網格式對空間資訊比較容易簡化，亦易於查詢、分析與展示。

　　在某些情況下於資料處理時，常需將向量資料整合到網路資料上、或將網格式資料轉換到向量式資料上去，以便各GIS軟體能順利發揮其功能。目前二者格式已可順利相互轉換、交替使用，例如用 V2R 進行分析，完成分析後，經 R2V 做展示即可。惟目前處理網格式圖形展示，仍稍嫌複雜，尚有待克服。

## 4. 操作與分析

　　大部份的GIS系統，都具有基本分析的功能，像資料儲存、擷取、觀察、空間分析與計算、以及資料顯示等，例如：

(1) 環域功能(Beffering)——其目的在於根據節點、鏈或現有之多邊形，於其周圍擴大，建立更多新的圖形。

(2) 毗鄰與連接功能——當資料庫存有空間位相關係的資料，可藉此功能進行各地物間相對關係的分析，用以支援各種管理與決策。而連接功能則可對各線形地物的相交、與連接進行分析。

(3) 套疊功能——GIS 圖形資料通常都均分為若干圖層，每一圖層代表不同的地物、或與該地物類似之地物，儲存在屬性資料庫中。

各圖層的空間資料經由共同的參考座標系，與其他圖層相疊合，且不受圖層數量的限制。例如地籍圖、地形圖、水文分佈圖等，均可視工作需要，予以套疊。

此外，像利用 DTM 分析坡度，以瞭解該地段是否適宜建築，或應用網路分析(Network analysis)，尋求最佳路徑等，都可滿足工作需要。經由操作分析所得之資訊，又可建立新的模式。

**5. 成果輸出與展示**

GIS 的出現，主要是為因應地圖製圖的需要，發展而來的。傳統的地圖，成圖慢、更新也困難。當利用GIS建立地圖資料庫後，可以達到一次輸入、多次產出的功效。而且可以以專題的型態，分層輸出。像行政區劃圖、土地利用圖等平面圖型。又，由於GIS屬於空間資訊系統，更可反映出各地物、地貌間的空間關係，產製出立體圖形。

# 11-5　遙感探測

**1. 定義**

**遙感探測**(Remote Sensing；RS)簡稱**遙測**。是指利用航太載具(飛機、衛星或其他)，以各種不同的遙測器(或感測器)對地表目標、及其周遭環境作遠距離的物理及幾何性質分析，並從中獲取地理資訊的一種科技。

遙測成像系統與人類的眼睛非常相似，但其感測能力與感應波譜的範圍，都比較寬廣。

所謂之**感測器**(Remote sensor)，是指一種不與受測物體直接接觸，即能感應，並紀錄該物體電磁輻射或反射譜段時量之儀器。通常感測器之載具，可為飛機或人造衛星；受探測之物體，則可以在陸地或海洋。

**2. 分類**

依遙測器本身是否能發揮電磁波能源，分為被動式和主動式遙測器二大類：

(1) 被動式：係依賴太陽光能源在運作。由於本身無法發射電磁輻射能，因此，受大氣影響的情形較大。例如有時感應到的太陽輻射能，僅是從雲層反射而來等情況，需得克服。目前遙測所使用之感應器，如 Landsat、Spot、IRS 等，均屬此類。

(2) 主動式：係利用自行發射之雷達波在運作。雷達波可穿透雲層阻隔，進入地球表面，與物體交互作用後，再接收紀錄。目前北美洲加拿大之 Radarsat、歐洲 ERS 等型雷達衛星均是，可供全天候觀測。

**3. 應用範圍**

遙測應用範圍甚廣，包括農林、水利、地形、氣象、軍事等多方面。其分類方式亦有按應用的領域來分，可分為資源遙測與環境遙測二大類；或按應用的範圍來分，又可分為區域遙測與全球遙測等二大部份者。

廣義而言，超短脈衝地下探測器、聲納、與粒子能譜儀等，均可看成是遙測器。

# 11-6　GPS、GIS 與 RS 的結合應用

**1. 在圖層整合上**

當GIS蒐集到一些座標系統不詳之圖層時，可藉**圖層重整**(Map registration)方式，予以整合。其方法是，先從圖形上選擇5個以上點位(最好的分佈方式是，四個角落、及圖形中心各一)，使與實地吻合，作為

控制，再以GPS實施靜態測量，將所求之座標，與圖上相應點位置及座標，予以轉換，即可將該圖層之圖檔，轉換為與GPS相同之座標系統，產生一組新的圖層。

## 2. 電子地圖的應用

基本上，電子地圖應包括網路圖、路名、路寬、車速限制、遵循方向、河流、公共設施、重要地物與地標等資料。其成圖過程，或透過衛星影像、或利用增揚處理與影像重組，以增加數化道路之準確性。亦有採取掃描或數化板方式先建立地圖數值檔，再經現場增、補其屬性資料，並藉RTK以其經過之軌跡，修正圖檔，使該圖之資料能適時更新，永遠維持一定之精準度。

## 3. 對災害監控的掌握

許多先進國家，均已運用 GIS、GPS 與 RS 等高科技，對各災區進行監控、追蹤、分析、推估、防範、通報及處理等工作。其作法是，先將災區有關之地物、地貌、救災點位置、支援單位相關資訊、救災資源、危險源編號資料，利用掌上型接收儀測量其位置，再以DGPS予以修正，建置成檔案，儲存於資料庫中，使能隨時修正並顯示，便利主其事者能充分掌握防災、及救災工作的順利執行。

## 4. GIS 與 RS 的結合應用

利用遙測技術獲得的數據或圖像，配合GIS的分析、地面實況的查證，以及電腦輔助製圖等，當能及時提供經濟建設或國防上急需應用的地圖，或數位資料。

CH **12**

# 路線測量

# 12-1　概述

　　**路線**(Route)是鐵、公路，水、油、氣管路、高壓、輸配線路，自來水及污水管線，或水渠等線狀工程的總稱。路線測量(Route surveying)之目的，是在為該線狀工程之興建或改建提供完整的工程依據，內含：路線經過地區之地形圖(Topographic map)、縱橫斷面圖(Profile and cross section map)及土石方計算值等，使符合爾後實地規劃及定位之需要。

　　路線測量之一般程序，大致包含下列四項：

1. **踏勘**(Reconnaissance)

　　　**踏勘**亦稱**草測**，是以最簡捷之方法，勘查出數處可能作為未來工程建築之位置，並詳細蒐集各項可能影響於工程建築之資料，俾供設計之參考。

2. **初測**(Preliminary survey)

　　　**初測**亦稱**預測**，是從在踏勘成果中，選出最理想之位置，施行較為詳盡之測量，並測繪出大比例尺之地形圖，以作為決定路線之依據。

3. **定測**(Location survey)

　　　在初測之地形圖上，設計工程路線及附屬物之確實位置及圖形，並將其釘之於實地。

4. **施工測量**(Construction survey)

　　　根據設計圖面指導建築施工工程之進行者，稱之。

　　若為新建工程，亦有加入**驗收測量**(Final estimate survey)一項者。

　　本章以討論鐵、公路之路線為主。其他各項之作業方法，與之大致相同。

# 12-2　路線測量作業程序

## 12-2-1　踏勘

　　路線踏勘，是在修築路線之前，先行選出數條可能之路線，施以簡速之勘測，其目的是在明瞭各條路線所經地區之地形狀況，以便從其中選出一條距離最短、坡度最小、地質堅實、曲線平緩、建築費用與維持費極低，行車安全性高、且能兼顧及經濟與國防價值者。

　　路線踏勘應注意之事項，概略言之，有下列數項：

**1.　管馭點位置之掌握**

　　管馭點是指路線必經之點。包含：

(1)　路線之起、終點。

(2)　路線必經之各市集、城鎮。

(3)　隧道、橋樑等之起、終點。

(4)　路線穿越山脊之最低點(鞍部)及穿越溪谷之最高點(跨渡點)。

**2.　坡度要求**

　　連接兩點成一直線，該直線起、始兩點間垂直距離與水平距離之比，稱爲該直線之**坡度**。坡度以百分數示之，上坡爲正，下坡爲負。例如一上坡道，每一百公尺平距，升高三公尺，則其坡度爲＋3％。

　　坡度對行車安全之影響甚大，我國交通單位對鐵、公路最大縱坡度，都有所規範，其相關數據詳鐵、公路單位之相關規定。

　　又，台灣區南北高速公路在設計時，對縱坡度之規定，平原區爲2.5％，丘陵區爲5％。

**3.　曲線的設置**

　　路線前進時，因受地物、地形等所限，難免需要轉換方向，其轉彎處，常以規則之曲線連接之。

　　路線測量中使用之曲線，可大別爲平曲線及豎曲線兩類：當路線呈水平方向轉折，凡切於該二折線間之曲線，稱爲**水平曲線**(Horizontal curve)，簡稱**平曲線**；又，在兩相鄰的縱坡度之間，以曲線相連，由於此曲線是以縱方向插入其間，該曲線稱爲**豎曲線**(Vertical curve)，亦有稱之爲**縱曲線**或**立曲線**者。常見之曲線如 12-1 表所列，這些曲線在以後各節中，將會有較深入之討論。

表 12-1　路線曲線的型態

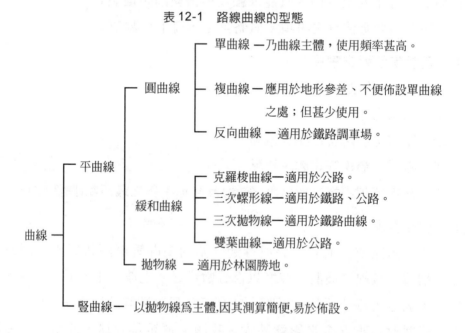

### 4.　路線之開展

　　路線之開展，不外乎在山谷、山脊、平地或丘陵地區一帶行進。這些地形型式在路線工程施工上，各有其優、缺點存在。茲簡略分析如表 12-2。

　　事實上，路線之選擇，不應局限在上述某一種線型上，而是應從行經地區中，就地形情況作靈活取捨，其原則是掌握路線前進方向，使其沿著山腰行進：當路線欲由此山轉入另一山區，在山脊線上，可從二山間較低之鞍部通過；跨越河谷，則由溪谷線之最高處通過。如此，全線既不會出現較大之坡度，又可減少橋樑建築費，並避免遭受洪水侵襲。

表 12-2　各種路線線型比較

| 線型 | 行進方式 | 優點 | 缺點 |
|------|----------|------|------|
| 山谷線(又稱溪谷線) | 路線沿著河岸、或山谷邊緣行進。 | 1. 所經區域人口比較集中。<br>2. 坡度較平緩，開挖少，好施工。 | 1. 因跨越谷區，支流較多，需建大量橋涵。<br>2. 路基臨近水源，易遭溪水沖蝕。 |
| 山脊線(又稱分水嶺) | 路線沿山脊線行進。 | 對於排水和平曲線之設置，可減至最少。 | 坡度較陡峻，不利於行車。 |
| 平坦區 | 路線呈長距離之直線進行。 | 坡度與排水皆無困難。 | 長距離在平直路線上行駛，駕駛者容易疲勞，較易發生交通事故。 |
| 丘陵區 | 路線在高低起伏不大之山區穿梭行進。 | 坡度緩急不大，坡度線之升降較易掌握。 | 因受地形限制，部份平曲線之半徑往往會較短。 |

## 5. 踏勘實務工作概要

資料蒐集與研判，是踏勘前十分重要的預備作業。

在詳實之地形圖或航攝照片上，先作深入之研究，藉以明瞭路線所經地區的全盤形勢，然後在地圖或航攝照片上，將各種可能行經之路線，予以明確標示，俾供實地踏勘時，作為依據。

在實地踏勘時，作業人員除攜帶上述已有標示之圖外，尚需攜帶：氣壓高程計、手水準儀、羅盤儀及步度儀等器材，沿原先研判之預定路線前進，以瞭解實際地形與研判圖上所載者，是否吻合，俾便為未來定線時，提供修正資料。氣壓高程計是在求出所經各管馭點之概略高程，藉以瞭解全路線高程的變化情形；手水準是在用作施測各重要點位間高差的變化情形，俾爲未來選線時，提供坡度設計時之參考數據；羅盤儀用以測出路線主要轉折點之磁方位角；步度計則用以度量各點間之概略距離。

此外，在沿路線附近地區兩側的重大地形變化處，諸如懸崖、河川、峻嶺等，均應作詳盡之記錄，並作簡便測繪，供未來選線時作參考。

在規模較大的路線工程中，亦有藉航空攝影測量方法作選線工作者。

**6. 踏勘報告**

根據踏勘結果及計算數據所得，撰寫踏勘報告。此項報告應包括下列各項：

(1) 對所經路線之地勢、地質、人口數、工商狀況及運輸情形等，作較深入之陳述。

(2) 就土(石)方等工程數據，編列各線之工程概算，並評估其工程效益。

(3) 在所有尋得之諸路線中，試從工程之難易度、路線之長短、坡度與曲線之緩急、隧道與橋樑之需求數及經費等因素作一比較，選出一或二條最佳路線，供主管參考。

## 12-2-2 初測

**1. 初測之目的、任務編組及所需器材**

初測的目的，是根據踏勘之結果，選出一至數條合於理想之路線，施行較爲詳盡之測量，以便於設計、規劃路線之位置及坡度，並據以概算工程費用。

關於初測期間測量隊之編組，當視所施測路線的長短，和地形繁簡而異：工程大時，每組人員可從幾人增至幾十人；若爲小規模時，往往由一人身兼數組之工作。大體上言，初測期間所需之人員、任務、及所需器材如表 12-3。

表 12-3　初測工作之編組及所需器材

| 組別 | 成員 | | 任務 | | 所需器材 |
|---|---|---|---|---|---|
| | 隊長 | | 綜理全隊技術及行政工作 | | |
| 選線組(亦稱大旗組) | 1.定線工程師 1 人(由隊長兼)。<br>2.工程人員(視工程大小，決定職位) 1 人。<br>3.嚮導及測工，若干人。 | | 1.選定路線必經之點及曲線交點，並釘以木椿、插紅、白旗。<br>2.記錄沿線地形狀況及與往後施測時之有關資料。<br>3.檢討並修正已定線段之坡度，使合乎設計需要。 | | 選點圖、望遠鏡、標桿、竹桿、紅白標旗、鐵絲、老虎鉗、木椿、斧頭、油漆、鐵釘、毛筆、鋸子等。 |
| 中線組(亦稱導線組) | 1.工程人員 1 至 2 人。<br>2.測工若干人。 | | 1.就選線組所定各點，施行測角、量距並釘整椿(每 20 m 或若干公尺一個)。<br>2.計算及釘定曲線基礎椿(決定曲線的起點、終點及中心點)。 | | 經緯儀、標桿(或測線架)、光電測距儀(或鋼捲尺、測針)。<br>木椿、斧頭、油漆、毛筆等。 |
| 水準組 | 1.工程人員 1 至 2 人。<br>2.測工若干人。 | | 1.沿路線邊緣約每半公里處測一水準點(B.M)。<br>2.測中線椿(即整椿)上各點之高程(即測其縱斷面)。 | | 水準儀、水準標尺等。 |
| 地形組 | 1.工程人員 1 至 2 人。<br>2.測工若干人。 | | 測沿路線兩邊若干公尺(視路線需要而異，約 50 至 200 m)範圍內之地物、地貌。 | | 視施測之方法而異：<br>1.斷面法：十字儀、手水準及捲尺。<br>2.經緯儀法：經緯儀、標尺、標桿。<br>3.平板儀法：平板儀、標尺、標桿。 |

## 2.　初測作業概況

(1)　選線組

選線組之主要工作為沿擬定之路線行進方向，選擇一條導線。其作業程序與本書導線測量章選點之法相似。所選之點除始、終點外，皆為路線之轉折點(即交點)。

(2)　中線組

中線組之主要工作在測角及量距。

在路工定線作業中，多採偏角法來測角。

如圖 12-1 所示，自 $AB$ 測線之延長線至緊鄰之 $BC$ 測線間，其所夾角度稱為偏角。

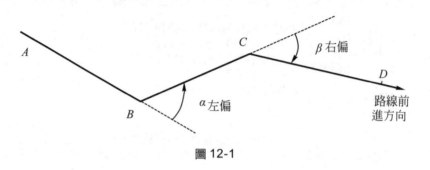

圖 12-1

以路線前進之方向(即面向路線終點)為方向，由於 $BC$ 線在 $AB$ 延長線之左側，故角 $\alpha$ 稱「左偏」；$CD$ 位於 $BC$ 延長線之右側，稱角 $\beta$ 為「右偏」。為便於區別二者之偏移方向，通常之作法是：若為左偏，則在其偏角值之後，加註 "$L$"、右偏時則加註 "$R$"。

測量偏角多以複測經緯儀施測。其程序為：如圖 12-2 所示。

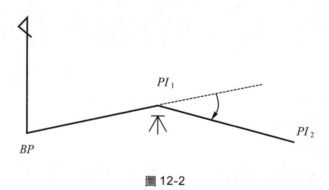

圖 12-2

①　在 $PI_1$ 整置經緯儀(即定心、定平)，使游標 $A$ 對零後，固定上盤。

②　放鬆下盤，照準後視方向 $BP$ 後，再固定下盤。

③　縱轉望遠鏡，並放鬆上盤，照準前視點 $PI_2$。

④　讀定度盤讀數(分別切目標二次，以提高精度)，並記錄之。

⑤　重複②、③、④各步驟，再測偏角一次，作爲檢核。若二次所測結果其差在度盤最小讀數二倍以內，取其平均值，即爲該角之偏角值。

　　如表 12-4 所示，該表爲以複測經緯儀施測偏角之一例。例中 $BP$ 點至 $PI_1$ 之方位角 $\phi_{BP-PI_1}$ 是由實測磁方位角得來。

表 12-4　中線測量　　　　　　　　中線自……至……
(以複測經緯儀測偏角)

| 測站<br>(1) | 距離<br>(2) | 第一次讀數<br>(3) | 第二次讀數<br>(4) | 中數<br>(5) | 偏角<br>(6) | 方位角<br>(7) | 備考<br>(8) |
|---|---|---|---|---|---|---|---|
| $BP$ | | | | | | | |
| | 271.60 m | 正 | | | | 186−54−32 | |
| $PI_1$ | | 00°00'00" | 180°00'00" | 00°00'00" | | | |
| | | 13°11'30" | 193°12'00" | 13°11'45" | 13°11'45" | | |
| | | 26°23'00" | 206°23'00" | 26°23'00" | 13°11'15" | | |
| | 313.34 m | | | | + 13°11'30" | 200−06−02 | |
| $PI_2$ | | | | | | | |

　　如使用方向經緯儀施測時，可先測量其外角(要注意後視方向是否正確)，再將外角值減 180°，即得偏角。

　　方向經緯儀亦可直接測偏角，其程序如下：

　　仍如圖 12-2。

①　在 $PI_1$ 設站，照準後視點 B.P.，使水平角讀數接近 00°00′00″，記入手簿。

②　縱轉望遠鏡，照準前視點 $PI_2$，讀水平角值，記入手簿。

③　平轉望遠鏡，照準後視點 *BP*，再讀水平角值(其值應近於 180°00′00″)，記入手簿。

④　縱轉望遠鏡，施行前視，讀水平角值，記錄之。

⑤　取縱轉前後二次所測角值之平均值，即為所求。

以方向經緯儀施測偏角之實例如表 12-5。

表 12-5　方位角觀測計算

| 點 (1) | 距離 (2) | 外偏角 (3) | | | 方位角 (4) | 備考 (5) |
|---|---|---|---|---|---|---|
| | | 讀數 | 偏角 | 平均值 | | |
| *B.P.* | | | | | | |
| | 217.90 m | | | | 347°07′40″ | *B.P.* 至 *PI*₁ 之方位角係實測之磁方位角，其餘方位角為依次推算而得。 |
| *PI*₁ | | 00°00′00″ | | | | |
| | | 312°50′30″ | −47°09′30″ | | | |
| | 123.73 m | 180°00′06″ | | −47°09′27″(左) | 299°58′13″ | |
| | | 132°50′42″ | −47°09′24″ | | | |
| *PI*₂ | | | | | | |

表中偏角為負的原因是，其方向為左偏。

中線上各點之偏角值，亦可藉經由各點測磁方位角的方法，予以檢核。惟所核對者，只為度、分，因磁場的不穩定性，沒有辦法校核及秒。

在量距方面：量距者自路線之起點開始，每隔 20 m 釘一木椿，稱為**中線椿、中間椿**或**整椿**。椿之規格約 3 cm 見方×30 cm 長，並在椿側用紅油漆書寫該椿與起點間之距離，稱為**椿號**。椿號的表示法是以若干公里加若干公尺，例如 5 k＋620，乃示此椿距路線之起點為 5 公里又 620 公尺(亦有書寫成$5^K + 620$ 者)。如遇選點組選釘之路線轉折點之木樁時,除應在其護樁上補寫樁號外,並須在各樁號之後加畫⊙,以示其為測站點。此外,量距時,若在二整樁之間發現地形有明顯之變化,也要在該地形變換點處釘樁,稱為**加樁**。加樁亦須賦予樁號。

(3) 水準組(亦稱中平組)

　　水準組之主要工作有二:一為施測用以控制全線之水準點,一為施測全路線之縱斷面。

　　水準點之施測,是以直接水準測量法行之。其作法是沿路線每隔若干公尺(一般路線約 500 公尺)處,設置一水準點,以便於控制全路線之高程。(至於二水準點間應有之距離,當視高程對該路線影響之重要性來決定。)並應標明點號,如$BM_1$、$BM_2$、……。其高程可由附近已知點,以直接水準測量方法引來;如可以不與已知水準點連測時,則可直接賦予起始之水準點以假定標高。假設時,並應注意及不讓全線之高程出現負數。

　　直接水準測量於施測時,對於標尺所置之位置及點位的選擇,均應顧及其穩固性;其閉合差亦須小於 $10\text{ mm}\sqrt{K}$,$K$為二水準點間所經路線之長度,以公里為單位。

　　縱斷面測量是對路線中心線上各整樁點及路線交點測定高程。

　　縱斷面的測量原理,可如圖 12-3 所示,設$A$點之高程$H_A$為已知,$H_B$為所求點$B$之高程,$HI$為水準儀之視線高,$R_b$為後視標尺讀數,$R_f$為前視標尺讀數。今將儀器裝置於適當點$C$,則

儀器高(視線高)$HI = H_A + R_b$............................................(12-1)

所求點之地面高$H_B = HI - R_f$............................................(12-2)

　　縱斷面測量與逐差水準測量在作業方法上,其最大的不同點是:前者在施行一次後視之後,可以連續施行數個前視(含中間

點,即間視及轉點兩部份);而後者僅有一個前視。

在施行前視時,各中間點之標尺可置於樁旁地面,讀數只須至公分即可,且不須顧慮前、後視之距離是否相等。但對於轉點,非但讀數應至公厘,且亦須使前後視之距離儘量相等,以提高精度。

設某路段縱斷面之觀測情形如圖 12-4,CL示中心線方向,亦即中心樁樁位所在處,$BM_1$、$BM_2$爲水準點,其高程爲已知;TP爲轉點。

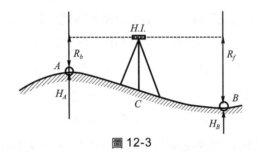

圖 12-3

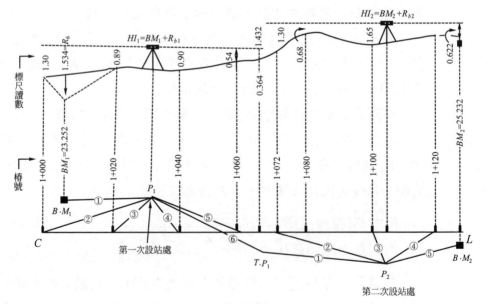

圖 12-4

　　測量時，先在$P_1$點整置儀器，後視$BM_1$，將其讀數記入表 12-6 後視欄內，並由公式 12-1 求得儀器(視線)高$HI$，再分別將其餘各中間樁上標尺讀數記入前視欄中間點相應之樁號處，並由公式 12-2 求其地面高。轉點$TP_1$之讀數，則記入前視欄之轉點處，亦用公式 12-2 求其地面高，再移儀器至$P_2$處，如前述方法分別求取各樁號之高程，直至$BM_2$。

表 12-6　中線水準測量

自……至……

| 點 (1) | 樁號 (2) | 後視 (3) | 儀器高 (4) | 前視 (5) | | 地面高 (6) | 備考 (7) |
|---|---|---|---|---|---|---|---|
| | | | | 中間點 | 轉點 | | |
| $BM_1$ | + | 1.534 | 24.786 | | | 23.252 | $BM_1$之標高＝23.252，$BM_2$之標高＝25.216 觀測日期：91.6.6 儀器號碼： |
| | 1＋000 | | | 1.30 | | 23.49 | |
| | 1＋020 | | | 0.89 | | 23.90 | |
| | 1＋040 | | | 0.90 | | 23.89 | |
| | 1＋060 | | | 0.34 | | 24.45 | |
| $TP_1$ | + | 1.432 | 25.854 | | 0.364 | 24.422 | |
| | 1＋072 | | | 1.30 | | 24.55 | |
| | 1＋080 | | | 0.68 | | 25.17 | |
| | 1＋100 | | | 1.65 | | 24.20 | |
| | 1＋120 | | | 0.45 | | 25.40 | |
| $BM_2$ | + | + | | | ＋0.622 | 25.232 | |
| | | 2.966 | | | 0.986 | −23.252 | |
| | | −0.986 | | | | 1.980 | |
| | + | 1.980 | | | | | |

　　　　當各轉點間之後視和減前視轉點欄之和，與 $BM_2 - BM_1$ 之差二者相差在 2 cm 以內，即示該成果可用。

(4)　地形測繪組

　　　　初測地形圖之測繪工作，係以中線測量所得各樁之座標值為平面控制、縱斷面測量所得各樁之高度為高程控制，分別測繪中線兩側各 100 至 150 公尺線狀地帶之地形圖。測圖比例尺以二千分之一者居多；其等高距則視地形緩急而異，大致上言，在平坦地以取 1 公尺、山坡地以取 2 公尺者為宜。

　　　　地形圖之測繪，因使用測圖之儀器不同而有多種測法：

①　經緯儀測法：在各路線交點或中線樁上設站，以中線之一端(或用磁北)標定測板方向，將各地形變換點或地物點對於原標定線間所夾之水平角測出，並讀出由測站點至所求點間之視距及垂直角，遂可決定所測各點之平面位置及高程。再以插繪法繪入等高線。

②　平板儀側法：裝置平板儀於路線交點或中線樁上，在測區內各地形變換點或地物點上，分別豎立標尺，由司測者描繪方向線、測讀距離及高程，且在測區內審視地形狀況，立即繪製地形圖。

　　　　此法所測得之地形變化及等高線較為逼真，且內業量較少，是其優點；但外業工作較繁，且工作時間亦較長，為其缺點。

③　斷面法：應用十字儀定方向、手水準測高差、布捲尺量距離，以測出等高線經過之點位，凡用此法測圖者，稱為斷面法。

　　　　用斷面法測圖時，先用十字儀在中線上標示出與中線垂直之橫斷面方向線，再從其方向線上求出各等高線經過之點。其法與地形測量章測繪等高線之方法相同。

　　　　此法在於地物少、高差大之地區使用，較為方便。

(5) 內業與測量報告之撰寫

初測內業之主要工作，除各項計算外，並根據野外測量之成果，繪製路線之地形圖及縱斷面圖，並計算土石方之填挖需求量，以及全路線對橋樑、隧道、與涵洞之需求情形，預估工程建築概算，供決策者參考。

初測測量報告書之內容，大致應包括下列各項：

① 路線之縱斷面圖、地形圖、及觀測成果及手簿。

② 工作日記。

③ 路線工程概算。

④ 比較線概況(應包括路線長短、難易度、經濟價值、經費等項。)

⑤ 結論

## 12-2-3 定測

從初測之地形圖及縱斷面圖上，選出一條最終路線，並就實際需要，視地形狀況作適度修正之後，將之測設於實地，以作日後施工之依據者，此項測量稱爲路線之**定測**。

定測的工作，除將設計好之路線測設於實地外，同時並對其縱橫斷面、匯水面積、橋涵隧道等局部地區，施以較詳細之測量，以便作爲全線規劃、收購土地、及土石方計算等作業之主要參考依據。

### 1. 定線的方式

路工定線的方式，有直接定線與經由紙上定線兩種：

(1) 直接定線

工程人員依據初測時所得之地形圖及縱斷面圖上所載資料，憑藉個人經驗，直接在實地設置直線椿，以及定出二直線椿間之曲線。此法僅適用於路線較短、且要求條件較低之次級路線。

(2) 經由紙上定線

　　　在初測之地形圖上，設計路線之位置；縱斷面圖上，設計路線之坡度；復根據偏角之大小及地形狀況，決定曲線之種類及半徑之大小，然後將此設計好之路線，測設於實地。

**2. 紙上定線時應考慮的幾個因素**

(1) 高程點與坡度之決定

　　　紙上定線時，吾人每以路線必經之位置、隧道洞口、洞尾之高度、全線所經過處歷年洪水位之高低等因素，來作為路線應有高程的依據。

　　　將一條拉直的白線當作試驗線，放在初測圖上已選定作為路線之位置處，察看此線與等高線之相交情形；或直接將所選路線先沿中心線繪製成縱斷面圖，再藉縱斷面圖上用試驗線的推移，來調整其坡度，直到該坡度完全合乎需要為止。

　　　過多的挖方與填方，均應避免。定線時，如能使路線大致沿某一等高線行進方向進行，其土石方工程亦可相對減少。

(2) 路線展開之目的與作法

　　　路線為了減少過度的爬坡，可用路線展開法作為因應。所謂**路線展開**，是指設法將二點之間的路線酌予增長，以減少該二點間過陡的坡度。一般較常見者，有迂迴路線、曲折路線、環形路線及倒車路線等數種。由於路線增長，相對的，行車時間會拉長，車輛能源的消耗量也增加，且行車安全的條件亦較差，故應儘量避免使用。

(3) 隧道與橋涵設立的條件

　　　當路線受地形所限，不宜使用展開法，例如當路線跨越山嶺或山坳時，則可用開鑿隧道或架設橋涵等方式來因應。

隧道開鑿與否，視地質因素來決定。在一般情況下，選擇地質堅實、不需大量襯砌、挖深在 20 公尺以上，洞口岩石堅硬者，則可以考慮開鑿。

路線在穿過較大之河川時，應予架橋(若所過爲較小之溪流，則以涵洞取代橋樑)。其所架橋樑之橋空，應以該河川長期水文觀測之最高洪水位，作爲設計的依據。對於較爲寬大之河川，尚需考慮及高水位時船隻通航之情形。此外，對於連接橋涵兩邊路線坡度之高低，亦應考慮在內。

(4)　平曲線的選擇與應用

路線在轉彎處(即水平改變行進方向)，應以規則之曲線連接之。其連接之曲線應屬何種，將於以後各節詳述。至於其半徑(或曲度)之值的求法如下：

①　在一張透明紙上，用與初測地形圖相同之比例尺，在紙上用各種不同值爲半徑，畫圓弧；並於各弧上分別註明所用之半徑值。

②　在初測地形圖上找出已修正之路線交點。

③　將該透明紙覆蓋在地形圖上，使所繪圓弧在各交點附近移動，當某圓弧適與通過交點兩側之切線相切，並且與等高線之交點數爲最少者，此圓弧之半徑，即爲所求。

此外，亦可以用估計所需之矢距長或切線距長，來推算半徑之大小。

有關曲線半徑及曲線間最短直線的設限，均視路線之需求而定。交通部及各工程單位皆有詳盡之規範，可供遵循。

## 3.　定測時之測量工作

(1)　中線測量

其主要工作爲：

①　測量各交點之外偏角與邊長。

② 計算切線距、矢距、及曲線長——其半徑值是根據紙上定線時所獲得者。

③ 釘出各基礎樁(*BC*、*MC*、*EC*)，並書寫點名及樁號。

④ 沿中線方向，每隔20公尺(或某定值)處釘一整樁；在地形有明顯變化處，應酌釘加樁；在整公里處，應釘以較大號之木樁。各樁均應書明樁號，樁頂亦應釘以小釘，以示精確位置。

(2) 水準點及縱斷面測量

① 增設水準點

　　初測所釘之水準點，因路線在設計時有所改變，原有之點位可能位在改釘後之路上，或距修正之後的路線甚遠，則應檢討修訂之。其原則仍是沿新修正之路線，每隔500公尺左右設置一點。所釘之位置務求穩固，且施工時不致有遭破壞或掩埋之虞。隧道附近亦應有充足之水準點，以便控制洞口、及豎井等之高程。

② 縱斷面測量

　　對修訂後路線中心線上各整樁作水準測量，供作縱斷面圖及設計坡度之依據。

　　此項工作由水準組負責施測。

(3) 橫斷面測量

　　橫斷面是指與中線垂直之截面。**橫斷面測量**，是指在路線中心樁處設站，沿與中線垂直之方向，測出該方向內各地形變換點(或相隔一定距離之點)之高程，及所求點與設站樁間之距離。其測量之程序如下：

① 方向之決定

　　在直線部份：過中線樁作與中線垂直之方向線，通常係使

　　用十字儀來標定方向。即先將其立於中線樁旁，因其中之一照
準面對準中線方向，則另一照準面所指者，即爲其橫斷面方向。

　　在曲線部份，如半徑較短，其施測方法如下：

　　如圖 12-5 所示

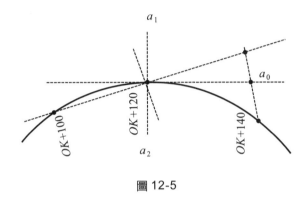

圖 12-5

❶　設方向架置於 0 k＋120 處，照準後視 0 k＋100 樁號處，因
　　係彎道，則另一端不經過 0 k＋140 處。

❷　今自 0 k＋140 點向該線作垂線，得交點$V$。

❸　量 0 k＋140 至$V$之距離，得中點$a_0$。此 0 k＋120 至$a_0$之線，
　　即爲 0 k＋120 點之切線。

❹　以方向架瞄準$a_0$點，則$a_1 \cdot a_2$之方向，即爲 0 k＋ 120 之橫斷
　　面方向。

②　橫斷面之施測

　　　　橫斷面測量的時機，可安排在路線坡度設計業已完成，亦
　　即其路基高程及中心樁之塡挖數均爲已知之時；如工作人員調
　　配許可，其工作亦可安排在路基高程尙未設計完成之前，提早
　　施測。二者之作業方法稍有不同：

❶　當高程及中心樁之塡挖數均爲已知。

(a)　從縱斷面圖上查出所求整樁(即中心樁)點之路基設計高及中心填挖數。

(b)　在適當位置設站，整置水準儀，讀置於所求中心樁頂標尺上之讀數。

其記簿格式如表 12-7。

表 12-7　橫斷面測量記簿

| (1) 樁號 | (2) 地面高 | (3) 路基高 | (4) 橫斷面 | | | | | | | (5) 地質情形 |
|---|---|---|---|---|---|---|---|---|---|---|
| | | | 左 | | | 中線 | 右 | | | |
| 2k+180 | m 121.68 | m 123.52 | 2.36 | −2.05 | −1.21 | −1.84 | −0.83 | −0.21 | + 0.64 | |
| | | | 17.5 | 12.1 | 9.6 | 2k+180 | 7.5 | 12.8 | 24.6 | |
| | | | | | | 2.40 | | | | |
| | | | | | 25.0 | 2k+180 | | | | |
| 2k+160 | 129.84 | 124.12 | 3.89 | + 5.66 | + 4.32 | + 5.72 | + 6.95 | + 4.36 | + 5.50 | |
| | | | 21.4 | 15.3 | 6.1 | 2k+160 | 7.6 | 10.0 | 22.0 | |

其記錄之方式，通常是從路線終點方向，向始點方向進行。

圖 12-7 示 2 k+180 樁號之橫斷面記載。表中中線欄之下方為樁號，上方為該點之中心填挖數，是由地面高減路基高而來。其值符號若為正，示挖方，為負，則示填方。左方是指面向路線前進方向之左，上格示與中心樁之高差，下格示距離。如三格不夠，可佔用其下方之欄位。

茲將 2 k+160 樁橫斷面圖之施測情形圖示如圖 12-6：圖中

$H.I$＝(中心樁填挖數)＋(中心樁上標尺之讀數)

　　　＝(129.84−124.12)＋1.28＝7.00

各地形點之填挖數＝$H.I$−(各該點標尺上之讀數)

例如

$A$點之填挖數 $= 7.00 - 2.68 = 4.32$

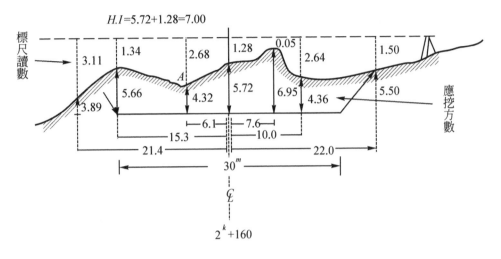

圖 12-6

上圖示挖方情形。圖 12-7 為填方斷面，其計算方式亦同。

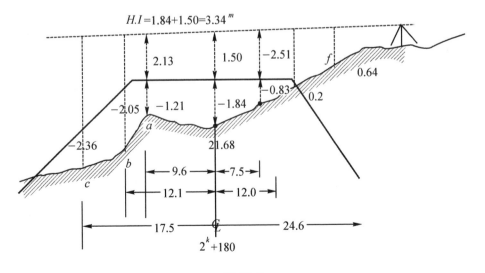

圖 12-7

❷ 當高程及中心樁之塡挖數尚未知，如表 12-8 所示，可先視中心樁之高爲 0.00，再以各地形點之高，與中心樁高比較，得其差，即爲所求。待地面高及路基高算妥後，加一常數，即可推得各地形點之高。

表 12-8　橫斷面測量手簿

| 樁號 | 地面高 | 路基高 | 橫斷面 | | | | | | 地質情形 |
|------|--------|--------|--------|--------|--------|--------|--------|--------|------|
| | | | 左 | | 中線 | | 右 | | |
| 2+800 | m | m | −0.35 | +0.09 | 0.00 | −0.18 | +0.55 | +0.75 | |
| | | | 25.0 | 19.0 | 2+800 | 7.5 | 18.4 | 24.6 | |

有關橫斷面記載方式，各工程單位所使用者不盡相同。茲摘錄南北高速公路當時所作水準橫斷面測量記錄格示如表 12-9。

測量橫斷面之方法，在平坦之地區，絕大部份都是使用水準儀測法，其結果最爲精確；若所遇地形較爲陡峭，亦可使用經緯儀讀視距，計算出平距及高程，惟所得結果較遜於前者。若地形情況更差，且爲較次要之地區，亦有用兩根標桿，用一橫一豎之方法測量地形者。此法雖進度快速，惟精度不佳，正規工程作業時，絕少使用。

橫斷面圖之比例尺，多用 1/100 或 1/200 繪製。

(4) 匯水面積測量

各溝渠匯集雨水之面積，稱爲**匯水面積**，或**集水面積**。

當鐵路或公路經過溝渠之地，必需安置涵洞或管線，以利宣洩。而涵管之粗細，則與匯水面積之大小成正比。由此可知，匯水面積測量之目的，主要在便於設計涵管之大小。

### 表 12-9　水準橫斷面測量記錄

測量日期

| STA | B.S | H.I | F.S | EL | NOTE |
|------|-------|--------|-------|--------|---------|
| BM8B | 0.678 | 17.012 | | 16.334 | |
| 0+000 | | | | | |
| | | | | | |
| 0+025 | | | | | |
| | | | | | |
| | | | | | |
| T.P | 1.916 | 16.015 | 2.913 | 14.099 | |
| 0+050 | | | | | |
| | | | | | |
| T.P | 1.332 | 16.735 | 0.612 | 15.403 | |
| | | | | | |
| BM.8B | | | 0.400 | 16.335 | 16.334 |
| | | | 誤差 | W=0.001 | |

橫斷面 (LT ────── ℄ ────── RT)　上值係標尺讀數，下值係距中心樁之水平距離：

**0+000**
LT　2.60　2.76　4.22　4.28　｜　4.01　2.00　1.94　RT
　　14.00　8.50　3.50　0　｜　4.50　8.00　13.50

　　2.38　1.90　｜　3.18　2.95　2.29
　　22.00　29.50　｜　23.00　18.50　14.50

**T.P**
　　2.68　2.87　4.20　4.41　｜　4.02　3.72　2.28
　　19.00　9.00　5.50　0　｜　4.00　6.50　7.00

**0+050**
　　2.43　｜　3.17　｜　3.12　3.23
　　25.00　｜　23.00　｜　19.00　12.00

**T.P**
　　1.75　1.82　4.40　3.76　｜　3.13　1.49　1.50
　　9.00　6.00　5.00　0　｜　6.00　6.50　12.00

**BM.8B**
　　1.72　｜　1.89
　　17.00　｜　13.00

上值係標尺讀數
下值係距中心樁之水平距離

在平坦地區，因地勢平坦，匯水面積範圍亦大，雖經大雨之後，亦不致於在短暫時間內，全部擁流於溝渠之內，故其涵管之大小較容易規劃。惟在山巒之區，因地勢陡峭，雨水不易停滯，大雨之後，大量雨水瞬間奔至，是以匯水面積之測定，益顯重要。

匯水面積的測定法是，先測出環繞集水區附近各山脊線之範圍，並以等高線展示於地形圖上，以便用求積儀求算其面積及容積。

⑸　地籍測量

地籍測量的目的，是對未來路線所需之地界，予以測定，以便於徵購，及取得其路權。

地籍測量之前，應先調製路線平面圖(比例尺 1/500)，並標示出各樁之位置及路寬後，再赴實地釘出路幅界線，且將界址內各種議定之地界、圍牆、建築物、種植區及地上物等，標繪於圖上，以作為爾後補償地價時之參考。

⑹　室內作業

其工作約有下列各項

①　繪製縱斷面圖

當中線水準測量成果送回內業單位後，內業人員立即據以繪製成縱斷面圖。待累積至某一區段之後，工程人員即可按規範來定出其坡度線；同時，各樁之路基高及中心填挖數亦隨之決定，復可作為橫斷面測量之依據。

②　調製橫斷面圖

根據橫斷面圖計算各斷面之面積，進而求得全路線之土石方數，以作為推估路線經費之依據。

③ 修正定線圖上錯誤之距離

定測時，由於路線或彎道的更動，以致形成在兩交點(*IP* 點)之間的距離，發生斷鍊現象。所謂**斷鍊**，是指兩相鄰樁號之差，不等於其間之實際距離。當所有數多於樁號之差時，稱為**長鍊**，反之，則稱為**短鍊**。

例如，在 7 k + 260 至 7 k + 280 間之差數為 20 公尺，今若因上述情況短少 3.54 公尺，其處理方式是：在地形圖上 7 k + 260 之位置處如常標示，但在 7 k + 280 之位置處，則要在後退 3.54 公尺之處標明「7 k + 276.46 = 7 k + 280，短鍊 3.54 公尺」。

④ 編製各項報表及工程預算書

# 12-3 單曲線

## 1. 概說

路線由一條直線轉換至另一直線上時，形成轉彎。路線在轉彎處，若以某定長作半徑，繪畫圓弧，與該二相交直線相切，其在二切點間之水平曲線，稱為**單曲線**(Simple curve)。

單曲線是**圓曲線**(Circular curve)的一種，在路線工程中使用之頻率頗高。

## 2. 各部名稱

如圖 12-8 所示：

(1) 曲線起點*A*：以*B.C.*(Begin of curve)、*P.C.*(Point of curve)或*T.C.* (Tangent of curve)來表示，為路線由直線轉變為曲線之點。

(2) 曲線終點*B*：以*E.C.*(End of curve)、*P.T.*(Point of tangent)或*C.T.* 表示，為路線由曲線轉變為直線之點。

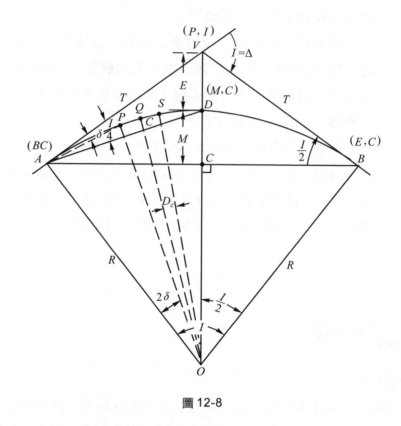

圖 12-8

(3) 曲線中點$D$：指曲線起終點間，圓弧之中點，以$M.C.$(Middle point of curve)或$S.P.$表示。

(4) 切線交點$V$：指過單曲線起點與終點之二切線相交之點，以$P.I.$或$I.P.$(Intersection point)表示。

(5) 切線長度$\overline{AV}$，$\overline{BV}$：指切線交點至始點或終點之距離，以$T.$或$T.L.$(Tangent length)表示。該長度亦稱**切線距**。

(6) 曲線半徑$\overline{AO}$、$\overline{BO}$：即圓弧半徑，以$R.$(Radius)示之。

(7) 外距或稱矢距$\overline{VD}$：為切線交點至曲線中點之距離，以$E.$(External Distance)或$S.L.$表示。

(8) 中長或中距 $\overline{DC}$：爲由 $M.C.$ 至長弦中點 $C$ 之距離，以 M(Middle ordinate)表示。

(9) 交角 $I$(亦稱外偏角)：指經過起點及中點之二切線，所形成之偏角 (Intersection angle)，亦有以 $\Delta$ 表示者。此角等於起，終兩點間之圓弧所對之圓心角。

(10) 曲線長 $\overset{\frown}{ADB}$：即曲線起點至終點間之全弧長。以 $C.L.$(Curve length) 或 $L$(Length of curve)示之。

(11) 長弦 $\overline{AB}$：由曲線起點至終點間之弦長，以 $C_l$ 或 $L.C.$(Long chord) 表示。

(12) 中心角 $\angle AOB$：(Central angle)，其值與外偏角 $I$ 相等。

(13) 曲度 $\angle QOS$：指曲線上定長之弦(公制爲 20 m)或弧所對之中心角值，用以顯示路線彎曲之緩急。以 $D_C$(Degree of curve)表示。

(14) 整弦 $\overline{QS}$：指單位曲度之圓心角所對之弦長(即 20 m)，以 $C$(Chord) 示之。

(15) 零弦、零角：不及整弦長度之弦，稱零弦或分弦，以小寫之 $c$ 表示；其所對之圓心角稱零角，以 $d$ 表示。

(16) 偏角(Deflection angle) $\angle VAP$：爲切線與弦所交之角，其度數必等於該弧所對中心角之半。

## 3. 曲線之表示法

表示曲線彎曲的程度，工程界常用的方法，有下述二種：

(1) 用半徑表示：因單曲線實際上是圓周的部份軌跡，故可以用半徑來表示；半徑愈大，彎度愈平緩，愈利於行車。例如南北高速公路所有曲線之半徑皆大於 500 公尺，故行駛其間，不太有轉彎的感覺。

(2) 用曲度表示：所謂曲度，是指一定弦(弧)長所對之圓心角。這裡所指的一定弦(弧)長，在公尺制國家是指 20 公尺，英尺制是指 100 英呎。由圖 12-9 知：曲度數字愈大，則半徑愈小，較不利於行車。

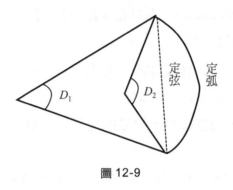

圖 12-9

## 4. 曲度與半徑之關係

(1) 以弦線定義：設曲度$D_C$所對之弦長為 20 公尺，其半徑為$R_C$，如圖 12-10，知

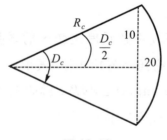

圖 12-10

$$\sin\frac{D_C}{2} = \frac{10}{R_C}$$

$$\therefore D_C = 2 \cdot \sin^{-1}\frac{10}{R_C} \quad\text{...................................} (12\text{-}3)$$

或

$$R_C = \frac{10}{\sin\dfrac{D_C}{2}} \quad\text{.................................................} (12\text{-}4)$$

上列二式，即是曲度與半徑間互化之橋樑。又，通常因$D_C$甚小，可按正弦函數小角度法則，使其以弧度示之，即$\sin\dfrac{D_C}{2}=\dfrac{D_C}{2}\times\dfrac{\pi}{180}$代入 12-4 式，得

$$R_C=\dfrac{10}{\dfrac{D_C}{2}\times\dfrac{\pi}{180}}=\dfrac{2\times180\times10}{D_C\times\pi}\doteqdot\dfrac{1145.92}{D_C} \quad\cdots\cdots\cdots\cdots\cdots\cdots\cdots (12\text{-}5)$$

當$D_C$小於 6 度，則可以上式近似式求之。

(2) 以弧線定義：由圖 12-11

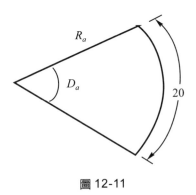

圖 12-11

知

$$D_a : 360° = 20 : 2\pi R_a$$
$$\therefore R_a=\dfrac{360°\times20}{D_a\times2\pi}=\dfrac{1145.92}{D_a} \quad\cdots\cdots\cdots\cdots\cdots\cdots\cdots\cdots (12\text{-}6)$$
$$D_a=\dfrac{1145.92}{R_a} \quad\cdots\cdots\cdots\cdots\cdots\cdots\cdots\cdots\cdots\cdots\cdots (12\text{-}6a)$$

## 5. 弦長與弧長之關係

(1) 弦長的求法

由圖 12-12 知

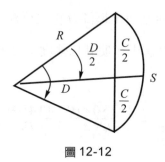

圖 12-12

$$\sin\frac{D}{2} = \frac{C}{2R}$$

$$\therefore C = 2R \cdot \sin\frac{D}{2}$$

$$= 2 \times \frac{1145.92}{D} \times \sin\frac{D}{2}$$

$$= \frac{2291.83}{D} \times \sin\frac{D}{2} \quad\cdots\cdots\cdots\cdots\cdots\cdots\cdots\cdots\cdots\cdots\cdots\cdots (12\text{-}7)$$

(2) 弧長的求法

同上圖

$$S = R \cdot D = \frac{10}{\sin\frac{D}{2}} \times D \times \frac{\pi}{180} = 0.0174533 \times \frac{D^\circ}{\sin\frac{D}{2}}$$

式中$D$為曲度，習慣上，以弦線定義時，寫作$D_C$，以弧線定義時，則寫作$D_a$。

(3) 弦長與弧長之關係

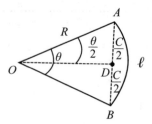

圖 12-13

設弧長$\widehat{AB}=l$，弦長$\overline{AB}=C$

由$l=R\cdot\theta$知

$$\sin\frac{\theta}{2}=\left(\frac{\dfrac{C}{2}}{R}\right)=\frac{C}{2R}\cdots\cdots\cdots\cdots\cdots\cdots\cdots\cdots\cdots\cdots\cdots\cdots\cdots\cdots(12\text{-}8)$$

又弧弦差$S=l-C$

$$S=l-2R\cdot\sin\frac{\theta}{2}$$
$$=l\left(1-\frac{2R}{l}\cdot\sin\frac{\theta}{2}\right)\cdots\cdots\cdots\cdots\cdots\cdots\cdots\cdots\cdots(12\text{-}9)$$

將$\sin\dfrac{\theta}{2}$按$\sin X=X-\dfrac{X^3}{3!}$級數展開，且將$\theta=\dfrac{l}{R}$代入，得

$$\sin\frac{\theta}{2}\doteqdot\frac{\theta}{2}-\frac{\left(\dfrac{\theta}{2}\right)^2}{3!}=\frac{24\theta-\theta^3}{48}=\frac{24R^2l-l^3}{48R^3}\text{，代入}(12\text{-}9)$$
$$\therefore S=l\left(1-\frac{2R}{l}\times\frac{24lR^2-l^3}{48R^3}\right)=\frac{l^3}{24R^2}\cdots\cdots\cdots\cdots\cdots(12\text{-}10)$$

一般之計算，多以弦線定義為之。當半徑大於 300 公尺，弧與弦實際上相差甚微，故皆以弦長代替弧長；若半徑在 300 公尺至 120 公尺間，弦長與弧長之差已較大，施測時宜將定長 20 公尺縮減為 10 公尺，以減少其誤差；若半徑小於 120 公尺，則應求出弧弦差，以作修正。

表 12-10　當半徑不同時，20 公尺弧長與相應弦長之比較

| 半徑 $R$ | 300 m | 120 m | 50 m |
|---|---|---|---|
| 弦長 $C$ | 19.9963 | 19.9768 | 19.8667 |
| 弧弦差 $l-C$ | 0.0037 | 0.0232 | 0.1333 |

**例1** 當採用弧線定義時，如曲度$D_a = 11°4592$ ($R_a = 100$ m)，試求20公尺弧長所對之弦長為若干？

**解** $C = \dfrac{2291.83}{D_a} \cdot \sin\dfrac{D_a}{2} = 19.966$ m

**例2** 若上題用弦線定義時，試求20 m 弦長所對之弧長。

**解** $S = 0.174533 \times \dfrac{11°.4592}{\sin 5°.7296} = 20.033339$ m

## 6. 基本公式推演

(1) 求切線距$T$

如圖 12-8 所示，在$\triangle AVO$中，$\angle A$為直角(因$A$為切點)

$$\tan\frac{I}{2} = \frac{T}{R}$$

$$\therefore T = R \cdot \tan\frac{I}{2} \quad\text{.............................................}(12\text{-}11)$$

式中半徑$R$為設計值，外偏角$I$為選線時實際觀測所得。

(2) 求矢距$E$

仍如上圖，在$\triangle AVO$中

$$\cos\frac{I}{2} = \frac{R}{R+E}$$

$$\therefore E = R\left(\frac{1}{\cos\dfrac{I}{2}} - 1\right) \quad\text{...........................}(12\text{-}12)$$

(3) 求中長$M$

仍如上圖，在$\triangle ACO$中，$\angle C$為直角

$$\cos\frac{I}{2} = \frac{R-M}{R}$$

故

$$M = R\left(1 - \cos\frac{I}{2}\right) \quad\text{.............................................}(12\text{-}13)$$

(4)　求曲線長$L.C.$

　　其求法有二

①
$$L.C.=R \cdot I = R \cdot \frac{\pi}{180} \cdot I \dots\dots\dots\dots\dots\dots\dots\dots\dots\dots(12\text{-}14)$$

②　$\because L.C. : S = I : D_C$

$$\therefore L.C. = \frac{I}{D_C} \times S(弦線定義) \dots\dots\dots\dots\dots\dots\dots(12\text{-}15)$$

$$= \frac{I}{D_a} \times S(弧線定義) \dots\dots\dots\dots\dots\dots\dots\dots(12\text{-}16)$$

　　式中若爲整弦，則$S$以　20 m　代入即可。又，若已知$R$，則用 (12-14)；已知$D_C$則用 12-15，較爲方便。

(5)　求零角$d$

　　設$c$爲零弦、$d$爲零角，由

$$\sin\frac{d}{2} = \frac{\frac{c}{2}}{R} = \frac{c}{2R} 知$$
$$d = 2 \cdot \sin^{-1}\frac{c}{2R} \dots\dots\dots\dots\dots\dots\dots\dots\dots\dots(12\text{-}17)$$

## 7.　基礎樁之測算與釘定

　　決定曲線線型之各主要樁，例如$B.C.$、$M.C.$、$E.C.$等稱爲**基礎樁**或**主樁**。其測算及釘定程序如下(詳圖 12-8)：

(1)　在$P.I.$點整置經緯儀，測出該點之外偏角$I$。(其測法與初測時相同)。

(2)　根據$P.I.$點所在之樁號、實測所得外偏角$I$、及設計之半徑$R$(或曲度$D$)，計算切線距$T$、矢距長$E$、及單曲線全長 C.L.，並推算出 $B.C.$、$M.C.$、$E.C.$等之樁號。

(3)　自$P.I.$點起，沿$B.C.$(即後向切線)方向，量出切線距長$T$，釘出$B.C.$點之位置。

⑷　縱轉望遠鏡，自*P.I.*點向*E.C.*點(即前向切線)方向，量出切線距之長*T*，釘*E.C.*點。

⑸　復由前向切線(即*P.I.*至*E.C.*之連線)起，望遠鏡向曲線之圓心方向，平轉$(180° - I)/2$，由 P.I.點起，向該方向量出矢距長*E*，釘出*M.C.*點。

## 8.　單曲線上各點之測設法

⑴　偏角法(Setting by deflection angles)

①　偏角之意義

如圖12-14所示，由曲線上任一點(1、2、3…)至切點(*B*或*A*)之連線(即弦)，與切線*AV*(或*BV*)間所夾之角$\alpha_1$，稱為切線至該點之**偏角**。又，二弦線相交所成之圓周角亦為**偏角**。例如弦線2-*A*與3-*A*間所夾之角$\beta_1$即是。若將各偏角均化算至以*AV*(或*BV*)切線為起算邊時，稱為**總偏角**(Total deflection angles)。

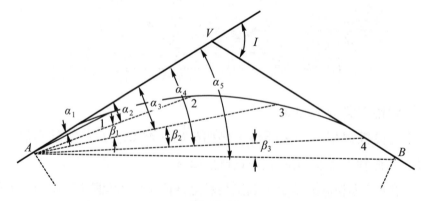

圖 12-14

各偏角之值為其相應圓心角之半。

依據由切線至曲線上各點之偏角，及該點至前一樁之距離以釘曲線之方法，稱為偏角法。

②　偏角之計算

曲線上每 20 公尺弦(或弧)長所對之偏角，應為其心角之半，即 $\dfrac{D}{2}$ (如用弦定義，則為 $\dfrac{D_C}{2}$ ，弧定義，為 $\dfrac{D_a}{2}$ )；復因曲線起、終點之樁號未必皆為整弦(弧)，當其始、終點二段為零弦(或弧)時，設零弦之長度為 $c$ ，其所形成之偏角為 $i$ ，則按

$$20 : \frac{D}{2} = c : i$$

$$\therefore i = \frac{D}{40} \times c \dotfill (12\text{-}18)$$

**例3** 設已知某路段之外偏角 $I = 12°22'00''R$ ，P.I.樁號為 $1\,k + 123.45$ ， $D_C = 2°00'00''$ ，試求

(1)各基礎樁之計算值。(2)各基礎樁之樁號。(3)各整樁之總偏角值。

**解**　　表 12-11　單曲線計算(一)　(偏角法；以曲度為整數)

| (I)已知條件 | $D_c = 2°00'00''$ $R_c = 572.99\text{m}$ | $I = 12°22'00''R$ P.I. $= 1\,k + 123.45$ | | | | |
|---|---|---|---|---|---|---|
| (II)計算 | (1) $T = R_c \cdot \tan\dfrac{I}{2} = 62.08$ m　(2) $E = R\left(\dfrac{1}{\cos\dfrac{I}{2}} - 1\right) = 3.353$ m　(3) $L = \dfrac{I}{D_c} \times 20 = 123.67\text{m}$ | | | | | |
| (III)基礎樁號 | (4) $B.C.$ 之樁號 $= P.I.$ 之樁號 $- T =$　 $1\,k + 061.37$ (5) $M.C.$ 之樁號 $= B.C.$ 之樁號 $+ L/2 =$　 $1\,k + 123.20$ (6) $E.C.$ 之樁號 $= M.C.$ 之樁號 $+ L/2 =$　 $1\,k + 185.04$ | | | | | |
| IV中線偏角記載 | | | | | | |
| (7)樁號 | (8)點 | (9)弦線 | (10)偏角 | (11)總偏角 | (12)檢核 | (13)備考 |
| $1\,k + 061.37$ | $B.C.$ | | | | | |
| $+080$ | | 18.63 | $0 - 55 - 53$ | $0 - 55 - 53$ | | |
| $+100$ | | 20.00 | $1 - 00 - 00$ | $1 - 55 - 53$ | | |
| $+120$ | | 20.00 | $1 - 00 - 00$ | $2 - 55 - 53$ | | |
| $1\,k + 123.20$ | $M.C.$ | 3.20 | $0 - 09 - 36$ | $3 - 05 - 29$ | $\doteq \dfrac{I}{4}$ | |
| $+140$ | | 16.80 | $0 - 50 - 24$ | $3 - 55 - 53$ | | |
| $+160$ | | 20.00 | $1 - 00 - 00$ | $4 - 55 - 53$ | | |
| $+180$ | | 20.00 | $1 - 00 - 00$ | $5 - 55 - 53$ | | |
| $+185.04$ | $E.C.$ | 5.04 | $0 - 15 - 07$ | $6 - 11 - 00$ | $= \dfrac{I}{2}$ | |

由圖 12-8 知，自$B.C.$點之切線至$M.C.$點間之偏角數應爲$I/4$；至$E.C.$點之偏角數應爲$I/2$，可利用此種關係，對計算結果作檢核。

一般路線於施測時，除應釘出曲線之起點、中點、終點外，且須釘出曲線上各整樁號(一般爲20公尺之整倍數；南北高速公路施工時是以50公尺爲一整樁)之樁位。

以偏角法測設曲線時，應先將各偏角化算至總偏角，以減少設站次數。

上例是以用曲度來表示曲線之鈍銳，亦即將曲度設計成整數。但在台灣地區之較大工程，如中山高速公路及北迴鐵路等，皆以半徑來表示曲線之鈍銳，其特徵是將半徑設計成整數。

此時偏角之求法爲：

因$D_c$之角度甚小(及半徑甚長)，改以弧度示之，即

$$R_c = \frac{10}{\sin\frac{D_c}{2}} \div \frac{10}{\frac{D_c}{2} \times \frac{\pi}{180}} = \frac{1}{D_c} \times \frac{2 \times 180° \times 10}{\pi} = \frac{1145.92}{D_c}$$

即$D_c = \dfrac{1145.92}{R_c}$，代入(12-18)式，得

$$i = \frac{D_c}{40} \times c = \frac{c}{40} \times \frac{1145.92}{R_c}$$

$$= \frac{c}{R_c} \times 28°.648 \text{ (以度爲單位)}.............................(12\text{-}19)$$

上式所求得之偏角值，是以度爲單位。若改以分示之，則

$$i = \frac{c}{R_c} \times 28.648 \times 60' = \frac{1718.87}{R_c} \times c \text{ (以分爲單位)}......(12\text{-}19a)$$

**例 4** 茲仍以上例各條件爲例，將原曲度刪除，改以半徑設計爲整數，令$R_c = 600.00$公尺，試計算之。

**解** 表 12-12 單曲線計算(二) （偏角法；以半徑為整數）

| （Ⅰ）<br>已知樁號 | $D_c=$<br>$R_c = 600.00$m | | $I= 12°22'00''$ R<br>$P.I. = 1$ k $+123.45$ | | | |
|---|---|---|---|---|---|---|
| （Ⅱ）<br>計算 | (1)$T= R_c \cdot \tan\dfrac{I}{2} = 65.00$ m<br><br>(2)$E= R\left(\dfrac{1}{\cos\dfrac{I}{2}}-1\right) = 3.51$ m<br><br>(3)$L= R_c \cdot I \cdot \dfrac{\pi}{180} == 129.50$ m | | | | | |
| （Ⅲ）<br>基礎樁號 | (4)$B.C.$之樁號$=P.I.$之樁號$-T=$　　1 k $+058.45$ m<br>(5)$M.C.$之樁號$=B.C.$之樁號$+ L/2=$　　1 k $+123.20$ m<br>(6)$E.C.$之樁號$=M.C.$之樁號$+ L/2=$　　1 k $+187.95$ m | | | | | |

| (7)<br>樁號 | (8)<br>點 | (9)<br>弦線 | ⑩<br>偏角 | ⑪<br>總偏角 | ⑫<br>檢核 | ⑬<br>設站點至所求點間之距離 |
|---|---|---|---|---|---|---|
| 1 k $+058.45$ | $B.C.$ | （不示經緯儀設站位置） | | | | |
| $+060$ | | 1.55 | $00-04-26$ | $00-04-26$ | | 1.548 m |
| $+080$ | | 20.00 | $00-57-18$ | $1-01-44$ | | 21.548 |
| $+100$ | | 20.00 | $00-57-18$ | $1-59-02$ | | 41.542 |
| $+120$ | | 20.00 | $00-57-18$ | $2-56-20$ | | 61.525 |
| 1 k $+123.20$ | $M.C.$ | 3.20 | $00-09-10$ | $3-05-30$ | $=\dfrac{I}{4}$ | 64.720 |
| $+140$ | | 16.80 | $00-48-08$ | $3-53-38$ | | 81.491 |
| $+160$ | | 20.00 | $00-57-18$ | $4-50-56$ | | 101.434 |
| $+180$ | | 20.00 | $00-57-18$ | $5-48-14$ | | 121.348 |
| $+187.95$ | $E.C.$ | 7.95 | $00-22-46$ | $6-11-00$ | $=\dfrac{I}{2}$ | 129.252 |

註：自設站點至所求點間之距離$=2R\times$所求點總偏角之正弦

計算者：　　　　　　　　　　　　　計算日期：
審查者：　　　　　　　　　　　　　審查日期：

　　上二例計算中，若設計條件為$D_c$(如例 3)，則偏角及曲線長之公式，均應以含$D_c$者；如設計條件為$R_c$，則偏角與曲線長之公式亦應用含$R_c$者，如此，既可避免互化之繁，亦不致有進位上的困擾。

③　整樁之釘定

　　茲以例 4 之「中線偏角記載」為例說明如下：

❶　在$B.C.$點整置經緯儀，照準$P.I.$點，並使度盤對 00°00'00"，此時望遠鏡所指之方向，即為$B.C.$點之切線方向。

❷　放鬆上盤，使度盤對準 1 k＋060 之總偏角數(即 00°04'26")，並自$B.C.$起，沿望遠鏡所指方向，量出$B.C.$至第 1 樁之距離(1.55 m)，釘下木樁，此即 0 k＋060 之樁位。木樁頂端並應釘以小釘，以示精確之位置。

❸　放鬆上盤，再使度盤對準第二點之總偏角數(1°01'44")；此時量距者將鋼尺之零端對準第 1 樁之釘頭，並依司經緯儀者之指揮，使尺上 20 公尺之分劃，正好與第 2 樁總偏角之方向線相交，並在該點處釘下木樁，上釘小釘，此即為 0 k＋080 樁之精確位置。

❹　同法應用下一樁總偏角及其與前釘樁位之距離，釘出次一樁位。當釘至$M.C.$時，其總偏角數應為$I/4$；釘至$E.C.$時，則應為$I/2$。由於$M.C.$及$E.C.$在釘基礎樁時，已釘有樁位，可以與偏角法所放者作一比較。對鐵路曲線言，如位置相差大於 3 公分時，應予檢討問題發生之原因，並應重釘其位置。

　　近年來由於測距儀已日趨普及，量距的方式已改為自設站點($BC$)起，先算出自「設站點至所求點間之距離」，直接在設站點按所求點的總偏角與距離(如表 12-12 中第 11、13 兩項)，即可放得所要之樁位。

上述程序是室外偏角往右偏時之釘法。如為左偏時，宜注意讀數與應夾偏角間之關係，以免發生錯誤。

當B.C.點不能設站時，可改以從E.C.點設站，向B.C.方向施測。

當單曲線較長時，若從B.C.點直接放至E.C.，由於量距誤差可能會累積較大，可改由下列二法施測：

❶　由B.C.點設站，放至M.C.點；另一半改由以E.C.點設站，放置M.C.點。

❷　直接在M.C.點設站，如圖12-8所示，以上盤對正$\left(360° - \dfrac{I}{4}\right)$，放鬆下盤，照準B.C.點後，固定之。再鬆上盤，將望遠鏡右旋I/4後(此時度盤正對$00°00'00''$)望遠鏡所指之方向，即為M.C.點之切線方向，再根據計算所得之偏角值來放樁。M.C.至E.C.段之放法亦同。

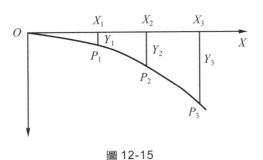

圖 12-15

若改在E.C.點或M.C.點設站，則其「中線偏角記載」亦應重新計算(改換其起算點)，以方便野外釘樁作業之進行。

(2)　切線支距法(offset method)

切線支距法之意義

以曲線上各樁至切線之支距(即垂距)Y，與支距之垂足至

切點之距離 $X$，釘定曲線之方法，稱爲**切線支距法**。

　　如圖 12-15 所示，以過切點 $O$ 之切線當作 $X$ 軸，過 $O$ 點另作垂直於切線之 $Y$ 軸，然後算出曲線上 $P_1$、$P_2$、$P_3$……各樁至切線之支距 $Y_1$、$Y_2$、$Y_3$……及各垂足點至切點 $O$ 之距離 $X_1 X_2$、$X_3$……，利用此法釘出曲線。

(3)　中長法

　　**中長法**亦稱**中央縱距法**。其法是藉先求出弦線上各中點至其所對曲線中點間之距離 $M$，再依據此值來釘定曲線上各整樁之位置。

　　此法多用在半徑較短、或曲線較短，且各點間彼此皆能互相通視之測設工作上。施測時，常將曲線分成偶數等分；其分段之多寡，當視單曲線之總長而定。

　　如圖 12-16 所示，其中長 $M$ 可以分別藉外偏角或弦線長求得。

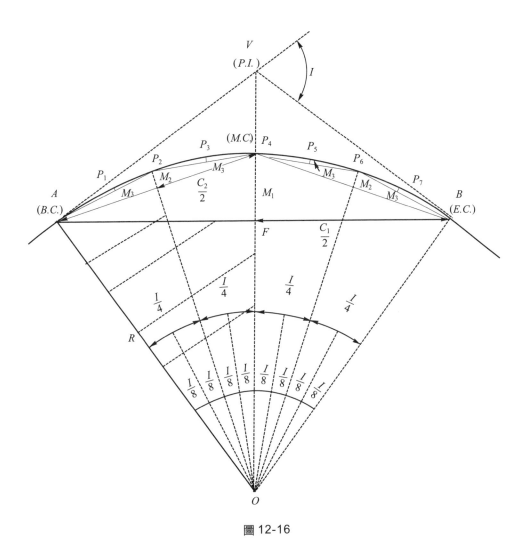

圖 12-16

# 12-4 複曲線

## 1. 概說

複曲線(Compound curve)是指：由二個或二個以上同向、但半徑不相同之圓曲線，連結而成之曲線。

當路線經過崎嶇地形或河川之曲流處，為減少大量填挖土方，可使曲線之另一段曲率改變，以適應實地地形之需要。

由於複曲線之設置，常使築路時之超高及路面加寬等問題趨於複雜，在複曲線上行駛，會增加駕駛人操作困難，故高標準之公路設計時，常不予採用。

某些地形若確有設置複曲線之必要，則應注意及兩複合曲線半徑之差，愈小愈佳。依據美國各州公路及交通公務員協會(Americam Association of State Highway and Transportation officials；AASHTO)之規定，其大小半徑差，應符合下式

$$R_L - R_S \leq 0.5 R_S$$

式中$R_L$示較長之半徑、$R_S$示較短之半徑。且複曲線之長度亦不宜過短，讓駕駛者能有充裕的時間變更行車速率，來適應線形之改變。

**2.　複曲線上各部名稱**

參考圖 12-17。

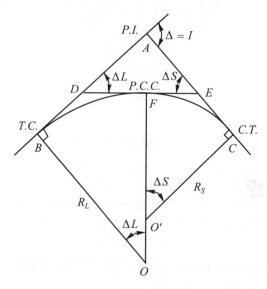

圖 12-17

(1) *T.C.*：曲線起點，即路線由切線轉換成單曲線之變換點。

(2) *C.T.*：曲線之終點，即路線由單曲線轉換爲切線之變換點。

(3) *P.C.C.*：指複曲線上相鄰二單曲線之啣接點。該點稱**複曲線點**，以*P.C.C.*表示(point of compound curve)。複曲線點處具有一公共切線，該點與二單曲線之圓心，在同一直線上。

(4) $T_o$：切於*P.C.C.*點之切線長，稱爲**公共切線長**。

(5) $\Delta$：亦可以*I*表示，是**複曲線之外偏角**。

(6) $D_S$、$R_S$、$L_S$、$\Delta_S$、$T_S$：各指半徑較小之單曲線一方之曲度、半徑、曲線長、圓心角及切線長。

(7) $D_L$、$R_L$、$L_L$、$\Delta_L$、$T_L$：各指半徑較大一方單曲線上之曲度、半徑、曲線長、圓心角及切線長。

### 3. 複曲線之計算及放樁

在複曲線之七個變數(即$R_S$、$R_L$、$T_S$、$T_L$、$\Delta_S$、$\Delta_L$、$\Delta$)之中，如已知其中一角及另外三個變數，則可求解得其餘各變數。

複曲線的公式，幾乎全可由單曲線公式推演而來，在這裡，我們就不再推演了。

宜注意者，由於起算邊之半徑可大可小，因此，在推定起點之樁號時，要特別當心。亦即圖 12-17 中*T.C.*與*C.T.*之位置，應由起算邊半徑之大小來決定。

# 12-5 緩和曲線

### 1. 概說

緩和曲線(Transition curve，Easement curve)是設置在直線與圓曲線、或二不同半徑之圓曲線間之過渡性曲線。該曲線之特性是，半徑可由無限大逐漸減小至定值R。即：在切線與緩和曲線之相交處(即曲線之起點T.S.或終點S.T.)，曲線之半徑爲無限大(曲率爲零)，沿緩和曲線往圓曲線方向前進，半徑則逐漸減小，待至緩和曲線與圓曲線相交處(S.C.點或C.S.點)時，緩、圓二曲線之半徑相等。

人、車在高速之道路轉彎處時，因車輛在該處會受離心加速度、及橫轉角加速度等變化之影響，車輛會產生離心震撼，以致引起乘坐者之不適及車輛的不穩定現象。爲了克服上述現象，須將轉彎處曲線的外側酌予升高，使產生向心力，俾與離心力相抵消，車輛行駛時，始能保持平衡。

緩和曲線之種類甚多，但均屬於螺形線(Spiral)或經簡化後之形式。通常鐵路界是採用三次螺形線或三次拋物線型。但中山高當年所採用者，爲克羅梭(Clothoid)曲線。事實上，其基本原理皆同，只是表現之方式略異。

**2. 超高度**

車輛在曲線上行駛時，因車速及車重而產生之離心力，有使車輛向外側傾覆或滑動的危險。爲了平衡離心力之作用，須將路線外軌或外側酌升，此項酌升之數，稱爲**超高度**(Super elevation)。

設鐵路之外軌距爲G(以公尺計；我國標準軌寬爲 1.435 m，台鐵標準爲 1.067 m)，外軌超高度爲e，V爲設計時之最高車速(以每小時公里計)，R爲道路曲線半徑(以公尺計)，g爲重力加速度(即地心引力；980cm/sec²=127008km/hr²)，得

$$e = G \cdot \tan\alpha = \frac{G \cdot V^2}{g \cdot R} = \frac{1}{127} \cdot \frac{GV^2}{R} \quad\text{.............................(12-20)}$$

**3. 緩和曲線上各部名稱**

參閱圖 12-18。

(1)　$P.I.$＝後、前視切線之交點。

(2)　$\Delta = I$＝二切線之交角，亦爲單曲線與緩和曲線所對之總中心角。

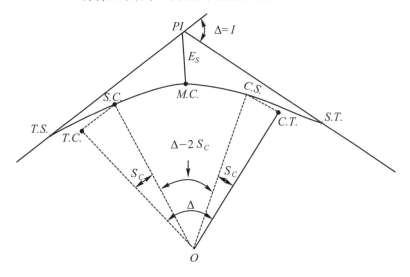

圖 12-18

(3)　$T.S.$＝自切線變爲緩和曲線之點。

(4)　$S.C.$＝自緩和曲線變換成圓曲線之點。

(5)　$M.C.$＝加入緩和曲線後，原單曲線之中點。

(6)　$C.S.$＝自單曲線變換成緩和曲線之點。

(7)　$S.T.$＝自緩和曲線變換成切線之點。

茲將圖 12-18 左邊段之緩和曲線部份予以放大如圖 12-19，以利說明。

(8)　$i = T.S.$之切線至緩和曲線上任一點之偏角。

(9)　$i_c = T.S.$之切線至$S.C.$之偏角。

(10)　$D_c$、$R_c$、$L$＝單曲線之曲度、半徑及全長。

(11)　$L_c$＝緩和曲線之全長。即曲線自$T.S.$至$S.C.$段、或$C.S.$至$S.T.$段長。

(12)　$l$＝緩和曲線上任一點至$T.S.$或$S.T.$之距離。

(13)　$R$＝緩和曲線上任一點之曲率半徑。

⒁　$S_c =$緩和曲線角，即$T.S.$至$S.C.$間緩和曲線全長所對之中心角。

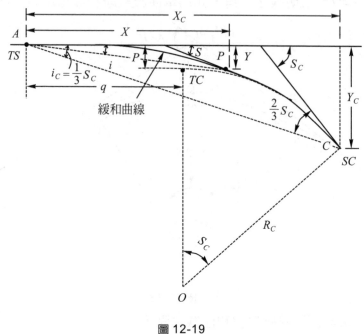

圖 12-19

⒂　$S =$緩和曲線上任一點之切線與$T.S.$之切線之夾角。

⒃　$\begin{cases} y = \text{緩和曲線上任一點對 } T.S. \text{之縱座標或切線之支距} \\ x = \text{緩和曲線上任一點對 } T.S. \text{之橫座標} \end{cases}$

⒄　$\begin{cases} Y_c = S.C. \text{點對於 } T.S. \text{點之縱座標，或切線之支距} \\ X_c = S.C. \text{點對於 } T.S. \text{點之橫座標} \end{cases}$

⒅　$T.C. =$單曲線半徑$R_c$自$S.C.$點向後引伸至等於緩和曲線一半長度時之點位。該點之切線，與$T.S.$之切線平行。

⒆　$C.T. =$單曲線半徑$R_c$自$C.S.$向前引伸至等於緩和曲線一半長度時之點位。此點之切線，與$S.T.$之切線平行。

⒇　$P = T.C.$點距$T.S.$點之切線之距離(即縱座標)。亦即單曲線加入緩和曲線後，向內移動之距離。

⑵　$q=T.C.$點對$T.S.$點之橫座標。

⑵　$T_s=$自$T.S.$點或$S.T.$點至$P.I.$點之切線距。

⑵　$C=$長弦，爲$T.S.$至$S.C.$，或$C.S.$至$S.T.$之弦長。

⑵　$E_s=$矢距，即自$P.I.$點至$M.C.$點之距離。

## 4. 緩和曲線之長度

　　道路上使用之緩和曲線，爲避免曲度及超高之變化過急，其曲線長必須適宜。其計算式爲：($R$及$L_c$均以 m 爲單位；$V$以 km/hr 爲單位)

$$鐵路：L_c=0.071\times\frac{V^3}{R}\ .................................................(12\text{-}21)$$

$$公路：L_c=0.035\times\frac{V^3}{R}\ .................................................(12\text{-}22)$$

　　爲便於製表，鐵路界於實際應用時，多以 50 m、60 m、70 m、80 m 爲標準。

　　而公路路線設計標準規定爲

表 12-13

| 設計行車速率(km/hr) | 120 | 100 | 80 | 60 | 40 |
|---|---|---|---|---|---|
| 緩和曲線最短長度(m) | 60 | 50 | 40 | 30 | 20 |

　　中山高規定曲線交角在 5° 以上時，最短曲線長爲 150 m。

## 5. 基本計算公式

| | |
|---|---|
| $1.\,S_c=L_c\cdot D_c/40$ | $2.\,Y_c=L_c^2/6R_c$ |
| $3.\,X_c=L_c-L_c^3/40R_c^2$ | $4.\,P=Y_c-R_c(1-\cos S_c)$ |
| $5.\,Q=X_c-R_c\cdot\sin S_c$ | $6.\,T_s=Q+(R_c+P)\tan\dfrac{\Delta}{2}$ |
| $7.\,E_s=P+(R_c+P)\left(1/\cos\dfrac{\Delta}{2}-1\right)$ | $8.\,L=20\times(\Delta-2S_c)/D_c$ |

**例 5** 設各已知條件如表列(表12-14)試求各基礎樁之樁號。

表12-14　單曲線兩端加入緩和曲線之計算

| 已知值 | (1) P.I.之樁號＝1 k＋234.56<br>(2)外偏角Δ＝12°22'40"<br>(3)曲度$D_c$＝3°49'13."53<br>(4)半徑$R_c$＝300.00 m<br>(5)緩和曲線長$L_c$＝50.00 m | 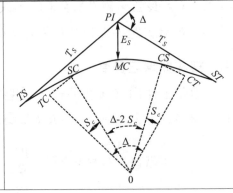 |
|---|---|---|

| 計算值 | |
|---|---|
| (6)$S_c＝D_c×L_c/40＝$ 4-46-31.91 | (7)$Y_c＝L_c^2/6R_c＝1.389$ |
| (8)$L_c^3/(40R_c^2)＝0.03472$ | (9)$X_c＝$(5)$-$(8)$＝49.96528$ |
| (10)$\cos S_c＝0.9965285$ | (11)$(1-\cos S_c)＝0.00347$ |
| (12)$R_c×$(11)$＝1.04145$ | (13)$P＝$(7)$-$(12)$＝0.34755$ |
| (14)$\sin S_c×R_c＝24.97568$ | (15)$Q＝$(9)$-$(14)$＝24.989$ |
| (16)$R_c＋P＝300.348$ | (17)$\tan\left(\dfrac{Δ}{2}\right)×$(16)$＝32.56930$ |
| (18)$T_s＝$(15)$+$(17)$＝57.558$ | (19)$\cos\left(\dfrac{Δ}{2}\right)＝0.9941719$ |
| (20)$\left(1/\cos\dfrac{Δ}{2}\right)-1＝0.005862$ | (21)$E_s＝$(13)$+$(20)$×$(16)$＝2.10872$ |
| (22)$L＝20(Δ-2S_c)/D_c＝14.798$ | |

| 樁號計算 | |
|---|---|
| (23) T.S.樁號＝(1)$-$(18)$＝$1 k＋177.002 | (24) S.C.樁號＝(23)$+$(5)$＝$1 k＋227.002 |
| (25) M.C.樁號＝(24)$+\dfrac{(22)}{2}＝$1 k＋234.401 | (26) C.S.樁號＝(25)$+\dfrac{(22)}{2}＝$1 k＋241.800 |
| (27) S.T.樁號＝(26)$+$(5)$＝$1 k＋291.800 | |

| 公式 | |
|---|---|
| 1.$S_c＝L_c\cdot D_c/40$ | 2.$Y_c＝L_c^2/6R_c$ |
| 3.$X_c＝L_c-L_c^3/40R_c^2$ | 4.$P＝Y_c-R_c(1-\cos S_c)$ |
| 5.$Q＝X_c-R_c\cdot \sin S_c$ | 6.$T_s＝Q＋(R_c＋P)\tan\dfrac{Δ}{2}$ |
| 7.$E_s＝P＋(R_c＋P)\left(1/\cos\dfrac{Δ}{2}-1\right)$ | 8.$L＝20×(Δ-2S_c)/D_c$ |

## 6. 偏角計算

自緩和曲線起點之切線起計算偏角時：

今設緩和曲線上某點，對$T.S.$點之切線所成之偏角為$i$，則由圖12-19可推得

$$i = \frac{1}{120}\left(\frac{D_c}{L_c}\right) \cdot l^2 \quad\text{..........................................}(12\text{-}23)$$

式中$D_c$為單曲線之曲度；$L_c$為緩和曲線之全長；$l$為緩和曲線上任一點至$T.S.$或$S.T.$之距離。

亦即：緩和曲線上各點對於$T.S.$點切線之偏角，與各該點距$T.S.$點曲線距離之二次方成正比。

當在$S.C.$點時，$l = L_c$，$i = i_c$，則(12-23)式變為

$$i_c = \frac{D_c \cdot L_c}{120} \quad\text{..............................................}(12\text{-}24)$$

$$= \frac{1}{3}S_c \quad\text{........................................................}(12\text{-}25)$$

**例 6** 設各已知條件及基礎樁之樁號已知如例5，試求緩和曲線及其單曲線上各整樁之偏角值。

解　表 12-15　中線偏角記載

| (1)椿號 | (2)點 | (3)弦線 | (4)偏角 | (5)總偏角 | (6)檢核 | (7)備考 |
|---|---|---|---|---|---|---|
| 1 k+177.002 | T.S. | | | | | |
| +180 | | 2.998 | | 0-00-20.6 | | |
| +200 | | 22.998 | | 0-20-12.4 | | 緩 |
| +220 | | 42.998 | | 1-10-38 | | |
| 1 k+227.002 | S.C. | 50 | | 1-35-30.64 | $=\frac{1}{3}S_c$ | |
| 1 k+227.002 | S.C. | | | | | |
| 1 k+234.401 | M.C. | 7.399 | 0-42-23.58 | 0-42-23.58 | $=\frac{1}{4}(\Delta-2S_c)$ | |
| +240 | | 5.599 | 0-32-04.8 | 1-12-28.38 | | 單 |
| 1 k+241.800 | C.S. | 1.800 | 0-10-18.8 | 1-24-47.18 | $\div\frac{1}{2}(\Delta-2S_c)$ | |
| 1 k+241.800 | C.S. | 50 | | 1-35-30.64 | $=\frac{1}{3}S_c$ | |
| 1 k+260 | | 31.800 | | 0-38-38 | | |
| +280 | | 11.800 | | 0-05-19.2 | | 緩 |
| 1 k+291.800 | S.T. | | | | | |

註：1.椿號 1 k+177 至 1 k+227；1 k+241.8 至 1 k+291.8 爲緩和曲線，其偏角公式

爲 $i=\frac{1}{120}\cdot\left(\frac{D_c}{L_c}\right)\cdot l^2$；1 k+227 至 1 k+241.8 爲單曲線，其偏角公式爲 $i=\frac{D_c}{40}\times c$

（或 $i=\frac{1718.87}{R_c}\times c$，單位爲分）。

2.不示設站位置。

## 7. 放椿程序

單曲線兩端加入緩和曲線放椿之程序：

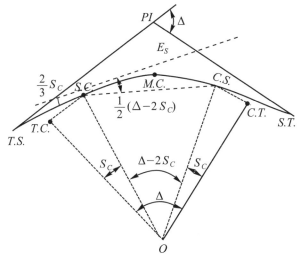

圖 12-20

(1) 在 *P.I.* 點設站

① 照準後視方向，自 *P.I.* 點起，向後視方向量 $T_s$ 長 (57.558 m) 釘 *T.S.* 點。

② 仍自 *P.I.* 起，沿該方向量 $T_s - x_c$ 長，(7.593)定點，並自該垂趾處，向圓心方向作支距，量 $Y_c$ 長(1.389)釘 *S.C.* 點。

③ 望遠鏡照準 *T.S.* 點後，固定上、下盤，縱轉之，再放鬆上盤，向右旋 $\Delta$ 角度，其照準之方向，應為前視方向。

④ 自 *P.I.* 點向前視方向量 $T_s$ 長，釘 *S.T.* 點；量 $T_s - x_c$ 長，再作支距 $Y_c$，得 *C.S.* 點。

⑤ 望遠鏡自 *S.T.* 點再向右旋 $\dfrac{180° - \Delta}{2} (= 83°48'40'')$ 所得方向即為單曲線之分中線。自 *P.I.* 點順望遠鏡所指方向量 $E_s$ 長(2.109)，得 *M.C.* 點。

(2) 將經緯儀移至 *T.S.* 點設站

① 望遠鏡照準$P.I.$點，使度盤對00°00′00″後，固定下盤，放鬆上盤，右旋望遠鏡。當度盤讀數對正00°00′20.6″且距離自$T.S.$點起，量2.998 m，二者相交處，得 1 k＋180 椿位。

② 角度右旋至00°20′09″，距離自$T.S.$點量 22.998 m 處，其二者相交處，得 1 k＋200 椿。

③ 如此方式繼續釘定。當望遠鏡度盤對1°35′30″、距離為 50 m 時，二者交點即$S.C.$點(椿號為 1 k＋227.002)。$S.C.$為基礎椿，地面上業已釘出，此時再推得之 S.C.點，可供檢核。

(3)　將經緯儀移至$S.T.$點設站

　　此段所放者為另一段緩和曲線。其作業方法與在 T.S.點設站時之方法大致相似。惟宜注意：

① 所放之椿是在倒推，即先放 1 k＋280，再放 1 k＋260、1 k＋241.8，至$C.S.$點，有檢核條件可資檢核。

② 所讀角讀此時應為左旋。(如何應付？)

(4)　將儀器移至$S.C.$點設站

① 儀器照準$T.S.$點，使上盤對正 $360° - \dfrac{2}{3}S_c$ (360°−3°11′01.2″＝356°48′58″.7)後，固定下盤，放鬆上盤，右旋，待度盤為 00°00′00″時，固定上盤，縱轉望遠鏡，其方向即為該單曲線之切線方向。

② 放鬆上盤，右旋 0°42′24″；距離自$S.C.$點量 7.399，二者交點處，即$M.C.$點位置。可與已放之點作比對。

③ 儀器再旋至1°14′28″、距離自$M.C.$點量 5.599 m，二者交點處為 1 k＋240 椿位點。

④ 儀器再旋至1°24′47″、距離自 1 k＋240 處，量 1.800 m，二者

交點處為 1 k＋241.800，亦即C.S.點，並與原放之樁位作比對、檢核。

# 12-6　克羅梭曲線

## 1.　概說

**克羅梭曲線**(Clothoid curve)(以下簡稱克曲線)，是二次世界大戰後之產物，目前我國高速公路，已採用此種曲線。

實際上，克曲線亦為螺旋線(Spiral)的一種。其特徵是：曲率(曲率半徑之倒數，即$1/R$)是隨著曲線長度成比例增大，亦即其曲率半徑，則自無限大漸次減小。

設$R$示克曲線上某點之曲率半徑(單位：公尺)，$L$示自克曲線上起點至某點之曲線長度(單位：公尺)，$C$示比例常數，以式示之，即

$$\frac{1}{R} = C \cdot L$$

或$R \cdot L = \dfrac{1}{C}$，令$\dfrac{1}{C} = A^2$代入上式，則

$$R \cdot L = A^2 \quad\text{.................................................}(12\text{-}26)$$

此式為克曲線之基本公式，式中$A$為該曲線之**參數**(Parameter)，或**曲率通徑**，通常以公尺為單位。參數$A$乃決定克曲線之形狀及大小之主要因素，其意義與圓靠半徑決定其大小相同。因此在克曲線中，若參數$A$確定，則曲線之大小與形狀亦可隨之決定。

在(12-26)式中，雖然曲線上任意點之曲率半徑$R$及曲線長$L$不定，但該任意點之$R$與$L$之相乘積$A^2$必為定值。因此，在$R$、$L$、$A$三因素中，如已知其二，則另一因素即可求得。

螺形曲線中，當參數$A$值越大，則曲線增加越緩慢，此種設計較適

用於快車車道；反之，當參數$A$值小、曲率增加快速，則較適用於慢車車道。

　　通常在初步設計曲線時，可先定出$R$值，然後依據P.I.點之位置、主切線之長度、以及地形限制狀況等因素，選用$L$或$A$值，即可確定所需之克曲線。

## 2. 單位克羅梭曲線

　　由公式(12-26)知

$$RL = A^2$$

式中$R$、$L$、$A$三者均係以公尺為單位之長度，如設$A = 1$則

$$R \cdot L = 1 \quad\dots\dots\dots\dots\dots\dots\dots\dots\dots\dots\dots\dots\dots\dots(12\text{-}27)$$

此時之克曲線即稱為**單位克曲線**。其要素如以英文字母之小楷表示，則

$$r \cdot l = 1 \quad\dots\dots\dots\dots\dots\dots\dots\dots\dots\dots\dots\dots\dots\dots(12\text{-}28)$$

當(12-26)式兩端以$A^2$除之，則

$$\frac{R}{A} \cdot \frac{L}{A} = 1 \quad\dots\dots\dots\dots\dots\dots\dots\dots\dots\dots\dots\dots(12\text{-}29)$$

以$\dfrac{R}{A} = r$；$\dfrac{L}{A} = l$代入(12-29)式，即得(12-28)式。

　　因$R = Ar$、$L = Al$，故以$A$為參數之克曲線，其中屬於長度者，都可以單位克曲線之要素，乘以$A$倍得到。是以，可以根據各元素及各種不同之$l$長，依各元素之公式，計算其值，製作成單位克羅梭曲線表，以利查閱及引用。

## 3. 克羅梭曲線組成線形之種類

　　克曲線組成之種類，概括來分，有下列五大類：

　　(1) 基本型

　　　該型是以「直線、克曲線、圓曲線、克曲線、直線」之順序所組成。又分爲「對稱基本型」與「不對稱型」兩種，前者是在圓曲線的兩端，分別連以大小相同的兩克曲線，亦即其曲率通徑相同；後者兩端之克曲線則不等。對稱型的優點是，離心加速度增加率相同，方向盤爲相同之等速轉動，故行車較順適。一般多用於受地形限制較小地區之路段。當地形受限制，例如切線長須予縮短，才能設計時，則採用不對稱形。

(2)　S型(反向型)

　　　其線型是以圓曲線、克曲線、克曲線、圓曲線之順序所組成，亦即由兩個反向圓曲線間，用兩組反向克曲線連接。其形狀似S型，故稱爲S型。

　　　此型克曲線之特色是：

①　兩克曲線之交點，亦即兩克曲線之起點。

②　於此點，二克曲線之R均爲∞。

③　過此點有一共有切線。此點之一端，爲由緩和曲線至切線，稱此點爲S.T.；而另一端，由切線至緩和曲線，稱此點爲T.S.，故於此處稱 STS。

　　　S型係以兩圓弧相互離開爲原則，$A_1$可以與$A_2$之值不同；而當$A_1＝A_2$，即以相同之克曲線相連時，對運動力學而言，效果最佳。

(3)　凸型

　　　兩組克曲線在曲率相同之點互相連接，其線型稱爲凸型。當二克曲線大小相同時，爲對稱凸型。其特點是：始點曲率爲零、交點曲率，則二克曲線相同。

　　　若二克曲線之大小不同時，則稱不對稱型凸型。

(4)　複合型

是由兩組以上同方向之克曲線，在曲率相同之點處相連接者。此型的優點是，可以減少土石方數，而缺點則是曲率通徑在中途改變，較不利於行車。若用在改變車速影響較小之處，如：主要公路之交流道、或半徑較小之回頭彎道處，亦甚方便。

(5)　蛋型

其型狀是在兩個不同半徑，但圓心在同一方向之圓曲線間插入一克曲線。由於其形似蛋，故稱爲蛋型。

蛋型之兩圓曲線半徑及間距之關係，必須在 $\dfrac{小\ R}{大\ R} \doteqdot 0.2 \sim 0.8$，$\dfrac{D}{大\ R} \doteqdot 0.003 \sim 0.03$ 範圍之內，始能使線形調和($D$爲兩圓之圓周間的最小間隔)。

由於克曲線之計算需涉及單位克羅梭曲線用表，此處就不深入了。

# 12-7　豎曲線

路線中心線在經過兩坡度的變換處時，會形成一凸型、或凹型之銳角。此交角因不利於行車，工程界會在該交會處設置一條圓滑之線段，使車輛能順利、且舒適的通過。該圓滑之路段，一般均以拋物線行之。之所以採用拋物線的原因是，它的方向變換較爲和緩，且各椿位高程值亦較容易計算。如圖 12-21 所示，圖中之 $PVC$、$PVI$、$PVT$ 分別示起點、交點及終點。

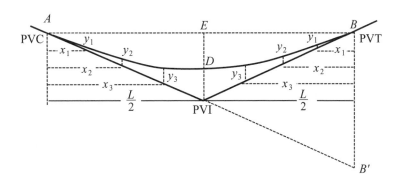

圖 12-21

拋物線方程式爲$y = cx^2$，式中$y$爲拋物線之直徑方向，$x$爲切線方向。

路線中心線在兩坡度點間，其高差與水平距離之比，稱爲該路段之**縱坡度**；凡表示縱坡度之直線，稱爲**坡度線**；兩相鄰坡度線所交之銳角，稱爲該兩坡度線間之**豎角**，其值以兩坡度差值示之，例如$g_2\% - g_1\%$。

當道路坡度線所交之豎角大於$(0.5 - 2)\%$、鐵路坡度線所交之豎角大於 0.2 ％時，即須於其間插入豎曲線，使其一端之坡度逐漸改變，慢慢的與他端之坡度接近。

豎曲線上每 20 m 之坡度變遷量，稱爲該曲線之**坡度變率**，通常以$r$表之。交通單位是依道路視距之大小來決定豎曲線的長度；在坡度變率的使用上，亦有規範可供設計時之參考。

豎曲線有對稱型(即切線等長)、及不對稱型兩種。本節僅就使用頻率較高之前者作一介紹。

## 1. 對稱型豎曲線長度計算

設$g_1$、$g_2$爲坡度之百分數，上坡時爲正，下坡爲負；$r'$爲實驗豎曲線之最大坡度變率，凹形豎曲線時，$r'$之值爲正，凸形時爲負。$L'$爲豎曲線之實驗長。當豎曲線以樁數爲計算單位時，則

$$L' = \frac{g_2 - g_1}{r'} \quad\text{................................................................(12-30)}$$

若長度以公尺爲計算單位時，則

$$L' = \frac{g_2 - g_1}{r'} \times 20 \quad\text{..........................................................(12-30a)}$$

在實用上，對稱型豎曲線都是使坡度線交點之兩側等長，且使交點及起、終點皆在整的樁號上。當(12-30)式算出之$L'$不爲整的偶數(例如11.8樁、或11樁)、或(12-30a)式算出之$L'$不爲20之偶倍數時(20是公尺制中，一個整樁的距離；用110 m被20除，就會有小數)，則應將所求得之實驗豎曲線酌予增長，以滿足設計之需求。調整後之豎曲線長度(或樁數)稱爲**實用長度**(或樁數)，以$L$示之。

當豎曲線之實用長度求出之後，應將其原有之坡度變率重新修正，方才合理。調整後之坡度變率稱**實用坡度變率**，以$r$示之。則

$$r = \frac{g_2 - g_1}{L} (\text{以樁爲單位時}) \quad\text{.................................................(12-31)}$$

或
$$r = \frac{g_2 - g_1}{L} \times 20 (\text{以公尺爲單位時}) \quad\text{.................................(12-31a)}$$

### 2. 豎曲線上高程之計算

  (1) 坡度變率法

      設$g_1$爲豎曲線起點端之坡度、$E_a$爲起點之高程、$E_x$爲豎曲線上任意點、距起點$x$處之高程。$E_x$及$x$之單位，皆爲公尺。則

$$E_x = E_a + g_1 \cdot x + \frac{r}{40} x^2 \quad\text{................................................(12-32)}$$

式中$E_a + g_1 \cdot x$爲坡度線上之高程；$\frac{r}{40} x^2$爲由坡度線至豎曲線之高差(縱距)。宜注意者，計算時應注意$g_1$與$r$本身性質符號的規定。

當 $x$ 以樁數計時,則上式可改為

$$E_i = E_a + 20g_1 \cdot i + 10r \cdot i^2 \dots\dots\dots\dots\dots\dots\dots(12\text{-}33)$$

**例 7** 某道路中心線呈 0.7 % 之上坡、與另一 0.5 % 之下坡相交於 3 k + 180 之樁號處,其交點之高程是 100.84 m,設最大坡度變率為 0.1 %,試求豎曲線上各整樁處之高程。

**解** (1)試求豎曲線長

$$L' = \frac{g_2 - g_1}{r'} \times 20 = \frac{(-0.5 - 0.7)\%}{-0.1\%} \times 20 = 240 \text{ m} = L$$

  $g_2$ 用負號,是"下坡"的原因;$r'$ 用負號,是先上後下,即凸形之故。由於 240 m 正好是 20 的偶數倍,故實驗長與實用長已一致,勿需再調整。

(2)求起、終點樁號:

  曲線起點樁號 $=(3 \text{ k} + 180) - 120 = 3 \text{ k} + 060$

  曲線終點樁號 $=(3 \text{ k} + 180) + 120 = 3 \text{ k} + 300$

  即將豎曲線長平均分配在交點樁號之兩側。

(3)求豎曲線上,起、終點之高程

  起點 $E_a = 100.84 - \dfrac{0.7}{100} \times 120 = 100.00 \text{ m}$

  終點 $E_b = 100.84 - \dfrac{0.5}{100} \times 120 = 100.24 \text{ m}$

(4)求豎曲線上各整樁之高程

  將公式(12-32)製表,得各整樁之高程如下:

表 12-16　坡度變率法

| (1)樁號 | (2)$E_a + g_1 \cdot x$ | (3)$+\dfrac{r}{40} \cdot x^2$ | (4)$E_x$ | (5)備考 |
|---|---|---|---|---|
| 3 k＋060 | 100.00 | −0.00 | 100.00 | 1. 第(2)欄$E_a + g_1 \cdot x$是坡度線上之高程。 |
| ＋080 | 100.14 | −0.01 | 100.13 | 2. 第(3)欄$+\dfrac{r}{40} \cdot x^2$,是指由坡度線至豎曲線之高程差。項前之"＋"爲運算符號,即加的意思;而欄下各項均冠以"−"號,即凸形豎曲線之意(∵該坡度爲先上再下)。 |
| ＋100 | 100.28 | −0.04 | 100.24 | |
| ＋120 | 100.42 | −0.09 | 100.33 | |
| ＋140 | 100.56 | −0.16 | 100.40 | |
| ＋160 | 100.70 | −0.25 | 100.45 | |
| ＋180 | 100.84 | −0.36 | 100.48 | 3. 第(4)欄爲第(2)＋(3)的結果,亦即豎曲線各樁地面應有之高程。 |
| ＋200 | 100.98 | −0.49 | 100.49 | |
| ＋220 | 101.12 | −0.64 | 100.48 | |
| ＋240 | 101.26 | −0.81 | 100.45 | |
| ＋260 | 101.40 | −1.00 | 100.40 | |
| ＋280 | 101.54 | −1.21 | 100.33 | |
| 3 k＋300 | 101.68 | −1.44 | 100.24 | |

(2)　切線支距法

按拋物線性質知

$$Y_1 : Y_n = x_1^2 : x_n^2 \dots\dots\dots\dots\dots\dots\dots\dots\dots\dots\dots\dots\dots(12\text{-}34)$$

其中$x_1$、$x_n$各爲自豎曲線起點至其後第 1 及第$n$整樁號之距離;$Y_1$及$Y_n$各爲第一及第$n$整樁處坡度線至豎曲線之高差,即支距。

如曲線之起點在整樁上,則$x_n = n \cdot x_1$,由(12-34)式知

$$Y_n = n^2 \cdot Y_1 \dots\dots\dots\dots\dots\dots\dots\dots\dots\dots (12\text{-}35)$$

$Y_n$之求法：

$$Y_n = \frac{1}{2}\left(\frac{A\text{點高程}+B\text{點高程}}{2} - V\text{點之高程}\right)$$

當$(x_n \cdot Y_n)$位於曲線之終點$B$時，如圖 12-27 所示

$$x_n = L，Y_n = BB$$

得

$$Y_n = \frac{L}{2} \cdot (g_2 - g_1)\dots\dots\dots\dots\dots\dots\dots (12\text{-}36)$$

又由 12-68 式知

$$Y_1 = \frac{1}{n^2} \cdot Y_n$$

而豎曲線上各樁位高程之公式爲

$$E_i = E_a + 20ig_1 + i^2 Y_1 \dots\dots\dots\dots\dots\dots (12\text{-}37)$$

式中$E_a + 20ig_1$爲坡度線上之高程，上坡時$g_1$爲正，下坡時$g_1$爲負；豎曲線凸形時，$Y_1$之值爲負，凹形時爲正。$i^2 \cdot Y_1$爲由坡度線至豎曲線之高差。

**例 8** 　題設條件如例 7，試以切線支距法求豎曲線上各整樁位之高程。

**解** 　由上例已求得豎曲線之長$L = 12$樁(240 m)。12 爲整偶數，故實驗長度與實用長度相同，故不需調整。

又，今樁數$n = 12$，由公式 12-36 知

$$Y_n = \frac{12\,\text{樁} \times 20\ \text{m}}{2} \times \frac{-0.5 - 0.7}{100} = -1.44\ \text{m}$$

$$Y_1 = \frac{Y_n}{n^2} = \frac{-1.44}{12^2} = -0.01\ \text{m}$$

$$Y_2 = 2^2 \cdot Y_1 \text{ , } Y_3 = 3^2 \cdot Y_1 \cdots\cdots$$

豎曲線上各整樁之高程如下：

表 12-17　切線支距法

| (1)樁號 | (2)$E_a + 20ig_1$ | (3)$i^2 \cdot Y_1$ | (4)$E_i$ | (5)備考 |
|---|---|---|---|---|
| 3 k＋060 | 100.00 | −0.00 | 100.00 | 1. 第(2)欄 $E_a + 20ig_1$ 爲坡度線上高程，上坡時，$g_1$ 爲正；下坡時爲負。<br>2. 第(3)欄 $i^2 \cdot Y_1$，是由坡度線至豎曲線之高差。($Y_i$ 凸形時爲負，凹形時爲正。)<br>3. $i$ 爲所求點距離起點之樁數，即 3 k＋060 處 $i = 0$；＋080 處，$i = 1$；＋200 處，$i = 2$ ⋯⋯至最後一樁 $i = 12$。 |
| ＋080 | 100.14 | −0.01 | 100.13 | |
| ＋100 | 100.28 | −0.04 | 100.24 | |
| ＋120 | 100.42 | −0.09 | 100.33 | |
| ＋140 | 100.56 | −0.16 | 100.40 | |
| ＋160 | 100.70 | −0.25 | 100.45 | |
| ＋180 | 100.84 | −0.36 | 100.48 | |
| ＋200 | 100.98 | −0.49 | 100.49 | |
| ＋220 | 101.12 | −0.64 | 100.48 | |
| ＋240 | 101.26 | −0.81 | 100.45 | |
| ＋260 | 101.40 | −1.00 | 100.40 | |
| ＋280 | 101.54 | −1.21 | 100.33 | |
| ＋300 | 101.68 | −1.44 | 100.24 | |

　　由表 12-16 與表 12-17 知，兩表對應之高程值完全相同，兩表之第(2)欄與第(3)欄亦相同。

　　在實地應用時，表 12-16 不論豎曲線之起點是否在整的樁位上；但表 12-17，則僅當豎曲線之起點恰好在整樁位上，才能使用。

# 12-8　土方計算

## 1.　概說

所謂土方計算，是指計算工程中應挖土或塡土之立方數，通常以立方公尺(即長×寬×高)爲單位。

土方數的求法，須先求出各橫斷面之面積，再依據各橫斷面間之距離，來求土方數。

在第 3-9 節中，我們曾談及縱、橫斷面測量；在第 9 章中，我們已談及各種面積計算與求積儀求算面積的方法，在此節，我們僅談體積計算與土方分配圖之調製。

## 2.　體積計算

體積計算，常用之方法有二：

(1)　平均端面積法

以兩端面積之中數，乘以兩面積間之垂距，即得其體積。

設 $V$ 示體積，以立方公尺(或立方呎、立方碼)爲單位；$A_1$、$A_2$ 示相鄰兩端面之面積，以平方公尺(或平方呎)爲單位；$l$ 示兩端面間之垂直距離，在公尺制國家，爲一個整椿距 20 m，(英制國家爲 100 呎)。則

$$V = \frac{A_1 + A_2}{2} \times l \dots\dots\dots\dots\dots\dots(12\text{-}38)$$

當各端面間之垂直距離皆爲 $l$ 時，則全部端面積之總體積爲

$$V = \frac{l}{2}[A_0 + 2(A_1 + A_2 + \cdots + A_{n-1}) + A_n] \dots\dots(12\text{-}39)$$

式中 $A_0$ 爲全線之始端、$A_n$ 爲終端面積。

例 9 設路面寬度 $b = 6$ m，邊坡比 $S = 1.5 : 1$ 橫斷面之記載如表列，試用平均端面積法，求算其土方數。

解 (1)求 $A_{160}$ 之面積

表 12-18

| 樁號 | 左 | 中 | 右 |
|---|---|---|---|
| 0 k + 140 | $\dfrac{+4.2}{9.3}$ | $+2.4$ | $\dfrac{+1.8}{5.7}$ |
| 0 k + 160 | $\dfrac{+5.8}{11.7}$ | $+3.6$ | $\dfrac{+2.6}{6.9}$ |

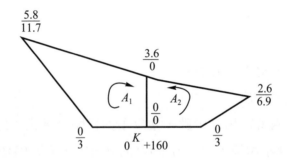

$$A_1 = \begin{bmatrix} 0 & 0 & 5.8 & 3.6 & 0 \\ 0 & 3 & 11.7 & 0 & 0 \end{bmatrix}$$
$$= |-(3 \times 5.8 + 11.7 \times 3.6)|$$
$$= 59.52 \text{ m}^2$$
$$A_2 = \begin{bmatrix} 0 & 0 & 2.6 & 3.6 & 0 \\ 0 & 3 & 6.9 & 0 & 0 \end{bmatrix} = 32.64 \text{ m}^2$$
$$A_{160} = \frac{59.52 + 32.64}{2} = 46.08 \text{ m}^2$$

(2)求 $A_{140}$ 之面積

同上方式

$$A_1 = \begin{bmatrix} 0 & 0 & 4.2 & 2.4 & 0 \\ 0 & 3 & 9.3 & 0 & 0 \end{bmatrix} = 34.92 \ \text{m}^2$$

$$A_2 = \begin{bmatrix} 0 & 0 & 1.8 & 2.4 & 0 \\ 0 & 3 & 5.7 & 0 & 0 \end{bmatrix} = 19.08 \ \text{m}^2$$

$$A_{140} = \frac{A_1 + A_2}{2} = 27 \ \text{m}^2$$

(3)求體積

$$V = \frac{A_{160} + A_{140}}{2} \times 20 = \frac{46.08 + 27}{2} \times 20 = 730.8 \ \text{m}^3$$

(2) 稜柱體公式

$$V = \frac{l}{6}(A_1 + 4A_m + A_2) \dots\dots\dots\dots\dots\dots\dots\dots\dots\dots\dots(12\text{-}40)$$

式中之 $V$、$l$、$A_1$、$A_2$ 之意義，與平均端面積法同，而 $A_m \neq \dfrac{A_1 + A_2}{2}$，它是從 $A_1$ 及 $A_2$ 中各相當邊之中數，再求其新的端面面積。茲再舉例如下：

**例10** 延續例9，試以稜柱體公式求算其體積。

**解** 上例中，我們已求得 $A_{160} = 46.08 \ \text{m}^2$，$A_{140} = 27.0 \ \text{m}^2$。在此處，我們得先求出新端面 $A_m$、亦即 $A_{150}$ 之各值。按表12-18，我們在相關各欄取其中數，得

| 椿 | 左 | 中 | 右 |
|---|---|---|---|
| 0 k + 150 | $\dfrac{5.0}{10.5}$ | $\dfrac{3.0}{0}$ | $\dfrac{2.2}{6.3}$ |

(1)求 $A_m = A_{150}$

$$A_{m左} = \begin{bmatrix} 0 & 0 & 5 & 3 & 0 \\ 0 & 3 & 10.5 & 0 & 0 \end{bmatrix} = 46.5$$

$$A_{m右} = \begin{bmatrix} 0 & 0 & 2.2 & 3 & 0 \\ 0 & 3 & 6.3 & 0 & 0 \end{bmatrix} = 25.5$$

$$A_m = \frac{46.5 + 25.5}{2} = 36 \text{ m}^2$$

(2)代入公式(12-40)式，得

$$V = \frac{20}{6}(46.08 + 4 \times 36 + 27) = 723.60 \text{ m}^3$$

　　以上兩例條件相同，但所得結果不同，其原因是，稜柱體公式較爲準確，平均端面積法所得之結果，常嫌稍大。但目前工程界仍以平均端面積法來計算，主要是平均端面積法簡捷、且在測量橫斷面時，地面之高低情況，未必能眞實把握；若眞要精確計算，亦可待平均端面積法求得結果之後，再以公式修正即可。

　　關於土方數的求法，亦可將路寬、邊坡比、塡挖高度等條件予以製作成土方表，則更方便。

## ── 習題 ───────────────

1. 設某路線之外偏角$I = 12°22'00''$，$P.I.$點樁號$= 1 \text{ k} + 123.45$，$R_c = 600^m.00$：

   (1) 求各基礎樁之計算値及樁號。

   (2) 設在$E.C.$點設站釘樁，求各整樁之「中線偏角記載」。

   (3) 設在$M.C.$點設站，求各樁之總偏角値；並略述其切線方向之求法。

2. 設某路線之外偏角$I = 12°22'40''$，半徑設計爲$R = 600.00 \text{ m}$，$P.I.$點樁號$= 1 \text{ k} + 187.79$。因 E.C.點樁位遺失，今欲從$B.C.$點起，用切線支距法放樁：

   (1) 試求曲線上各整樁點、及$E.C.$點之$(x_i, y_i)$座標値。

   (2) 試以本題之計算結果，與課本中切線支距法之例題作一比較，說明二者之$x$、$y$値在測設時，有何利弊？

3. 設某單曲線之$R=100.00$ m，已知$B.C.$點之樁號為 1 k＋242.597，試用切線支距法(用圓心角法)求由兩端向$M.C.$點架設之縱橫距。

4. 如圖示，設原有道路單曲線之夾角$I=60°$，半徑$R'=100$ m，今欲將該曲線之矢距(即外距)$GC'$，向內加長 10 m，亦即將$c'$內移至$C$處，試問，修正後之新單曲線的

　⑴　外距長為多少公尺？(25.47 m)

　⑵　半徑$R$為若干公尺？(164.641 m)

　⑶　切線長$AG=BG$為若干公尺？(95.056 m)

　⑷　新舊單曲線長$\overparen{AB}$與$\overparen{A'B'}$相差若干公尺？(67.692 m)

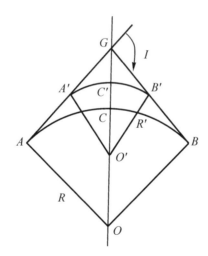

5. 如下圖，有一高層建築物適位於曲線中點$M.C.$點附近，且切線交點$I.P.$點又位於河中，而不易設站，因第一切線上之$P$點與第二切線上之$Q$點不能通視，故另選一點$M$，可與$P$及$Q$點通視，作為測站。量取$PM=350$公尺，$MQ=310$公尺。另外安置經緯儀於$P$、$M$、$Q$三點，分別測得如圖中之$\theta_1=160°$，$\theta_2=100°$，$\theta_3=145°$。若已知單曲線之半徑$R=1000$公尺，第一切線上$P$點之樁號為 2 k＋600，試

計算：

(1)　切線長＝？(2414.214 m)

(2)　曲線長＝？(2356.194 m)

(3)　曲線起點($B.C$)點之樁號＝？(0 k＋885.844)

(4)　曲線終點($E.C$)點之樁號＝？(3 k＋242.038)

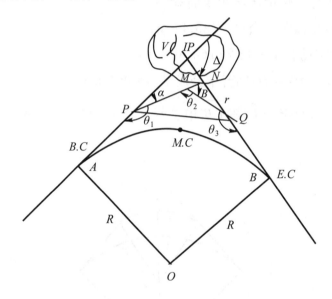

6.　半徑爲500.000 m之單曲線，弧長爲50.000 m時，其所對應之弦長爲若干公尺？(49.979 m)

7.　在單曲線之兩端，插入緩和曲線。已知P.I.點之樁號爲5 k＋218.34、外偏角$\Delta = 23°15'00"$右旋、曲度$D_c = 3°50'$，半徑$R_c = 298.99$ m，緩和曲線長$L_c = 50.00$ m，求：

(1)　各基礎樁之計算值。

(2)　各基礎樁樁號。

(3)　各整樁之中線偏角記載(即放樁數據)。

(4)　放基礎樁及整樁之程序。(分別在$P.I.$、$T.S.$、$S.C.$、$S.T.$設站)。

8. 設 T.S. 點之樁號爲 5 k + 131.77，$D_c = 3°50'$、$L_c = 50$ m，試以十等弦法，求緩和曲線上各點對 T.S. 點之切線偏角。

9. 上題計算若要遷就整的樁號，如何求法？

10. 設一 0.6 % 之上坡與另一 0.4 % 之下坡相交於 2 k + 140 之樁號處，交點之高程爲 128.24 m，設最大坡度變率爲 0.1 %，試求各樁之高程。

# Surveying 附 錄

附表一　地球折光差與球面差改正表

| 距離(公尺) | 改正值(公尺) | 距離(公尺) | 改正值(公尺) | 距離(公尺) | 改正值(公尺) |
|---|---|---|---|---|---|
| 00 | 0.000 | 4,100 | 1.132 | 9,100 | 5.574 |
| 50 | 0.000 | 4,200 | 1.187 | 9,200 | 5.697 |
| 100 | 0.001 | 4,300 | 1.245 | 9,300 | 5.822 |
| 120 | 0.001 | 4,400 | 1.303 | 9,400 | 5.948 |
| 140 | 0.001 | 4,500 | 1.363 | 9,500 | 6.075 |
| 160 | 0.002 | 4,600 | 1.424 | 9,600 | 6.203 |
| 180 | 0.002 | 4,700 | 1.487 | 9,700 | 6.333 |
| 200 | 0.003 | 4,800 | 1.551 | 9,800 | 6.465 |
| 220 | 0.003 | 4,900 | 1.616 | 9,900 | 6.597 |
| 240 | 0.004 | 5,000 | 1.683 | 10,100 | 6.731 |
| 260 | 0.005 | 5,100 | 1.751 | 10,100 | 6.866 |
| 280 | 0.005 | 5,200 | 1.818 | 10,200 | 7.003 |
| 300 | 0.006 | 5,300 | 1.891 | 10,300 | 7.141 |
| 400 | 0.011 | 5,400 | 1.963 | 10,400 | 7.280 |
| 500 | 0.017 | 5,500 | 2.036 | 10,500 | 7.421 |
| 600 | 0.024 | 5,600 | 2.111 | 10,600 | 7.563 |
| 700 | 0.033 | 5,700 | 2.187 | 10,700 | 7.707 |
| 800 | 0.043 | 5,800 | 2.264 | 10,800 | 7.851 |
| 900 | 0.055 | 5,900 | 2.343 | 10,900 | 7.997 |
| 1,000 | 0.067 | 6,000 | 2.423 | 11,000 | 8.145 |
| 1,100 | 0.081 | 6,100 | 2.505 | 11,100 | 8.294 |
| 1,200 | 0.097 | 6,200 | 2.587 | 11,200 | 8.44 |
| 1,300 | 0.114 | 6,300 | 2.672 | 11,300 | 8.595 |
| 1,400 | 0.132 | 6,400 | 2.757 | 11,400 | 8.748 |
| 1,500 | 0.151 | 6,500 | 2.844 | 11,500 | 8.902 |
| 1,600 | 0.172 | 6,600 | 2.932 | 11,600 | 9.058 |
| 1,700 | 0.194 | 6,700 | 2.022 | 11,700 | 9.214 |
| 1,800 | 0.218 | 6,800 | 2.113 | 11,800 | 9.373 |
| 1,900 | 0.243 | 6,900 | 2.205 | 11,900 | 9.532 |
| 2,000 | 0.269 | 7,000 | 2.164 | 12,000 | 9.693 |
| 2,100 | 0.297 | 7,100 | 3.393 | 12,100 | 9.855 |
| 2,200 | 0.326 | 7,200 | 3.489 | 12,200 | 10.019 |
| 2,300 | 0.356 | 7,300 | 3.587 | 12,300 | 10.184 |
| 2,400 | 0.388 | 7,400 | 3.686 | 12,400 | 10.350 |
| 2,500 | 0.421 | 7,500 | 3.786 | 12,500 | 10.518 |
| 2,600 | 0.455 | 7,600 | 3.888 | 12,600 | 10.686 |
| 2,700 | 0.491 | 7,700 | 3.991 | 12,700 | 10.857 |
| 2,800 | 0.528 | 7,800 | 3.095 | 12,800 | 11.028 |
| 2,900 | 0.566 | 7,900 | 3.201 | 12,900 | 11.201 |
| 3,000 | 0.605 | 8,000 | 3.308 | 13,000 | 11.376 |
| 3,100 | 0.647 | 8,100 | 4.416 | 13,100 | 11.551 |
| 3,200 | 0.689 | 8,200 | 4.526 | 13,200 | 11.728 |
| 3,300 | 0.733 | 8,300 | 4.750 | 13,300 | 12.087 |
| 3,400 | 0.778 | 8,400 | 4.750 | 13,400 | 12.087 |
| 3,500 | 0.825 | 8,500 | 4.863 | 13,500 | 12.268 |
| 3,600 | 0.872 | 8,600 | 4.978 | 13,600 | 12.450 |
| 3,700 | 0.922 | 8,700 | 5.095 | 13,700 | 12.634 |
| 3,800 | 0.972 | 8,800 | 5.213 | 13,800 | 12.819 |
| 3,900 | 1.024 | 8,900 | 5.332 | 13,900 | 13.005 |
| 4,000 | 1.077 | 9,000 | 5.452 | 14,000 | 13.193 |

### 附表二　圖形強度係數表($\delta_A^2 + \delta_A\delta_B + \delta_B^2$)

| $\dfrac{A}{B}$ | 10° | 12° | 14° | 16° | 18° | 20° | 22° | 24° | 26° | 28° | 30° | 35° | 40° | 45° | 50° | 55° | 60° | 65° | 70° | 75° | 80° | 85° | 90° |
|---|---|---|---|---|---|---|---|---|---|---|---|---|---|---|---|---|---|---|---|---|---|---|---|
| 10° | 428 | 359 | | | | | | | | | | | | | | | | | | | | | |
| 12° | 359 | 295 | 253 | | | | | | | | | | | | | | | | | | | | |
| 14° | 315 | 253 | 214 | 187 | | | | | | | | | | | | | | | | | | | |
| 16° | 284 | 225 | 187 | 162 | 143 | | | | | | | | | | | | | | | | | | |
| 18° | 262 | 204 | 168 | 143 | 126 | 113 | | | | | | | | | | | | | | | | | |
| 20° | 245 | 189 | 153 | 130 | 113 | 100 | 91 | | | | | | | | | | | | | | | | |
| 22° | 232 | 177 | 142 | 119 | 103 | 91 | 81 | 74 | | | | | | | | | | | | | | | |
| 24° | 221 | 167 | 134 | 111 | 95 | 83 | 74 | 67 | 61 | | | | | | | | | | | | | | |
| 26° | 213 | 160 | 125 | 104 | 89 | 77 | 68 | 61 | 56 | 51 | | | | | | | | | | | | | |
| 28° | 206 | 153 | 120 | 99 | 83 | 72 | 63 | 57 | 51 | 47 | 43 | | | | | | | | | | | | |
| 30° | 199 | 148 | 115 | 94 | 79 | 68 | 59 | 53 | 48 | 43 | 40 | 33 | | | | | | | | | | | |
| 35° | 188 | 137 | 106 | 85 | 71 | 60 | 52 | 46 | 41 | 37 | 33 | 27 | 23 | | | | | | | | | | |
| 40° | 179 | 129 | 99 | 79 | 65 | 54 | 47 | 41 | 36 | 32 | 29 | 23 | 19 | 16 | | | | | | | | | |
| 45° | 172 | 124 | 93 | 74 | 60 | 50 | 43 | 37 | 32 | 28 | 25 | 20 | 16 | 13 | 11 | | | | | | | | |
| 50° | 167 | 119 | 89 | 70 | 57 | 47 | 39 | 34 | 29 | 26 | 23 | 18 | 14 | 11 | 9 | 8 | | | | | | | |
| 55° | 162 | 115 | 86 | 67 | 54 | 44 | 37 | 32 | 27 | 24 | 21 | 16 | 12 | 10 | 8 | 7 | 5 | | | | | | |
| 60° | 159 | 112 | 83 | 64 | 51 | 42 | 35 | 30 | 25 | 22 | 19 | 14 | 11 | 9 | 7 | 5 | 4 | 4 | | | | | |
| 65° | 155 | 109 | 80 | 62 | 49 | 40 | 33 | 28 | 24 | 21 | 18 | 13 | 10 | 7 | 6 | 5 | 4 | 3 | 2 | | | | |
| 70° | 152 | 106 | 78 | 60 | 48 | 38 | 32 | 27 | 23 | 19 | 17 | 12 | 9 | 7 | 5 | 4 | 3 | 2 | 2 | 1 | | | |
| 75° | 150 | 104 | 76 | 58 | 46 | 37 | 30 | 25 | 21 | 18 | 16 | 11 | 8 | 6 | 4 | 3 | 2 | 2 | 1 | 1 | 1 | | |
| 80° | 147 | 102 | 74 | 57 | 45 | 36 | 29 | 24 | 20 | 17 | 15 | 10 | 7 | 5 | 4 | 3 | 2 | 1 | 1 | 1 | 0 | 0 | |
| 85° | 145 | 100 | 73 | 55 | 43 | 34 | 28 | 23 | 19 | 16 | 14 | 10 | 7 | 5 | 3 | 2 | 1 | 1 | 0 | | 0 | 0 | 0 |
| 90° | 143 | 98 | 71 | 54 | 42 | 33 | 27 | 22 | 19 | 16 | 13 | 9 | 6 | 5 | 3 | 2 | 1 | 1 | 1 | | 0 | 0 | 0 |
| 95° | 140 | 96 | 70 | 53 | 41 | 32 | 26 | 22 | 18 | 15 | 13 | 9 | 6 | 4 | 3 | 2 | 1 | 1 | 0 | 0 | 0 | 0 | |
| 100° | 138 | 95 | 68 | 51 | 40 | 31 | 25 | 21 | 17 | 14 | 12 | 8 | 6 | 4 | 3 | 2 | 1 | 1 | 0 | 0 | 0 | | |
| 105° | 136 | 93 | 67 | 50 | 39 | 30 | 25 | 20 | 17 | 14 | 12 | 8 | 5 | 4 | 2 | 2 | 1 | 1 | 0 | 0 | | | |
| 110° | 134 | 91 | 65 | 49 | 38 | 30 | 24 | 19 | 16 | 13 | 11 | 7 | 5 | 3 | 2 | 2 | 1 | 1 | 1 | | | | |
| 115° | 132 | 89 | 64 | 48 | 37 | 29 | 23 | 19 | 15 | 13 | 11 | 7 | 5 | 3 | 2 | 2 | 1 | 1 | | | | | |
| 120° | 129 | 88 | 62 | 46 | 36 | 28 | 22 | 18 | 15 | 12 | 10 | 7 | 5 | 3 | 2 | 2 | 1 | | | | | | |
| 125° | 127 | 86 | 61 | 45 | 35 | 27 | 22 | 18 | 14 | 12 | 10 | 7 | 5 | 4 | 3 | 2 | | | | | | | |
| 130° | 125 | 84 | 59 | 44 | 34 | 26 | 21 | 17 | 14 | 12 | 10 | 7 | 5 | 4 | 3 | | | | | | | | |
| 135° | 122 | 82 | 58 | 43 | 33 | 26 | 21 | 17 | 14 | 12 | 10 | 7 | 5 | 4 | | | | | | | | | |
| 140° | 119 | 80 | 56 | 42 | 32 | 25 | 20 | 17 | 14 | 12 | 10 | 8 | 6 | | | | | | | | | | |
| 145° | 116 | 77 | 55 | 41 | 32 | 25 | 21 | 17 | 15 | 13 | 11 | 9 | | | | | | | | | | | |
| 150° | 112 | 75 | 54 | 40 | 32 | 26 | 21 | 18 | 16 | 15 | 13 | | | | | | | | | | | | |
| 152° | 111 | 75 | 53 | 40 | 32 | 26 | 22 | 19 | 17 | 16 | | | | | | | | | | | | | |
| 154° | 110 | 74 | 53 | 41 | 33 | 27 | 23 | 21 | 19 | | | | | | | | | | | | | | |
| 156° | 108 | 74 | 54 | 42 | 34 | 28 | 25 | 22 | | | | | | | | | | | | | | | |
| 158° | 107 | 74 | 54 | 43 | 35 | 30 | 27 | | | | | | | | | | | | | | | | |
| 160° | 107 | 74 | 56 | 45 | 38 | 33 | | | | | | | | | | | | | | | | | |
| 162° | 107 | 76 | 59 | 48 | 52 | | | | | | | | | | | | | | | | | | |
| 164° | 109 | 79 | 63 | 54 | | | | | | | | | | | | | | | | | | | |
| 166° | 113 | 86 | 71 | | | | | | | | | | | | | | | | | | | | |
| 168° | 112 | 98 | | | | | | | | | | | | | | | | | | | | | |
| 170° | 148 | | | | | | | | | | | | | | | | | | | | | | |

# 參考書目

1. 朱子緯：土地測量學(民國八十年版，徐氏基金)

2. 王乃卿：土地資訊系統概論(民國九十一年，土地測量局)

3. 王乃卿：地理資訊系統導入(民國九十一年，土地測量局)

4. 王潤璞、王培憲：工程測量(民國八十年玖版，中正理工學院)

5. 李良輝：航空攝影測量及遙測概論(民國九十一年，國立高雄應用科技大學)

6. 楊國政：數值地籍測量(民國九十一年，土地測量局)

7. 史惠順：平面測量學(民國七十九年再版，成大航測所)

8. 管晏如：測量學(民國七十九年修訂版，友寧出版社)

9. 龐樹椿：測量學(民國八十四年版，大中國)

10. 何維信：測量學(民國九十年版，政大地政)

11. 李瑞清：地籍測量學(民國九十一年版，土地測量局)

12. 施永富：測量學(民國七十九年，三民書局)

13. 金循洋、魏楷才：實用測量學(民國七十三年版，興業圖書)

14. 焦人希：施工測量學(民國八十四年版，科技圖書公司)

15. 馮豐隆：地理資訊系統學使用(民國八十五年，國立中興大學森林系)

16. 江儀助：測量學(民國八十一年版，徐氏基金會)

17. 吳家福、鄭子正、吳賴雲：測量學(民國七十九年修訂一版，大海文化)

18. 張芝生等：測繪學辭典(民國九十三年，國立編譯館)

19. 衛星導航系統：摘自聯合報 107.11.20；109.8.1

20. 外文書籍及期刊論文部份：略

# 索引

## 十三畫

INDEX

INDEX

# 歡迎加入 全華會員

## ● 會員獨享

會員享購書折扣、紅利積點、生日禮金、不定期優惠活動…等。

## ● 如何加入會員

掃 QRcode 或填妥讀者回函卡直接傳真 (02) 2262-0900 或寄回，將由專人協助
登入會員資料，待收到 E-MAIL 通知後即可成為會員。

# 如何購買 全華書籍

### 1. 網路購書

全華網路書店「http://www.opentech.com.tw」，加入會員購書更便利，並享
有紅利積點回饋等各式優惠。

### 2. 實體門市

歡迎至全華門市（新北市土城區忠義路 21 號）或全省各大書局選購。

### 3. 來電訂購

(1) 訂購專線：(02) 2262-5666 轉 321-324
(2) 傳真專線：(02) 6637-3696
(3) 郵局劃撥（帳號：0100836-1　戶名：全華圖書股份有限公司）
※ 購書未滿 990 元者，酌收運費 80 元。

OpenTech .com.tw 全華網路書店

全華網路書店 www.opentech.com.tw
E-mail：service@chwa.com.tw

※ 本會員制如有變更則以最新修訂制度為準，造成不便請見諒。